U0309510

航天科技图书出版基金资助出版

遨游太阳系的苏俄探测器 ——任务、技术与发现

Soviet Robots in the Solar System: Mission Technologies and Discoveries

[美] 韦斯利·T·亨特里斯 (Wesley T. Huntress, Jr)

[俄] 米哈伊尔·马尔可夫 (Mikhail Ya. Marov) 著

王 骢 陆 希 王 伟 姚红莲 牛俊坡 张 嵬 译

中国宇航出版社

·北京·

Translation from the English language edition：
Soviet Robots in the Solar System
by Wesley T. Huntress，Jr. and Mikhail Ya Marov
Copyright © 2011 Springer Science＋Business Media，LLC
All Rights Reserved

版权所有　侵权必究

图书在版编目（CIP）数据

遨游太阳系的苏俄探测器：任务、技术与发现 /（美）韦斯利・T・亨特里斯，（俄罗斯）米哈伊尔・马尔可夫著；王聪等译. --北京：中国宇航出版社，2017.6
书名原文：Soviet Robots in the Solar System：Mission Technologies and Discoveries
ISBN 978－7－5159－1356－8

Ⅰ.①遨… Ⅱ.①韦… ②米… ③王… Ⅲ.①航天探测器－俄罗斯 Ⅳ.①V476

中国版本图书馆 CIP 数据核字（2017）第 163514 号

责任编辑	侯丽平	**封面设计**	宇星文化

出　版
发　行　中国宇航出版社
社　址　北京市阜成路 8 号　　　　　**邮　编**　100830
　　　　　（010）60286808　　　　　　（010）68768548
网　址　www.caphbook.com
经　销　新华书店
发行部　（010）60286888　　　　　（010）68371900
　　　　　（010）60286887　　　　　（010）60286804（传真）
零售店　读者服务部
　　　　　（010）68371105
承　印　北京画中画印刷有限公司
版　次　2017 年 6 月第 1 版　　　　2017 年 6 月第 1 次印刷
规　格　880×1230　　　　　　　　**开　本**　1/32
印　张　18.125　　　　　　　　　　**字　数**　522 千字
书　号　ISBN 978－7－5159－1356－8
定　价　150.00 元

本书如有印装质量问题，可与发行部联系调换

航天科技图书出版基金简介

航天科技图书出版基金是由中国航天科技集团公司于2007年设立的,旨在鼓励航天科技人员著书立说,不断积累和传承航天科技知识,为航天事业提供知识储备和技术支持,繁荣航天科技图书出版工作,促进航天事业又好又快地发展。基金资助项目由航天科技图书出版基金评审委员会审定,由中国宇航出版社出版。

申请出版基金资助的项目包括航天基础理论著作,航天工程技术著作,航天科技工具书,航天型号管理经验与管理思想集萃,世界航天各学科前沿技术发展译著以及有代表性的科研生产、经营管理译著,向社会公众普及航天知识、宣传航天文化的优秀读物等。出版基金每年评审1~2次,资助20~30项。

欢迎广大作者积极申请航天科技图书出版基金。可以登录中国宇航出版社网站,点击"出版基金"专栏查询详情并下载基金申请表;也可以通过电话、信函索取申报指南和基金申请表。

网址:http://www.caphbook.com

电话:(010)68767205,68768904

译者序

在人类探索浩瀚宇宙的历史中，苏联/俄罗斯在很长时间里都是引领宇宙探索技术发展的先驱者。自20世纪50年代起，苏联依托日益增长的综合国力和老一代科学家深厚的科学理论功底和技术实力，以及严谨务实的工作态度，在运载火箭、人造地球卫星、月球探测、火星探测、金星探测、彗星探测等领域都取得了举世瞩目的成绩，夺得了多项"世界第一"。苏联深空探测活动因其任务的开拓性、设计的创新性和技术的先进性已成为各国航天科研人员研习的典范，同时也为广大航天科技爱好者所津津乐道。

本书的合著者之一米哈伊尔·马尔可夫曾经效力于苏联克尔德什应用数学研究所近50年，同时他也是苏联科学院著名的空间研究委员会权威专家之一。马尔可夫先生在任克尔德什研究所负责人、科学院院长、空间研究委员会主席期间，历经多年时间撰写了这本著作，详细描述了20世纪苏联机器人探索月球及其他行星的历史，内容包括任务设计、组织机构、关键人物、运载火箭及航天器研制的过程、任务结果等，辅以大量珍贵的历史照片和数据图表，直观、深入地展现了各项任务的时代背景、困难艰辛、伟大成就、经验教训和幕后故事，使读者仿若身临其境。

偶然机会，我们与马尔可夫先生在俄罗斯科学与技术学术会议上会面，相谈甚欢，耄耋之年的他对本书能够出版发行中文版充满期待。回国后，译者组织技术力量对本书进行了翻译，力求真实并准确表达苏联老一辈航天科研工作者严谨的科学态度和高超的技术水平。本书篇幅宏大，译者能力水平有限，难免有欠妥之处，还请专家学者和广大读者批评指正!

　　最后再一次感谢本书的原著者,让我们有机会深入了解苏联/俄罗斯太空探索的辉煌历史和宝贵经验;同时感谢翻译团队及中国宇航出版社各位编辑老师的辛勤工作!希望本书的出版能够为国内航天科研工作者提供借鉴与参考,为广大航天爱好者提供精神食粮。

译者

2017 年 4 月于上海

谨以此书献给那些在 20 世纪所有梦想登上月球和其他行星并为此付出努力的人们。他们自己或许从未登上过月球或其他行星，但他们制造的机器人却能代替他们的眼睛、耳朵、鼻子、双手、双臂和双腿，去到他们不能到达的地方。正是由于他们的努力，人类才能乘坐他们建造的航天器遨游太空，完成一项又一项大胆、高风险及高危险性的任务，将航天器发射到月球、金星、火星，直至太阳系。工程师、科学家们的独具匠心无可估量，他们为我们创造了一幅壮观画卷。

前　言

　　冷战时期，美国和苏联之间的竞争激起了人类历史上最伟大的冒险探索之一。作为美苏之间武器输送系统军事竞赛的副产品并作为一种宣传优势，两国之间展开了一场太空竞赛，如民用有效载荷放在火箭上以完成人类地球轨道使命（对于美国阿波罗项目为登上月球），机器人登上月球及其他行星的任务。

　　本书描述了20世纪苏联机器人探索月球及其他行星的历史。我们的编年史中只记录了那些苏联为了探索月球或其他行星所发射至深空的任务，并不包括为了研究太阳、地月空间环境而发射至深空的任务。用月球和星际航天器发射的近地轨道之外的测试任务，例如"探测器"系列就在其中，承载非操作模型的航天器的发射测试不包含在内。1958至1996年，从苏联第一次尝试将航天器发射至月球到20世纪俄罗斯最后一次深空发射任务，我们已经尽力去对这段时期所有执行的相关任务做一个全面、精确的描述。所有组装上了发射台并意欲发射的任务都包含在其中，包括一些发射尝试未离开发射台、或是推进器点火后不久、或是运载火箭飞行中的某一时刻就以爆炸告终的任务。俄罗斯方对火箭发射失败，尤其是失败发生在前期非常苦恼。

　　关于苏联的月球和行星任务的数据，西方和俄罗斯的资料显示相矛盾。我们已经尽力基于公开发布数据及对苏联太空项目的参与者的采访提供最大可能正确的信息。在一些情况下，我们已经做出判断去选择看似最为正确的。

韦斯利·T·亨特里斯

米哈伊尔·马尔可夫

2011 年 1 月 31 日

致　谢

　　韦斯利·亨特里斯真诚地感谢华盛顿卡内基学院地球物理研究所提供的名誉地位，以及加州理工学院喷气推进实验室负责人查尔斯·叶拉奇和首席科学家穆斯塔法·查欣提供的支持。这本书的大部分都是在喷气推进实验室访问杰出科学家时完成的。我要感谢几位为我提供帮助的朋友，他们是：维克多·柯赞诺维奇，萨沙·扎哈罗夫，尤其是和我一同完成此书的米哈伊尔·马尔可夫。最为重要的是，我要感谢我的妻子萝珊在我完成这本书手稿的过程中给我的耐心与理解。

　　米哈伊尔·马尔可夫要感谢他已效力近50年的克尔德什应用数学研究所，同时他也是苏联科学院著名的空间研究委员会的一名科学秘书。这个研究所承担了苏联主要的机器人及人类太空计划，这些计划是在米哈伊尔·马尔可夫任克尔德什研究所负责人、科学院院长及委员会主席时期主持的。我要感谢所有业内同事、科学院，尤其要感谢科罗廖夫能源火箭航天公司和拉沃契金设计局，在与他们合作研究空间活动的过程中解决了许多问题。我也要对我的俄罗斯朋友们表示谢意，他们帮助我为本书查找、澄清历史数据。他们是：维克多·拉戈斯塔夫，弗拉基米尔·叶法诺夫，伊戈尔·舍瓦列夫，尤里·洛加乔夫，阿诺德·谢利瓦诺夫和萨沙·扎哈罗夫。我尤其要感谢奥尔加·戴维纳，他帮助我完成了数据汇编和交互询问。最后，我要感谢韦斯利·亨特里斯邀请我加入到这个项目中并有幸与他合著本书，也要对在完成本书书稿过程中我们的友好合作和相互理解表示感谢。

　　本书插图的主要来源为包括美国国家航空航天局在内的美国官

方机构，以及包括能源公司、拉沃契金设计局、空间科学研究所、地球化学和分析化学研究所在内的俄罗斯官方机构。我们查找了一些书目：《S·P·科罗廖夫能源火箭航天公司 1946—1996 年》第一卷，《在两个世纪边界的 S·P·科罗廖夫能源火箭航天公司 1996—2001 年》第二卷，尤其是拉沃契金设计局出版的《自动空间飞行器基础和应用研究》非常有用。我们要感谢能源公司第一副总裁及总设计师 V·P·拉戈斯塔夫，拉沃契金设计局总设计师 V·V·哈尔科夫允许我们复制已在他们的出版物上发表或他们公司网站上发布的照片、图表和图纸。

　　对于非官方的资源，我们努力查找原始版权持有人，寻求所有在之前出版著作上出现的数据的正式授权。本书中的一些图片来自于更早的或已绝版的书籍，由于出版机构的合并和收购，不可能找到所有的原始版权持有人。对于任何无意出现的疏漏，我们都深表歉意。在所有这些情况下，只要我们知道原出版物、作者或艺术家，我们都做了文引。我们引用了很多由 I·阿尔马斯和 A·霍瓦特著的1981 年匈牙利语版《太空旅行百科全书》未标明出处的图。其他的来源于肯尼斯·加特兰、约翰·伍德等著的 1972 年版《机器人探索者》，有许多来源于由美国航天学会出版，拉尔夫·F·吉本斯著的《苏联在太空》系列，一些图来源于阿西夫·西迪基所著的《挑战阿波罗》中彼得·戈林的绘图和一位不知名艺术家在美国国家航空航天局《先锋金星》中的绘图。非常感谢阿西夫·西迪基和唐·米切尔允许我们使用他们出版物或网站上的材料。尤其要感谢詹姆斯·加里允许我们使用他的原图，感谢泰德·特里克允许我们使用他用现代方法重新处理过的苏联项目的影像。不幸的是，许多年前的关于苏联项目的图表及影像已不清晰，不适合现代出版，但这说明了年代的久远。最后，要感谢戴维·M·哈兰的辛勤编辑及对此手稿的改进。

目　录

第1篇　组成部分——人物、机构、火箭和航天器

第 1 章　太空竞赛

1.1　率先抵达月球，率先抵达金星，而且率先抵达火星

20 世纪下半叶发生了令人永难忘怀的事件：人类之间的竞赛首次突破了地球的羁绊，开始探索行星间的无限空间。1957 年，苏联以 Sputnik 地球轨道卫星首开这一事业的先河，此后不久，苏联科学家就首次尝试将航天器送至月球及其他行星。由此开始了人类近代史中最为激荡人心的冒险之一，在这 38 年间胜利与悲剧交织。

太空飞行的首批先行者生活在 20 世纪的前半叶。苏联的齐奥尔科夫斯基（Tsiolkovsky）、灿德尔（Tsander）与康德拉图克（Kondratyuk），德国的奥伯特（Oberth），美国的戈达德（Goddard），以及后来苏联的科罗廖夫（Korolev）与格鲁什科（Glushko）、美国的冯·布劳恩（von Braun）和法国的埃斯诺-佩尔特里（Esnault-Pelterie），上述这些人坚信，凭借火箭推进技术领域取得的新进展，人类可以前往太阳系的其他行星。这些早期愿景者建立了"飞往其他行星事实上是可行的"的设想，但其梦想在二战时研制出可实现深空推进的技术后才变为了现实。截至 20 世纪末，人类已经踏上了月球，而且向大多数行星、一些彗星及小行星发送了无人航天器。

苏联与美国之间针对主导地位的激烈竞争构成了 20 世纪太空探索历史的最显著特性。在太空时代到来之际，两国都在开发洲际弹道导弹（ICBM），以将核弹头投向对方的城市。而欧洲与日本则忙于二战浩劫之后的重建。苏联采用其首枚可操作 ICBM 的改型，于 1957 年 10 月 4 日发射了首颗人造卫星 Sputnik。同样也是苏联发起

了人类首次太空飞行：1961 年 4 月 12 日尤里·加加林（Yuri Gagarin）进行了轨道飞行。这些事件令美国人感到震惊，他们很难想象自己竟然未能首先进入太空。美国人也很快意识到此类事件对于其国防的重要意义。美国于 1958 年发动了一项庞大的太空开发计划，1961 年 5 月 25 日，肯尼迪总统制订了一项国家目标，旨在十年内将人类送上月球，其中暗含此人应当是美国人而非苏联人。

苏联针对这一挑战做出的响应速度较慢，但是在 1964 年，苏联发起了一项国家计划，旨在先于美国将苏联航天员送至月球。1969 年 7 月 20 日，阿波罗 11 号在宁静海（Sea of Tranquility）着陆，标志着美国人赢得了这场"竞赛"的胜利。尽管苏联的计划在经历 N-1 重型火箭（美国土星 5 号火箭的等效产品）一系列失败之后陷入困局，但是其通过 1976 年的机器人月球车与采样返回任务取得了戏剧性的成就。在 6 次顺利飞行至月球表面之后，美国人于 1972 年终止了阿波罗月球计划。

虽然太空竞赛是一种冷战现象，但是，正如 20 世纪前半叶的国际飞行竞赛一样，太空竞赛促使了研究与技术的爆炸性发展。尽管苏联与美国之间在太空探索的竞争最初主要着眼于将人类送往月球，然而二者之间将无人航天器送至月球及其以外太空的竞争仍然存在；而这种竞争在了解我们所处的太阳系及地球应用的技术进步方面取得了巨大的工程上成就和重大的科学进展。如果没有冷战的政治紧迫性，那么此类进步所需的国家投资很可能就无从谈起了。1991 年苏联解体之后，俄罗斯的无人太空探索计划便处于日薄西山的状态。

本书介绍了苏联机器人太空探索任务的技术详情，此项活动始于 1958 年 9 月 23 日月球撞击器的尝试发射，而终结于 1996 年 11 月 16 日的火星-96 号任务，后者是俄罗斯国家科学太空计划在 20 世纪的最后一次发射活动。我们将每次飞行活动置于政治与历史大背景之中，其中包括了全体人民的付出、计划大事年代记、创建者的英勇精神、实现方式所透射出的天才想法，以及执行过程中取得的成功与某些情况下的悲剧性失败。本书共分为两篇。第 1 篇描述了实施太空计划所需的各部分内容：促使计划实现的关键人物，设计、建造与运行硬件的机构，提供进入太空途径的火箭，以及开展整个事业所需的航天器。第 2 篇以编年体方式介绍了各部分内容如何组合在一起，从而开展太空飞行并且执行各种任务活动。其中每章均涵盖一段特定时期，通常为数年；在此期间，根据天体力学确定的发射窗口开展了特定的任务活动。第 2 篇的各章简要概述相应时期执行的飞行任务、飞行任务活动的政治背景与历史背景，其中包括了美国人当时开展的工作。每章均用大量篇幅专门介绍每次飞行活动的科学与工程详情，并且尽可能采用本书撰写时获取的详尽技术资料来介绍各种情况下的航天器与有效载荷及飞行进度，并且概要介绍取得的科学成果。

苏联机器人太空计划令人瞩目，其驱动力既源自对于技术成就的渴望，也源自对获得国际认可与尊重的期望。该计划实现了这些目标。苏联机器人航天器率先抵达月球、金星，以及火星。

第 2 章　关键人物

2.1　简介

　　任何伟大的事业都是人造就的产物。所有创举的发生都是由人引起的。尽管机构是实现伟大事业的途径，但是机构中的人，尤其是机构中的领导人员才能驱动机制来创造伟大的产品。太空探索事业也是如此。在开始介绍 20 世纪苏联的太空探索计划之前，首先需对领导这个伟大事业发展的人员有个描述。虽然许多管理人员、工程师和科学家都必不可少，但是我们在此仅介绍那些处于事业顶层的人员，而这些个人和机构力量创造了苏联的太空计划。首先是位于顶层的曾控制国家项目选择及融资的共产党领导人员和政府部长们；其次应特别指出的是，提出该太空计划的个人首席设计师；第三是负责为项目建设火箭和航天器的设计局负责人；最后是苏联科学院的主席，他除了亲自领导太空计划之外，还通过科学院研究所的负责人提供学术资源，而这些研究所采用设计局建造的火箭和航天器促成了太空任务目标。

　　二战后，在开发苏联太空计划方面最重要的个人是谢尔盖·帕夫洛维奇·科罗廖夫（Sergey Pavlovich Korolev）。在约瑟夫·斯大林决定将火箭开发作为战争结束时国家的优先任务之后，科罗廖夫就被从劳改营流放中赦免，同被赦免的还有在战前他的研发火箭工程师小组的其他人员。他们和一众被俘的德国工程师一起从 V - 2 导弹开始着手工作，与美国所进行的一样。在 20 世纪 40—50 年代，科罗廖夫的设计局利用德国火箭工程师的专业知识建立自己的设计能力，研发了第一枚远程火箭。截至 20 世纪 50 年代中期，德国工程师普遍被解雇，该事业完全由苏联掌握。科罗廖夫从 1957 年春季开始测试他的 R - 7 洲际弹道导弹，在整个 20 世纪 60 年代，该火箭不仅发射了 Sputnik 及其他早期的地球卫星，还完成了几乎所有的苏联月球和行星任务，以及运送所有的苏联航天员。在升级和改型中，该劳苦功高的火箭已经成为当今用于商业化载人和无人任务的联盟号运载火箭的核心。

　　科罗廖夫是一名优秀的工程师和设计师，并且具有相当卓越的领导能力和政治技巧。这些品质及其任务的成功使他成为苏联太空计划的宠儿。他的身份一直是保密的，对外将其称为"首席设计师"，这个术语是为苏联太空计划名义上的负责人发明的。1966 年在其去世后仅有两人能接替他，但是他们中的任何一个人并没完全具有科罗廖夫的全部品质，太空计划似乎失去了大部分的驱动力。如果科罗廖夫依然负责该计划，则苏联可能已使得一名航天员登陆月球——即使比计划稍晚并且在美国人之后。苏联太空计划的首席设计师，作为克里姆林宫圈内的实际领导人，同时也是执行设计局的负责人之一。而在美国没有相似的情况：沃纳·冯·布劳恩（Wernher von Braun）具有类似的领导角色，但同时他并非是美国国家航空航天局（NASA）的主管。在苏联，没有相当于 NASA 的机构。航天事业仅为政府通用机械工业部的一部分，该部广泛控制所有实施政府部门政策的苏联航天工业和设计局。

　　设计局和研究所开发并建造了所有用于执行苏联太空计划的硬件，苏联科学院提供的科学仪器除外。几个设计局与研究所的负责人，也被称为"首席设计师"，是计划关键的掌权者。在苏联火箭和太空事业初期，科罗廖夫建立了一个首席设计师委员会来协调火箭开发和太空探索中的各项工作。委员会成员如图 2 - 1 所示。委员会成员瓦伦汀·彼得罗维奇·格鲁什科（Valentin Petrovich Glushko）院士（1908—1989 年）早在二战前就是科罗廖夫的同事，并为 R - 7 提供了火箭发动机，但后来他成为了科罗廖夫的竞争对手。他是历史上苏联项目最重要的人物之一，科罗廖夫死后他的角色将随后在本章进行描述。尼古拉·阿列克谢耶维奇·皮柳金（Nikolay Alexeevich Pilyugin）院士（1908—1982 年）是 NIIP 的首席设计师，负责火箭和航天器相关的自主控制系统（航空电子设备）。皮柳金是科罗廖夫最亲密的同事之一，是开发自主导航所需的飞行计算机及精密电子设备方面的先驱。成员米哈伊尔·谢尔戈耶维奇·梁赞斯基（Mikhail Sergeevich Ryazansky）（1909—1987 年）是 NII - 885 的负责人兼首席设计师，并且开发了火箭和深空任务所需的无线电系统，包括箭上发射器、接收器、无线指令链路和地面天线。特别是，他开启了对无线电系统的研究，以促进深空中火箭的自主导航，以及航天器所需的成像系统的开发。阿列克谢·费奥多罗维奇·博戈莫洛夫（Alexey Fedorovich Bogomolov）院士（1913—2009 年）是 OKB MEI 设计局的负责人（直至 1989 年），主要负责开发箭上无线电遥测和弹道跟踪，另外还有火箭和航天器所需的地面天线。他还极大地促成了雷达遥感技术，包括通过金星 15 号和金星 16 号对金星进行地图绘制的仪器。弗拉基米尔·帕夫洛维奇·巴门（Vladimir Pavlovich Barmin）院士（1909—1993 年）是弹道导弹和航天器运载火箭所需的所有地面综合体的首席设计师。他还促成了月球与金星任务所需的土壤样本设备的开发。维克多·伊凡诺维奇·库兹涅佐夫（Victor Ivanovich Kuznetsov）院士（1913—1991 年）是 NII - 10 的首席设计师和负责人，他开发了用于火箭和航天器的陀螺仪，并首创了苏联的惯性导航系统。

设计局之间都在相互竞争。设计局的负责人，如科罗廖夫，凭借人格力量和政治关系成为整个太空计划的"首席设计师"。由于没有专门的政府航天局来引领设计局之间的竞争，因此苏联太空计划充满竞争、敌意和政治阴谋。由此产生的低效率不仅浪费资源，而且导致诸多延迟及失败。科罗廖夫死后，便没有人具备可以控制这一切所必要的个人能力。

与科罗廖夫几乎处于同等地位的是姆斯季斯拉夫·弗谢沃洛多维奇·克尔德什（Mstislav Vsevolodovich Keldysh），他是应用数学

图 2 - 1 1959 年科罗廖夫的首席设计师委员会

从左至右依次为：博戈莫洛夫（A·F·Bogomolov）、梁赞斯基（M·S·Ryazansky）、皮柳金（N·A·Pilyugin）、谢·帕·科罗廖夫（S·P·Korolev）、格鲁什科（V·P·Glushko）、巴门（V·P·Barmin）、库兹涅佐夫（V·I·Kuznetsov）

研究所的所长，并在 1961 年之后成为苏联科学院的院长。当科罗廖夫成为苏联太空计划的"首席设计师"时，克尔德什是"首席理论家"。他们共同努力倡导及执行太空探索计划。从 1956 年到 1978 年去世，克尔德什都是受到高度赞誉的"部门间科学及技术委员会"（MNTS KI，Mezhduvedomstvennyi Nauchno – Tekhnicheskii Soviet po Kosmicheskim Issledovaniyam）的主席。该委员会负责苏联的太空科学与技术发展。委员会和科学院为太空计划确定目标，向政府提出建议及推荐个人项目，提供太空导航方面的专业知识，并为飞行任务进行科学调查。科罗廖夫与克尔德什通力合作，一同取得了许多太空计划方面的成就（见图 2 - 2）。

最后具有高度影响的团体是苏联科学院研究所的负责人们。两个主导的太空科学组织是 1947 年成立的沃尔纳德斯基地球化学和分

图 2-2　谢尔盖·帕夫洛维奇·科罗廖夫（左）
和姆斯季斯拉夫·弗谢沃洛多维奇·克尔德什（右）

析化学研究所，以及于 1965 年设立的太空研究所。科学院的科学研
究所提供太空任务所需的目标及仪器。而主导设计局和科学研究所
的负责人均是能力卓绝的个人，他们向科罗廖夫和克尔德什建议该
飞行哪项任务，并确定了需进行哪些科学调查。

2.2　部长

阿法纳西耶夫（Afanasyev），谢尔盖·亚历山德罗维奇（Sergey Aleksandrovich）

1918—2001 年

通用机械制造部第一任部长

1965—1983 年

谢尔盖·阿法纳西耶夫负责的组织管理
着制造对苏联国防至关重要的弹道导弹和卫
星，以及用于在政治上非常重要的太空探索
计划中的航天器和运载火箭的机构和劳动
力。列昂尼德·勃列日涅夫（Leonid Brezhner）
曾告诉他，"我们信任你，但是如果你失败
了，我们就会把你按在砖墙上射杀你。"他
被称为"大锤"，可能因为他是一个非常粗
鲁的和令人生畏的人，但是他在指挥巨大项
目方面颇有天分。他是参与苏联太空计划人

阿法纳西耶夫

员中最强势的人之一，其中包括科罗廖夫及其竞争对手格鲁什科。
1965 年，因其对科罗廖夫载人航天计划管理的批判，导致机器人计
划从科罗廖夫的职责范围中被分离出来，并成为乔治·巴巴金
（Georgi Babakin）的职责。他监督了苏联对阿波罗项目的回应，并
令该计划在经历挫折之后最终取消。

2.3 苏联太空计划创始人兼首席设计师

科罗廖夫（Korolev），谢尔盖·帕夫洛维奇（Sergey Pavlovich）

1907—1966 年

苏联太空计划创始人

OKB-1 首席设计师

1946—1966 年

首席设计师谢尔盖·科罗廖夫（这个常
见的拼写在语音学上并不正确，而应是
Korolyov）是苏联的幕后英雄，相当于美国
的冯·布劳恩。他的 1 号实验设计局
（OKB-1）主导了苏联火箭技术的首次军事
应用发展，以及此后不久火箭技术的和平应

科罗廖夫

用发展。他的身份是国家机密，只有核心圈子知晓；而对于其他人，他仅仅是"首席设计师"。相较于冯·布劳恩公开与公众接触并担任美国民用太空计划的热心沟通者，科罗廖夫在严密的国家保护下工作。他甚至不被允许佩戴自己的奖章。直到死后，他的身份才被公开。

科罗廖夫是太空探索的热情拥护者，开始时他是一名领导研究小组 GIRD 的年轻工程师；该小组在 20 世纪 30 年代时建造了小型火箭，同时期罗伯特·戈达德（Robert Goddard）在美国也在建造火箭。20 世纪 30 年代晚期，科罗廖夫成为斯大林大清洗运动的受害者之一，被迫承认捏造的指控。在被转移到"sharashkas"之前，他最初被派到古拉格集中营，这是科学家和工程师的奴隶劳工营，在此他可以在流放中为军方继续从事火箭方面的工作。他经历的如此之多的苦难，导致他在余生中一直有健康方面的问题。他在二战快结束时被释放出来，以评估缴获的德国 V-2 导弹，并建立苏联的火箭能力。

1946 年科罗廖夫被任命为 88 号科学研究所（NII—88）一个新部门的首席设计师，主要开发远程导弹。研制的 R-1，本质上是苏联建造的 V-2 导弹，引领了随后一系列更具杀伤力的火箭，分别命名为 R-2、R-3 和 R-5。他证明了自己是一位非常有才华的技术设计师和管理者，并于 1950 年其部门被升级成设计局，随后在 1956 年脱离 NII—88 成为 OKB-1。自 1953 年，他开始研制用于携带重为 5 t 核弹头的洲际弹道导弹（ICBM），这需要火箭具有前所未有的规模及能量。由此导致大型多级 R-7（北约将其称为 SS-6 警棍）在 1957 年春季才进行第一次测试，而早在此之前就已经有技术削减了弹头的大小。由于需要花费 20 个小时的时间用于准备发射，其作为武器过于庞大而笨拙，因此在相互竞争的组织生产出更加实用的运载系统之前，仅部署了为数不多的几个。然而，科罗廖夫鉴于 R-7 的强大升力将其用于太空探索，包括 Sputnik，而这证明了大型导弹在非军事用途方面的政治价值（克里姆林宫不太愿意承认）。像冯·布劳恩一样，科罗廖夫的热情是太空探索，但他需要军事业务来建造相关的火箭。因此他的设计必须同时满足他的梦想及军事需求。科罗廖夫游说将 R-7 用于太空探索，并且坚持认为军事上实际意义不大的低温火箭最适合这个角色，这最终引起军方的不耐烦，并与其竞争对手签订合同，特别是米哈伊尔·杨格尔（Mikhail Yangel）的 OKB—586 和弗拉基米尔·切洛梅（Vladimir Chelomey）的 OKB-52。

科罗廖夫是一个有魅力的人，他通过坚持不懈地奋斗，结合卓绝的政治头脑、技术专长和领导才能，带着愤恨建立了得到军事支持的苏联太空探索计划。不过，他胜利了，因为他的太空壮举为他赢得了苏联政治阶层的支持，特别是赫鲁晓夫的支持。20 世纪 R-7 的各种分型号成为最可靠和最常用的太空探索运载火箭。如今联盟号仍被用于将航天员发射送入低地球轨道。在切洛梅开发出更强大的质子号之前，闪电号运载火箭发射了所有早期的苏联月球和行星任务，而其后来的型号仍用于这一目的。1966 年 1 月他的突然离世是一个严重的冲击，没有他的领导，苏联登月计划演变成为派系之间的竞争，阻碍了计划的进展，并使本就起步已晚的苏联所可能具有的任何机会消失殆尽。

2.4　苏联科学院院长

克尔德什（Keldysh），姆斯季斯拉夫·弗谢沃洛多维奇（Mstislav Vsevolodovich）

1911—1978 年

苏联科学院院长

1961—1975 年

谢尔盖·科罗廖夫是苏联太空计划背后的工程天才，而姆斯季斯拉夫·克尔德什是该计

克尔德什

划的科学天才，也是科罗廖夫渴望的伙伴。美国太空计划中没有一

个人的角色可以与克尔德什相提并论。作为一名杰出且优雅的数学家，他特别擅长将数学应用到复杂的实际问题中，而且他对气动工程颇有兴趣。

1946—1961 年，他是研究组织 NII－1 的负责人，即目前的克尔德什研究中心。科罗廖夫和格鲁什科在大清洗中被捕之前，NII－1 最初是他们的火箭研究小组。1953 年克尔德什被任命为斯特克洛夫（Steklov）数学研究所的部门负责人，而该研究所在 1966 年成为应用数学研究所，并且现在以克尔德什的名字命名。1961 年，他当选为苏联科学院院长。

克尔德什参与了始于 1954 年的太空研究，当时他与科罗廖夫共同主持了关于科学航天器的委员会，该委员会最终设计了 Sputnik 3 号。从 1956 年开始，他接手强大的科学院 MNTS 委员会，并被认为是太空计划的"首席理论家"，他负责太空科学领域，包括在计算机和核武器设计中的军事应用。他和科学院的科学研究所为太空探索、火箭设计、任务设计和太空导航提供了理论基础。与美国的情况不同，苏联科学院主要致力于开发针对太空探索的数学及科学工具，包括仪器；作为科学院的负责人，克尔德什是苏联月球和行星探索发展的主要力量。政府经常让科学院评估各设计局所提出项目的优点；同时，政府也将克尔德什作为苏联太空探索计划的代言人介绍给国际社会，向国外和媒体展现苏联太空探索计划。他的声望伴随的是科罗廖夫的默默无闻。

2.5　设计局的首席设计师和负责人

吉洪拉沃夫（Tikhonravov），米哈伊尔·克莱德维奇（Mikhail Klavdievich）

1900—1974 年

OKB－1 副首席设计师

1956—1974 年

虽然并非设计局的局长，但是在 OKB-1
的早期，米哈伊尔·吉洪拉沃夫是科罗廖夫团
队的关键成员，并且是苏联太空计划的先驱之
一。早期他是一名滑翔机爱好者并且在 20 世
纪 20 年代与尼古拉·波利卡波夫（N·N·
Polikarpov）共事开发飞机。1932 年，他加入
了 GIRD，并对火箭飞行理论和太空技术产生
兴趣，其与科罗廖夫合作建造了苏联第一个液
体推进剂火箭。

吉洪拉沃夫

吉洪拉沃夫逃过了 20 世纪 30 年代末的恐怖行动，并在二战期
间从事喀秋莎火箭和火箭推进型战斗机的研制。战后，他对德国
V-2火箭着迷，并自行设计了用于将飞行员送入太空的高空火箭。
1946 年末，他在莫斯科成为 NII-4 的副局长，管理弹道导弹发展方
面的研究。在此期间，他开创性地研究多级火箭和轨道飞行，而这
些后来被应用于运载火箭和航天器发展。继齐奥尔科夫斯基
（Tsiolkovsky）之后，他提出了多级火箭的"一揽子"设计概念，该
概念被科罗廖夫用于 R-7。1956 年 11 月 1 日，他被调入 OKB-1，
在此他与科罗廖夫携手开发用于飞往月球、金星和火星的机器人航
天器，以及用于 OKB-1 载人航天计划的飞船。

米申（Mishin），瓦西里·帕夫洛维奇（Vasily Pavlovich）

1917—2001 年

OKB-1 首席设计师

1966—1974 年

作为科罗廖夫的助手及门徒，1966 年，在
其导师在手术中不幸死亡后，瓦西里·米申接
手管理 OKB-1。在米申的任期中，OKB-1
试图开发科罗廖夫的巨型 N-1月球火箭和联
盟号载人飞船，以将航天员运送到月球。

当他接管 OKB-1 时，项目受到技术问题

米申

及不切实际的进度表的困扰。虽然米申是一位口碑颇好的工程师，也是一个善良的人，但是其并不具备科罗廖夫的领导才能，以及像科罗廖夫一样调动大量苏联政治和工业机器及阻止敌人的魅力和关系。在 NASA 阿波罗取得成功的同时，在米申的监督下，发生了四次灾难性的 N-1 发射尝试、月球联盟号试飞失败、三次空间站任务失败、1967 年联盟-1 号飞行员的死亡，以及 1971 年联盟-11 号三名航天员的死亡。1974 年，在科罗廖夫劲敌，瓦伦汀·格鲁什科策划的政变中，他被免职。之后两年，任何进一步将航天员发送至月球的尝试均被终止。

米申被贬黜到莫斯科航空学院，并被指责为"输掉月球竞赛的人"。面对美国阿波罗无情的主宰地位，雄心勃勃的技术挑战开始崩溃，不幸的是，他在此时主持事务；他只是没有"正确的东西"来克服。尽管许多西方人认为他已被处死，然而 20 世纪 80 年代晚期米申重新露面，并公布了一些与苏联太空计划历史相关的、有争议的账目。

格鲁什科（Glushko），瓦伦汀·彼得罗维奇（Valentin Petrovich）

1908—1989 年

OKB-456 首席设计师

1946—1974 年

NPO-Energiya 首席设计师

1974—1989 年

格鲁什科

与科罗廖夫同时期，瓦伦汀·格鲁什科在 20 世纪 20 年代开始研究火箭发动机，并成为气体动力学实验室的负责人。20 世纪 30 年代军队将该实验室与科罗廖夫的 GIRD 火箭研究小组合并。和科罗廖夫一样，格鲁什科也是大清洗的受害者。二战后，他被任命为设计局 OKB-456 的负责人，开发由科罗廖夫 OKB-1、切洛梅 OKB-52 和杨格尔 OKB-586 所设计导弹的火箭发动机。在科罗廖夫开始设计 R-7 的后继型号并忽视格鲁什科有关使用自燃推进剂的建议后，他们成了劲敌。

事实上，两者之间结怨可以追溯至大清洗时期。科罗廖夫确信格鲁什科应对其被拘留负责。有这样一个故事，首先是格鲁什科被捕，在胁迫下他谴责科罗廖夫由于偏爱液体而非固体燃料火箭而破坏了进程，在此之后不久科罗廖夫就被捕了。格鲁什科批评科罗廖夫的月球项目计划，并通过拒绝建造用于 N - 1 的发动机来阻碍科罗廖夫的进程，并迫使科罗廖夫求助于没有经验的供应商。

1974 年，鉴于 N - l 惨痛的失败，OKB - 1 的对手，包括格鲁什科和切洛梅，说服勃列日涅夫辞掉米申。格鲁什科被任命代替米申。他执行的第一个行动就是陡然取消 N - l 项目。然后，他将 OKB - 1 吸收进入自己的设计局 OKB - 456。在成为共产党中央委员会成员期间，他还吸收了切洛梅的设计局，创建了一个名为 NPO - Energiya 的大规模的火箭工程帝国。然后，在击败科罗廖夫的余党之后，格鲁什科专注于按照自己的构思构建一个新型火箭和可重复使用航天器系统，即能源号和暴风雪号，以取代联盟号系统，并与美国航天飞机竞争。20 世纪 80 年代末，能源号火箭飞行了两次、暴风雪号飞行了一次，均为不载人，随后因为负担不起而被立即取消。它们现在仅是被批评者们描述成徒劳、固执、小气和好指使人的那个人沉默的纪念碑。然而，能源号—暴风雪号这个雄心勃勃的复杂项目的实现，成为了技艺高超的苏联人的纪念碑。最大的讽刺是，如今科罗廖夫的联盟号运载火箭和航天器仍在前线服务，而格鲁什科建立的企业集团则带有科罗廖夫的名字，称为 S·P·科罗廖夫能源火箭航天公司。

格鲁什科是一名杰出的工程师及火箭发动机设计师，而他的 OKB - 456 创造了有史以来最高效的发动机。他设法建造无需美国火箭发动机制造商技术的闭路发动机。同时他是低温学的顽固批评者，尽管他使用液氧建造发动机，并在美国已将氢用于最大推力的土星 5 号运载火箭的上面级时仍然坚称氢并非合适的火箭燃料。由于无法消除单燃烧室大型发动机的燃烧不稳定性，因此格鲁什科设计出了一个共享同一燃料/氧化剂供给的四个较小燃烧室/喷嘴的巧妙解决方案。其为 R-7 建造的四燃烧室 RD-107 和 RD-108 发动机至今仍用于联盟号运载火箭。作为对冷战的一个讽刺，他为能源号火箭建造的大推力四燃烧室 RD-170 发动机被一分为二；而两燃烧室的变体，RD-180 现在正被用于为美国宇宙神运载火箭的最新型号提供动力！

切洛梅（Chelomey），弗拉基米尔·尼古拉耶维奇（Vladimir Nikolaevich）

1914—1984 年

OKB-52 首席设计师

1955—1984 年

切洛梅

弗拉基米尔·切洛梅是从事非线性波动力学研究的数学家，起初他负责巡航导弹的研究。1955 年他成为 OKB-52 的负责人，并于 1958 年开始首次研究洲际弹道导弹 UR-100（北约代号 SS-11），而这成为苏联对美国民兵导弹的回应。虽然科罗廖夫始终偏爱低温学，但是切洛梅和米哈伊尔·杨格尔都选择了可贮推进剂，并且采用该推进剂的导弹更适合军事需求。这使得科罗廖夫关注在政治上得到支持的月球航天员计划。切洛梅对军事需求的关注为他赢得了军方的尊重，从而获取了比科罗廖夫更多的资源。

在 20 世纪 60 年代初，切洛梅开始研发用作重型 ICBM 的 UR-500 质子号火箭。而当军方取消该火箭时，切洛梅在克尔德什的支持下，利用他的政治关系为月球计划保存了该火箭。切洛梅针对科罗廖夫的开发火箭和航天器将航天员送上月球的计划，构建了相应的竞争计划。在 1964 年苏联终于决定与美国的阿波罗计划竞争时，他提出他的计划与科罗廖夫竞争。赫鲁晓夫（他的儿子是 OKB-52 的一名工程师）感谢切洛梅提供的实用且重要的军用 ICBM，所以切洛梅设法使 UR-500 在载人登月计划的测试和绕月阶段的竞争中优于科罗廖夫的新设计被选中。然而，航天器是科罗廖夫提出的月球联盟号，而且科罗廖夫的大规模 N - 1 月球火箭被选中用于登月任务，而非切洛梅的更大型的 UR - 700。在高效及时结果所需支持的过程划分中，切洛梅—科罗廖夫继续作为两个竞争项目，由赫鲁晓夫及随后的勃列日涅夫分别进行管理和出资。在经历漫长的早期失败后，质子号化名为探测器号，用来发射自动化联盟号测试航天器，而该航天器将绕月飞行并返回地球。它继续为礼炮号和和平号空间站发射重型卫星和舱体。继承了科罗廖夫机器人探索计划的拉沃契金（Lavochkin）设计局的乔治·巴巴金（Georgi Babakin）意识到质子号非常适合发射他所设计的重型航天器；并且凭借对上面级的修改，包括使用来自科罗廖夫的 N - 1 火箭中的一级，质子号成为了 20 世纪 70 年代及之后苏联月球及星际航天器的首选发射器。如今，其已成为商业重型发射服务的世界标准。

巴巴金（Babakin），乔治·尼古拉耶维奇（Georgi Nikolayevich）

1914—1971 年

NPO - Lavochkin 总设计师

1965—1971 年

巴巴金

作为一名自学成才的工程师，尼古拉耶维奇在 43 岁时才获得大学学位。1949—1951 年间，他曾在 NII - 88 研究所从事火箭控制系统研制，在那里他第一次见到科罗廖夫；然后在 OKB - 301 为首席设计师谢苗·A·拉沃契金（Semyon A. Lavochkin）设计了军用导弹系统，借此他成为了 OKB - 301 的副总设计师，然后是总设计师（负责人），而 OKB - 301 现在更名为 NPO - Lavochkin。同时，OKB - 1 以压倒性的姿态负责载人和不载人项目，并且遭受了一连串的失败。科罗廖夫暗中十分信任巴巴金，他将所有机器人月球和行星太空探测器都转移给了拉沃契金。随后，巴巴金解决了困扰月球 Ye - 6 号和 3MV 号星际航天器的质量控制问题，在月球和金星方面获得了长期的成功。由质子号发射的重型航天器是在他的领导下开发的，伴随月球 16 号取样返回和月球 17 号登陆，其迎来了最初的成功。

他是科罗廖夫合格的继任者，但是在其设计的新型火星航天器到达目的地之前，突然于 1971 年 8 月辞世，享年 57 岁。

克留科夫（Kryukov），谢尔盖·谢尔盖耶维奇（Sergey Sergeyevich）

1918—2005 年

NPO‑Lavochkin 总设计师

1971—1977 年

谢尔盖·克留科夫与科罗廖夫、吉洪拉沃夫和米申一同致力于 R 系列火箭的开发，在 OKB‑1 项目中连同米申和其他人升为科罗廖夫的副首席设计师。在开发用于 N‑1（也用于质子号）的 Block D 上面级模块时，他同米申争权，并被调至 NPO‑Lavochkin。不到一年

克留科夫

之后，在巴巴金去世时他成为了总设计师。他继承接手了困扰火星计划的问题，并取得了在金星计划方面会获得的成功。1973 年火星舰队灾难之后，他被阿法纳西耶夫委派设计新的更大型的火星任务，以将巡视探测器发送至表面并返回样品。对于创伤累累的后阿波罗苏联太空计划，这些任务被证明过于复杂和昂贵，并在 1977 年被取消，转而投向不那么雄心勃勃的火卫一任务。克留科夫被维亚切斯拉夫·科夫通恩科（Vyacheslav Kovtunenko）取代，并被调入格鲁什科的组织，直到 1982 年退休他一直在那里工作。

科夫通恩科（Kovtunenko），维亚切斯拉夫·哈伊洛维奇（Vyacheslav Mikhailovich）

1921—1995 年

NPO‑Lavochkin 总设计师

1977—1995 年

在为杨格尔设计局工作时，维亚切斯拉夫·科夫通恩科设计了宇宙号和旋风号火箭，并负责国际宇宙系列小型科学卫星。在继任

克留科夫作为 NPO - Lavochkin 的负责人时，他开发了新一代的通用火星金星月球航天器，这实际上是对重型金星号航天器的改造和升级。他在筹资时遇到了障碍，并在应对行业巨头如格鲁什科时未表现良好，因此他的第一个新型航天器直到 1988 年作为火卫一任务才得以发射。科夫通恩科领导 NPO - Lavochkin，经历了金星 11～16 号及维加 1 号和 2 号探测器获得成功，火卫一 1 号和 2 号的部分失败，以及在从

科夫通恩科

苏联到俄罗斯转变中最后火星-96 号惨败的整个过程。他于 1995 年在办公室中去世。

2.6　科学研究所负责人

彼得罗夫（Petrov），格奥尔基·伊万诺维奇（Georgi Ivanovich）

1912—1987 年

航天研究院（IKI，Institute for Space Research）负责人

1965—1973 年

格奥尔基·伊万诺维奇作为出色的空气动力学工程师，极大地推动了洲际弹道导弹设计，1965 年被克尔德什选为新成立的航天研究所的第一任负责人。彼得罗夫努力在科学界的全副武装中建立他的研究所，所有这一切都为了争

彼得罗夫

夺新的科学太空计划所需资金。几年后，IKI 发展成为世界级的空间研究和建造空间科学任务所需的科学仪器的研究所。他建立了能力超强的空间科学家和工程师团队，并成功地激励他们探索近地太空、月球和行星。IKI 极大地受益于他的领导，并反映出他的创造力和公开讨论的风格。

萨格捷耶夫（Sagdeev），罗纳德·杰努罗维奇（Roald Zinnurovich）

1932 年—至今

航天研究所负责人

1973—1988 年

罗纳德·萨格捷耶夫是在阿卡杰姆戈罗多克的远程"科学城"工作的核物理学家，当时根据杰出物理学家里奥·阿基莫维奇（Leo Artsimovich）的建议，他受到克尔德什的重用，接替了 IKI 的彼得罗夫。当 NPO - Lavochkin 引进第二代重型金星号航天器时，他正在领导 IKI，并共享了该成功。他将行星地质

萨格捷耶夫

学重新分配给沃尔纳德斯基研究所，并将自己研究所的科研专注于行星大气层和太空等离子体方面。这两个机构成为行星科学主导和竞争的中心，不过 IKI 仍然是太空天文学的中心。

萨格捷耶夫在"科学城"的经历与克里姆林宫大为不同的一个特点是这里的文化是开放的，以及基于绩效而非政治关系的质疑讨论。虽然在成为负责人及共产党党员之后，他开始顺从符合苏联体制，但是，他后来对 IKI 引入"科学城"阿卡杰姆戈罗多克（Akademgorodok）的风格，并在米哈伊尔·戈尔巴乔夫（Mikhail Gorbachov）向苏联介绍推广转换和公开之前，为他的机构带来改革（转换）和公开化（开放）。他最显著和持久的成就是将苏联行星探索计划开放以供国际参与，从而引导他的国家进入与西方合作进行科学任务新纪元的时代，如改革对苏联的驱动是一样的。通过其魅力、耐心和精明的政治判断获得了成功，首先是维加金星—哈雷任务，然后是火卫一任务得到批准，逐步更加开放参与国际科学。他得到能够容纳大量的外国仪器以进行全面的科学任务的苏联航天器质量和大小的帮助，新政策一开始就非常成功，在美国 20 世纪 70 年代成功之后的低迷期追上美国，并且在 20 世纪 80 年代，苏联取代美国成为行星探索的国际领导者。

1986 年维加任务成功后，萨格捷耶夫成为苏联英雄和国际名人。但快乐是短暂的。1988 年火卫一任务的失败在太空科学界引起了国际狂热。这对于萨格捷耶夫并非是一个舒适的局面，他于 1988 年离开了 IKI 并与艾森豪威尔（Dwight Eisenhower）的女儿结婚，移居美国成为美国马里兰大学的教授。他在一段时期内仍然致力于国际太空科学和探索，但是当他更关注东西方关系时，他对太空政策的影响降低了。其对维加和火卫一任务及随后火星 - 96 号任务中国际参与的高水平，前无古人，后无来者。

维诺格拉多夫（Vinogradov），亚历山大·帕夫洛维奇（Aleksander Pavlovich）

1895—1975 年

沃尔纳德斯基地球化学和分析化学研究所负责人

1947—1975 年

亚历山大·维诺格拉多夫是苏联的领头地球化学家，并且在"太空时代"开辟时期是沃尔纳德斯基研究所的负责人以及苏联科学院的

维诺格拉多夫

副主席，还是 MNTSKI 太空委员会月球和行星部的主席。在使用化学和同位素分析来研究地球中矿物及陨石材料的形成方面，他是先驱。他开发了将伽马射线光谱用于研究行星表面组成的方法，并分析了从月球返回地球的样本。在他的领导下，沃尔纳德斯基研究所开发了许多用于月球、金星和火星任务的地球化学仪器。

巴尔苏科夫（Barsukov），瓦列里·列昂尼多维（Valery Leonidovich）

1928—1992 年

沃尔纳德斯基研究所负责人

1976—1992 年

瓦列里·巴尔苏科夫是具有实地工作经验的地质学家。在 1976 年接手沃尔纳德斯基研究所及其在行星地质学的新角色之后，他推动了带有地球化学目标的任务和飞行实验。在火星探索正在衰落而

金星探索主宰行星项目时，他担任领导职务。
他在行星地质任务方面是一名积极的说客，并
且经证明是以萨格捷耶夫为首的航天研究所的
有力竞争对手。巴尔苏科夫和萨格捷耶夫一方
面具有良好的联系，而另一方面却相互斗争，
有时甚至十分激烈，以确立自己的太空科学
任务。

　　1988 年萨格捷耶夫离职，巴尔苏科夫和沃
尔纳德斯基研究所占据对苏联行星探索计划的

巴尔苏科夫

有效领导。直到 1992 年去世，巴尔苏科夫追求复杂的火星探索计
划，尤其关注美国的参与，在范围上比萨格捷耶夫的火卫一任务更
加国际化。在沃尔纳德斯基研究所巴尔苏科夫及布朗大学詹姆斯·
黑德（James Head）教授的共同领导下，组织成立了沃尔纳德斯基-
布朗（Vernadsky‐Brown）天体化学研讨会。其职能是继续作为俄
美在月球与行星科学方面合作研究的论坛。

第3章　主要机构

3.1　党组织，政府及军方

在苏联时代，掌控国家的是三个独立的组织，它们分别是苏联共产党、政府及军方。苏联共产党通过中央委员会和执行政治局对全局实施控制。苏联共产党的工作由秘书局来负责，该机构包括一名工业与空间国防部长和一个科技部。尽管苏联科学院声称其是个独立的机构，但由于其包含在科技部内，因此实际上是一个苏联党组织领导下的机构。它负责管理空间探索跨学科科学技术委员会，该委员会名义上负责制定国家在空间计划方面的策略和政策。

苏联政府由部长委员会及其主席团执行机构组成。主席团内有一个负责军事工业的委员会，其人员包括控制国防工业的各个部长。通用机械制造部（MOM）控制着苏联空间计划的规划和预算。MOM 在 USSR 的作用与 NASA 极为相似，但前者的控制范围更大，包括了火箭和军用空间系统的设计及生产。它成立、控制并资助各种不同的设计局（OKB）和科研机构（NII），前者负责研制火箭和空间系统，而后者可为空间计划提供科学技术方面的支持。民用和军用空间计划之间并没有被区分开。MOM 可以说是强大的苏联军事工业复合体的焦点所在。它控制着一个庞大的工业体系，提供的资金数额巨大，并且在完全保密的状态下开展工作。

这种双机制究竟如何在党组织和政府间进行运作，实现对一个庞大而又复杂的工业体系、各个设计局还有研究机构的掌控，让人觉得有点神秘。当军方这一苏联体系中的第三种力量加入后，情况就变得更为复杂。武装服务中的战略导弹部队是想从 MOM 力争获取资金的重要力量，并且军方还控制着发射台、发射场及跟踪站。事实上，设计局的总设计师，比如说，科罗廖夫、格鲁什科、切洛梅、杨格尔、还有巴巴金，他们的个人能力和政治影响对于规划和执行最具影响力，尤其是在早期阶段。这些实权人物相互之间为了获得势力和资金展开了有力的竞争，这种竞争有时候是非常激烈的，正如科罗廖夫与格鲁什科之间的竞争，以及科罗廖夫与切洛梅之间的竞争那样。

3.2　设计局

3.2.1　OKB‑1

　　苏联的创始性空间探索企业是实验设计一局（OKB‑1）。它最早在88号科学研究所（NII‑88）内创立。苏联政府在1946年5月为几十名刚刚结束了一年德国火箭工业研究工作的工程师成立了一个新的设计部门，也就是第三部。由谢尔盖·科罗廖夫出任总设计师并负责这一部门的工作。该部门的工程师和技术人员约有150名，按照斯大林所说的，该部门的任务是要建造苏联版的V‑2。继R‑1获得成功之后，该部门又独立设计出了新型的火箭，该部门在20世纪50年代初经过重组后，成为了一个更大的设计局OKB‑1，并且于1956年从88号科学研究所脱离。OKB‑1研制出了苏联首枚携带核弹头的弹道导弹——R‑5M中程导弹，以及首枚由潜艇发射的弹道导弹R‑11FM。科罗廖夫提出研制首枚洲际弹道导弹R‑7，在1954年得到了政府的批准。1957年8月，该导弹试验第一次顺利完成，并且在1957年10月4日，被用来发射Sputnik人造地球卫星。R‑7通过多种形式改进、增强和升级，使其成为历史上最高产和最为成功的空间运载火箭。

　　尽管科罗廖夫在为军方工作，但他真正的热情在于空间探索。面对对手，OKB‑1逐渐失去了军用火箭业务，但它在空间探索方面取得了很大的成功，当然其中也发生了1966年科罗廖夫去世前的令人沮丧的失败。在完成 Sputnik 任务之后，科罗廖夫和 OKB - 1 开始追求更为雄心勃勃的目标——飞向月球及其他行星的机器人飞行，以及进入地球轨道的载人飞行。OKB - 1 研制出了第一艘抵达月球的航天器月球 2 号，首个拍摄月球背面照片的月球 3 号及第一个用于火星和金星的行星际航天器，不过其故障率高得惊人。在 1958 年到 1965 年这段时间内，只有 21 次到月球的机器人飞行取得了成功（月球 1 号、2 号和 3 号及探测号 3 号），11 次飞向金星和 7 次飞向火星的尝试无一获得成功。另一方面，OKB - 1 在载人航天领域获得了相当出色的成绩，在 1961 年第一次把男性送入太空，又在 1963 年首次将女性送入太空，1964 年发射了第一艘多人航天器，在 1965 年首次实现了太空行走。

在 20 世纪 60 年代中期，还有一些其他的设计局对空间计划起到极为重要的作用。瓦伦汀·格鲁什科的 OKB - 456 是火箭发动机的主要研制者。格鲁什科为科罗廖夫早期的火箭及其他军用火箭研制者，比如说切洛梅提供发动机。格鲁什科的 OKB - 52 研制了质子号火箭，它也成为了苏联用于月球及星际航天器的常用重型运载火箭。1964 年，苏联政府最终决定与美国开展竞争，并且准备将航天员送上月球。科罗廖夫、格鲁什科和切洛梅分别向政府递交了研制所需火箭和航天器的计划。经过一番激烈且长久的争论，OKB - 1 受益于其在载人计划方面起步较早的优势和在设计登月火箭方面的长期工作经验，最终赢得了胜利。由于切洛梅是载人环绕飞行的先驱，从而得以将他的质子号火箭从军方的废弃清单中保留了下来，不过最终的上面级和航天器要由 OKB - 1 来提供。

在争夺载人探月计划控制权的斗争过程中，载人计划和机器人飞行计划仍然是同时开展的，在其中一个取得成功的同时还要为另一个而奋战，科罗廖夫意识到 OKB - 1 承担的任务过于繁重了。它实质上承担了整个苏联的太空任务，包括通信卫星、侦察卫星、机器人及载人空间探索计划。OKB - 1 必须放弃一些东西，这样才能减轻其机构所承受的压力。因此，1965 年 3 月，科罗廖夫很不情愿地将机器人飞行计划移交给了拉沃契金设计局。克尔德什在这一决定中扮演了一个极为重要的角色。如果要在这一点上和美国进行对比，那就是苏联拥有两个"NASA"——一个负责载人任务（OKB-1），而另一个负责机器人任务（拉沃契金设计局）。不过这不是一种非常恰当的对比，因为两者都无法完全控制自己的资金和供应商，而这些都由通用机械制造部提供。

在科罗廖夫于1966年1月去世后，OKB-1改名为实验机械制造中央设计局（TsKBEM），由他的副手瓦西里·米申接任。但与科罗廖夫不同的是，瓦西里·米申不是个具有信服力和政治精明的领导者，他很快就碰到了麻烦。他在1967年4月首次将科罗廖夫的三人联盟号航天器投入使用，结果造成悲剧，试验飞行员弗拉基米尔·科马洛夫在返回地球时，因降落伞未能正常打开而不幸死亡。此后，他又对N-1火箭的多次失败负有责任，N-1火箭将发射用于对美国阿波罗号构成挑战的苏联航天器。1974年，格鲁什科取代了他的职务，并且先将这一机构和他的OKB-456合并，之后又与切洛梅的OKB-52合并，形成了一个庞大的能源号设计局（NPO-Energiya）。这一组织继续制造了能源号大推力重型火箭，暴风雪号航天飞机，还有礼炮号及和平号空间站。现在它的名称是S·P·科罗廖夫能源火箭航天公司（RRK Energiya），在俄罗斯载人航天企业中占据首要地位。它负责和平号空间站的运行已将近15年，为国际空间站的星辰生活舱提供补给，并且发射联盟号和奋进号飞船对国际空间站进行维护，时间长达10年之久。

3.2.2　拉沃契金设计局

拉沃契金设计局（NPO-Lavochkin）最初于1937年建立，当时的名称为拉沃契金飞机设计局，也就是OKB-301，以其总设计师命名。在第二次世界大战期间，拉沃契金设计局制造出了大量非常有名的战斗机；战后，该机构从事地对空导弹设计，研制出了首套莫斯科防御作战系统。1953年，萨姆导弹业务移交给了一个新的

图 3-1 拉沃契金设计局

设计局，为了解决洲际弹道导弹研制造成的损失，OKB-301 开始研制冲压洲际巡航导弹。但由于直到 20 世纪 50 年代后期洲际弹道导弹才被投入使用，使得 OKB-301 没有来得及发挥作用。谢苗·拉沃契金于 1960 去世，该机构也于 1962 年被移交给了切洛梅的 OBK-52。工厂先是被关闭，随后作为拉沃契金设计局的一部分，在 1965 年又恢复生产。此时由乔治·尼古拉耶维奇·巴巴金这位稳健而又有能力的领导对其进行管理，它主要负责机器人探月和从 OBK-1 那里移交过来的星际航天器计划。

　　新的拉沃契金设计局利用 OBK-1 已有的成果，加上在航空技术方面积累的技术和经验，很快便取得了成功。1966 年 1 月，月球 9 号在月球表面实现了软着陆；而在此后到 1966 年末的这段时间内，三次成功发射了绕月轨道飞行器，并且又一次完成了软着陆。在此之后的 1967 年，首次发射了金星进入探测器金星 4 号，并获得成功。拉沃契金设计局接下来继续研究这一非常成功的金星航天器系列、绕月轨道飞行器系列、漫游车和取样返回任务，还有虽极为复杂却获得成功的维加任务，这项任务会把着陆器和气球送到金星，飞行途中会和哈雷彗星擦身而过。不幸的是，拉沃契金设计局并未在火星探测方面取得任何成功：他们在 1969 年、1971 年及 1973 年的研制工作屡次遭受失败，而 1988 年和 1996 年的情况更为糟糕。其天文学任务则要成功一些，特别是格兰纳特和阿斯特朗太空观测台。时至今日，拉沃契金设计局成为了一个唯一制造机器人科学航天器的工程技术中心。

3.3　科学院及其研究机构

美国的国家科学院属于政府顾问性机构，而苏联的科学院则扮演着政府和执行者的角色。它属于党组织的一部分，会根据所提交的空间计划的价值来做决定，计划经它批准后才能实施。不过，机械制造部会对这些项目的资金进行分配。科学院院长姆斯季斯拉夫·克尔德什在其任职期间，在苏联空间计划方面是个强势而又有影响力的人物。在他于 1961 年出任科学院院长之前，曾任应用数学研究所的负责人，并且担任这一职务直至他于 1978 年去世。他在空间导航和任务设计方面起到了重要的作用。

另一点也和美国有所不同的就是美国高等院校的实验室和国家航空航天局不同领域的研究中心会为行星任务准备好科学实验，而在苏联，这些任务由科学院的研究机构来完成。这些研究机构由科学院建立，但它们的资金由通用机械制造部提供。在最初的时候，最主要的研究所要数沃尔纳德斯基研究所，更为正式的名称是地球化学和分析化学研究所。1965 年，差不多在科罗廖夫把机器人计划移交给拉沃契金设计局的时候，苏联科学院根据克尔德什的提议，建立了空间研究所（IKI），该机构在一些科学任务中逐渐体现出了自身的价值，包括提供飞行工具。到了 20 世纪 70 年代，它成为了沃尔纳德斯基研究所一个强有力的竞争对手。随着罗纳德·萨格捷耶夫在 1973 年被任命为空间研究所的负责人，IKI 在深空任务的学术方面处于领先地位。萨格捷耶夫大于 1988 年辞去职务后，由沃尔纳

德斯基配合瓦列里·巴尔苏科夫共同担任领导职务，直到后者于
1992 年去世。现在的空间研究所是一家领先的空间科学研究机构。
该研究所从事飞行工具的研制，而拉沃契金设计局负责航天器和运
行操作。

图 3 - 2　空间研究所

图 3 - 3　U - 2 侦察机拍摄到的位于今天的拜科努尔航天中心 1 号发射台上的
R - 7 火箭（由美国国家航空航天局和比尔·英戈尔斯提供）

3.4　发射场

　　二战后，苏联建立了首个导弹试验靶场，它的地点位于伏尔加格勒（也就是斯大林格勒）附近的卡普斯京亚尔。在整个 20 世纪 50 年代，这个靶场都被用来试验苏联早期的中短程火箭，后来又被用于发射较小的宇宙号（Cosmos）卫星。此时科罗廖夫正在从事其首个洲际弹道导弹 R-7 的设计，很显然需要建造一个新的发射场，以适应在苏联国土范围内可提供更远距离的无线电导航和跟踪站，同时也是为了让这项工作处于美国在土耳其的跟踪站范围之外。哈萨克斯坦的丘拉塔姆被选定作为 R-7 的发射场。该发射场名为拜科努尔，其往东北约 270 km 为铁路终点站，这样做也是为了蒙蔽美国，以防导弹被其发现。1955 年开始建造，经过多年的建设，该发射场成为了一个 85 km×125 km 左右的庞大设施，里面有数十个总装和综合发射设施，有多个控制中心和跟踪站，工作区内有数万名工作人员，他们居住在列宁斯克镇上，该发射场的试验范围可达 1 500 km。

　　第一个发射场是为 R-7 建立的，至今它仍在使用。它是“中心”或“科罗廖夫”区域的一部分，里面包括了 N-1 总装和后来为能源号（Energia）运载火箭和暴风雪号（Buran）飞船进行改造的综合发射设施。位于西北方的“左侧翼”又被称为“切洛梅臂膀”，那里有质子号，西科琳号（Tsiklon）和呼啸号（Rokot）运载火箭的总装和综合发射设施。位于东北方的“右侧翼”又被称为“杨格尔臂膀”，那里有备用的 R-7 发射台及用于天顶号和宇宙号的设施。

3.5　通信及跟踪设施

　　月球及行星际任务需要有配套的设施对进入深空的航天器进行跟踪，并且和它们进行通信，以实现导航、控制和获取数据。1957

年，科罗廖夫选择叶夫帕托里亚来建立这些设施，因为它所处的位置纬度较低，接近行星轨道平面。还有一点，就是它合宜地靠近黑海和克里米亚度假胜地。

作为远程空间通信中心（TsDUC），它的首个设施是一根 1958 年制造的、用于探月任务的 22 m 天线。行星任务的第一期建设任务于 1960 年完成。科罗廖夫利用旧的海军部件来建造他的接收站——利用废弃潜艇的船体，旧战舰上的旋转炮塔，还有炮塔顶部的轨道桥来固定天线阵列。每个阵列由 8 根天线组成，它们分为 2 排，每排有 4 根天线，所有的天线可同时移动。该中心共有两块场地：一块靠北面，用于接收机；另一块靠南面，用于发射机。接收站有 2 个这样的天线阵列，每个上面都带有 8 个 15.8 m 的发射机。它们在米波段下的工作频率为 183.6 MHz，在分米波段下的工作频率为 922.763 MHz 和 928.429 MHz（32 cm），在厘米波段下的工作频率为 3.7 GHz（8 cm）和 5.8 GHz（5 cm）。发射站有 1 个带有 8 个反射器的阵列。这个"冥王星"接收机的额定功率为 120 kW，工作频率为 768.6 MHz（39 cm）。建立地面传输微波站是为了向位于辛菲罗波尔的另一个站点传送数据，随后再向苏联境内的其他位置传送数据。远程空间通信中心在 1960 年 9 月 27 日实现联网，正好在火星最佳发射日期的前一天，尽管首次火星发射直到 10 月 10 日才进行。在 1963—1968 年间，叶夫帕托里亚和辛菲罗波尔各自收到了一个 32 m 的"土星"反射器，还有其他五个反射器分别安装在了哈萨克斯坦的拜科努尔、巴尔喀什的 Sary Shagan、莫斯科附近的 Shelkovo、还有西伯利亚的 Yeniseiesk。1979 年，在叶夫帕托里亚建立了一个 70 m 的"量子"反射器。远程空间通信中心目前在莫斯科附近的 Bear 湖也有了一根 64 m 的天线，在符拉迪沃斯托克附近的乌苏里斯克有一个 70 m 的反射器。所有的深空任务曾都要从叶夫帕托里亚那里执行，直至新的控制设施于 1974 年在莫斯科投入使用。

苏联并没有像 NASA 深空网那样的全球跟踪站网络，这对深空任务开展造成严重的后果。对于某些关键性的活动，例如行星相遇，就不得不在航天器能够通信的时候进行多次规划。并且，由于当航天器低于地平线时无法收到信号，因此航天器被设计成只有在叶夫帕托里亚视线内才会发射信号。这种系统要求对航天器运行及航天器为实现高增益而进行的重新定位在计时上进行精心控制。为了弥补单个地面站给航天器运行方面带来的限制，苏联在全球水域部署了跟踪船只。这些船只还能跟踪导弹试验、掩护载人航天任务，以及跟踪行星际任务，比如上面级在二次点火后脱离地球轨道、进入行星际空间。船只并不是一种解决深空跟踪完全令人满意的方案，因为船只上只能安装小型的反射器，并且天气条件会对操作造成很大影响。1960 年部署的首批船只是 Illchevsk 号、Krasnodar 号和 Dolinsk 号。在 1965 年和 1966 年，Illchevsk 号和 Krasnodar 号被 Ristna 号和 Bezhitsa 号取代。在 1967 年部署的第三代船只包括 Borovichi 号、Kegostrov 号、Morzhovets 号，以及 Nevel 号。它们都是由商业船只改造而来，排水量为 6 100 t，可搭载 36 名船员。1967 年 5 月，第一艘专门建造的跟踪船航天员弗拉基米尔·科马洛夫号（17 000 t）投入使用，航天员尤里·加加林号（45 000 t）和院士谢尔盖·科罗廖夫（21 250 t）于 1970 年也加入船队。此外，还部署了一些较小的跟踪船只：航天员帕维尔·别利亚耶夫号，航天员格奥尔基·多布里沃尔斯基号，航天员维克托·帕察耶夫号，还有航天员弗拉迪斯拉夫·沃尔科夫号。

图 3 - 4　叶夫帕托里亚北部设施内的接收站（左图）和南部设施内的
发射站（右图）

图 3 - 5　苏联跟踪船只中的最强成员——航天员尤里·加加林号

第 4 章　火　箭

4.1　苏联火箭的早期研制

实现月球和星际空间飞行在技术上的第一步是要研制军事洲际弹道导弹（ICBM）。由此只需迈出一小步，就能够研制出运载地球轨道卫星的火箭；之后，只需再迈出一小步，就能够研制出把航天器按轨道送到月球和更远地方的火箭。美国和苏联的洲际弹道导弹研制人员最初都对太空飞行怀有梦想，并且他们在内心深处都明白，他们正在研究的武器终有一天会被用于空间探索。就这一点而言，苏联的谢尔盖·科罗廖夫与战争期间在德国后来又到了美国的沃纳·冯·布劳恩所想的都是一样的。他们很快都对他们的大型火箭进行了改造，使其适用于飞向地球轨道及更远的地方。在试验苏联第一枚洲际弹道导弹 R-7 最初的几个月内，苏联发射了 Sputnik 并首次发射了月球航天器。此后，各种型号的 R-7 成为了苏联军用和民用太空任务所采用的标准运载火箭。这两个国家在 20 世纪 60 年代所展开的"太空竞赛"，其实就是双方要研制出更大推力的火箭。美国研制出的首批洲际火箭是宇宙神号（Atlas）和大力神号（Titan）运载火箭，它们都被用于民用计划中的载人和机器人任务。不过，苏联巨型的 N-1 火箭和美国土星 5 号火箭的研制目的是把人类送上月球，因而它们都远远超出了军事用途的要求。两个国家都对军用火箭进行了修改，通过增加上面级来获得额外推力，从而达到行星际速度，让它们载着航天器飞向月球和行星。没有这些军用火箭和与它们相关的上面级的研制，就不可能进入太空开展行星际任务。

　　俄罗斯火箭的历史可以追溯到 13 世纪军队使用的火箭，而在同一时期，火箭作为一种武器也在西欧出现了。18 世纪 80 年代，一家火箭企业在莫斯科成立。在 1817 年，俄国工程师亚历山大·夏德科编写了一本关于火箭制造及其在炮兵轰炸用途方面的手册。在第一次世界大战开始前，俄国已经将炮兵火箭发展成了一种非常重要的武器，其射程约为 10 km。火箭的发展在 1917 年俄国革命后得到了进一步的推动，因为新成立的苏联成为了一个军事力量强大的工业国家。1928 年，为研制军用导弹而建立的气体动力学实验室在列宁格勒成立，这也标志着后来强大的苏联军用火箭设计局初具雏形。

图 4 - 1　20 世纪 30 年代早期的 GIRD 火箭和团队

　　第一次考虑将火箭不作为军事武器来使用的是一位具有远见的俄国人，康斯坦丁·齐奥尔科夫斯基，他写的一本名为《用喷气推进工具探索世界的太空》的书在 1903 年出版；就在同一年，莱特兄弟进行了第一次动力飞行。齐奥尔科夫斯基这位中学教师为利用火箭进行太空飞行和行星际太空旅行奠定了理论基础。在 20 世纪 30 年代，他的研究工作促使一些爱好者建立了一个名为"喷气推进研究组"（GIRD）的组织，他们的第一个项目是制造一架以火箭为动力的飞机。谢尔盖·科罗廖夫，这位 20 世纪 60 年代苏联空间计划著名的"总设计师"，正是这个组织其中一名创立成员。政府在 1932 年开始资助这一组织，该组织在 1933 年发射了一枚混合发动机火箭和一枚液体推进剂火箭。1933 年 9 月，他们和气体动力学实验室合并，成立了喷气推进科学研究所（RNII）。

　　20 世纪 30 年代，这些业余火箭先行者的进展缓慢，并且资源有限。而在那个时期，政府对支持和平探索空间的计划没有兴趣。军事用途是获得国家预算支持的唯一希望，这种情况首先出现并且最为成功的是二战时期的德国。

4.2　冷战时期竞相制造洲际弹道导弹

　　在二战结束时，美国和苏联都俘获了一些德国火箭科学家，并获得了 V－2 火箭和火箭研制设备。被俘获的工程师和技术大大加快了这两个国家的火箭研制进程。V－2 火箭在苏联和美国进行了许多次飞行。这一著名的火箭成为了战后两个超级大国展开竞赛，看谁能够第一个制造出将核弹头投到对方国土的洲际弹道导弹的跳板。在 20 世纪 50 年代，通过制造火箭防御武器来对抗美国的战略轰炸机，标志着苏联起先在这一竞争中占有优势，这也使得美国认识到了"导弹差距"。"导弹差距"这个词被用在了好几个方面。从技术上说，这意味着导弹在射程和发射质量上的差距；但在某些情况下，这只是用来衡量每个国家拥有多少作战武器，并且美国过高估计了苏联境内实际对准它的导弹数量，这种错误的判断也令苏联感到不悦。

虽说苏联和美国都获得了 V-2 火箭，这让他们在 20 世纪 40 年代后期处于相同的起点，但这两个国家开发 ICBM 的道路却是截然不同的。在 20 世纪 50 年代初，美国在电子技术和制造小型高能武器方面具有较大优势。与美国相比，苏联的原子装置质量要大得多，这使得它需要有更大推力的火箭。苏联的优势在于火箭的机动性和部署，这在一定程度上是因为它通过生产线以水平化方式对火箭进行总装，然后把全部装配好的火箭滚动到轨道运输车辆上，再运到发射设施内。而美国是分成几部分来生产火箭，随后把它们垂直叠加起来，每次加一个级，就这样在发射台上慢慢进行总装。

苏联的计划以多用途 R-7 两级火箭而达到高潮，1957 年 8 月顺利完成了其第一次试验。煤油和液氧推进剂造成发射前的加注过程较长。虽然 R-7 满足工作性能，但它只部署了五枚，因为那时的苏联已经掌握了如何制造更小的弹头，并且正在研制一种更为适用的导弹。很快，它就被更小的火箭所取代，这种火箭能够放置在加固的地下发射井内，而且加注的是易贮推进剂。R-7 作为空间运载火箭被保留了下来，这不仅因为它具有较大的"发射质量"，即它能发射的质量，还因为它可使用不同的上面级，可适用于各种军用和民用任务。在加加林完成太空飞行后，它被称为东方号（Vostok）运载火箭，并且成为了苏联月球及行星际任务的基础运载火箭，直到 20 世纪 70 年代被更大的质子号运载火箭超越。时至今日，它仍作为俄罗斯运载火箭中联盟号系列的核心火箭使用。

4.3 R-7 洲际弹道导弹和 Sputnik 人造卫星

苏联制造的第一枚洲际弹道导弹是 R-7，它的制造者昵称其为"老七"。20 世纪 50 年代，谢尔盖·科罗廖夫的设计局（OKB-1），在高度机密的状态下完成了它的设计和制造。它采取了多级设计，这与美国采取的那种一个级叠在另一个级之上的方案完全不同。R-7采取的是一种"包裹"设计，就是相同的推进单元集簇在中央核心单元周围，并在推进剂耗尽后从核心分离。而核心作为第二级继续燃烧。这一方案是由齐奥尔科夫斯基提出的，并且得到了在国防科学研究所（NII-4）工作的米哈伊尔·K·吉洪拉沃夫的支持，该研究所成立于20世纪40年代后期。科罗廖夫采纳了OKB-1的想法，并在20世纪50年代早期，对苏联科学院数学研究所（MAIN）克尔德什的部门展开的可行性研究进行了指导，以测试方案各种变量的效用。1952年，在这三个研究所的努力下完成了初步设计，后来又经过两年的改进，确定了R-7的最终设计。苏联政府于1954年5月20日批准制造R-7，项目代号为8K71。

R-7运载火箭有一个中央芯级推进单元，包括弹头在内高度达33 m，还有四个相同的捆绑式助推器推进单元围绕在底部20 m处。每个捆绑式单元是一个独立的推进级，配备了RD-107发动机，带有自己用于存贮煤油和液氧的推进剂箱。中央芯级的动力由一台几乎相同的RD-108发动机来提供，它的推力虽略显不足，但持续时间较长，并且针对高空进行了优化。每台RD-107发动机都配备了一对用于转向和修正的万向架固定式游机，而RD-108配有一组共四个这样的发动机。主发动机由瓦伦汀·格鲁什科的OKB-456负责制造，每台主发动机配有一个由四个燃烧室组成的集簇，通过一台涡轮泵来输送推进剂。所有的发动机、助推器和芯级在发射升空时都运行。四个助推器在分离前会燃烧大约2 min，随后中央芯级会作为第二级主火箭发动机继续工作几分钟，直到它达到了所需的速度和高度。

R-7第一个样机于1956年12月交付，被用来进行静态试验。而第一个飞行样机随后在1957年3月完成。最先的三次试发射都没有获得成功。第一次发射在1957年5月15日进行，由于103 s后其中一个助推器发生故障，造成飞行中断。而第二枚火箭在三次被中止发射之后，于6月11日从发射台上撤走。于7月12日进行的第三次试发射由于火箭发生快速转动和助推器脱落也宣告失败。于 8 月 21 日进行的第四次尝试获得了成功，火箭搭载着有效载荷沿着预定轨道飞行，不过有效载荷在再入大气层时发生了解体。9 月 7 日的第五次试验也获得了相同的结果。不过，在后来的试验中，火箭本身的表现令人满意。

从 20 世纪 40 年代后期开始研制洲际弹道导弹的那一刻起，科罗廖夫就有了利用他的火箭来进入太空的明确想法。他反复游说政府提供支持，1956 年 1 月 30 日，作为对一封由科罗廖夫、克尔德什和吉洪拉沃夫三人共同签名信的回应，政府通过了一项法令，研制代号为"目标 D"的人造卫星和用来发射它的特定型号的 R - 7 火箭。由于"目标 D"项目研制进展相当缓慢，科罗廖夫担心在美国的冯·布劳恩会抢先把世界上首颗卫星送入轨道，而他同样渴望做到这一点，但 R - 7 此时正在进行早期的测试飞行。所以在成功完成首次试验飞行后，他决定先发射一个非常简单的卫星，本质上就是一个包含一个无线电发射机的小球体。他对序列号为 M1 - 1PS（PS 代表 Prosteishyi Sputnik，意思是暂用卫星）的运载火箭 8K71PS 进行了修改，去掉了不需要的战斗部瞄准设备和测试仪器，重新编写了燃烧顺序程序，并用卫星和整流罩取代了模拟弹头。火箭于 1957 年 10 月 4 日发射升空，在主火箭发动机熄火 1 s 后，将 Sputnik 人造卫星送入了一条比原计划略低的轨道内，由此开启了"太空时代"。

4.4　R - 7E 和早期的月球探测器

1957 年 3 月 8 日，为了研制用于探索月球的载人卫星及航天器，科罗廖夫的 OKB - 1 成立了一个新的部门。由吉洪拉沃夫担任领导，他在同年 4 月提交了首批计划。这些计划要求为基本的 8K71 型 R - 7 火箭配备第三级，到了 1957 年夏天技术方案完成。通过一个开口桁架把第三级安装在主火箭发动机的顶部，这样它的发动机就能在主火箭发动机熄火前启动——这种设计可以防止推进剂贮箱内出现

图 4 - 2　20 世纪 50 年代后期，在发射架上的 R - 7 火箭
（由能源公司提供）

空穴现象，而在零重力条件下，如果将点火延迟到芯级熄火后再进行，就会发生空穴现象。

研究人员对用于第三级的两种不同真空发动机进行了研究，一种由格鲁什科的设计局，也就是 OKB - 456 负责；另一种由 OKB -

1 自己负责，并和位于沃罗涅日的西蒙·A·科思博格的 OKB - 154 开展了合作。研制两种型号的第三级的决定源于科罗廖夫与格鲁什科之间对于研制格鲁什科的发动机的冲突。该冲突使得两者在研制命运多舛的 N - 1 探月火箭的过程中不断产生激烈的矛盾，也是苏联载人登月计划最终失败的原因之一。格鲁什科要研制一种具有 10 t 推力的大推力发动机，它采用的是新型的双组分燃料——偏二甲肼（UDMH）和硝酸，而不是科罗廖夫和科思博格的 5 t 推力发动机所使用的标准煤油。不过，科罗廖夫坚持使用液氧煤油混合推进剂，他不赞成格鲁什科的有毒燃料，并称之为"魔鬼自己的毒液"。他对能否依照他的计划按时研制出这种新型发动机表示怀疑，因为计划要求在 1958 年 6 月或 7 月对三级火箭进行首次试验，在 8 月或 9 月发射月球撞击探测器，并且在 10 月或 11 月开展飞掠任务以拍摄月球背面的照片。他要求 OKB - 1 在 R - 7 微调发动机的基础上研制一种推力为 5 t 的发动机。他注意到了科思博格的航空设计局开展的研制工作中采用基于喷气发动机设计的新型涡轮泵的、可二次启动的液氧煤油发动机。为了加快 OKB - 1 的研制进度，科罗廖夫想向科思博格寻求合作。作为火箭发动机领域的新手，科思博格一开始表示反对，但科罗廖夫说服了他，双方合作研制一种可在真空环境下工作的发动机。对于格鲁什科来说，他对这种平行工作的方式并不满意，尤其是 OKB - 154 并不属于空间研制机构。格鲁什科觉得自己对科罗廖夫十分尊重，像科罗廖夫这样主动向科思博格做出表示在他看来简直是种侮辱。但是科罗廖夫的直觉被证明是正确的。当科思博格的发动机在 1958 年投入使用时，格鲁什科还在忙于解决各种问题。该发动机使用了一种具有较高密度的煤油来产生所需的推力。最终在 1959 年，基于格鲁什科发动机的第三级研制被取消。

在科罗廖夫雄心勃勃的计划中，重要性处于第二位的研制试验是使基本 R - 7 成为可投入实战的洲际弹道导弹。在 1958 年的上半年，他的月球计划不断遇到各种困难的威胁，发动机进行了多次改进，研制飞行试验也屡遭失败。探月火箭的样机于 1958 年 7 月 10

日发射，它带有配备了电子设备和遥测设备的试验第三级，不过没有安装推进装置，由一套改进后的助推器和主发动机组提供动力。但它们在飞行几秒钟后出现了故障，不仅造成火箭失败，还影响到了计划进度。科罗廖夫把于 1958 年 9 月 23 日进行的新的第三级首次飞行作为向月球发射的第一次机会，这次发射和 10 月 12 日的第二次试发射都没有成功。当时，助推器解体，在对问题进行分析并得到解决前，所有飞行试验都不得不暂停。令人沮丧的是，研究人员调查后发现，发射失败的原因在于增加了第三级后，造成了捆绑式助推器内发生纵向振动。解决了这个问题后，于 1958 年 12 月 4 日又进行了第三次发射，但由于第二级发动机过早熄火而再次失败。1959 年 1 月 2 日，火箭恢复正常运行，尽管月球 1 号未能撞击月球，但飞掠 6 000 km 已经算是取得了了不起的成功，这足以让苏联对外宣布目标实现。

这枚 R - 7E 火箭，其实就是 8K71 带了一个 Block E 的第三级，代号为 8K72，非正式名称为月球号运载火箭。它能将 6 t 的质量送入近地轨道，并能将 1.5 t 的质量送入深空。在 1958—1960 年期间，它被专门用在第一代月球探测器上，包括获得成功的月球 1 号、2 号和 3 号。该火箭的结局并不光彩，1960 年 4 月 19 日，月球探测器飞行不到一秒钟就发生了爆炸。研究人员对助推器和芯级进行了升级、改进了第三级，包括升级了发动机，在此基础上推出了 R - 7 的 8K72K 三级重型轨道型号。它被用来发射载人东方号轨道航天器和苏联最早的摄影侦察卫星，也就是我们知道的天顶 2 号系列。

4.5　R - 7M：闪电号月球及行星运载火箭

在 1958 年初，科罗廖夫开始规划行星任务。他最初的打算是使用 8K73，也就是具有更强第三级的 8K72。在那个夏季，OKB - 1 着手研究于 1959 年 6 月飞向金星和于 1960 年 9 月飞向火星的航天器。不过，当格鲁什科用于新型第三级的发动机在研制上遇到问题时，

8K73 项目和 1959 年的金星任务被取消。科罗廖夫再次向科思博格求助，并决定将正在研制的新型井基洲际弹道导弹 R-9A，也被称为 8K75 的第二级改造成其行星运载火箭的第三级。科思博格为火箭级配备了更大的推进剂箱，使发动机能够维持更长的燃烧时间。与此同时，R-7 仍然处于为实际部署做准备的最终研制阶段。

在 1958 年期间，为了使运行维护更为方便并具有更强的性能，研究人员对基本型两级 R-7 火箭的改进型号，R-7A 或 8K74，展开了研究。8K74 采用了全惯性制导，而原有的无线电制导系统被保留下来作为冗余设备；对发动机的可靠性进行了改进，重新设计了微调发动机，不仅使控制更简单，而且提升了性能；采用了新的点火系统；发动机有些部分被调整到了离维修孔更近的位置。8K74 在 1959 年 12 月 24 进行的第一次发射取得了成功。直到现在，8K74 已经成为了几代运载火箭的基本两级助推器。在这次 8K74 试验之后唯一使用过的基于 8K71 的火箭，是在 1960 年 4 月 12 日和 18 日发射的两枚 8K72 探月火箭，但这两次发射都失败了。

1958—1959 年间，在火箭研制的高峰期，克尔德什的数学家们也确认，为达到行星际速度而让各级持续燃烧是一种低效利用能源的方法。而且持续燃烧需要实现精确计时，没有为发射延迟留出余量。相反，他们建议采取的方案是利用助推器将逃逸级送入近地轨道。当向月球或行星目标发射的轨道定位为最佳时，它就会点火，并且一旦进入轨道就会释放其有效载荷。

在放弃采用三级火箭登陆月球和行星的方案后，在 1959 年初，科罗廖夫开始研究采用四级的方案。研究人员对 8K74 芯级火箭的弹体进行了增强，使它能承受新的上面级的质量；为增加芯级火箭的推力，对工作压力和燃烧程序做了修改，主火箭发动机和第三级之间加入了一个强度更高的开口桁架；还为上面级配备了新的制导及控制系统。对科思博格的第三级做了进一步改进，使推进剂的加载量增加、采用升级版的 8D715K 四燃烧室发动机，改进后的第三级代号为 "Block I"。8K74/Ⅲ 两级芯级火箭带新的 Block I 第三级和第一次燃烧的第四级，第四级也就是 OKB-1 研制的 Block L，该火箭将 Block L 和航天器一起送入地球轨道。Block L 被设计为可重新启动式，因而它的第二次燃烧会使航天器进入行星际轨道。它能将 1 600 kg 的质量送上月球，或是将 1 200 kg 的质量送到金星或火星。该四级 8K78 被称为闪电号运载火箭。1960 年 1 月 20 日，带有试验第四级的样机成功通过了试验，10 天后进行的第二次试验也获得了成功。Block L 在 1960 年夏季完成了它的地面试验，科罗廖夫紧急为三次火星登陆对新的运载火箭进行了初步试验。航天器也在 10 月中旬发射窗口关闭前匆忙完成。只有两枚火箭按时树立在了发射台上。

第一次完整的 8K78 飞行试验在 1960 年 10 月 10 日进行，火箭顶部安置一个 1M 火星航天器。必须去掉航天器才能为火箭测试仪器留出足够的质量。在第三级发动机燃烧时，上面级发生的共振损坏了电子设备，火箭偏离航向，发射宣告失败。10 月 14 日的第二次试验也遭受失败，原因是一些漏到发射台上的液氧冻住了燃料管内的煤油，造成第三级未能点火。直到 1961 年 2 月 4 日的第三次飞行，才进行了 Block L 的第一次试验，这次试验是要试发射一艘 1VA 金星航天器。前面三级的状况良好，但是 Block L 由于发生电源故障而滞留在了地球轨道上。

Block L 级是一项富有挑战性的设计，因为它要在没有动力的条件下在地球轨道上航行将近 2 个小时，不仅要保证挥发性推进剂不会有损失，还要在设定的时间点将自身调整到适当的点火姿态，并且要在零重力的状态下完成发动机点火。其发动机采用了一项更为高效而在美国火箭制造专家看来不切实际的"闭环"技术：采用万向支架来控制偏航和俯仰，并通过一对小的微调发动机来控制滚转。该级还采用了一套低温气体姿态控制系统，该系统和固体火箭一起为火箭在零重力状态下点火提供气隙控制。要使这一星际进入级达到完善是很困难的。Block L 搭载金星 1 号于 1960 年 2 月 12 日第二次发射升空，并取得了成功。但在此之后它经历了多次失败，包括

1972 年 3 月 31 日使用闪电号运载火箭实施的最终星际任务，Block L 级未能将另一个用于金星的航天器送入逃逸轨道。

1962 年，推出了可容纳新一代 2MV 火星和金星航天器的加长整流罩，并对主火箭发动机进行了升级。1964 年推出了新型的 8K78，它配备了改进版的格鲁什科 RD‐107/108 发动机，以及经过改进的位于 Block L 第四级内的发动机。该运载火箭代号为 8K78M，西方称之为 SL‐6 和 A‐2‐e。1964 年 3 月 19 日，它被首次用于 3MV 金星航天器的试验发射，随后又被连续用于多次金星任务，直到 1975 年改用质子号火箭来发射航天器。火星发射任务原来采用 8K78，从 1969 年起改用质子号火箭发射。Ye‐6 月球探测器使用 8K78 和 8K78M 两种火箭发射，直到 1966 年 1 月 31 日发射月球 9 号探测器，8K78M 成为其专用火箭。针对月球软着陆任务还推出该火箭的改型型号，为了减小质量去掉了上面级中的电子设备，由 Ye‐6 航天器来控制第三级和第四级的运行。这种火箭代号带有/Ye‐6 字样的前缀。1965 年 12 月以后，8K78 火箭被 8K78M 火箭彻底取代。

1966—1967 年，8K78M 又进行了一次升级，它的芯级和捆绑式助推器被载人空间计划所使用的联盟号三级运载火箭的对应部分取代。1965 年，Block L 级的工作由 OKB‐1 移交到了拉沃契金设计局，后者在 1968 年提出了改进计划，包括升级电子设备、采用新的第三级接口和整流罩设计。拉沃契金设计局推出了这种新型 Block L 的两个型号，一个用于月球及行星任务，另一个用于将闪电号通信卫星送入大椭圆地球轨道。1974 年对 8K78M 进行了进一步改进，后来在 1980 年又做了一次改进。在 20 世纪 60 年代和 70 年代初，各种型号的闪电号运载火箭成为了执行月球和星际计划的主力，成功完成了 1963—1968 年间部署的月球 4 号到 14 号任务，1960—1965 年间部署的包括火星 1 号在内的火星任务，还有 1961—1972 年部署的金星 1 号到 8 号任务。R‐7 火箭的用途广泛，直到今天仍在使用，特别是它在联盟号三级火箭改型型号上的应用，很好地证明了这一点。2003 年 6 月 2 日，它被重新用于星际发射，一枚配备新

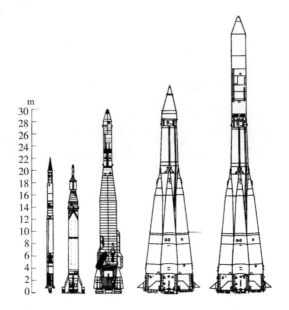

图 4-3　1961 年时用于机器人航天器的运载火箭。从左至右分别为美国的海
　　　盗号、木星-C、宇宙神-半人马座号，苏联的 8K-72 月球号、
　　　8K-78 闪电号（图片来源：彼得·戈林，西迪基，2000 年）

型 Fregat 第四级的联盟号火箭成功地将欧洲空间局的火星快车探测
器送入了太空。

图 4-4　放置在轨道拖车上的 R-7 运载火箭

图 4-5 闪电号运载火箭发射时的情景

4.6 质子号运载火箭

UR-500质子号运载火箭原本的设计目标是设计一种能携带更重的弹头且射程比 R-7 要远的洲际弹道导弹。直到 1961 年,弗拉基米尔·切洛梅的 OKB-52 已经为军方研制出了一种实用可贮存推进剂快速响应的洲际弹道导弹,而科罗廖夫的 R-7 已成为了空间运载火箭,因此赫鲁晓夫自然而然地将制造更大的火箭来携带新型氢弹的任务交给了切洛梅。切洛梅接受这项任务后，研制出了通用火箭500，或者称之为 UR－500。不过，由于有了裂变装置，苏联很快就学会了如何制造出更轻的热核装置，UR－500 也因此被军方取消。切洛梅使政府相信，扩展上面级助力的火箭能够让航天员直接飞向月球执行绕月任务。在那个时候，科罗廖夫正在思考如何通过两次发射和一次地球轨道交会来实现这一点。切洛梅的方案要简单一些。他成功地从 OKB－1 手中抢下了这项绕月任务，并且在克尔德什的支持下保留了 UR－500 项目。克尔德什很有先见之明，他认为这种助推器会有很多重要的用途。1965 年，科罗廖夫成功夺回了用于绕月计划的航天器和第四级组合项目，他提出的理由是，切洛梅从未制造过一个航天器，而 OKB－1 已经有一个投入生产了。绕月任务采用切洛梅的助推器，但会采用科罗廖夫的 N－1 火箭的第五级作为火箭的第四级。为在质子号上使用，N－1 Block D 级的全套制导设备被去掉，这一功能由航天器来提供。

　　UR－500 的三级都由以偏二甲肼和四氧化氮为燃料的发动机来提供动力，科罗廖夫并不赞成使用这种混合燃料。第一级有 6 台非常先进且高效的闭环 RD－253 发动机，这一发动机的研制者是科罗廖夫的最大对手，也就是 OKB－456 的瓦伦汀·格鲁什科。第二级和第三级的动力由科思博格的 OKB－154 研制的发动机来提供。第一级在设计上的特点是，偏二甲肼加载在 6 个分布在更大型的中央氧化剂箱周围的燃料箱内。这一独特的设计是为了满足轨道系统的宽度限制，在此之后，受限的车体宽度开始大于 4.1 m。不同的燃料箱被单独运送到发射场，然后在那里完成总装，再由专用的轨道运输车辆把装配好的火箭运送到发射台。

　　UR－500 被任命后，仅仅飞行了四年，很快就展现了自身的价值，它的两级型号在 1965 年 7 月 16 日成功地将一颗质量很大的质子号卫星送入轨道。这颗卫星被用来研究宇宙射线，这一点体现在了它的名称上。在 1967 年 3 月 10 日进行第五次发射，这也是 UR－500K 四级火箭的首次发射，它也被称为质子-K 火箭。它采用了科罗廖夫的可重新启动 Block D 上面级，使用的推进剂也是他偏好的煤油和液氧。携带的有效载荷为一系列进行试验的月球联盟号飞船的第一个，并用"探测号"这个名称加以伪装，这次试验被认为是成功的。质子-K 火箭提供的推力对于月球和星际任务来说是相当有吸引力的，它在 1969 年取代了用于月球和火星任务的闪电号火箭，在 1975 年再一次取代了用于金星任务的闪电号火箭。在 20 世纪 70 年代，它成为了执行月球和星际任务的主力，并一直持续到了 20 世纪 90 年代。由于具有比闪电号火箭更强的推力，因而它能够携带质量大得多且更为复杂的月球及星际航天器。它的运载能力也使一些任务具备了可能性，例如月球巡视器、月球采样返回，以及在火星和金星表面实现软着陆。探测号 4 号到 8 号、月球 15 号到 24 号、火星 2 号到 7 号、金星 9 号到 16 号、维加 1 号和 2 号、火卫一 1 号和 2 号，还有火星-96 号任务都使用了质子-K 火箭。针对质子-K 火箭还开发了若干版本的 Block D 第四级：最早的版本被用于月球 15 号到 23 号、探测号 4 号到 8 号、火星 2 号 7 号，以及金星 9 号和 10 号；D-1 被用于月球 24 号、金星 11 号到 16 号，以及维加 1 号和 2 号；而 D-2 被用在火卫一 1 号和 2 号，还有火星-96 号任务中。所有这些任务中都需要航天器为 Block D 级提供制导。

　　造成 20 世纪 60 年代末和 70 年代初月球号、探测号、金星还有火星任务遭受多次失败的最显著原因之一是质子号火箭糟糕的性能。首次发射取得了成功，接下来 1965—1966 年间三次发射中的两次获得了成功，它最初的表现似乎令人期待；但是在 1967 年 3 月到 1970 年 2 月的这段时间内，它的表现简直糟糕透顶。质子号火箭未能将 Block D 级送入地球轨道，19 个航天器损失了 10 个；另外有 3 个虽然进入了轨道，但由于 Block D 级的二次点火失败，因此被困在了轨道上；19 次发射中只有 6 次取得了圆满成功。16 次行星际任务中，质子号火箭失败了 11 次——8 次向月球发射探测号，4 次失败，6 次发射月球号，5 次失败，以及 1969 年的两次火星发射也都没有成功。糟糕的是，这些失败的原因分布在火箭的各个级，所以火箭

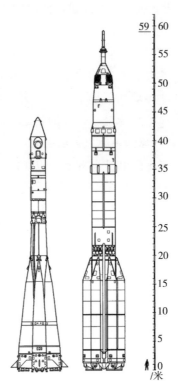

图 4 - 6　同比例下的联盟号（与闪电号相似）和质子 K 号探测器号运载火箭

的可靠性很难得到保证。

　　质子号火箭的失败引起了拉沃契金设计局的极大关注，总设计师乔治·巴巴金在 1970 年 3 月会见了通用机械制造部部长，要求采取行动。在经过一次充分的工程评审后，对火箭进行了大量的改进，并于 1970 年 8 月火箭顺利完成一次飞行试验后，又重新被批准使用。在此之后，质子号火箭不断取得各项成功，逐渐成为了苏联运载火箭队伍里一个可靠的主力成员。事实上，至今它仍享有盛誉，在商业发射市场中占据很大份额。

图 4 - 7　火星 - 96 号和质子 - K 运载火箭的运送和竖立

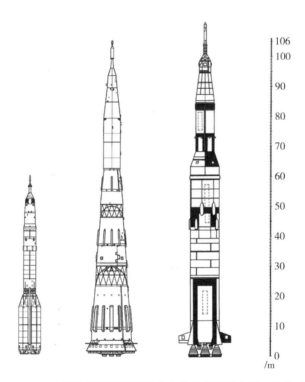

图 4 - 8　N - 1 火箭与质子探测号运载火箭及美国的土星 5 火箭对比

（图片来源：彼得·戈林，西迪基，2000 年）

4.7　N-1 探月火箭

苏联 N-1 火箭的对手是美国的土星 5 号火箭，二者的研制目的也相同。N-1 火箭有 5 级，高度为 105 m，发射时的质量达 3 025 t，能够将 95 t 的质量送入近地轨道。形成对比的是，土星 5 号火箭有 4 级（在任务规划的动力下降阶段，将阿波罗月球舱等同于 N-1 的第五级），高度为 110 m，发射时的质量达 3 039 t，能够将 119 t 的质量送入近地轨道。

图 4-9　首枚装配中的 N-1 试验火箭（左图）和其滑跑（右图）

N-1 火箭的第一级有 30 个 NK-33 非框架式 1.51 MN 发动机，它们分布在中央同心环上，其中有 24 个分布在外环上，6 个分布在内环上。4 个外环发动机上安装了用于提供推力矢量的大型石墨翼板。如果其中一台发动机出现故障，那么它和直径上与它相对的另

图 4 - 10　　发射前在发射台上的 N - 1 火箭

一台发动机就会被关闭。第二级有 8 台 1.76 MN 的 NK - 43 发动机，第三级有 4 台 0.4MN 的 NK - 39 发动机。前面三级被用于将第四级和第五级送入近地轨道。在差不多同一时间，由 4 台 0.4 MN 的 NK - 31发动机提供动力的第四级会将搭载了轨道飞行器/着陆器的第五级送向月球。NK 发动机由尼古拉·德米特里耶维奇·库兹涅佐夫（Nikolai Dmitriyevich Kuznetsov）领导的 OKB - 276 制造，采用了液氧煤油混合推进剂。第五级是 Block D 级，科罗廖夫将其改造成了质子-K 火箭的第四级。它的动力只靠一台同样使用液氧煤油混合推进剂的梅尔尼科夫 RD - 58发动机提供，它可进行中段机动、进入绕月轨道，以及大部分动力下降。该发动机在最后阶段分离，着陆器会靠自身的发动机完成软着陆。

　　N－1火箭在1969年2月和7月的试验中失败，后一次在发射升空时发生了巨大的爆炸，这也使得苏联与美国阿波罗计划展开竞争的梦想破碎。N－1火箭在1971年进行了另一次试验飞行，并于1972年进行了最后一次试验。每次第一级都发生故障，项目因此被放弃。它的致命弱点在于众多的发动机都要在不对其他发动机产生不利影响的情况下运行。尤其是，火箭没有进行静态试点火。1969年进行的几次试发射携带了一艘自动化联盟7K－L1绕月航天器和一个模拟的LK月球着陆器。1972年进行的几次试发射携带了一艘自动化联盟7K－LOK绕月轨道飞行器和一个模拟的LK月球着陆器。取得的唯一成功结果是证明逃逸火箭能够把乘员舱与发生爆炸的火箭分开。

第 5 章　航天器

5.1　月球航天器

　　苏联的月球航天器按照其演变，可分为几个系列，从 1958—1960 年间最初的简单飞掠及撞击航天器，例如月球 1 号到 3 号，到最早的针对软着陆推出的舱体设计，其中以月球 9 号和 13 号达到高潮；再到最后用于复杂的采样返回和月球巡视任务的航天器系列，该系列中最早的是月球 15 号，并且一直发展到了月球 24 号。在软着陆首次获得成功后，研究人员对这些航天器中的一部分进行了改进，让它们能够携带绕月轨道有效载荷，重点在于用它们执行一些任务，为今后的载人登月提供支持。由于采取了模块化设计，研究人员很快并轻松地完成了改进工作。最终的产品系列实质上就是搭载可互换有效载荷的大型软着陆器。尽管很复杂，但它们完成了最早的机器人采样返回任务。除两个被用作轨道飞行器外，其余的也都成为了最早的月球车。

5.2　1958—1959 年：月球 Ye-1 系列

　　1958 年夏天，美国和苏联竞相向月球发射首个航天器，将其作为两国家火箭技术实力的重要信号。这些航天器都比较小，配备的仪器也较为轻便，两个国家主要利用军用火箭的试验飞行来发射它们。这一目标的技术和政治意义要远高于科学意义。

　　1958—1960 年间，美国曾 8 次尝试抵达月球，但无一获得成功。只有先驱者 4 号发射后成功达到了地球逃逸速度，但它错过了月球，而且距离较大。

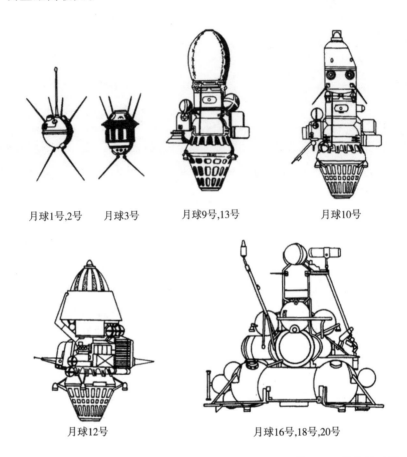

月球1号,2号　　月球3号　　　月球9号,13号　　　　月球10号

月球12号　　　　　月球16号,18号,20号

图 5-1　按比例缩小的月球系列航天器：月球 1 号和 2 号 Ye-1 撞击航天器；

月球 3 号 Ye-2 飞掠航天器；月球 9 号和 13 号 Ye-6 软着陆航天器；

月球 10 号 Ye-6S 轨道航天器；月球 12 号 Ye-6LF 轨道航天器；

以及处于着陆构型没有在飞行中抛掉燃料箱的月球 16 号，18 号

及 20 号 Ye-8-5 采样返回航天器

（摘自《太空旅行百科全书》）

为了对抗美国的月球计划，苏联制造出了 Ye - 1 月球撞击航天器，而搭载它的是一枚源自发射 Sputnik 人造卫星的 R - 7 改型三级探月火箭。Ye - 1 与 Sputnik 人造卫星有点相似，是个非常简单的球形有效载荷，它采取自旋稳定，带有几条突出的天线。从 1958 年 9 月到 1959 年 9 月的 12 个月时间内，共发射了 6 个这样的航天器。除了两个外，其他都因为运载火箭发生故障而失败，不过由于苏联采取的是直到任务成功进行才会对其命名的方式，所以它们被称为月球 1 号和月球 2 号。虽然月球 1 号在 1959 年 1 月 4 日错过了月球，它仍然是首个达到逃逸速度的航天器——它比先驱者 4 号早了两个月。这一系列中最后发射的一个航天器是月球 2 号，1959 年 9 月 14 日，它成为了第一个撞击月球的航天器。事实上，苏联在实现这个目标前一直在进行发射，并且在完成后继续开展了其他任务。

5.3　1959—1960 年：月球 Ye - 2 和 Ye - 3 系列

这两个系列是第二代简单单舱段月球航天器，它们被设计用于较复杂的有效载荷及飞行任务。它们并没有采取直接飞去撞击月球的方式，而是被送入一条高椭圆轨道，把航天器送到月球背面之外，这样就能拍摄影像，并在返回过程中逼近地球时进行扫描和传送图片。Ye - 2 是第一个三轴稳定航天器。它以自旋稳定方式飞向月球，之后切换到适合拍摄月球影像的三轴稳定及控制模式。Ye - 3 配备了一套经改进的姿态控制系统和一台改进后的摄像机。从 1959 年 10 月初到 1960 年 4 月末的 6 个月内，利用月球号运载火箭，共发射了一个 Ye - 2 和两个 Ye - 3 航天器。只有 Ye - 2 航天器，也就是月球 3 号取得了成功。两个 Ye - 3 航天器由于运载火箭发生故障而没有成功。

5.4　1963—1965 年：月球 Ye-6 系列 （OKB-1）

Ye-4 撞击航天器和 Ye-5 轨道飞行器的设计由于 Ye-6 的出现而被放弃。Ye-6 是一种模块化航天器，配备了一个运载航天器，该运载航天器上既可以安装软着陆器，也可以安装轨道飞行器舱。首批用于月球软着陆的 Ye-6 系列在 OKB-1 制造完成，并在 1963 年 1 月到 1965 年 12 月的三年间，连续进行了 11 次试发射，但无一取得成功。

5.5　1966—1968 年：月球 Ye-6M 系列 （拉沃契金设计局）

1956 年，负责机器人月球航天器和星际航天器设计和制造的任务由 OKB-1 移交到了拉沃契金设计局。拉沃契金内部通过对设计进行改进，很快便推出了月球 9 号，它在 1966 年 2 月 3 日也成为了第一个成功的月球着陆器。拉沃契金还推出了几个版本的轨道飞行器，在随后的 14 个月里，9 次发射 Ye-6M 中有 6 次任务取得成功。月球 9 号和月球 13 号这两个 Ye-6M 着陆器都获得了成功。在经过一次发射失败后，Ye-6S 的首款模型成为了第一个绕月轨道飞行器，即月球 10 号，它所携带的仪器可测量月球环境下的各种粒子和场。之后又对它进行了改进，使它能够获取轨道影像。尽管未能获得有价值的图像，但在两次 Ye-6LF 任务中，月球 11 号和月球 12 号都取得了成功。最后，经过又一次的改进推出了 Ye-6LS，在经历两次发射失败后，推出了月球 14 号轨道飞行器。

5.6　1969—1976 年：月球 Ye-8 系列

月球 Ye-8 系列的质量要大得多也更为复杂，用来搭载它们的是大推力新型质子号火箭。该系列的设计核心在于 4 个大的球形推进剂贮箱，它们通过圆柱形的箱间段呈矩形连接。着陆系统和发动机安装在这一部件的下面，而着陆器有效载荷位于上面。

图 5-2　月球车 1 号（Lunokhod 1）出舱后的月球 17 号 Ye-8 着陆器

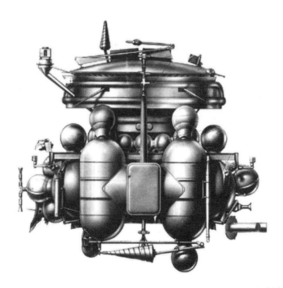

图 5-3　处于飞行构型下的月球 19 号 Ye-8LS 轨道飞行器，包括外部可抛燃料箱
（由拉沃契金设计局提供）

　　这些航天器的主要目标首先是在月球表面部署一辆月球车（Ye-8型），其次带着月球表面的样本返回地球（Ye-8-5型）。发射的三个 Ye-8 型月球着陆器/月球车中有两个，也就是月球 17 号和月球 21 号获得了成功。Ye-8-5 型采样返回航天器共发射了 11次，其中只有 3 次取得了成功，分别是月球 16 号，月球 20 号和月球 24 号。事实上，月球 20 号和月球 24 号是更先进的 Ye-8-5M 型航天器。两个附加的 Ye-8 型经过改进后成为了 Ye-8LS 型绕月轨道飞行器，即月球 19 号和月球 22 号，它们的发射都取得了成功。由此得出，Ye-8 型的总记录是 16 次发射中 7 次获得成功。

5.7　1967—1970 年：月球联盟号（探测号）

　　早在 1959 年，苏联就有了载人绕月飞行的计划。当美国在 1961年年中决定登月时，科罗廖夫已经在设计用于这些任务的联盟号航天器了。它采用了我们都熟悉的三舱体式布局，支持舱带有电源、推进、通信、导航所需的资源及航天员的消耗品；另一个下降舱搭载着航天员升空并返回地球；还有一个舱体，可为执行远程飞行的航天员提供更多的空间。在东方号和上升号载人舱之后便采用了这套系统，并且是俄罗斯至今仍在使用的一套可靠系统。

　　联盟号 7K-L1 是 7K-LOK 绕月轨道航天器经改进后用于执行绕月任务的一个版本。虽然用于联盟号航天器在地球轨道飞行的三级 R-7 火箭被更大推力的四级质子号火箭所取代，但质量上的限制意味着 7K-L1 并没有"轨道"舱，它被设计成只能搭载两名航天员。由两名航天员执行绕月飞行任务的构想是，利用 7K-L1 作为登月的先导；在这一步完成之后，采用 7K-LOK 版的联盟号（具备一个轨道舱）和 LK 月球着陆器来实现登月，它们都用大型的 N-1 火箭来发射。作为载人绕月任务的准备工作，7K-L1 进行了几次自动飞行，前两次是在地球轨道上，而在 1967—1970 这几年内开展的另外 9 次中，有的达到了地月距离，有的实际上就在执行绕月

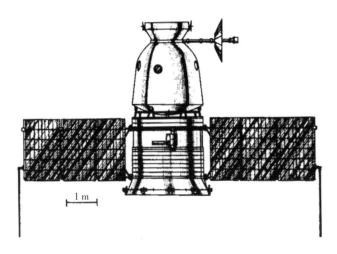

1 m

图 5-4　联盟号 7K-L1 "探测号" 绕月航天器（摘自《太空旅行百科全书》）

飞行。探测号 4 号在返回地球前达到了地月距离，但为了简化导航，它的方向为背离月球，而探测号 5 号到 8 号都执行了绕月飞行。探测号 4 号在再入过程中发生自毁，探测号 5 号的星载系统发生了重大但非致命的问题，而探测号 6 号就在阿波罗 8 号任务开始的前几周在着陆时撞毁。虽然探测号 7 号和探测号 8 号取得了圆满成功，但苏联从未将这套系统用于载人绕月飞行。

5.8　星际航天器

　　苏联的星际航天器基本上可分为三个大的设计系列，它们和美国的对应产品没有一个相似之处。这是因为与后者不同，苏联航天器上的大部分电子设备需要采用增压容器。1960—1961 年开展的金星和火星飞行采用了第一代航天器，它们就是一些带有太阳帆板和高增益天线的简单增压罐。尽管它们的有效载荷专门用于目标行星，但总的来说，这些航天器都是一样的。在这 4 次发射中，只有金星 1 号被成功发射，不过它在开始行星际太空巡航后不久便出现了故障。

　　第二代航天器采用了首个模块化航天器，它带有一个增压承载舱，增压承载舱的一端是推进系统，另一端是用于有效载荷的舱体。这些航天器会根据火星或金星任务单独配置：可以配备一个进入探测器，也可以配备一个用于遥感的飞掠舱（第二代的 Ye‑6 月球航天器系列也采用了相同的模块化方法）。这种航天器又分为 2MV 和 3MV 两种分类型。1962 年发射了 6 个 2MV 航天器，其中 3 个用于金星，另三个用于火星，但只有火星 1 号的发射装置被保留下来。火星 1 号的飞行受到各种问题的困扰，并在抵达目标的途中发生了故障，好在 3MV 航天器在研制过程中吸取了这次失败的教训。1963—1972 年间，发射了 17 个 3MV 航天器，其中金星 4 号到 8 号这 5 个航天器到达了它们的行星目标。探测号 3 号是火星航天器的一种，它取得的重大成果包括在飞离时拍摄了月球背面的影像，并且此后又通过传送来自深空的图像，对通信系统进行了测试。

　　带有 Block D 上面级的大推力质子号火箭的出现，使得第三代星际航天器在设计上出现了重大转变。从 1969 年的火星任务和 1975 年的金星任务起，这些更大更复杂的航天器就被用来运载星际轨道飞行器和软着陆器。在发射的 22 个航天器中，金星 9 号到 16 号、维加 1 号和 2 号连续完成了一系列金星任务。其他 12 个航天器在火星任务中遇到了更大的挑战，其中只有 5 个可以认为取得了部分成功，它们是火星 2 号和 3 号、火星 5 号和 6 号，以及火卫—2 号。1988 年的火卫任务和火星‑96 号航天器是这一级别航天器的派生产品，不过经过重大升级，几乎可以称得上是另一代产品。

　　在正常飞行的情况下，苏联的航天器采取的是单轴定向的飞行方式，它们的静态太阳帆板始终朝向太阳，航天器自身以每小时 6 圈的速度围绕一条与太阳帆板平面垂直的轴自转。指令以 768.6 MHz 通过半定向圆锥形螺旋天线上传，低速率数据也采用这一方式传送。由于这些天线会形成漏斗形辐射图，因此它们有些被安装在指向太阳的航天器周围，而在任务中的任何时候，都会使用那条对于地球具有最佳漏斗角的天线。航天器上安装的一条抛物线高增益天线用

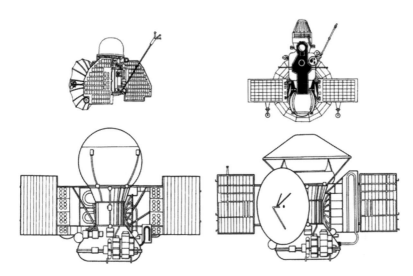

图 5-5　按比例缩小的具有代表性的苏联星际航天器：第一代的金星 1 号（左上图）；
第二代的金星 4 号到 8 号（右上图）；第三代的金星 9 号到 14 号（左下图）；
以及火星 2 号、3 号、6 号和 7 号（右下图）
（摘自《太空旅行百科全书》）

于传送高速率的数据。在这种情况下，要关闭单轴控制模式，让航天器重新正确定向，同时切换到三轴定向控制模式，必须使高增益天线直接瞄准地球。圆极化分米（～920 MHz）和厘米（～5.8 GHz）波段发射机共用这个蝶形天线。

在 2MV 和 3MV 任务中，行星探测器和着陆器被设计成可通过小的螺旋天线直接向地球传送，天线的辐射图呈梨形。用质子号火箭发射的火星和金星着陆器质量更大，它们能够利用安装在太阳帆板后部的大型米波（186 MHz）螺旋形天线，通过飞掠航天器或轨道飞行器对它们传送的信号进行中继转发。火星 3 号这一级别的进入运载器的进入级上带有小型的导线天线，而着陆器上带有另一组这样的天线。金星 9 号这一级别的进入运载器在着陆器的顶端还安装了一个大型螺旋形天线。从火星和金星进入系统获得的数据先被存储起来，以便于稍后进行传送；但对于金星着陆器来说，作为一种预防措施，还会对数据进行实时中继转发。执行火星任务时进入系统的数据链路以 72 000 bits/s 的速率工作，而执行金星任务时的速率为 6 144 bits/s。

5.9　1960—1961 年：火星 1M（Marsnik‑1）和金星 1VA

苏联针对 1960 年的火星发射计划和 1961 年的金星发射计划研制了首个行星际航天器。这两套航天器有点相似，只是 1M 对用于火星，而 1VA 对用于金星，它们在不同热力状态下有所不同，在通信方面也有差异。每一对都是完全相同的。这些航天器中只有金星 1号完成了发射并飞向目标，但在 7 天后失去联系。

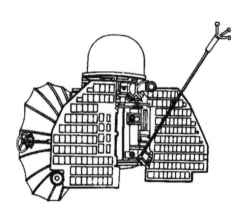

图 5‑6　1VA 金星 1 号探测器（摘自《太空旅行百科全书》）

5.10　1962 年：火星/金星 2MV 系列

在 1M 和 1VA 任务失败后，针对飞向火星和金星的任务又设计出了一种新的多任务航天器。这种 2MV 模块化航天器的质量约为

1 000 kg。航天器的核心是一个圆柱形增压"轨道"舱，它的一端与推进舱相连接，另一端与有效载荷连接。有效载荷可包含一个进入探测器或是一个带有用于飞掠观察仪器的增压舱。太阳帆板、天线、热控设备、导航传感器及几个科学仪器都连接到主舱面。与 1M 和 1VA 相比，2MV 的通信、姿态控制及温度控制系统都有了大幅度的改进，而中段航迹修正采用的是相同的推进系统。

　　研究人员还设计了 4 个改型型号，2MV‐1 和 2MV‐2 是用于金星的型号，2MV‐3 和 2MV‐4 是用于火星的型号。‐1 和‐3 的版本配备了相应的进入航天器，而‐2 和‐4 的版本带有用于飞掠任务的仪器。共发射了 6 个航天器：1962 年的 8～9 月；向金星发射了 3 个（2 个探测器和 1 个飞掠航天器），1962 年 10～11 月向火星发射了 3 个（2 个飞掠航天器和 1 个探测器）。可惜的是，除了一个以外全都因运载火箭发生故障而失败。火星 1 号航天器于 1962 年 11 月 1 日发射升空，在飞行了将近 5 个月后，它的通信系统在 1963 年 3 月 21 日发生了故障，到达了当时被认为是距离地球 1.06×10^8 km 的位置。这项工程获得的成功，使 2MV 的总体设计为苏联的星际航天器，尤其是金星任务，开创了一个长期的先例，这种航天器一直被用到 1975 年。

5.11　1963—1972 年：火星/金星 3MV 系列

　　正如 1960—1961 年飞向火星和金星的首个计划那样，1962 年飞向这两个星球的第二次计划也遭到了失败。发射的 10 个航天器中，只有 2 个完成发射，但没有一个能够在工作状态下完成巡航。不过火星 1 号的长途飞行具有相当的鼓舞意义，并且使用新型电子设备对 2MV 的原有设计进行升级，推出了用于 1964 年向金星和火星发射的 3MV 航天器。

　　1964 年计划发射 6 次 3MV 航天器，火星和金星各 3 次，但只有 5 次取得了成功。鉴于之前的失败率较高，每组 3 次发射中的第

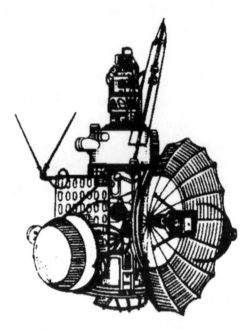

图 5-7　2MV 火星 1 号飞掠航天器（摘自《太空旅行百科全书》）

一次发射被用来试验 3MV/运载火箭系统。然而，1963 年 11 月的火星运载器试验飞行和 1964 年 2 月的金星运载器试验飞行都因为运载火箭发生故障而遭到失败。虽然离 1964 年 3 月飞向金星的发射窗口打开所剩的时间不多，但经证明完全有可能在 3 月末和 4 月初发射这两个航天器。第一个任务由于运载火箭出现故障而宣告失败，而代号为探测号 1 号的第二个任务，因为增压失灵也在进入巡航后 2 个月以失败告终。1964 年 11 月成功地向火星发射了单个 3MV 航天器，代号为探测号 2 号，一个月后在途中发生故障，原因是电子设备出现了问题。这两次任务的代号都是探测号，这是因为发射后不久便意识到它们不可能在工作状态下抵达目标。

3MV 航天器错过了 1964 年 11 月的火星发射窗口时间，1965 年 7 月被作为试验航天器发射升空。它与探测号 3 号一样顺利地完成了飞掠火星的任务，但在抵达火星距离前通信发生中断未能实现行星试验目标。它也是最后一个向火星发射的 3MV 航天器。1965 年 11 月的晚些时候，又向金星发射了三个 3MV。第一个是金星 2 号，它在即将抵达金星前的 17 天失踪；而第二个是金星 3 号，是在航天器马上要逼近金星之前失踪。不过，这两次任务都是苏联首次抵达目标星球附近。第三个航天器因为运载火箭发生故障而遭到失败。

苏联的行星计划自 1960 年 10 月启动到 1966 年 3 月，19 次发射中有 11 次是飞向金星、8 次飞向火星，它们无一获得成功。与此同时，美国于 1962 年成功完成飞掠金星的任务，又于 1965 年成功飞掠火星。另外，直到当前为止，苏联所有机器人航天器都由 OKB - 1 负责研制，它在载人航天计划上所承担的任务过重，机器人计划也因此被移交给了拉沃契金设计局。在 1966 年这一整年里，拉沃契金设计局对科罗廖夫的设计进行了改进，针对之前飞行任务所暴露出的问题进行了处理，并且开始研制他们自己的 Ye - 6 及 Ye - 8 版月球航天器和用于金星的 3MV 星际航天器。拉沃契金设计局决定不再进一步尝试开展 3MV 飞向火星的任务，而是改为设计一种会被送入绕行星轨道的新型质量更大的航天器，并且发送一个软着陆器。制定这一策略的目的是要让美国飞掠金星和火星的任务相形见绌。这两项任务定于 1967—1969 年的发射窗口期间开展，前者会将进入探测器和着陆器送到金星，而后者会将轨道飞行器和着陆器送到火星。

针对 1967 年的发射机会，拉沃契金设计局准备了两个带有金星进入探测器的新型 3MV 航天器。这种进入探测器能够在通过降落伞下降的过程中对大气进行测量，并且能够在临界大气压力下承受与金星表面的撞击。这两个航天器都于 1967 年 6 月发射升空。第二个航天器由于运载火箭发生故障而未能成功，但在 1967 年 10 月 18 日，第一个航天器，金星 4 号，成为了首个获得成功的行星进入探测器。苏联起初认为它已经经受了所有状况成功抵达金星表面，但事实上它失败了，因为未能克服仍然非常严酷的大气条件。

针对此后 1969 年、1970 年和 1972 年这三次向金星发射的机会，同样采取这种利用一次机会同时发射两个金星探测器的策略。6 次发

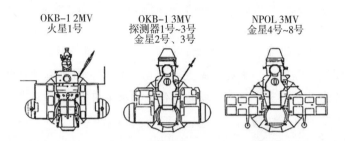

图 5-8　OKB-1 研制的 2MV 到拉沃契金设计局研制的 3MV 的变化
（由 Ralph F. Gibbons 提供）

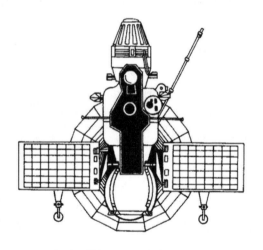

图 5-9　3MV 金星 4 号航天器（摘自《太空旅行百科全书》）

射中有 4 次取得了成功，分别是 1969 年的金星 5 号和 6 号、1970 年的金星 7 号及 1972 年的金星 8 号。研究人员针对每次机会对探测器进行了加强，直到最终它们能够承受金星表面的高压和高温。第一个在另一个星球上着陆并能工作的航天器是金星 7 号。金星 8 号在 1972 年也取得了成功，它到达了金星被太阳照亮一侧靠近晨昏圈的位置，并且配备了一套功能更为全面的测量仪器。

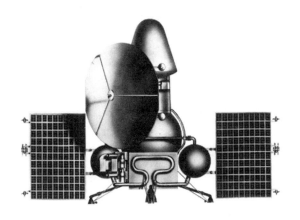

图 5 - 10　带有探测器的火星 - 69 号航天器（未被发射）

5.12　1969 年：火星 - 69 号航天器

火星计划是第一次采用了大推力质子号运载火箭的计划。1969年的这次机会特别有利，航天器有效质量的大幅度增加为完成软着陆任务提供了条件。但研究人员对于这个初步计划做出的决定是：发射一个航天器，由它在围绕这个星球的轨道上发射一个进入探测器。如果能获得成功，它将为研究人员提供首份火星大气层原位的测量结果。

火星 - 69 号航天器的首个设计充分利用了新型月球着陆器 Ye - 8的所有研究成果。这种设计最终被证明不适用于火星，研究人员在经过彻底重新设计后，推出了一种与之前 3MV 航天器相似的轴向模块化构型，但要大得多，并且鲁棒性更强。

火星 - 69 号航天器的核心是一个球形的推进剂贮箱，在它的下面是发动机，上面是圆柱段。该航天器配备了太阳帆板、天线，以及热控系统。导航系统和轨道仪器舱被安装在箱体的另一侧。进入探测器安装在圆柱段的上方。3MV 航天器上的电子设备得到了重大改进。由于没有足够的时间进行试验再加上航天器质量大幅增加，因此不得不将这一进入航天器从 1969 年的计划中取消。1969 年 3 月底和 4 月初，两个相同的轨道飞行器发射升空，可惜的是它们都因为运载火箭发生故障而未能获得成功。

5.13　1971—1973 年：火星–71 号和火星–73 号系列

与 1969 年相比，1971 年的火星飞行对于能量的要求更高。除了这点外，火星–69 号设计中采用的多个仪器舱也带来了一些工程技术上的问题，这促使研究人员又一次推出新的设计方案。在新的版本中，位于航天器底部的推进系统成为了主体结构部分，一个仪器舱安装在圆柱段燃料和氧化剂箱系统的底部，像一个圆环那样围绕在发动机周围。与之前一样，太阳帆板和热控系统位于推进剂箱的那一侧。研究人员在 N–1 火箭最后级的电子设备基础上，配备了新的数字电子设备。利用这一传统设计，通过去掉质子号 Block D 级的控制系统和让航天器控制上面级发动机的运行，使得质量得以降低。

1971 年的发射机会对能量提出了更高的要求，因为它不允许轨道飞行器搭载进入运载器进入火星轨道，所以它必须在轨道入射前部署完毕。更高的大气层进入速度和执行软着陆的决定对采用新的进入运载器设计提出了要求：新的设计中具有更大的飞行制动装置和更小的锥角。降落伞必须在超声速的条件下打开，这一点此前从无先例。最终的进入运载器设计是一个模块化叠层，包括位于前端的制动装置、位于制动装置内的卵形着陆器、位于着陆器顶部的环形降落伞收纳装置，以及位于进入运载器后部的推进组件。为了便于巡航，进入运载器搭载在轨道飞行器的顶部。

由于没有足够精确的火星星历资料，无法在发射前实现进入系统的精确瞄准，因此研究人员决定先发射一个航天器进入围绕星球的轨道，然后让它为后续的两次轨道飞行器/着陆器任务提供行星定位并部署着陆器所需的导航数据。但可惜的是，由于存储指令出现错误，轨道飞行器的发射在 1971 年 5 月遭到失败。这一事故造成了两个非常负面的影响：其一是美国的水手 9 号航天器成为第一个绕火星飞行的航天器；其二是这两个轨道飞行器/着陆器不得不依靠备份的实时光学瞄准技术，而它的精确度较低。上述发射取得成功，随后火星 2 号和 3 号任务也在紧锣密鼓地进行。火星 2 号着陆器因为备份瞄准系统发生故障而撞毁。1971 年 12 月 2 日，火星 3 号进入系统获得了成功，它的着陆器第一次实现在火星表面登陆。不过令人遗憾的是，着陆器发射信号只持续了 20 s 便出现了故障，因而未能发回有价值的数据。这两艘母航天器都顺利地进入了轨道。

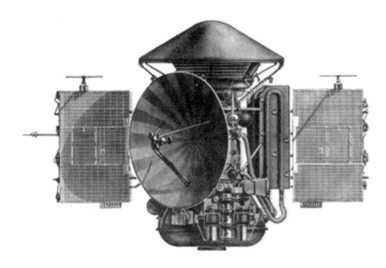

图 5-11　火星 3 号航天器（由拉沃契金设计局提供）

　　1973 年的这次火星发射机会对于能量使用而言更为不利，这样也就无法采用轨道飞行器/着陆器这种组合，只能通过飞掠运载器来部署着陆器。1973 年 7 月和 8 月共发射了四个航天器，其中两个是轨道飞行器，另两个是飞掠运载器/着陆器。这几个航天器实质上和 1971 年使用的那些相同，但 1973 年的航天器受到了电子元器件问题的影响，其原因是制造过程中改动了一个整套系统中都用到的晶体管。火星4号上的发动机点火失败，轨道飞行器也飞过了目标星球。火星5号虽然取得了成功，但它在轨运行仅约一个月后就发生了故障。火星6号运载器在整个巡航过程中都受到遥测方面问题的困扰，但它还是设法部署了着陆器。进入运载器工作正常，并且发回了第一手的原位大气数据，但在靠近火星表面放下着陆器后，就再也没有收到着陆器的任何信号。火星7号未能将其着陆器送入合适的航迹，使它错过了火星。

5.14　1975—1985年：金星/维加系列

金星7号和8号实现着陆并提供表面状况的数据，宣告3MV系列已经完成了金星任务。在此基础上，研究人员决定为在行星表面进行更深入的研究设计一种新的航天器。自1961年第一次向金星发射以来，像1973年这样跳过发射机会还是第一次，这样做是为了把时间投入到开发一种新的更重、更复杂也更强大的金星轨道飞行器/着陆器系统，该系统的开发基于由质子号火箭发射的火星航天器。鉴于美国水手9号轨道飞行器在1971年取得成功，同时预测到了美国1975年计划发射的海盗号着陆器会拥有优越的性能，促使苏联决定在近期把成本更为高昂的、由质子号火箭发射的任务集中用于金星任务，而不是火星任务。

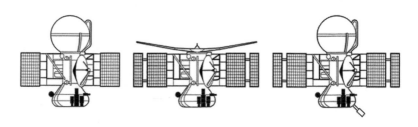

图5-12　金星9~14号，金星15号和16号，以及维加1号和2号航天器
（摘自《金星探索》）

新型的金星轨道飞行器除了在太阳帆板大小和散热设计上有所变动，其他方面几乎与火星轨道飞行器完全相同。但是其进入运载器具有显著差异。对于更厚更深的金星大气层，只能采用一种简单的进入和着陆系统，该系统由一个大型的中空球形进入飞船构成，内部带有着陆器和降落伞系统。在三个发射窗口内发射了数对航天器，分别是 1975 年发射的金星 9 号和 10 号轨道飞行器/着陆器、1978 年发射的金星 11 号和 12 号飞掠运载器/着陆器，还有 1981 年发射的金星 13 号和 14 号飞掠运载器/着陆器。金星 9 号不仅提供了第一份地表影像及成分测量结果，其母航天器还成为了首个获得成功的金星轨道飞行器。1978 年和 1981 年的航天器飞行能量要求不允许使用轨道飞行器。到了 1983 年，着陆器舱被成像雷达取代，金星 15 号和 16 号轨道飞行器成功获取了行星表面的第一份雷达图像。

几乎在 1983 年雷达任务的同一时间，另一项飞掠运载器/着陆器的任务也在准备之中，该任务由苏联与法国共同开展，任务计划部署一个配备综合性科学有效载荷的大型气球，它会在行星的云盖里绕行星漂移。但当研究人员意识到在发射金星进入运载器之后，飞掠航天器有可能重新将哈雷彗星作为目标时，他们针对哈雷彗星重新设计了飞掠航天器的有效载荷，对气球做了重大精简，增加了一个着陆器，对发射日期也作了调整，使航天器与金星和哈雷彗星都能相遇。航天器被改名为维加 1 号和 2 号，对于各自目标，这些任务的各方面都被证实进展得非常顺利。

5.15　1988—1996 年：火卫一和火星-96 号航天器

自 1967 年起，苏联就开始开展各项金星任务，在这方面取得了很大的成功，其中包括 1985 年极为成功的维加号任务；而另一方面，美国在发射海盗号火星轨道飞行器/着陆器之后明显缺乏后续发射计划，因此苏联在 20 世纪 80 年代末抓住机会又重新恢复了火星任务。研究人员基于非常成功的、由质子号火箭发射的金星系列，研制出了一种新型火星、金星、月球通用型（UMVL）航天器。针对 1988 年的火星发射机会制造了两个这样的航天器，任务计划聚焦火星的卫星火卫一。一旦航天器进入了围绕火星的轨道，就会连续与火卫一近距离相遇，而且靠得越来越紧密。当正好处于恰当的几何构型时，主动遥感实验将爆炸火卫一表面材料，两个小型着陆器也会部署就位：一个为静止，另一个移动。这是一项雄心勃勃的任务，运用到许多国际合作伙伴提供的仪器。

火卫一 1 号航天器在行星际巡航期间由于出现指令错误而遭遇失败。它的同伴进入火星轨道，在其调整轨道逼近火卫一时，发回了非常有价值的火星遥感数据。可惜的是，就在火卫一 2 号即将按计划首次交会的几天前其通信发生中断，只传送了一些非常有限的目标遥感数据。

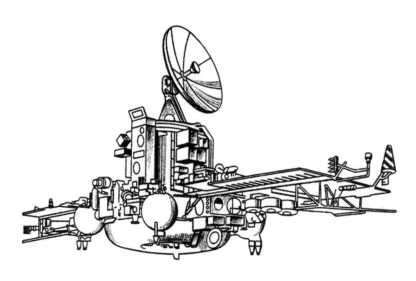

图 5-13　火卫一 UMVL 航天器

在火卫一任务的鼓舞下，苏联计划开展一个火星轨道飞行器和雄心勃勃的表面任务。这项任务最初定于 1992 年，采用新版的 UMVL 航天器进行发射，但是预算上的限制使它被排除在外并延期

图 5 - 14 火星 - 96 型航天器（由拉沃契金设计局提供）

到 1994 年，之后又被推迟到 1996 年。除了一个大型轨道科学有效载荷外，该轨道飞行器还带有两辆软着陆器，该软着陆器与之前的火星着陆器及两台穿越车有点相似。与火卫一任务相比，这项计划涉及更多的国际间合作。不过，这次仅制造了一个航天器，它在 1996 年 11 月 16 日发射时，由于航天器与 Block D 上面级之间的控制系统出现了故障造成逃逸加速，导致它重返大气层。火星 - 96 号的失败让苏联十分尴尬，它的行星探索计划出现了中断，这种情况一直持续到 20 世纪末。苏联定于 2011 年末筹划恢复其星际探索计划，并发射福布斯 - 土壤号采样返回航天器。

第 2 篇 将各组成部分组合在一起——飞向月球、金星，以及火星

第 6 章 脱离地球

6.1 时间线：1958 年 8 月—1960 年 9 月

1957 年 10 月 4 日，科罗廖夫的新型 R-7 运载火箭在一次试验飞行中将 Sputnik 人造卫星送入太空，宣告一个太空时代的来临。当天，火箭发动机在拜科努尔航天中心的发射台上点火成功的消息轰动了全世界，它也开启了人类探索太空的大门。在十个多月后，也即 1958 年 8 月 17 日，美国首次尝试向月球发射航天器，这是一个小型的轨道飞行器，但是火箭发生了爆炸。在 9 月 23 日，苏联尝试采用新的加强版 R-7 改型火箭向月球发射一个撞击航天器，该改型火箭携带一个较小的第三级以增强能力，通过它来达到逃逸速度。助推器发生故障后损毁。飞向月球和行星的竞赛仍在继续。

1958—1960 年间，美国曾九次试图向月球发射一个小型先驱者级航天器。但它们都因为各种原因遭到失败。1958—1959 年间，苏联也曾九次试图向月球发射航天器，其中六次因为运载火箭发生故障遭到失败，月球 1 号撞击航天器错过了月球将近 6 000 km，月球 2 号成功撞击了月球，而月球 3 号飞到了比月球更远的地方，它发回了前所未有的、神秘的月球背面的模糊图像。

6.2 Ye-1 月球撞击航天器系列：1958—1959 年

6.2.1 计划目标

在发射 Sputnik 人造卫星后，科罗廖夫利用全世界的反响来促使政府批准将他的 R-7 火箭用于非军事用途的计划，其中包括月球探索。早在 1955 年他就做过这样的尝试，但当时毫无结果，不过此时时机已成熟。他在 OKB-1 内成立了三个新的设计小组，一个负责通信卫星，一个负责载人航天飞行，还有一个负责机器人月球航天器。米哈伊尔·吉洪拉沃夫和格列布·马克西莫夫主管后者。姆斯季斯拉夫·克尔德什提出了具体的科学目标。经过几个月的工作，科罗廖夫和吉洪拉沃夫于 1958 年 1 月 28 日向莫斯科写了一封联名信，提出了一项月球撞击航天器及飞掠月球的任务，目的是拍摄月球背面的影像。科罗廖夫和克尔德什共同说服了政府，他们的计划在同年 3 月 20 日得到了批准。事实上，月球航天器设计已在进行中，科罗廖夫在 2 月就已经开始研制 R-7 火箭所需的第三级。他对在美国广为人知的、1958 年夏天会发射一个绕月轨道飞行器的计划非常清楚，而他想抢在美国前面拿下第一。

发射日期		
1958 年		
8 月 17 日	先驱者绕月轨道飞行器	助推器爆炸
9 月 23 日	月球号撞击航天器	第一级损毁
10 月 11 日	先驱者 1 号绕月轨道飞行器	到达 115 000 km 高空
10 月 11 日	月球号撞击航天器	第一级损毁
11 月 8 日	先驱者 2 号绕月轨道飞行器	第三级发生故障
12 月 4 日	月球号撞击航天器	第二级过早熄火
12 月 6 日	先驱者 3 号飞掠月球	到达 107 500 km 高空
1959 年		
1 月 2 日	月球 1 号撞击航天器	错过月球大约 5 965 km
3 月 3 日	先驱者 4 号飞掠月球	错过月球大约 60 030 km
6 月 18 日	月球号撞击航天器	第二级制导发生故障
9 月 12 日	月球 2 号撞击航天器	在 9 月 14 日成功撞击月球
9 月 24 日	先驱者绕月轨道飞行器	试验时发射台发生爆炸
10 月 4 日	月球 3 号绕月飞掠	成功，发回月球背面的影像
11 月 26 日	先驱者绕月轨道飞行器	发射时整流罩损坏

续表

发射日期		
1960 年		
4 月 15 日	月球号绕月飞掠	第三级出现故障
4 月 19 日	月球号绕月飞掠	第一级解体
9 月 25 日	先驱者绕月轨道飞行器	第二级出现故障

在为夏季向月球发射第一个航天器做准备的同时，为使苏联能够征服太空，科罗廖夫和吉洪拉沃夫扩大了他们的计划范围。这项计划在 1958 年 7 月初结束，但它的开展处于保密状态，苏联航天界内只有几个人秘密知晓此事。该计划声称 R - 7 火箭必须升级为三级火箭才能发射机器人月球着陆器和拍摄飞掠任务的图片。然后再次将 R - 7 升级为四级，以向火星和金星发射航天器；还需开发出轨道交会及其他技术和工艺，才能使人类绕月球飞行并在月球登陆，这也是在为建立月球殖民地及探索火星和金星做前期准备。

马克西莫夫和吉洪拉沃夫还在 1958 年春天准备了 5 个月球航天器的详细设计方案：

1）Ye - 1，月球硬着陆航天器，质量为 170 kg；

2）Ye - 2，以摄影为目的的月球背面飞掠，质量为 280 kg；

3）Ye - 3，与 Ye - 2 相同，但摄影设备有所改进；

4）Ye - 4，月球硬着陆航天器，带有爆炸装置，有可能采用核装置，质量为 400 kg；

5）Ye - 5，绕月轨道飞行器。

苏联关注的重点是证明他们的航天器已经到达了月球，起初并没有意识到自己可能被其他国家用相同的设备进行跟踪。遥测中断还不够明确，因此有了在月球上引爆爆炸装置、让所有人都目睹的想法，所以 Ye - 4 被设计为具有足够的有效载荷搭载能力，可携带一个核爆炸物或一个很大的常规爆炸物。科罗廖夫很不愿意使用核爆炸物，经过与知名的核物理学家雅可夫·泽尔多维奇（Yakov Zeldovich）及其他几位物理学家商议后放弃了这一想法。随着技术和政治问题变得越发突出，Ye-4 最终被放弃，跟踪成为了解决方法。即便如此，Ye-1 的第三级配备了一个便于光学跟踪和全球总体观测的钠云释放装置。Ye-5 绕月轨道飞行器项目被取消，因为用来发射它的新型 8K73 火箭本身由于发动机研制出现问题而被取消。

随着 1958 年夏季的到来，科罗廖夫急于抢在美国定下的发射小型轨道飞行器的日期前发射他的首个月球撞击航天器。虽然他的首枚三级火箭有些技术问题，但他还是决定冒险在美国发射的同一天准备好他的 R-7 火箭，不过当他得知美国的火箭发生了爆炸后，他便暂时停止了发射。可是额外的时间并没有起到任何作用，一个月后，他的运载火箭在短暂飞行后也发生了爆炸。尽管如此，太空竞赛仍在继续，至于它所产生的影响，现在我们对此已经有了很清楚的认识。

苏联的方案中，计划和发射信息是保密的，只有获得成功的发射才会被报道。对于那些成功发射但未能完成任务的航天器，苏联在发布消息时会加以掩饰，让外界看起来一切都是成功的。相比之下，美国总是提前宣布它的计划，并向媒体和外界公开。这引起了双方激烈的竞争；一个很清楚对方的计划，总是想抓住对手的弱点；而另一个对对方的计划几乎一无所知，总是在盲目地揣测对手，以此来抢占和保持领先地位。

1958 年 9 月—1959 年 9 月这 12 个月期间，共发射了六个 Ye-1/1A 航天器。只有月球 1 号和 2 号未发生运载火箭故障，月球 1 号飞过月球所引起的轰动不亚于近一年前 Sputnik 人造卫星升空。苏联媒体称这套包括运载火箭和其他所有部分在内的系统为"首枚宇宙火箭"；在它飞过月球后，航天器又被改名为"Mechta"（梦想）。几年后，又回顾性地称它为月球 1 号。它的目标是在 1959 年 1 月 4 日撞击月球，但是它错过目标将近 6 000 km。尽管如此，它仍是第一个达到地球逃逸速度的航天器。1959 年 9 月 14 日，第二个成功发射的航天器，月球 2 号，成为了第一个撞击月球的航天器，这一系列也由此实现了科罗廖夫计划中的目标。

发射的航天器
第一个航天器：	Ye-1 一号
任务类型：	月球撞击航天器
国家/研制者：	苏联/OKB-1
运载火箭：	月球号
发射日期/时间：	世界时间 1958 年 9 月 23 日 09:03:23(拜科努尔)
结果：	助推器发生故障
第二个航天器：	Ye-1 二号
任务类型：	月球撞击航天器
国家/研制者：	苏联/OKB-1
运载火箭：	月球号
发射日期/时间：	世界时间 1958 年 10 月 11 日 23:41:58(拜科努尔)
结果：	助推器发生故障
第三个航天器：	Ye-1 三号
任务类型：	月球撞击航天器
国家/研制者：	苏联/OKB-1
运载火箭：	月球号
发射日期/时间：	世界时间 1958 年 12 月 4 日 18:18:44(拜科努尔)
结果：	第二级发生故障
第四个航天器：	月球 1 号(Ye-1 四号)
任务类型：	月球撞击航天器
国家/研制者：	苏联/OKB-1
运载火箭：	月球号
发射日期/时间：	世界时间 1959 年 1 月 2 日 16:41:21(拜科努尔)
相遇日期/时间：	1959 年 1 月 4 日
结果：	错过了月球,进入太阳轨道
第五个航天器：	Ye-1A 五号
任务类型：	月球撞击航天器
国家/研制者：	苏联/OKB-1
运载火箭：	月球号
发射日期/时间：	世界时间 1959 年 6 月 18 日 08:08:00(拜科努尔)
结果：	第二级发生故障

发射的航天器	
第六个航天器：	月球 2 号(Ye-1A 七号)
任务类型：	月球撞击航天器
国家/研制者：	苏联/OKB-1
运载火箭：	月球号
发射日期/时间：	世界时间 1959 年 9 月 12 日 06:39:42(拜科努尔)
相遇日期/时间：	世界时间 1959 年 9 月 14 日 23:02:23
结果：	获得成功,撞击了月球

这些最早的行星际航天器的科学目标是研究宇宙辐射、离子化等离子体、磁场,以及地球与月球之间即地月空间内的微流星体通量。除了辅助光学追踪外,钠释放装置还可用于在运行过程中观察地球磁力圈及上层大气内的扩散。

6.2.2　航天器

Ye-1 航天器的形状为球形,它跟第一颗人造卫星相似,但要稍大一点。Sputnik 1 号的直径是 56 cm,而 Ye-1 和 Ye-1A 的直径是 80 cm,它们的材料为铝镁合金,质量是前者四倍。天线和仪器的舱口在球形表面外凸出。这一航天器可高度反射,以大约每 14 分钟转一圈的速度实现自旋稳定。它没有配备推进系统;它的内部含有 1.3 bar 的氮气,通过温度较低的外壳与温度较高的电子元器件之间的一个风扇实现循环,将温度控制在 20～25 ℃;它还带有一套米波段的无线电遥测系统、锌银和汞氧化物电池、科学有效载荷,以及纪念章。接收机的工作频率为 102 MHz,发射机在 183.6 MHz 和 1 000 bits/s 下工作。发射机带有一套备份的遥测系统,以短波工作,频率为 19.993 MHz。

发射质量分别为 361.3 kg（月球 1 号）及 390.2 kg（月球 2 号）

6.2.3 有效载荷

有效载荷包括 5 台用来研究行星际空间的科学仪器和 2 个被五角形纪念章覆盖的球体，这些纪念章会在撞击时裂开并散落在行星表面。

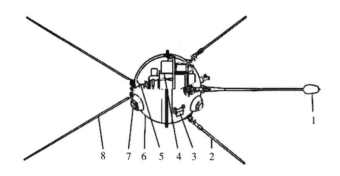

图 6 - 1　月球 1 号 Ye - 1 航天器（由唐・米切尔提供）

1—磁力仪；2—183.6 MHz 的天线；3—微流星体测量器；4—电池和电子设备；
5—散热装置，风扇；6—航天器外壳；7—离子阱；8—19.993 MHz 的带状天线

1）测量磁场用的三轴磁通量闸门磁力仪；

2）切伦科夫的宇宙辐射探测器；

3）用于宇宙辐射的闪烁和气体放电盖革计数器；

4）压电微流星体探测器；

5）用于行星际等离子的离子阱探测器。

两台宇宙辐射测量仪器就安装在球体内，球体外壳可以起到铝材屏蔽的作用，其他的仪器安装在外面。月球 2 号在球体的内部和外部都带有额外的盖革计数器。在不同的情况下，第三级会携带其他的宇宙辐射测量设备，一个带有铝制纪念章长条的密闭舱，以及一个钠释放设备。当航天器到达地球磁力圈内的逃逸轨道时，纳释放设备会被开启。

图 6-2　月球 1 号（左图）和月球 2 号（右图）

图 6-3　月球 1 号和月球 2 号携带的球形纪念章

6.2.4 任务说明

在发射的 6 个 Ye-1 航天器中，只有 2 个完成了发射。第 7 个航天器在运载火箭发射失败后被运回。当科罗廖夫从媒体报道中得知美国将在 8 月 17 日开展探月任务后，他就竭尽全力想在同一天也发射一个航天器。虽然发射前的准备工作中发生了大量故障，但他明白自己的航天器通向月球的飞行路径要比美国的航天器短。因此他决定等待，先看看美国在佛罗里达的发射是否成功，而不是冒险发射。在他获知美国的火箭在仅仅飞行了 77 s 就发生爆炸后，他暂缓了发射，想把准备工作做得更为充分一些，还进行了额外的测试。然而，9 月 23 日的发射还是遭到了失败，第一级的捆绑式助推器在飞行的第 2 分钟就出现了纵向共振振动。各个级在 93 s 时出现脱离，坠落后发生爆炸。面对要抢在美国前面完成探月任务的压力，据说科罗廖夫当时大为恼火，他的回答是："你们以为只有美国的火箭会爆炸吗？"他这话说得还真没错，他不会想到，苏联的月球计划会在后面的数年内长期受困于火箭故障。

在媒体的密集报道中，美国定于 10 月 11 日开展第二次探月任务。科罗廖夫这次又想在同一天执行任务。全世界都知道佛罗里达发生了什么，可是苏联只有几个人知道此时身在拜科努尔的科罗廖夫的手指正放在发射键上，准备用一条更快的航迹抢在美国前面飞向月球。美国发射的消息传到了科罗廖夫那里。但是由于第三级发生故障，使得先驱者 1 号未能到达月球。科罗廖夫见自己处于有利地位，便着手进行发射。就在同一天的稍后，第二枚月球 8K72 运载火箭也出现了和摧毁第一枚火箭一样的振动，在飞行 104 s 后发生了爆炸。

接连两次失败造成士气低落。研究人员分析残骸后发现，第三级附带的质量是造成基本型 R-7 助推器的共振振动原因，这在以前还从未发生过。研究人员通过小幅更改设计解决了这个问题，但是这一过程需要两个月的时间，科罗廖夫必须密切关注美国的动向。因为后者在 11 月 8 日进行了第三次发射，但这次仍然没有取得成功。

　　12 月 4 日的第三次发射也遭到了失败，这次的原因和以往不同。火箭度过了使前两枚火箭解体的振动阶段，但在飞行了 4 分钟后第二级发动机的推力开始减小，随后由于过氧化氢涡轮泵内变速箱出现故障，导致发动机熄火。科罗廖夫起初感到非常沮丧，但当他在 12 月 6 日得知美国的第四次发射又遭受失败的消息后又恢复了信心，他准备再进行一次尝试。1959 年 1 月 2 日进行的第四次发射取得了成功，Ye-1 四号被送入了一条飞向月球的轨道。1 月 3 日，第三级耗尽后在距离地球 113 000 km 的高空释放了大约 1 kg 的钠气云，在印度洋上空形成了一片闪耀的橙色航迹云，它的亮度达到了六等星的程度。这项实验不仅提供了近地空间内电离气体特性方面的数据，并且可用于跟踪。月球 1 号（探测器后来的名称）错过了它的目标，并在飞行 34 小时后于 1956 年 1 月 4 日飞越了月球表面的 5 965 km 领域。这次错过是由于地面无线电制导发出的第二级熄火指令较迟。虽然如此，月球 1 号仍然保持了三项宇宙第一：第一个达到逃逸速度的航天器，第一个飞到月球附近的航天器，还有第一个进入独立日心轨道的航天器。经过 62 h 的飞行后，也就是在 1 月 5 日，地面和它的联系中断，有可能是电池耗尽了。

　　月球 1 号是一个重大的胜利，也是苏联空间探索引以为傲的事件。但是它没有按预想的那样撞击月球，所以说并没有实现计划的目标。在经历了 1959 年初 R-7 其他的一些问题后，又推出了另一个航天器。得益于月球 1 号在 1959 年 1 月和美国先驱者号在 3 月飞掠月球时在飞行中成功获取的测量结果，该航天器融合了对磁力仪、盖革计数器和微流星体探测器的改进。经过这些改进后，该航天器赢得了一个新的代号，即 Ye-1A。当研究人员发现第三级加注的是标准煤油而不是所需密度更高的型号后，于 1959 年 6 月 16 日取消了第五个航天器 Ye-1A 五号的发射。贮箱被清空后，重新加注了正确的燃料，并在两天后进行了第二次发射。运载火箭在飞行了 153 s 后偏离了预定轨道，发射宣告失败。它的惯性制导系统中的一个陀螺仪发生了故障，运载火箭被地面发出的指令摧毁。

　　航天器的第六次发射在 1959 年 9 月 9 日被中断，原因是芯级发动机无法在点火后达到最大推力。火箭依然树立在发射架上，所有发动机在 20 s 后被关闭。研究人员用另一枚备份火箭替换了这枚火箭。被中断发射的这枚火箭上的航天器型号可能是 Ye-1A 六号。3 天后，月球 2 号（Ye-1A 七号）被成功送入绕月轨道。9 月 13 日，在到达 156 000 km 的距离后，耗尽的第三级释放了它的钠云。月球 2 号在飞行了 33.5 h 后，在 9 月 14 日世界时间 23：02：23 撞击了月球，撞击位置大约在位于北纬 29.1°、东经 0.0°的腐烂沼泽区域内的奥托吕科斯环形山附近。大约 30 min 后，月球号运载火箭的第三级也撞击了月球。

　　月球 2 号是第一个撞击另一个天体的航天器。苏联曾公开宣布它的发射频率，位于英格兰的焦德雷尔班克射电天文台也始终对该航天器进行跟踪，直到它最后处于静默状态。西方有些人认为月球 1 号就是个骗局，但伯纳德·洛伊耳爵士所进行的跟踪和无线电记录都足以证明月球 2 号撞击了月球。为庆祝这一成就，1959 年 9 月 15 日，在纽约召开的一次联合国会议上，尼基塔·赫鲁晓夫向美国总统艾森豪威尔赠送了被送上月球的苏联徽章的仿制品。

6.2.5　结果

　　月球 1 号成为了首个抵达月球附近的航天器。由此获得的测量结果提供了地球辐射带的最新数据，并且发现了太阳风——这是一层薄薄的、带有能量的离子化等离子体，由太阳发出后经过地球和月球。研究人员也由此获知，地球与月球间的微流星体通量较小，月球的磁场强度最大不会超过地球磁场的 1/10 000。

　　月球 2 号是第一个撞击月球的航天器。它以一个更为贴近的距离证实了月球并不具有可观的磁场，并且没有发现证据证明存在任何围绕月球的辐射带。

图 6 - 4　月球号发射前的准备工作

图 6 - 5　月球号发射时的情景

图 6 - 6　安装在 Block L 第四级上待发射的月球 2 号

6.3　Ye - 2 和 Ye - 3 月球飞掠系列：1959—1960 年

6.3.1　计划目标

科罗廖夫在展示撞击月球能力后，第二步计划是要拍摄月球背面的影像，因在地球上无法观测到月球的背面。电视科学研究所针对这项任务研制出了一种摄像机，它是一套采取在星上显影的传真系统，经光度计扫描后进行传送。由于该摄像机的位置固定，因此需要对航天器的定向进行适当调整并使其处于稳定状态，才能使它指向月球。而要实现这一点，就要采用三轴指向和控制系统，而不是 Ye - 1 航天器所采用的自旋稳定。按计划 Ye - 2 是第一个实现这种极为重要的姿态控制模式的航天器。不仅如此，还必须将航天器送入一条能让它在近距离和适当的光照条件下观察月球的背面、随后返回到地球附近并发送图像的轨道。

发射的航天器	
第一个航天器：	月球三号（Ye-2A 一号）
任务类型：	月球绕月飞掠
国家/研制者：	苏联/OKB-1
运载火箭：	月球号
发射日期/时间：	世界时间 1959 年 10 月 4 日 00:43:40（拜科努尔）
相遇日期/时间：	1959 年 10 月 7 日
任务结束日期：	1959 年 10 月 22 日
结果：	获得成功,拍摄到了月球背面的影像
第二个航天器：	Ye-3 一号
任务类型：	月球绕月飞掠
国家/研制者：	苏联/OKB-1
运载火箭：	月球号
发射日期/时间：	世界时间 1960 年 4 月 15 日 15:06:44（拜科努尔）
结果：	上面级发生故障
第三个航天器：	Ye-3 二号
任务类型：	月球绕月飞掠
国家/研制者：	苏联/OKB-1
运载火箭：	月球号
发射日期/时间：	世界时间 1960 年 4 月 19 日 16:07:43（拜科努尔）
结果：	助推器发生故障

　　克尔德什的应用数学研究所设计了一些特殊的轨道，它们能让航天器在拍摄完月球背面的影像后，返回地球附近并到达苏联上空，在近距离内将图像发回地球。对于这些限制类型的轨道来说只有两次发射机会，一次是在 1959 年 10 月逼近月球时进行拍摄，另一次是在 1960 年 4 月离开月球时进行拍摄。在 10 月发射了一个 Ye-2A 航天器，此后又计划发射两个 Ye-3 航天器。第一个发射的是月球3 号并获得了成功，但另两个更先进的航天器都由于运载火箭发生故障而遭到失败。

月球 3 号任务可以说是那个时代一个了不起的成就，它拍摄的图像轰动了全世界。但是除了苏联，没有人知道它曾经历过的失败。在 9 次发射中，6 次遭到彻底失败。月球 1 号没能完成它的首要任务，不过月球 2 号取得了成功。虽然月球 3 号拍摄并发送了图像，但是图像的质量并不理想。尽管如此，在外界看来，苏联已经成功地执行了 3 次探月任务，并且复杂程度越来越高，几乎算得上随心所欲、无所不能。与此形成鲜明对比的是，美国在 20 世纪 60 年代末似乎逊色很多，9 次公开的失败令其非常尴尬，仅有的一次成功也以很远的距离错过了月球。

在月球 3 号取得成功后，随着计划重点转移到更具挑战性的行星目标：金星和火星，苏联的月球计划经历了一个 3 年的中断期，并且开发出了用于月球软着陆的新型机器人航天器。

6.3.2　航天器

两套相互竞争、用于月球影像的远程通信系统开发同时展开，一套是博戈莫洛夫开发的 Ye - 2，另一套是梁赞斯基开发的 Ye - 2A。最后决定采用 Ye - 2A 系统。格列布·马克西莫夫设计的 Ye - 2A 航天器是一个长度为 130 cm 的圆柱形罐体，两端呈半球形，靠近顶部的位置有一个 120 cm 宽的法兰。圆柱形部分的直径大约为 95 cm。罐体为内压 0.23 bar 的密封容器，内部装有摄像机、胶片处理机、通信设备、热控风扇、陀螺仪，以及可充电的锌银电池。上行传输频率为 102 MHz，而下行传输频率为 183.6 MHz。备用遥测系统的运行频率为 39.986 MHz。航天器配备了 6 条全向天线，其中 4 条从顶部突出，另 2 条从底部突出。热控系统通过安装在圆柱周围的被动散热片，将内部温度控制在 25 ℃以下。外部安装有微流星体探测器、宇宙射线探测器，还有用来为电池充电的太阳电池。探测器的上面半个球体内带有摄像机舱口，下面半个球体内带有低温气体三轴姿态控制喷嘴。由于没有推进系统，因此航天器无法执行中段机动。该航天器在巡航时将采取自旋稳定模式，而在拍摄影像时会切换到三轴稳定模式，随后又恢复到自旋稳定模式。航天器采用光电元件来保持自身相对太阳和月球的定向。

　　随后推出的航天器起初被命名为 Ye-2F，它的设计目的是要获取更多更清晰的月球背面图像。在为此做好准备的同时，自 1960 年秋天起，苏联一直同时紧锣密鼓地准备新的四级 R-7 火箭和火星及金星航天器的发射。Ye-3 项目由于摄像机系统过于复杂且可靠性较低而被取消，就在发射前不久，Ye-2F 航天器被重新命名为 Ye-3。这两个航天器基本上与 Ye-2A（发射质量：278.5 kg）相同，但它们的图像质量和无线电系统都有所改善。

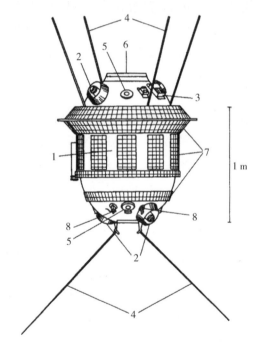

图 6-7　月球 3 号示意图（摘自《太空旅行百科全书》）

1—温度控制栅格；2—离子阱；3—微流星体探测器；4—天线；5—太阳传感器；

6—摄像机舱口；7—太阳帆板；8—姿态控制微型喷嘴

6.3.3　有效载荷

1）Yenisey‐2 图像电视传真摄像机系统；

2）微流星体探测器；

3）离子阱（3）；

4）切伦科夫辐射探测器；

5）闪烁和气体放电盖革辐射计数器；

6）质谱仪（未被发射）。

图 6‐8　月球 3 号航天器

除了新的摄像机系统外，还采用了一些月球 1 号和 2 号上的仪器。原本要采用一种基于已成功飞行的卫星 3 号上的仪器的质谱仪，但由于质量和时间上的限制而被取消。

与美国早期的深空摄影任务（除绕月轨道飞行器系列外）中采用的电视光导摄像管摄像机有所不同，苏联采用的是一种胶片摄像机系统。这种系统不仅机械构造复杂而且较重，但具有更高的分辨率、更高的灵敏度、更高质量的图像，并且不会发生变形。Ye‐2 和 Ye‐3 航天器上的 Yemsey‐2 传真成像系统包含一台配有 200 mm f/5.6 和 500 mm f/9.535 镜头的胶片摄像机、一台自动胶片处理设备，以及一个分辨率为 1 000 像素/行的光电倍增器胶片扫描仪。200 mm 的物镜能够拍摄到月球的整个表面。摄像机可以循环使用 1/

图 6 - 9　Yenisey - 2 图像传真成像系统

200～1/800 s 内的四种曝光时间。摄像机可同时曝光相邻的帧对，每帧通过一个镜头；它采用不受温度和辐射影响的正色胶片，能够拍摄 40 帧像素分辨率达 1 000×1 000 的照片。可根据地面的指令，对已经显影的胶片进行扫描和倒片，并按照航天器和地球的距离，以 1.25 行/秒或 50 行/秒的速度传送。用来发送视频信号的是 3 - W 183.6 MHz 发射机。在冷战结束后，有资料披露，苏联并不拥有防辐射胶片，它使用的是美国的防辐射胶片，苏联在清除从西欧飘到苏联上空后坠落的美国间谍气球时得到了这种胶片。

6.3.4　任务说明

在这些任务中，只有第一个任务完成了发射。月球 3 号航天器（Ye - 2A 一号）于 1959 年 10 月 4 日成功发射，进入了一条椭圆形的地球轨道；当航天器逼近月球南极时，月球引力会使航天器再次回到地球的附近，这样就形成了一条八字形的航迹。这个被苏联称为"自动行星际站"的航天器发生了严重的过热问题，造成发射后不久遥测便出现不正常。通过重新调整自转轴方向和关闭一些设备，这一问题得到了一定程度的缓解。在进行摄影前，航天器会停止自转，同时由陀螺仪控制的三轴定向系统被开启。航天器在月球南极范围内飞行不到 6 200 km 后，在世界时间 10 月 6 日 14：16 的时候最为靠近月球，随后穿过绕月轨道平面，飞到有太阳光照射的月球背面的上空。10 月 7 日一早，位于航天器顶端的光电元件探测到了在 65 200 km 外太阳照射下的月球，并开始了 40 分钟的摄影。在拍摄了 29 帧照片后，机械快门被卡住。最后一幅图像是距离 66 700 km 时拍摄的。

　　航天器在完成摄影后，会重新恢复自转，同时会首次尝试检索图像。信号强度较弱并不时出现中断，只收到一幅几乎没有任何细节的图像。在距地球 470 000 km 的远地点附近进行了第二次尝试，但传送质量仍很不理想。航天器的天线辐射图或许没能达到最优状态。研究人员决定等待最理想状况出现，也就是十天后航天器返回地球附近的时候。在航天器逼近地球的过程中，尝试了几次在快速回放下获取图像，但结果也不理想。信号较弱，而且有大量的静态和无线电噪声。为了降低无线电噪声，苏联工程师在叶夫帕托里亚接收天线附近的黑海强制采取了无线电静默。最后，到了 10 月 18日那天，信号质量忽然有所改善，地面人员成功收到了 17 幅图像，它们的噪点虽然比较多，但仍可以被识别。这项任务被有意设定为向地侧部分被照射到的时候开展，这样就能提供一个参照点，因此只有 70% 的背面被太阳照射到。与月球 3 号的通信在 10 月 22 日中断，该航天器于 1960 年 4 月在地球大气层内烧毁。

　　两个 Ye - 3 航天器都成了各自运载火箭的牺牲品。携带 Ye - 3一号航天器的火箭第三级过早熄火。燃料箱的煤油竟然没有完全加满。在距离地球大约 200 000 km 时航天器开始下落，并在大气层内烧毁。Ye - 3 二号发射失败的场面十分惨烈，发射升空时有一个捆绑式助推器没有达到最大推力，运载器因此承受了异常的负荷。三个捆绑式助推器在高度只有几米时发生分离，造成火箭四个分离的部分发生猛烈机动，并引发了剧烈爆炸。爆炸对发射台和发射场内的建筑造成了很大的破坏。这次失败宣告苏联首个月球航天器系列的终结，这也是最后一次在探月任务中使用8K72 R-7E月球号运载火箭。

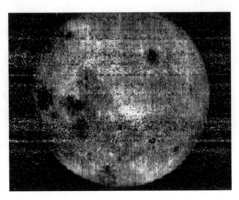

图 6-10　月球 3 号拍摄的月球背面的首幅图像

注：图中左下方阴暗区域是向地侧内的史密斯海；图中最右边的四分之三部分是月球背面的一部分；右上部的黑点是莫斯科海，右下部的黑色圆环是齐奥尔科夫斯基环形山和它的中央峰

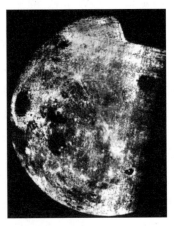

图 6-11　月球 3 号拍摄到的月球背面图像的镶嵌图

6.3.5　结果

月球 3 号是第一个拍摄月球背面的航天器，但是成功收到的 17 幅图像布满了噪点且分辨率低。这些照片里只有 6 幅被公开。有关人员编制了一份试验性的图集，展示了月球背面与向地侧之间的巨大差异：前者以明亮的高原地形为主，并没有面积广阔的海。两个小的阴暗区域被命名为莫斯科海和梦想海，后者是为了纪念梦想号的首次飞掠任务。

第 7 章　飞向火星和金星

7.1　时间线：1960 年 10 月—1961 年 2 月

月球是苏联 1958 年和 1959 年的主要目标，这也是美国 1960 年时的目标，但这两个国家都雄心勃勃地想向行星发射航天器。金星是距离最近、最容易到达的行星，火星虽然遥远一些，但它最具吸引力。在成功实现探月任务后，苏联在 1960 年准备启动行星任务。此时的美国正在全力争取获得探月任务的成功，因此决定推迟开展行星任务。

科罗廖夫针对行星任务开发出了四级 R－7 火箭；同时，为了迎接行星际飞行的挑战，又推出了一种与最初的月球系列完全不同的航天器。当时，新的火箭和航天器已为在 1960 年末及 1961 年初分别向火星和金星发射的机会准备好。最初两次向火星发射航天器是在 1960 年 10 月 10 日和 14 日，这两次发射时第三级都发生了故障，也使得新的第四级和航天器没有机会发挥作用。在不久之后的 1961 年 2 月 4 日第一次向金星发射航天器，由于新的第四级的发动机未能完成点火而宣告失败。最后，在 1961 年 2 月 12 日进行了第四次发射，新的火箭成功地将它的有效载荷送上了飞向金星的航迹。但可惜的是，金星 1 号航天器遭遇了一系列的问题，在飞行不久后便发生了故障。

发射日期		
1960 年		
10 月 10 日	飞掠火星	第三级发生故障
10 月 14 日	飞掠火星	第三级发生故障
12 月 15 日	先驱者绕月轨道飞行器	助推器爆炸
1961 年		
2 月 4 日	金星号撞击航天器	第四级发生故障
2 月 12 日	金星 1 号撞击航天器	运行过程中通信中断

7.2　首次飞向火星：1960 年

7.2.1　计划目标

人类的首次行星探险始于 1960 年，只有苏联实施这项任务的工作人员和美国间谍机构中的高层人士才知晓此事。首次火星太空飞行计划由两个相同的航天器组成，计划对行星进行飞掠探索。它们在 1960 年 10 月发射升空，比美国首次尝试飞向火星早了 4 年。1961 年 2 月又发射了两个相似的、飞向金星的航天器。这 4 个航天器是最早用来直接研究我们相邻行星的航天器。

自 1958 年底起，作为总设计师和院士的科罗廖夫开始着手在OKB-1 开展火星和金星任务，在这段异常忙碌的日子里，他不仅研制出 R-7 洲际弹道导弹，还对第二枚井基 R-9 洲际弹道导弹进行了试验。尽管飞行试验以每月几次的频率进行，然而他仍在对 R-7 实施改造，想把它用于非军事的空间探索领域，这也一直是他的梦想。他设计了一个小型的第三级，使航天器达到地球逃逸速度。此时他已为 1958 年末首次向月球的发射做好准备。随着 1959 年月球 2 号成功撞击月球及月球 3 号月球背面拍摄任务的完成，最初的月球航天器系列的使命宣告完成，科罗廖夫又将目标转移到了火星和金星。他原本打算在对 R-7E 月球运载火箭第三级进行升级后，将其用在 1959 年和 1960 年发射的星际航天器上，但是苏联科学院应用数学研究所的工作人员说服了他，使他相信采用四级火箭更为高效、鲁棒性更强。在得知美国把金星发射计划推迟到 1962 年后，科罗廖夫决定跳过 1959—1960 年间的行星发射窗口，目的是为研制四级 R-7 火箭争取时间。该火箭的第三级来自 R-9 的第二级，又增加了一个全新的第四级，配备了一台可重新启动的发动机。前三级和第四级的初始启动会将第四级送入近地轨道。在适当的时候，第四级会再次启动进入预期的行星际轨道并释放其有效载荷。这种 8K78 火箭为随后众所周知的闪电号运载火箭。它能把 1.5 t 重的物体送往月球，或是将 1 t 多一点的物体送往火星或金星。

　　1960 年 1 月初，赫鲁晓夫在与科罗廖夫及其他航天界领导人物的一次会议中表达了他对美国不断发展的太空计划的担忧。在政治领袖提出向火星发射航天器的敦促下，科罗廖夫在 2 月底制定了一份本年秋天向火星发射的计划表。他的团队对为期 8 个月的时间表感到畏惧，因为四级 R-7 火箭依然只是"纸面上的"运载火箭；且航天器的设计还没有完成，甚至连设计图纸都还没有。用今天的标准来看，这份计划是很荒唐的，但科罗廖夫和他的团队接受了这份计划，并投入了"极大的热情要击败美国，……，拼命加紧工作"。

　　早在 1958 年就已设想的 1M（火星）和 IV（金星）航天器要比探月任务复杂得多。它们是完全依靠三轴稳定的航天器，配备了姿态控制及推进系统、太阳电池阵和电池电源、温度控制，以及远程通信设备。科罗廖夫的计划需要在火星发射窗口内发射三次，将两个飞掠航天器和一个着陆器送往火星，最佳日期是 9 月 27 日。着陆器行星际任务中面临的最大困难就是穿过大气层、完成与表面的碰撞，以及拍摄照片。但在那个时代，关于两颗行星大气特性方面的信息并不可靠，对于火星来说尤其如此。科罗廖夫假设火星的表面压力在 60～120 mbar 之间，虽然可靠性不高但依然可行，而金星的大气更接近地球的情况。在 1960 年夏季进行的实验中，采用了 R-11A 科学亚轨道火箭（它是飞毛腿军用火箭之一），它带着试验进入飞行器飞到了 50 km 的高度，以进行采用降落伞的跌落试验。

在如此短的时间面对众多不确定因素，使得工程师不得不放弃向火星发射着陆器的想法，转而设计更为简单的飞掠任务，并且决定为金星设计一种报告大气状况、不需要完成表面撞击的探测器。即便如此，这些较为简单的任务仍然非常具有挑战性，主要是因为这两颗行星的星历表内存在大量的不确定因素，对火星而言超过了其行星自身的直径。

以下是姆斯季斯拉夫·克尔德什在一份日期为 1960 年 3 月 15 日的文件中制定的火星飞掠航天器的科学目标：

1) 在 5 000～30 000 km 的距离内以 3～6 km 的分辨率拍摄行星的照片，并且要覆盖其中一个极地地区；

2) 覆盖反射光谱内红外 C～H 波段，找寻表面存在的植物或其他有机物；

3) 研究火星光谱中的紫外线波段。

为了在最后期限前完成任务，所用仪器和航天器被赶制完成，制造过程中存在着许多问题。在一片忙乱中，航天器于 8 月底时被运到发射场。为了解决大量的技术问题，科罗廖夫的团队一刻不停地工作，不断地拆下分系统进行维修和重新测试。通信系统存在的问题最大。事实上，直到 9 月 27 日才进行全面的集成测试，而这一天本来是最佳发射日期。

科罗廖夫还要争取时间来总装他的四级 R-7 火箭。由于新的第三级可由别的火箭改进而来，因而真正需要做的就是尽快研制出带有可重新启动发动机的全新第四级。即便火箭团队知道第一次试发射是一次准备充分的火星任务，然而他们承受的压力并未因此而有所减轻。

最终，为了给新的上面级组合上的试验仪器留出有效质量，研究人员不得大幅减少有效载荷：最重的几台仪器——摄像机、红外光谱仪和紫外光谱仪被去掉。两个航天器在过了最佳发射日期后才被送到发射台，这意味着它们无法按计划那样逼近火星。不过就这次情况而言影响并不大，因为它们都是各自运载火箭的牺牲品。

如果这些火星航天器及 1961 年 2 月的金星航天器取得了成功，那么全世界就能在 1961 年 5 月迎来一个星际探索的伟大成功。金星探测器本应该在 5 月 11 日和 19 日抵达目的地，而飞掠火星本应该在 5 月 13 日和 15 日完成。由于仅仅在加加林于 4 月完成轨道飞行的一个月后，因此这些胜利对于西方的影响甚至有可能超过 Sputnik 人造卫星。

发射的航天器	
第一个航天器：	1M 一号（火星 1960A，Marsnik 1 号）
任务类型：	飞掠火星
国家/研制者：	苏联/OKB-1
运载火箭：	闪电号
发射日期/时间：	世界时间 1960 年 10 月 10 日 14:27:49（拜科努尔）发射
结果：	失败，第三级运行异常
第二个航天器：	1M 二号（火星 1960B，Marsnik 2 号）
任务类型：	飞掠火星
国家/研制者：	苏联/OKB-1
运载火箭：	闪电号
发射日期/时间：	世界时间 1960 年 10 月 14 日 13:51:03（拜科努尔）发射
结果：	失败，第三级未完成点火

同时发射新的四级 R-7 火箭和火星航天器的事实充分彰显了科罗廖夫的团队不畏艰难的顽强精神。尽管如此，苏联在乐观的同时还是保持着它一贯的谨慎。9 月初，在初步讨论发射日期的这段时间内，一位航天器工程师曾说道："忘掉无线电设备和所有的火星问题。第一次我们是飞不出西伯利亚的！"他这句话说对了。

7.2.2　航天器

该航天器其实是个圆柱形的容器，长度为 2.035 m，直径为 1.05 m，其内部用于电子设备和仪器的氮气压力值为 1.2 bar。顶部的圆顶内装有推进系统，这是一套固定的 1.96 kN 的 KDU-414 可重新启动液态自燃火箭发动机，以硝酸和二甲基肼为燃料。该发动机能够完成一次或多次轨道修正机动，总的发射时间为 40 s。

电源系统包括两块固定的 1.6 m×1.0 m 太阳帆板，上面有面积为 2 m^2 的太阳电池，还有一块用来蓄电的锌银电池。航天器通过内部的循环风扇配合外部的栅格来实现温度控制，将内部温度稳定在 30 ℃ 左右。

电子设备包括一个遥测磁带记录器和一个程序定时器（实际上是一个时钟事件顺序器），必须针对具体的发射时间对它进行预先设定。通信系统包括三个单元。定向系统采用一个直径为 2.33 m 的高增益高纯度铜网抛物截面天线作为 8 cm（3.7 GHz）和 32 cm（922 MHz）波段的发射机。当航天器与运载火箭的第四级分离后，该天线会自动打开。两条十字形的定向中等增益天线安装在太阳帆板的后面，可用于指令接收机和在 922.8 MHz 的低带宽下实施遥测。在 2.2 m 的磁力仪吊臂的末端连接着一条低增益全向天线，它在近地 1.6 m 波段下工作。指令在 768.6 MHz 下以 1.6 bits/s 的速率发送。在执行向上传输的指令序列之前，航天器会发送回复信号，并等待地面的确认。

通过固定的太阳和星光敏感器，配合陀螺仪和加速度计，航天器可实现姿态感应。此外，一套由月球 3 号改造而来的氮气喷嘴系统可实现姿态控制及三轴稳定。在巡航模式下，太阳帆板的角度保持在与太阳垂直的 10° 范围内。在进行遥测时，航天器使用无线电定位来转向和锁定地球。对于 1VA 金星航天器来说，通过采用单独的地球光学传感器使这一模式得到了改进。

发射质量：650 kg（干质量 480 kg）

7.2.3 有效载荷

1）安装在吊梁上用于搜寻火星磁场的三轴磁通量闸门磁力仪；

2）用于研究行星际等离子体介质的离子阱带电粒子探测器；

3）用于研究对行星际航天器有害的微流星体探测器；

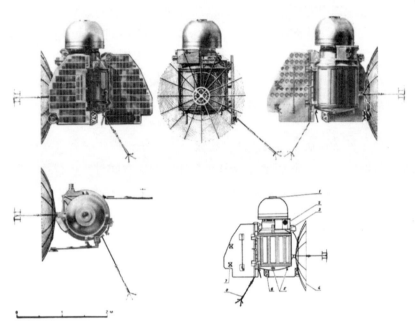

图 7 - 1　1M 航天器示意图

1—推进系统的喷嘴；2—太阳及星光敏感器；3—地球传感器；4—抛物面高增益天线；

5—姿态控制喷嘴；6—热传感器；7—中等增益天线；8—臂式全向天线

图 7 - 2　1M 火星航天器

4）用于测量太空中辐射危害的宇宙射线探测器；

5）用于测量火星表面温度的红外辐射仪；

6）用于拍摄表面的传真胶片摄像机系统（未被发射）；

7）用于搜寻有机复合物的红外 3～4 μm、C～H 波段光谱仪（未被发射）；

8）用来确定大气成分的紫外线光谱仪（未被发射）。

大多数仪器都安装在外部。摄像机和光谱仪在增压舱内，采用自身光学元件通过一个舱口进行观测。传真胶片系统与月球 3 号拍摄月球所采用的系统相同，利用 3.7 GHz 信道进行传输。它计划由火星传感器启动。

行星际巡航仪由气球和探空火箭实验演变而来。什马亚·道尔吉诺夫负责完成磁力仪，而康斯坦丁·格林高茨设计了两个离子阱。宇宙射线探测器包含一个盖革计数器和一个安装在增压舱内的碘化铯闪烁器，还有一个安装在外部的碘化铯闪烁器，这些都由谢尔盖·维尔诺夫负责完成。塔蒂娅娜·纳扎罗娃完成了微流星体传感器。

在克尔德什 3 月份的备忘录里列出的三个关键的星际仪器最终都被去除。计划在 2 月制订，而发射窗口在 9 月 20 日打开，几乎没有时间来准备仪器。航天器本身在研制和测试方面也有不少的问题。到 9 月 20 日的时候，无线电设备仍未出厂，电气系统还不能正常工作。无线电设备在准备与航天器进行集成时又出现了进一步的问题。这时已经错过了 9 月 27 日这个发射能量需求最低的日子，此后每天能够发射的质量都会减少。为了弥补过去的时间造成的质量损失，摄像机系统被去除。该系统在测试和集成时也存在问题。最后，在发射窗口快要关闭时，红外光谱仪和紫外光谱仪都被去掉，其中红外光谱仪在哈萨克斯坦进行的一次现场测试中未能探测到生命体。在该过程中从未对电子设备舱进行压力完好测试。在第一个航天器发射失败、质量受到限制后，整个科学有效载荷和中段发动机被去除。由于已经来不及在发射窗口内尝试开展预定的近距离飞掠火星任务，因而任务的目标被降低为仅仅积累航天器飞行方面的经验。

有效载荷质量：10 kg

7.2.4　任务说明

1M 一号航天器于 10 月 8 号抵达发射台，并在 10 月 10 日发射窗口已临近关闭时发射。航天器未能进入地球轨道。运载火箭在第二级启动时发生了共振振动，造成电子设备中的陀螺仪出现异常。航天器飞行了 309 s，在第三级点火后，火箭俯仰超出允许的限度，随后发动机熄火。火箭坠毁在西伯利亚东部。

图 7 - 3　为 1960 年 10 月 10 日首次试验新的四级 R - 7 火箭做准备，
搭载了 1M 火星飞掠航天器

1M 二号航天器也未能进入地球轨道。它的运载火箭在飞行了 290 s 后发生了故障，原因是第三级发动机点火失败。泄漏在发射台上的氧化剂冻住了输油管内的煤油。发射窗口在计划中的第三个航天器发射之前就已关闭。由于这两个运载火箭的第三级都发生了故障，使得新的第四级和航天器没有机会发挥自身的作用。

由于航天器未能进入轨道，因此苏联并没有公开宣布这次发射。

但是美国还是发现了它们，其在土耳其的监视站和一架在土耳其和
伊朗之间飞行的侦察机对它们进行了跟踪。沿着苏联南部国境线分
布的跟踪站侦测到了火箭发射前的无线电通信，而且苏联早期的运
载火箭的遥测数据也并未加密。部署的跟踪船只传来的信息进一步
显示即将实施一次发射；而且无论怎样，星际发射窗口都不是秘密。
只有一小部分的月球及星际发射任务没有被美国侦测到。

　　在火箭发射期间，尼基塔・赫鲁晓夫正在美国纽约参加一次联
合国会议。他把 1M 火星探测器的模型带在身边作为夸耀的资本。
在经历第一次失败后，他没有大肆炫耀他的模型，而是在 10 月 12 日
发表了一段著名的引起轰动的讲话。第二次发射失败时，他正带着
他的模型在返回苏联的途中。

7.2.5　结果

　　无

7.3　第一次飞向金星：1961 年

7.3.1　计划目标

　　金星的首个计划包含两个航天器，它们和四个月前向火星发射
遭到失败的那两个航天器几乎完全相同。就和火星航天器的情况一
样，金星航天器也是在非常匆忙的条件下完成的。尽管时间有所延
长，但是计划进度既没有考虑到迭代设计过程，也没有考虑到后期
的飞行计划需要进行大量的地面测试。科罗廖夫手下的工程师们不
得不花大量的时间和精力来进行系统调试。为了修复出现故障的部
分，进行了多次拆卸及重装，并经过了大量的测试循环；而且修复
一个故障后，另一个故障又出现了。通信系统再次成为最大的问题。
由于设计上出现了问题，因此必须推出替代方案。

　　1V 金星航天器最初的设计目标是带有摄像机的着陆器，但在
1960 年 10 月火星航天器发射时，显然该着陆器尚未准备充分，不能

用于 1 月的金星发射窗口。同时必须大幅度减少有效载荷，才能搭载新的着陆器需要用到的仪器。该着陆器最终被放弃，任务也被简化成一个简单的撞击航天器。目标被改为在行星际巡航期间和在撞击金星前的环境下执行科学任务。航天器搭载了一个带有徽章的被动式进入密封舱。研究人员在重新设计 1VA 时，尽可能地采用了 1M 航天器的设计。这几个航天器定于 1961 年 2 月发射，它们是第二组向行星发射的航天器，而向金星发射的第一组航天器比美国第一次尝试向金星发射早了 18 个月。

发射的航天器	
第一个航天器：	1VA 一号(Sputnik 7 号)
任务类型：	金星撞击航天器
国家/研制者：	苏联/OKB-1
运载火箭：	闪电号
发射日期/时间：	世界时间 1961 年 2 月 4 日 01:18:04(拜科努尔)
结果：	未能脱离地球轨道,第四级发生故障
第二个航天器：	金星 1 号(1VA 二号)
任务类型：	金星撞击航天器
国家/研制者：	苏联/OKB-1
运载火箭：	闪电号
发射日期/时间：	世界时间 1961 年 2 月 12 日 00:34:37(拜科努尔)
任务结束日期	1961 年 2 月 17 日
相遇日期/时间：	1961 年 5 月 20 日
结果：	运行过程中发生故障,通信中断

　　只有金星 1 号这一 1VA 航天器成功进入了飞向金星的轨道。它是第一个成功飞向另一个行星的航天器。可惜的是，它出现了严重的姿态控制和温度控制问题，在飞行不到一周后便出现了故障。

　　1961 年 4 月 12 日尤里·加加林成功地实现了轨道飞行，这一巨大成功掩盖了金星 1 号被缩短的飞行任务。在获得这些成功的同时，苏联还具备了发射重型卫星的能力，并于 1959 年成功开展了三次探月任务。到 1961 年年中，苏联在太空飞行领域占据了领先地位。当时美国所能公布的，除了八次探月任务发射失败以外，还有一次发射由于助推力不足导致只能远距离飞掠月球。而这些任务使用的都是小型航天器，它们更像是对火箭研制的小修小补，而不是那种针对太空探索精心设计出来的航天器。

7.3.2　航天器

该航天器是长度为 2.035 m 的罐体，直径为 1.05 m，内部压力为 1.2 bar。带有 1 m^2 大小的太阳帆板，每块帆板上安装了中等增益的天线，一条臂式全向天线，还有一个位于顶部的圆顶形的推进单元。程序设备系统、通信系统、姿态控制系统、导航系统，以及推进系统都与 1M 航天器相同。姿态控制系统有三种工作模式：用于持续指向太阳的三轴巡航模式，用于在主系统发生故障的情况下沿太阳轴自旋的备用系统，以及用于通信的、采用 2.33 m 长的高增益抛物截面网眼天线的三轴地球指向系统。通过由内部温度激活的被动栅格来实现温度控制。它与火星航天器的关键不同点在于采用了一个地球传感器，而不是无线电信标，这样能够在高增益的遥测阶段实现更为精确的定向。

球形进入装置安装在增压舱内且不可分离。进入装置外部带有隔热罩，以期进入装置能够经受住航天器进入大气层时发生的燃烧并幸存下来。它可穿过大气层做自由落体运动，随后与行星表面发生撞击。虽然无法保证它在与坚硬表面撞击后保持完好，但如果它碰巧落在海洋里，便应该能够漂浮在水面上。

由于当时研究人员对金星星历表的了解程度还不如火星，误差达到了其半径的 15 倍，因此要想实现撞击并不是个轻易能完成的任务。在 4 月初对金星进行了第一次无线电测距，而此时金星正处于内侧轨道位置上，因而星历表误差被缩小到 500 km。如果金星 1 号仍在运行，那么苏联就可以在它 5 月抵达金星的几周前，使用新的数据来规划轨道修正机动。

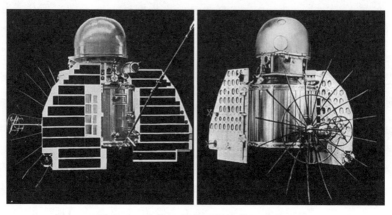

图 7-4　金星 1 号航天器的前面和背面

发射质量：643.5 kg

7.3.3　有效载荷

（1）主要仪器

1）安装在臂架上用于搜寻金星磁场的三轴磁通量闸门磁力仪；

2）用于研究行星际介质的离子阱带电粒子探测器；

3）用于研究对行星际航天器有害的微流星体探测器；

4）用于测量太空内辐射危害的宇宙射线探测器；

5）用于探测金星温度的红外辐射仪。

这些仪器与 1M 火星航天器上使用的仪器完全相同。据报道，它还带有一对并列的、用于测量行星际磁场的磁力仪。

（2）进入探测器

进入探测器内部有一个直径为 70 mm 的金属地球仪，球体内含有一枚大纪念章。地球仪上的蓝色部分为地球上的海洋，而金色部分为陆地。它能够在水面漂浮。大纪念章被放置在球体内，外面是一个由五角形不锈钢小块组成的外壳，每块上面用俄语刻着意为"地球-金星 1961 年"的字样。

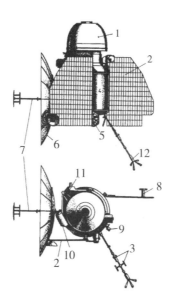

图 7 - 5　1VA 金星 1 号示意图（摘自《太空旅行百科全书》）

1—推进舱；2—太阳帆板；3—磁力仪；4—温度控制栅格；5—热传感器；6—高增益天线；

7—偶极发射器；8—中等增益天线；9—离子阱；10—地球传感器；

11—太阳和星光敏感器；12—臂式全向天线

图 7 - 6　金星 1 号探测器上携带的大纪念章

7.3.4　任务说明

　　1961 年 2 月 4 日，新的闪电号星际火箭第一次设法把它的第四级连同搭载的航天器一起送入一条近地"停泊"轨道。经过 60 分钟的无动力惯性飞行后，发动机二次点火失败，造成 1VA 一号航天器在太空搁浅。引起故障的原因在于电源所使用的变压器无法在真空下工作。包括推进级在内的、达 6 483 kg 的巨大在轨质量也使得西方猜测这是一艘失败的载人航天器。苏联事后声称，他们一直在试验一种能够发射行星际探测器的轨道运行平台。事实上，该"平台"只是搭载着航天器的、新的运载火箭第四级。苏联的这一说法毫无疑问是在强调针对深空任务的停泊轨道技术。美国将其称为 Sputnik 7 号。2 月 26 日，它再次进入了西伯利亚上空的大气层。有意思的是，一个小男孩发现了残骸，并把受到高温破坏的三角旗交给了 KGB。回收的部分被送回科学院，后来为了给缺乏资金的俄罗斯科学计划筹集资金，在 1996 年被送到纽约进行拍卖。

　　在对第一次发射的电源问题进行追查后发现，问题出在变压器被错误地安装在了外面，使它暴露在真空环境下。研究人员及时针对第二次发射进行了紧急快速修复，把装置密封在了一个真空密闭的电池盒内。

　　1961 年 2 月 12 日，"自动行星际站"成功飞离了停泊轨道，后来它被命名为金星 1 号。发射后 2 小时和 9 小时的通信阶段证实，该航天器正处于一条为期 96 天的 I 类轨道上，该轨道可使航天器抵达金星的附近。随后得到的跟踪结果显示，虽然需要进行较大的中段修正，但目标正在瞄准范围内。对遥测进行分析后得出的结论是，在指向太阳的模式下运行是不稳定的。航天器自动切换到了备用的自旋稳定模式，在此模式下，除了程序设备及温度控制系统外的大多数电气系统都被关闭。这是设计上的一个严重失误，因为指令接收机也会被关闭，并且会拒绝地面对航天器的控制。在这一安全模式下，航天器会每隔 5 天重新启动地球的通信系统。无法使用高增益天线的原因是航天器无法指向地球。在经历了极为困难的 5 天后，航天器于 2 月 17 日，在与地球相距 1.9×10^6 km 处开始与地球进行通信。研究人员利用这一阶段检查再次出现故障的、指向太阳的首要运行模式。直到 2 月 22 日，航天器没有做出任何应答，也收不到任何信号。苏联让焦德雷尔班克射电天文台监听遥测，并派遣了一个小组到英格兰进行协助，但是什么也没有监听到。叶夫帕托里亚的研究人员在 3 月 4 号和 5 号进行的尝试也没能收到任何效果。由于无法执行中段机动，金星 1 号以 100 000 km 的距离静静地飞过了金星。如果让航天器静静地继续它的任务，并在 1961 年 5 月 20 日发出指令，那么就不会有相遇的那一天。

研究人员后来确定，姿态控制系统的故障是由太阳传感器过热造成的。温度控制设计只考虑了仪器的平均温度，而没有考虑到未增压的敏感元件的局部温度。航天器自 2 月 17 日就没有应答，这是因为用于通信系统的某个程序设备发生了故障。另外，也有迹象表明，电动温度控制栅格的工作状态出现了异常。

金星 1 号的飞行引起了全世界的关注，因为它是第一个飞向另一个行星的任务，是苏联的又一项重大成功。不过，失败也随之而来。莫斯科电台宣布了 3 月 2 日的失败，并强调正在开展调查，不排除阴谋破坏的可能。窗口在 2 月 15 日关闭，第三个 1VA 航天器也因此未能发射。

7.3.5 结果

关于金星没有任何收获。但金星 1 号在它短暂的巡航过程中通过仪器获取了一些结果。它发现了一个强度为 3.5 nT 的弱磁场，而月球 1～3 号发现的太阳风等离子流体存在于远离地球磁层顶以外的深空内。金星 1 号标志着首次真正的行星际航天器飞行，该航天器具备了执行这一任务的所有能力，包括灵活的姿态稳定模式和中段机动。

第 8 章　新航天器，新的失败

8.1　时间线：1961 年 8 月—1962 年 11 月

金星 1 号的短暂飞行使研究人员获得了许多星际航天器方面的信息，在下一个发射窗口来临前的这段时间内，谢尔盖·科罗廖夫手下的工程师们推出了 2MV 型号的设计，并计划在未来的数年内成为许多金星和火星航天器的基础。

与此同时，美国正在研制它的第一艘真正的月球航天器，由于采用了新型的宇宙神-阿金纳运载火箭，它的质量要比以前的航天器大得多。这个名为"徘徊者"的月球航天器也为水手系列星际航天器获得成功奠定了基础，上述两者都由喷气推进实验室制造。美国在反复试验和误差过程中积累经验，徘徊者系列在运载火箭和航天器达到完善之前，遭受了 6 次失败。水手系列航天器一开始便取得了较大的成功，具有讽刺意味的是，美国在开展探月任务之前，就已经在 1962 年成功地完成了飞向金星的任务。苏联早期在火箭和航天器方面占据全面领先的地位，在探索金星领域被美国反超令苏联感到相当懊恼。

苏联在 1962 年发射了 6 个 2MV 航天器，其中 3 个飞向金星、3 个飞向火星。它们中只有火星 1 号发射成功。20 世纪 60 年代运载火箭故障仍然是造成月球和星际任务失败的一个重要原因，而关键问题出在第四级上。火星 1 号飞行了大约 5 个月，最终在过渡段出现故障，但在此之前也暴露出诸多新航天器设计方面的问题。

8.2 更好的航天器——第二次尝试飞向金星：1962 年

8.2.1 计划目标

在 1960 年 10 月的火星-1M 任务和 1961 年 2 月的金星-1VA 任务遭到失败后，科罗廖夫决定研制改进型的第二代星际航天器。他在 1961 年春天作出指示，要求设计新的多任务航天器，将其用于火星或金星的飞掠或进入探测器任务。这一新的系列是第一个模块化的行星际航天器，带有一个标准化多用途"轨道"舱（美国俗称它为运载飞行器），用于引导航天器飞向这两颗行星；而另一个独立的舱体被用来搭载针对行星及任务类型的科学有效载荷。提供了两种类型的标准实验舱，一种是增压容器，被用来装载那些在飞掠过程中可测量行星的仪器；另一种是进入飞行器，它被用于大气探测器或着陆器任务。对于后者来说，进入飞行器在到达目标时会发生分离，运载飞行器被抛弃并在大气中烧毁。这是相比 1VA 设计的一个重要改进，探测器被保留下来，它只需要承受航天器在进入大气时造成的破坏。

发射日期		
1961 年		
8 月 23 日	徘徊者 1 号探月任务试验	上面级二次点火失败
11 月 18 日	徘徊者 2 号探月任务试验	上面级二次点火失败
1962 年		
1 月 26 日	徘徊者 3 号月球硬着陆器	距离 37 745 km 错过月球
4 月 23 日	徘徊者 4 号月球硬着陆器	失败,撞击月球背面
7 月 22 日	水手 1 号飞掠金星	运载火箭故障
8 月 25 日	金星进入探测器	第四级故障
8 月 27 日	水手 2 号飞掠金星	12 月 14 日成功飞掠金星
9 月 1 日	金星进入探测器	第四级发生故障
9 月 12 日	飞掠金星	第三级和第四级发生故障

续表

发射日期		
10 月 18 日	徘徊者 5 号月球硬着陆器	航天器发生故障,飞过月球
10 月 24 日	飞掠火星	第四级发生爆炸
11 月 1 日	火星 1 号飞掠	1963 年 3 月 21 日过渡段过程中发生故障
11 月 4 日	火星进入探测器	第四级发生故障

　　通信、姿态控制、温度控制、进入及推进系统相比 1M 和 1VA 都有了显著的改进。新一代的航天器为所有用闪电号火箭发射的星际任务开创了先例,直到更为强大的质子号运载火箭出现。最初的设计被命名为 2MV,它只被用在了 1962 年的火星和金星的发射机会。一共制造和发射了 6 个航天器,其中 3 个飞向金星,另 3 个飞向火星。科罗廖夫也对 8K78 运载火箭进行了升级,试图通过改进捆绑式助推器发动机和加长第三级和第四级间的级间段和气动整流罩,让它能够携带质量更大的航天器。只有火星 1 号这一个 2MV 航天器发射成功。在完成 1962 年的计划后,研究人员对它的设计进行了更新,又推出了 3MV。

发射的航天器	
第一个航天器:	2MV - 1 三号(Sputnik 19 号)
任务类型:	金星大气/表面探测器
国家/研制者:	苏联/OKB - 1
运载火箭:	闪电号
发射日期/时间:	世界时间 1962 年 8 月 25 日 02:18:45(拜科努尔)
结果:	未能脱离地球轨道,第四级发生故障
第二个航天器:	2MV - 1 四号(Sputnik 20 号)
任务类型:	金星大气/表面探测器
国家/研制者:	苏联/OKB - 1
运载火箭:	闪电号
发射日期/时间:	世界时间 1962 年 9 月 1 日 02:12:30(拜科努尔)
结果:	未能脱离地球轨道,第四级发生故障

续表

发射的航天器	
第三个航天器：	2MV - 2 一号（Sputnik 21 号）
任务类型：	飞掠金星
国家/研制者：	苏联/OKB - 1
运载火箭：	闪电号
发射日期/时间：	世界时间 1962 年 9 月 12 日 00:59:13（拜科努尔）
结果：	未能脱离地球轨道，第三级和第四级发生故障

针对 1962 年的金星发射机会，苏联准备了两个 2MV - 1 进入探测航天器和一个 2MV - 2 飞掠航天器。进入探测器的任务是在云盖下穿越，成功着陆，并且将温度、压力、密度、大气成分及表面组成方面的数据信息发回地球。飞掠航天器计划使用升级版的摄像机拍摄行星照片，该摄像机原本要用在 1M 航天器上。令人沮丧的是，这三个航天器都因运载火箭第四级发生故障而被损毁掉。

8.2.2　航天器

2MV 航天器的直径为 1.1 m，总长为 3.3 m，热辐射计打开后太阳帆板两端之间的长度达 4 m。它由两个连在一起的部分构成。主航天器，也就是"轨道"（或运载）舱，它的长度为 2.7 m，包含在其一端长 60 cm 的推进系统。运载飞行器的增压舱内装有飞行系统电子设备和科学仪器。推进系统采用冷气喷嘴来实现姿态控制，可产生 2 kN 推力的 KDU - 414 换向发动机，能够执行一次以上的中段修正，总点火时间为 40 s。与运载舱另一端连接的既可以是 60 cm 长的增压飞掠仪器舱，也可以是直径为 90 cm 的球形进入探测器。

另外，通信系统有了重大改变。针对行星际巡航期间的高速率通信和抵达目标时的数据发送，采用了一组 1.7 m 的抛物面天线和可发射 5 cm、8 cm 或 32 cm 电波的无线电系统。增加了一组单独的全向天线和米波段发射机，作为对厘米高增益定向设备的补充。连接在散热器上的半全向天线，可以 39 cm（768.96 MHz）电波接收

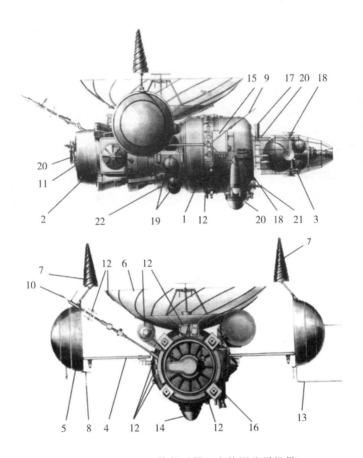

图 8-1　2MV 飞掠航天器（由能源公司提供）

1—增压轨道舱；2—增压成像模块；3—推进系统；4—太阳帆板；5—热控制散热器；

6—高增益抛物面天线；7—低增益全向天线；8—低增益全向天线；9—米波段天线；

10—应急全向天线；11—摄像机和行星敏感器舱口；12—科学仪器；13—米波段天线；

14—太阳和星跟踪器；15—应急无线电系统；16—太阳连续敏感器；17—地球跟踪天线；

18—姿态控制喷管；19—姿态控制氮气贮箱；20—姿态敏感器遮光罩；

21—粗太阳跟踪器；22—太阳跟踪器

指令，也可以在位于地球附近时发射 32 cm（922.776 MHz）电波，以及在紧急情况下发射速率较低、距离更长的电波。在逼近地球时，作为备用的 1.6 m 波段无线电设备会利用安装在太阳帆板顶部的伸缩天线以 115 MHz 和 183.6 MHz 的频率工作。对于飞掠任务来说，仪器舱内的摄像机本身带有 5 cm 波段的脉冲发射系统。高增益天线的位置固定，它指向太阳帆板的相反方向。要使用这条天线，航天器就要采取指向地球的姿态。星载磁带记录器的作用是在指向太阳期间存储数据，并在高增益天线被锁定时进行回放。电源系统由 2.6 m² 的太阳电池组成，它们能为 42 A·h 的镍镉电池阵提供 2.6 kW 电量。

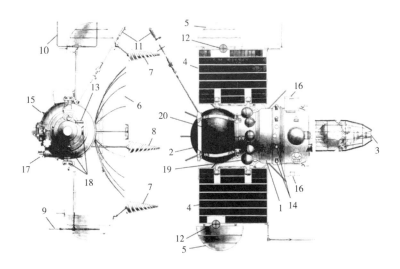

图 8 - 2　2MV 探测航天器（由能源公司提供）

1—轨道舱；2—进入舱；3—推进系统；4—太阳帆板；5—热控制散热器；6—高增益天线；
7—中等增益天线；8—进入舱试验天线；9—米波段发射天线；10—米波段接收天线；
11—磁力仪和臂式天线；12—低增益天线；13—地球敏感器；14—科学仪器；
15—太阳/星敏感器；16—应急无线电系统；17—太阳敏感器；
18—姿态控制喷管；19—氮气贮箱；20—太阳敏感器

通过配备高增益天线指向的地球敏感器，而并非无线电定位实现了姿态控制系统的升级。根据金星 1 号的经验，太阳、地球和星敏感器会在运载舱受限的环境内重新定位，通过一个石英圆顶窗进行观测。采用了可靠性更高的新程序设备，它采取的是元件对元件的冗余方式。和金星 1 号一样，航天器可在几种定向模式下运行。在巡航期间，航天器保持在低精度三轴太阳指向模式下，让太阳帆板始终受到太阳照射。为了避免像金星 1 号那样对航天器失去控制，研究人员决定在行星任务的巡航阶段不再关闭接收机。对于高增益传输阶段，航天器会终止太阳帆板太阳指向，采用太阳和地球光学敏感器，结合陀螺仪，使自身重新定向高增益天线地球指向，以便实现姿态精确控制。在中段机动时，发动机在陀螺仪系统的控制下，完成所需的相对于太阳和老人星的定向。陀螺仪稳定系统也会在发动机燃烧过程中提供反馈信息，以便调整发动机角度，并在积分加速度计检测到特定的速度变化时终止燃烧。航天器在星际相遇时的定向将由仪器舱内与成像系统配套的光学敏感器控制。

放弃使用电动栅格进行热控制，而是采用一套气液二元热控制系统。该系统在太阳帆板的两端装有两个半球形流体散热器。含有不同液体的、独立的加热管和冷却管通过热交换器与内部的干氮循环装置连接。航天器的外面还覆盖着一层金属箔和照片里无法看出来的玻璃纤维布隔热垫层。

运载舱带有用于巡航技术的仪器、在行星附近进行测量的仪器，以及针对进入任务在航天器受损之前在电离层内进行测量的仪器。在执行进入任务时，运载舱将根据地面发出的指令部署探测器，这条指令会在计划在进入大气层之前触发定时器。为将控制带松开火工品装置被引爆，随后进入探测器被一个类似弹簧的机构弹射出来。进入系统是一个直径为 90 cm 的球体，它的外面有一层起保护作用的烧蚀外壳材料。除了科学仪器外，进入探测器上还带有一套三级降落伞系统、一组锌银电池，以及一个用于向地球直接传输的、带有半定向天线的分米波段无线电设备。根据对当时表面状况最合理的猜测来看，按设计探测器能够承受 5.0 bar 的压力和 77 ℃ 的温度。金星和火星探测器几乎完全相同，但用于金星的探测器带有更厚的外壳和更小的降落伞；另外，火星探测器通过空气循环来实现冷却，而金星探测器实现冷却的是一套基于氨的被动系统。与金星 1 号不同的是，这些新的探测器被浸在一个由 60％的环氧乙烷和 40％的溴化甲烷构成的气体环境内，这样做的目的是防止对其目标着陆表面造成生物污染。

发射质量：　　1 097 kg（探测器型号）

　　　　　　　～890 kg（飞掠型号）

探测器质量：　～305 kg

8.2.3　有效载荷

（1）运载航天器

1）用来测量磁场的磁力仪；

2）用来探测辐射带和宇宙射线的闪烁计数器；

3）气体放电盖革计数器；

4）切伦科夫探测器；

5）用于电子、离子和低能量质子的离子阱；

6）用来探测宇宙波的 150～1 500 m 波段的无线电设备；

7）微流星体探测器。

以上是火星 1 号的有效载荷清单，这里我们可以认为所有 2MV 航天器的运载舱都带有相似的仪器。磁力仪安装在一条 2.4 m 长的吊臂上，而针对宇宙波无线电探测器将扁形天线进行了延长。从这些 2MV 航天器起，开始在太阳帆板的后部安装总面积为 1.5 m² 的压电微流星体探测器。

（2）下降/着陆舱

1）温度、压力和密度敏感器；

2）化学气体分析仪；

3）用于测量表面辐射的伽马射线探测器系统；

4）水银水平波运动探测器。

化学气体分析仪由简单的化学试验单元构成，通过它们可以确定可能计划在今后任务中飞行的适当的化学试验仪器。该舱体采用了铂丝电阻温度计，所用密度计是一个可在压力低于 10 mbar 的上层大气中进行测量的电离室。

（3）飞掠仪器舱

除了红外线光谱仪外，其他仪器设备可能和火星飞掠舱的相同，就金星而言，该舱的作用是研究金星大气而不是表面。

1）用于拍摄表面的传真成像系统；

2）摄像机系统内用于探测臭氧的紫外线光谱仪；

3）用于研究大气热平衡的红外线光谱仪。

成像系统不仅复杂而且质量较大。它的质量达 32 kg，被安装在增压仪器舱内，通过位于顶端的舷窗进行观测。它采用的是 35 mm 和 750 mm 镜头及 70 mm 胶片，能够拍摄 112 幅图像，可交替拍摄方形图像和 3×1 矩形图像。可以 1 440、720 或 68 线对每幅图像进行扫描或二次扫描，并存放在磁带上用于稍后进行发送。紫外线光谱仪会沿着图像周边将光谱投射到胶片上。成像系统带有一个专用的 5 cm（6 GHz）脉冲发射器，它安装在仪器舱内。该发射器可发射 25 kW 的短脉冲，平均输出功率达 50 W。传输速率为 90 像素/秒，传输一幅 1 440×1 440 像素的高分辨率图像需要 6 小时。像素有可能以模拟脉冲位置编码，而不是二进制值。红外线光谱仪位于仪器舱的外部，并且与摄像机处于同一瞄准线上。

8.2.4　任务说明

三次任务在成功进入停泊轨道后，都因为第四级发生故障而未获成功。在 2MV - 1 三号任务中，第四级上的四个漏损控制固体火箭发动机中只有三个完成点火，造成它在 3 s 后发生翻滚。主发动机虽然完成了点火，但由于翻滚运动使它只燃烧了 45 s，而预定时间为 240 s。一些碎片留在了轨道上。在 2MV - 1 四号任务中，阀门阻塞使燃料管堵住，造成第四级无法再次点火。

在 2MY - 2 一号执行任务时，金星飞掠航天器因第三级发生猛烈关闭而遭受失败。由于液态氧阀门未能关闭、仍在向燃烧室输送液态氧，造成第二级内的一台发动机在关闭时发生爆炸。第三级碎裂成了七片。第四级继续进入停泊轨道，但第三级损毁造成了它发生翻滚，导致氧化剂泵内出现空穴，发动机再次点火进行逃逸加速后不到 1 s 就发生关闭。

8.2.5　结果

无。

8.3　首个火星航天器：1962 年

8.3.1　计划目标

在 8 月末和 9 月初的三次金星发射任务遭到失败后，科罗廖夫的团队又在忙着为 10 月末和 11 月初的另外三次火星发射任务做准备。研究人员采取了很多手段来提高第四级的可靠性。在火箭第四级问题得以解决之前，科罗廖夫一直受到来自某些方面的压力，迫使他放弃火星尝试，但是科罗廖夫最后还是挺过来了。

1962 年的火星计划由两次飞掠任务和一次进入探测组成。进入探测的目标是获取大气成分和结构方面的现场数据及表面成分的数据。飞掠任务的目标是对地球与火星之间的行星际环境进行检测，以几种不同的色彩来拍摄火星，搜寻行星磁场及辐射带，搜寻大气中的臭氧及表面的有机复合物。研究人员为每个航天器准备了一个综合有效载荷，但在决定安装测试设备来监视第四级以找出其屡屡发生故障的原因时，除了摄像机和磁力仪外，大部分有效载荷都被去掉。这些任务也因此以 8K78 第四级的工程试验飞行为主要目标，而将火星作为次要目标。

发射的航天器	
第一个航天器：	2MV - 4 三号（Sputnik 22 号）
任务类型：	飞掠火星
国家/研制者：	苏联/OKB - 1
运载火箭：	闪电号
发射日期/时间：	世界时间 1962 年 10 月 24 日 17:55:04（拜科努尔）
结果：	在地球轨道上发生故障,第四级爆炸

续表

发射的航天器	
第二个航天器:	火星 1 号(2MV - 4 四号)(Sputnik 23 号)
任务类型:	飞掠火星
国家/研制者:	苏联/OKB - 1
运载火箭:	闪电号
发射日期/时间:	世界时间 1962 年 11 月 1 日 16:14:16(拜科努尔)
任务结束日期:	1963 年 3 月 21 日
相遇日期/时间:	1963 年 6 月 19 日
结果:	在过渡段发生故障,通信中断
第三个航天器:	2MV - 3 一号(Sputnik 24 号)
任务类型:	火星大气/表面探测器
国家/研制者:	苏联/OKB - 1
运载火箭:	闪电号
发射日期/时间:	世界时间 1962 年 11 月 4 日 15:35:15(拜科努尔)
结果:	在地球轨道上发生故障,第四级解体

尽管这几次发射有两次第四级再次发生了故障,但三个航天器中的第二个还是获得了成功,它是苏联第一个飞向火星的航天器。不过可惜的是,和金星 1 号的情况类似,研究人员很快发现火星 1 号的姿态控制有问题。无法中段机动使得近距离飞掠火星的计划落空。另一方面,与火星 1 号的通信持续了将近 5 个月,但在它距离目标还有约一半路程时陷入了静默状态。

8.3.2　航天器

2MV 火星航天器实际上与上面详细描述过的、用于 1962 年金星任务的型号完全相同。虽然没有关于 2M - 3 一号航天器的进入探测器(重 300 kg)的资料,但我们可以肯定的是,按设计它并非着陆器,而是一个简单的球形进入系统,包含一套降落伞、无线电,以及在下降过程中进行测量的仪器。对于能承受撞击,与其说目标不如说是愿望。实际上，由于设计者并不清楚火星大气有多薄，因而进入探测器很可能在将有价值数据发回前就坠毁在表面。

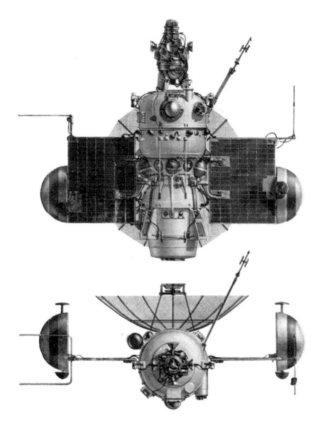

图 8 - 3　火星 1 号航天器示意图

　　如图 8 - 4 所示，火星 1 号航天器竖立在底座上。底座上面是增压舱，里面装有用于飞掠任务的科学仪器。再往上是"轨道"舱。前面大的舱口是星敏感器，它的右侧是太阳敏感器。用于姿态控制系统的气瓶位于中段，正好将两个舱体隔开。航天器的顶部是推进系统。抛物截面高增益天线固定指向太阳帆板的相反方向，帆板的两端装有半球形散热器。

发射质量：　　893.5 kg（火星 1 号）

　　　　　　　1 097 kg（探测器型号）

探测器质量：305 kg

图 8 - 4　火星 1 号航天器的前视图（左）和后视图（右）

8.3.3　有效载荷

　　为了使系统适于监视运载火箭的第四级，研究人员去掉了许多专为 2MV 航天器研制的仪器。虽然究竟去掉了多少仪器我们不得而知，但可以肯定的是，火星 1 号上搭载了磁力仪和飞掠成像系统。

　　以下这份清单列出了最初搭载的全套仪器。

　　（1）运载航天器

　　1）用于测量磁场的磁力仪；

　　2）用于探测辐射带和宇宙射线的闪烁计数器；

　　3）气体放电盖革计数器；

　　4）切伦科夫探测器；

　　5）用于探测电子、离子和低能质子的离子肼；

6）用于探测 150～1 500 m 波段宇宙波的无线电设备；

7）微流星体探测器。

（2）降落/着陆舱

1）温度、压力和密度敏感器；

2）化学气体分析仪；

3）用于测量表面辐射的伽马射线探测器系统；

4）水银水平波运动探测器。

（3）飞掠仪器舱

1）用于拍摄表面的传真成像系统；

2）摄像机系统内用于探测臭氧的紫外线光谱仪；

3）用于搜寻有机复合物的红外线光谱仪。

除红外线光谱仪需在 3～4 μm 的 C～H 波段下工作，来搜寻火星表面存在的有机复合物和植物，其他仪器与金星任务中使用的仪器完全相同。

8.3.4　任务说明

三次任务中有两次都因为这种新型但可靠性尚不理想的第四级而遭到失败。2MV-4 三号火星飞掠航天器在 1962 年 10 月 24 日发射升空，但在 17 s 后，因装配过程中混进异物或是润滑剂泄漏引起泵体过热，第四级涡轮泵发生了故障，航天器未能离开停泊轨道。第四级和航天器碎裂成了五大块，在随后的几天内再入大气层。美国位于阿拉斯加的弹道导弹早期预警系统雷达，它曾在古巴导弹危机时期处于高度戒备状态，探测到了发射后的残骸。美国一开始还担心这可能是苏联发起的洲际弹道导弹攻击，但在对残骸的散布面进行快速分析后，便消除了这一顾虑。

携带第二个航天器的火箭在第二天，也就是 10 月 25 日抵达了发射台，当时正处于导弹危机最严重时期。此后不久试验场就接到命令进入战备状态，两枚 R-7 战术导弹随时准备发射。其中一枚导弹竖立在火星火箭竖立的位置。它被放置在装配测试厂房的角落里，

图 8-5　即将发射升空的火星 1 号

上面没有覆盖物，发射团队从为火星发射提供支持转为为导弹做准备工作。幸好在 10 月 27 日下达解除的命令时，火星火箭还没有从发射台移走。11 月 1 日，2MY-4 四号飞掠航天器在这个发射窗口的最佳日期成功发射升空，成为了第一个飞向火星的航天器。这次任务被命名为火星 1 号任务。和金星 1 号的情况一样，发射后不久便出现了严重的问题。由于阀门发生泄漏，两个氮气贮箱中的一个压力急剧下降。后来的分析显示，阀门在制造过程中混入了碎屑造成某个阀门阻塞。气体泄漏造成了航天器失控翻滚。几天后，当贮箱出现泄漏时，地面控制器试图设法利用贮箱内剩余的气体来阻止翻滚，使航天器恢复到预想的指向太阳姿态并以每小时 6 圈的速度自旋，这样就能够通过太阳帆板给电池组持续充电。但当时大部分用于姿态控制系统低温气体喷嘴和发动机增压的干氮气已经被耗尽。按设计，用于姿态控制的备用陀螺系统无法连续使用。由于始终处于备用的指向太阳自旋模式下，使得航天器无法让它的高增益天线指向地球或是执行中段修正，只能通过超高频系统和中等增益的半定向天线来保持与地球的通信。在前 6 周里，每隔 2 天通信一次，此后每隔 5 天通信一次。1963 年 3 月 2 日，信号强度开始减弱，3 月 12 日通信中断，原因可能是姿态控制系统在处于从未达到过的 106 760 000 km 距离时崩溃。处于静默状态的航天器应该在 1963 年 6 月 19 日距火星大约 193 000 km 飞过了火星，而预定的飞掠距离在 1 000～10 000 km。

2MV-3 一号是计划发射的第三个航天器，由于它的第四级未能顺利再次点火，因此它被困在了太空中。氧化剂输送管内的空穴引起芯级振动，造成了第四级中的熔丝和点火装置发生移位。第四级发动机收到指令，在 33 s 后关闭。美国探测到了五片来源不明的残骸碎片。有人认为该航天器已于 1963 年 1 月 19 日再入大气层。

在 1962 年 8 月～11 月期间发射的 6 个 2MV 航天器中，4 个由于第四级故障遭到失败，1 个由于第三级和第四级故障而遭到失败。还有 1 个虽然发射成功，并被命名为火星 1 号，但它在过渡段发生了故障。苏联只制造了这些 2MV 航天器。研究人员在对它的设计进行改进后，推出了 3MV 航天器，用于 1964—1965 年间开展的下一系列火星和金星任务。

在美国，轨道上留置的 1962 年发射的金星和火星航天器，包括火星 1 号，按发射顺序被命名为 Sputnik 19 号～Sputnik 24 号。所有困在停泊轨道上的航天器都在几天内再入大气层。

8.3.5　结果

没有获得关于火星的信息。尽管如此，火星 1 号在进入静默之前的巡航期间的确获取了数据。它探测到地球周围的辐射带，并对它的分布和粒子通量进行了测量，还探测到在 80 000 km 处的第三条辐射带。它在行星际空间内测量到太阳风和磁场，并且它所处的距离要比金星 1 号更远。1962 年 11 月 30 日，它测量到一次太阳风暴。自 1959 年以来，由于太阳活动减弱，宇宙射线的强度几乎翻了一倍。随着离地球的距离越来越远，微流星体撞击的概率也随之下降，但会在穿越流星雨时出现间歇性上升。在 6 000 到 40 000 km 的距离范围内遭遇了两次 Taurid 流星雨，在 $2 \times 10^7 \sim 4 \times 10^7$ km 的距离范围内又遇到了一次，撞击率为平均每 2 分钟发生一次。

第9章　又是失败的三年

9.1　时间线：1963 年 1 月—1965 年 12 月

尽管在 1959 年 10 月到 1963 年初这段时间内月球 3 号取得了成功，但在此期间苏联也遭遇了 2 次探月任务的失败、5 次火星任务失败，以及 5 次金星任务失败。在长达 39 个月的时间里，谢尔盖·科罗廖夫手下的工程师们一直在研制一种可以利用四级 R-7 火箭的新型月球软着陆器。不幸的是，这种新的月球着陆器经历了比美国的徘徊者撞击器更漫长的等待，也经历了一系列更令人沮丧的失败。事实上，在设法实现软着陆之前，在 1963—1965 这三年里经历了 11 次失败，6 次发射失败中有 4 次是因为第四级工作异常。而在月球 4 号～8 号这些完成部署的航天器中，有 2 个错过月球，另外 3 个坠毁在月球上。这些任务的真正目标在当时无人知晓。与此同时，在 1964—1965 年期间，美国的徘徊者 7～9 号获得了连续成功。

另一方面，此时的苏联正在将金星 1 号和火星 1 号中吸取的教训应用到 3MV 星际航天器的研制中，它其实就是 2MV 的改进版，苏联准备在 1964—1965 年的行星发射窗口内将其发射升空。为了在新型航天器上积累更多的经验，苏联决定在 1963 年末开展两次临时飞行试验，但是这两个航天器都因为运载火箭发生故障分别在 1963 年 11 月 11 日和 1964 年 2 月 19 日遭到失败。苏联并未因此而停下脚步，在金星发射窗打开后，苏联于 1964 年 3 月 27 日和 4 月 2 日继续向金星发射航天器。只有第二个航天器发射取得了成功，并且研究人员很快就发现，星上故障使它无法抵达目标。该航天器被命名为探测号 1 号，并没有用金星系列来命名。随后又在 11 月 3 日成功地发射了一个火星航天器，可是航天器自身存在的缺陷又一次使它无法抵达目标，也因此该航天器被命名为探测号2号。

　　一方面看到自己付出艰辛努力后换来的是失败，另一方面美国的水手4号又在1965年7月15日成功飞掠火星，这使得苏联格外恼怒。与金星任务如出一辙的是，美国居然又一次抢先抵达了火星。面对探测号1号和2号出现的重大问题，苏联决定再实施一次3MV试验飞行。航天器于1965年7月18日发射，这一日期已不在发射窗口内，探测号3号虽然无法抵达火星，但它能够沿着一条真实任务会采用的轨道飞行。研究人员对脱离轨道的时机进行了设定，这样就可以通过拍摄月球背面来测试它的摄像机系统。该航天器将会测试它的导航系统、推进系统、飞行及仪器操作，并将图像发回地球。可惜的是，在它到达相当于火星的距离前通信中断，这也使它没有机会来展现它的深空性能。

发射日期		
1963 年		
1 月 4 日	月球着陆器	第四级发生故障
2 月 3 日	月球着陆器	运载火箭偏离轨道
4 月 2 日	月球 4 号着陆器	导航发生故障，错过月球
11 月 11 日	火星试验飞行	第四级发生故障
1964 年		
1 月 30 日	徘徊者 6 号撞击器	撞击月球，但摄像机发生故障
2 月 19 日	金星试验飞行	第三级发动机发生爆炸
3 月 21 日	月球着陆器	第三级发动机发生故障
1964 年		
3 月 27 日	金星号进入探测器	第四级发动机发生故障
4 月 2 日	探测号 1 号金星进入探测器	在过渡段通信中断
4 月 20 日	月球着陆器	上面级发生故障
7 月 28 日	徘徊者 7 号撞击器	取得成功，7 月 31 日发回图像
11 月 5 日	水手 3 号飞掠火星	整流罩发生故障

续表

发射日期		
11 月 28 日	水手 4 号飞掠火星	1965 年 7 月 15 日成功飞掠火星
11 月 30 日	探测号 2 号飞掠火星	一个月后通信出现故障
1965 年		
2 月 17 日	徘徊者 8 号撞击器	成功
3 月 12 日	月球着陆器	第四级发生故障
3 月 21 日	徘徊者 9 号撞击器	成功
4 月 10 日	月球着陆器	第四级发生故障
5 月 9 日	月球 5 号着陆器	于 5 月 12 日坠毁在月球上
6 月 8 日	月球 6 号着陆器	中段发生故障,错过月球
7 月 18 日	探测号 3 号飞掠月球/火星试验	成功飞掠月球,但后来遭到失败
10 月 4 日	月球 7 号着陆器	于 10 月 7 日坠毁在月球上
11 月 12 日	金星 2 号飞掠	1966 年 2 月 27 日飞掠时发生故障
11 月 16 日	金星 3 号进入探测器	在抵达前 17 天发生故障
11 月 23 日	金星飞掠	上面级发生故障
12 月 3 日	月球 8 号着陆器	于 12 月 6 日坠毁在月球上

从探测号 3 号上获得的经验在金星 2 号和金星 3 号的飞行中得到了回报,这两个飞行器都在 1965 年 11 月发射,前者的目标是完成飞掠,后者搭载了一个进入探测器。它们在飞行中没有出现重大问题,成为了苏联最早抵达目标的两个星际航天器。但它们都出现信号中断,金星 2 号发生在它快要到达时,而金星 3 号是在一条撞击轨道上距离目标还有 17 天的时候。两次任务都没有从金星发回任何数据。

苏联空间计划的重大转折点出现在 1954—1965 年。自 1959 年起,OKB - 1 一直在开展一项把航天员送入太空执行绕月飞行的计划,并且为实现这一目标设计了联盟号系统。不过它并没有制定载人登月计划。苏联一开始只是把美国准备开展登月计划当作是一种夸大的说辞而已,但到了 1964 年的时候,重要资源被调拨用于这一计划使情况已变得十分明朗，所需火箭和航天器的研制工作也在不断推进中。科罗廖夫自信地认为，联盟号能够击败美国完成绕月任务，但他不愿意将任务升级为月球着陆，政治局于 1964 年 8 月指示科罗廖夫，在执行绕月计划的同时，还要继续开展航天员登月计划。然而，苏联在管理上犯了一个极大的错误，那就是政府将这些计划的研制工作分派给了几个互相竞争的设计局，而自己却没有能够很好地进行统一领导并承担起责任。空间计划重新做了调整，并加配了其他资源。为了更好地管理所有的工作，建立了新的设计局，并明确了各自的责任。就在此时，苏联的空间政策发生了根本变化，不再追求那种征服太空的长期性计划，而是直接与美国的空间计划展开竞争。

造成苏联空间计划发生重大变化的另一个因素是 1960—1965 年期间机器人月球及行星计划遭遇的一系列失败。在此之前，科罗廖夫实际上一直在负责苏联所有类型的航天器，而现在，他又承担起了更大的抢在美国之前登上月球的责任。他自己也承认，OKB-1 的负担过重，已无法再在机器人任务方面投入足够的时间和资源。1965 年 3 月，在听取克尔德什的建议后，科罗廖夫提出让他的好友，也就是 NPO-Lavochkin 的负责人乔治·巴巴金在 OKB-1 的月球及星际航天器生产步入正轨后，接管这些任务。到了 4 月份，科罗廖夫将 OKB-1 的计划和资料库移交给了 Lavochkin 设计局。余下的机器人航天器都在那年年内发射升空，最后发射的是月球 8 号和金星 3 号，此外，Lavochkin 设计局还在设计上进行了修改，并准备生产新的航天器。

9.2 Ye-6 月球着陆器系列：1963—1965 年

9.2.1 计划目标

在连续几年将火星和金星作为目标后，随着载人航天飞行计划的发展，月球重新恢复了它的优先地位。苏联于 1959 年制定的、将航天员送入太空开展绕月飞行的计划中，也预见到了机器人轨道飞行器和着陆器。早期曾有人提出用 Ye-5 绕月轨道飞行器作为应对美国初步小型绕月轨道飞行器方面尝试的提议，该提议因其三级 8K73 运载火箭取消而随之取消，取而代之的是采用专为行星任务研制的四级 8K78 闪电号运载火箭来发射 Ye-6 着陆器和 Ye-7 轨道飞行器。这些新型航天器还可以充分利用 1962 年发射的第二代火星和金星航天器在设计和飞行方面的经验。2MV 是一个模块化的航天器，它带有一个通用的飞行舱和一个用于特定任务的飞掠或进入探测有效载荷舱。与早期直接向月球发射的月球航天器不同，Ye-6 系列和所有的后续探月任务都先进入地球轨道，随后再由可多次点火的第四级送入月球轨道。

发射的航天器	
第一个航天器：	Ye-6 二号（Sputnik 25 号）
任务类型：	月球着陆器
国家/研制者：	苏联/OKB-1
运载火箭：	闪电号
发射日期/时间：	世界时间 1963 年 1 月 4 日 08:49:00（拜科努尔）
结果：	未能脱离地球轨道
第二个航天器：	Ye-6 三号
任务类型：	月球着陆器
国家/研制者：	苏联/OKB-1
运载火箭：	闪电号
发射日期/时间：	世界时间 1963 年 2 月 3 日 09:29:14（拜科努尔）
结果：	运载火箭偏离轨道
第三个航天器：	月球 4 号（Ye-6 四号）
任务类型：	月球着陆器
国家/研制者：	苏联/OKB-1
运载火箭：	闪电号
发射日期/时间：	世界时间 1963 年 4 月 2 日 08:16:37（拜科努尔）

续表

发射的航天器	
相遇日期/时间：	1963 年 4 月 5 日
任务结束日期：	1963 年 4 月 6 日
结果：	过渡时导航故障，未到达月球
第四个航天器：	Ye-6 六号
任务类型：	月球着陆器
国家/研制者：	苏联/OKB-1
运载火箭：	闪电 M 号
发射日期/时间：	世界时间 1964 年 3 月 21 日 08:15:35（拜科努尔）
结果：	上面级发生故障，未能入轨
第五个航天器：	Ye-6 五号
任务类型：	月球着陆器
国家/研制者：	苏联/OKB-1
运载火箭：	闪电 M 号
发射日期/时间：	世界时间 1964 年 4 月 20 日 09:30:00（拜科努尔）
结果：	上面级发生故障，第四级点火失败
第六个航天器：	Ye-6 九号（宇宙 60 号）
任务类型：	月球着陆器
国家/研制者：	苏联/OKB-1
运载火箭：	闪电号
发射日期/时间：	世界时间 1965 年 3 月 12 日 09:30:00（拜科努尔）
结果：	未能脱离地球轨道
第七个航天器：	Ye-6 八号
任务类型：	月球着陆器
国家/研制者：	苏联/OKB-1
运载火箭：	闪电号
发射日期/时间：	1965 年 4 月 10 日（拜科努尔）
结果：	上面级发生故障，未能入轨
第八个航天器：	月球 5 号（Ye-6 十号）
任务类型：	月球着陆器

续表

发射的航天器	
国家/研制者：	苏联/OKB－1
运载火箭：	闪电号
发射日期/时间：	世界时间 1965 年 5 月 9 日 07:49:37（拜科努尔）
相遇日期/时间：	世界时间 1965 年 5 月 12 日 19:10
结果：	坠毁
第九个航天器：	月球 6 号（Ye－6 七号）
任务类型：	月球着陆器
国家/研制者：	苏联/OKB－1
运载火箭：	闪电号
发射日期/时间：	世界时间 1965 年 6 月 8 日 07:40:00（拜科努尔）
相遇日期/时间：	1965 年 6 月 11 日
结果：	中段修正发生故障，未抵达月球
第十个航天器：	月球 7 号（Ye－6 十一号）
任务类型：	月球着陆器
国家/研制者：	苏联/OKB－1
运载火箭：	闪电号
发射日期/时间：	世界时间 1965 年 10 月 4 日 07:56:40（拜科努尔）
相遇日期/时间：	世界时间 1965 年 10 月 7 日 22:08:24
结果：	坠毁
第十一个航天器：	月球 8 号（Ye－6 十二号）
任务类型：	月球着陆器
国家/研制者：	苏联/OKB－1
运载火箭：	闪电号
发射日期/时间：	世界时间 1965 年 12 月 3 日 10:46:14（拜科努尔）
相遇日期/时间：	世界时间 1965 年 12 月 6 日 21:51:30
结果：	坠毁

早期的 Ye－6 系列由 OKB－1 负责生产，它的目标是完成首次月球软着陆。令人遗憾的是，在 1963 年 1 月—1965 年 12 月期间，它连续遭受了 11 次失败。有 4 个航天器因为火箭故障而遭到失败，

2个由于第四级故障被困在地球轨道，另2个在过渡段发生故障未到达月球，还有3个坠毁在目标表面。

1962—1965年对于苏联的机器人月球及行星探索来说是极为不顺利的几年。月球1号、2号和3号在初期获得的成功，金星1号和火星1号所展开的令人振奋却最终毫无收获的太空飞行，都使研究人员对于获得更大的成功满怀期待。但是直到1962年年底，闪电号运载火箭10次发射中只有1次获得成功，而火星1号缩短的飞行也暴露出了2MV系列的一些缺点。这些问题在3MV系列上得到了解决，该系列使用的航天器虽然基本不变，但采用了更先进的发动机和电子设备，这些改进也被运用在首批Ye-6系列上。然而，到了1965年年底的时候，开展的3次2MV火星任务和3次2MV金星任务，2次试验和1次3MV火星任务，1次试验和5次3MV金星任务，11次Ye-6探月任务，总共26次任务没有一次成功抵达其目标。具有讽刺意味的是，就在这一大堆糟糕的记录中，有1个3MV火星试验航天器居然在月球探索方面获得了一定的成功，探测号3号拍摄的月球背面的照片，其图像质量要高于月球3号拍摄的照片。这也是这一时期内在月球探索方面取得的唯一成功。若是美国遭到如此漫长连续的失败，很可能会就此终止计划，因为它无法面对公众的指责；但是对于苏联来说，这些反而让它树立了获得成功的信心，尽管政府在内部对此提出了批评，甚至直接威胁进行处罚。

9.2.2　航天器

Ye-6航天器由3部分构成，总高为2.7 m。第一部分包含了伊萨耶夫的中段修正和下降发动机，采用自燃式硝酸/胺推进剂，能产生4.64 t的推力。悬臂支架上安装了4个更小的245 N推进器，它们能在下降过程中对姿态进行控制。圆柱形的主增压舱内装有电子设备，而通信设备安装在发动机上方。与中央圆柱体相连接的是两个巡航舱。其中一个内部装有用于月外飞行的姿态控制推进器和一个可启动着陆程序的雷达高度计，另一个内部带有用于巡航期间进行姿态参考及控制的电子设备传感器。当高度计启动着陆程序后，这两个舱体就会被抛弃。着陆舱捆绑在这几层的顶部。和星际航天器不同的是，这些航天器没有太阳帆板，因为运载舱的飞行时间和着陆器在表面停留的时间短到不需给电池组再次充电。

Ye-6 配备了新的自主控制系统 I-100，它不仅能控制航天器，还能对第三级和第四级的姿态和点火进行控制。这种方法不同于常用的做法，由于去掉了第三级和第四级控制器及配套的敷设电缆和连接器，因此减少了很多质量。不过，这种做法从未被尝试过，对一枚已经 10 次发射 9 次失败的火箭来说，这样可能会引起其他问题。

着陆舱是一个质量为 105 kg、直径为 58 cm 的密闭球体，它被装在两个缝合起来的半球形气囊里。着陆舱内搭载有通信设备、一个程序定时器、热控制系统、电池组，以及一套包含电视系统的科学仪器。只要着陆器在表面登陆，它就会打开 4 块翻盖，露出上半球，并升起 4 条 75 cm 长的天线。电池组可在 4 天内提供总计 5 小时的电量，着陆器的活动由定时器或地球发出的指令来控制。在质量分布上，它的底部偏重，这将有助于着陆器在翻盖打开后保持直立状态。针对撞击使用气囊和露出翻盖以确保在表面保持直立状态的想法非常明智，但由于它们没有申请专利，因此在 1996 年，美国火星探路者号任务的角锥形着陆器上也采用了这些设计。

在直接逼近月球上的目标位置后，着陆程序在高度位于 8 300 km 时启动。姿态推力器可使航天器可能发生的滚动趋于稳定，并使航天器对准月球垂直面。高度在 70~75 km 时，雷达高度计开始工作，发出将两个巡航舱抛掷的信号，给气囊充气至压力达到 1 bar，并且点燃主发动机。此时，它相对月球的速度为 2 630 m/s。当高度在 250~265 m 时，发动机关闭，同时四个悬臂支架点火后开始执行末段降落。一条 5 m 长的臂架会首先和表面发生接触，太空舱被垂直弹射出来后，它的速度被降至 15 m/s。冲击力会被气囊吸收。着陆后 4 min 气囊盖沿着接缝被切断后抛掉。1 min 后，着陆器

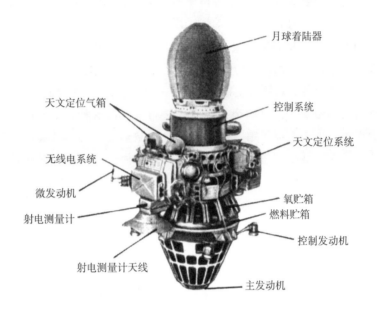

图 9-1　Ye-6 月球软着陆航天器

打开四个弹簧翻盖，露出上面的半球体，使自身保持直立状态，随后再把它的天线升起来。

　　这类任务所能抵达的位置受到严重制约，因为奔月轨道的最终逼近段必须与表面保持垂直，让制动火箭的整个推力垂直朝下。飞船的控制系统无法处理横向的速度分量。事实上，这样就把目标位置限制在了西经范围内，而纬度会随一年内的不同时间发生变化。

　　月球 4 号发射质量：　　1 422 kg

　　月球 5 号发射质量：　　1 476 kg

　　月球 6 号发射质量：　　1 442 kg

　　月球 7 号发射质量：　　1 506 kg

　　月球 8 号发射质量：　　1 552 kg

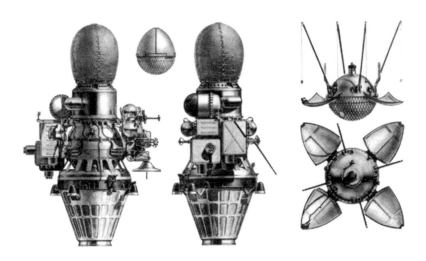

图 9-2　Ye-6 航天器和着陆器的图片

9.2.3　着陆器有效载荷

1）全景摄像机；

2）辐射探测器。

摄像机的质量为 3.6 kg，功耗为 15 W。它是一个被放在增压玻璃圆柱体内的光度计，朝着最高点，使用摆动和旋转镜来对场景进行水平和垂直扫描。它可以在 1.5 m 的距离下，以 5.5 m 的分辨率在一小时内曝光一幅完整的 360° 全景图像。伸展杆上安装的 3 个小的双面镜有助于获取一小块表面的三维视图。从 4 条伸缩天线的顶端悬垂下来的是标定靶，它们也能用来测量着陆器在表面的倾斜程度。辐射探测器是一个微型的气体盖革计数器。

9.2.4　任务说明

11 个首批 Ye-6 航天器中有 6 个由于运载火箭故障而失败，飞向月球的航天器也没有一个能够完成软着陆。

Ye-6 二号是第一个发射的航天器，它在 1963 年 1 月 4 日被困在地球轨道上，原因是新的 I-100 控制器电源内的 PT-500 变压器发生故障，造成第四级再次点火失败。该第四级使用了 8 次，这已经是它第 6 次发生故障了。美国将这一航天器称为 Sputnik 25 号，但苏联对此没有承认，它在发射第二天再入大气。第二次尝试是1963 年 2 月 3 日发射的 Ye-6 三号，它甚至未能入轨，原因是在芯级分离后，I-100 提供给轨道控制系统的俯仰角不正确。由于第三级没有启动，因而其余的火箭部分坠入了夏威夷附近的太平洋。尽管美国媒体对此做了评论，但苏联并未对此做出任何解释。

随着 I-100 控制问题得到解决，于 1963 年 4 月 2 日 Ye-6 四号成功飞向月球，它被命名为月球 4 号。苏联的媒体对外宣布了这次发射，并声称科学家们正在努力实现登上月球，并且倨傲地评论了载人登月可能性。但很快语气就发生了改变。就在第二天，导航系统出现异常情况，已无法执行预定的中段修正，月球 4 号也因此在世界时间 4 月 5 日 13 点 25 分时以近 8 336 km 错过了月球，一家有些恼怒的苏联媒体声称这原本就只是一次飞掠任务。航天器在 4 月 6日停止发射信号。苏联科学院对这项计划进行了评审，但无法确切地指出为何月球 4 号的导航系统会发生故障。不过，有些问题还是得到了确认，而且有一点是显而易见的，那就是匆忙中完成的计划受到了质量控制问题的困扰。研究人员决定增加一套备用的无线电测向系统，但这需要时间，而当时离下一次发射只剩一年的时间了。

可惜的是，1964 年 3 月 21 日发射的 Ye-6 六号也未能入轨，原因是第三级的氧气阀门出现了问题，导致无法输出最大推力、提前关闭。不仅如此，Ye-6 五号在 1964 年 4 月 20 日的发射失败也是因为上面级发生故障。研究人员怀疑若不是 PT-500 电流变换器有问题，就是 I-100 控制器有问题，他们还对这些设备进行了大量新的测试。完成测试和修改用了将近一年的时间。1965 年 3 月 12 日第六次发射的是 Ye-6 九号，发射同样遭到失败，原因是电源系统内的变压器发生故障，造成第四级未能点火。与第一次发射 Ye-6 时的情况有所不同，这次苏联承认了这一航天器，并将其命名为宇宙 60

号，但显然这是一次失败的探月任务。在经历这么多问题后，研究
人员对上面级的整个制导与控制系统进行了重新设计，在第三级和
第四级上安装了新的三相变压器和独立的制导系统。在 1965 年 4 月
10 日的第七次发射任务中，这一改动甚至还未经测试，发射失败的
原因是氧化剂增压系统出现故障，造成第三级发动机点火失败，这
使得 Ye-6 八号航天器根本无法入轨。

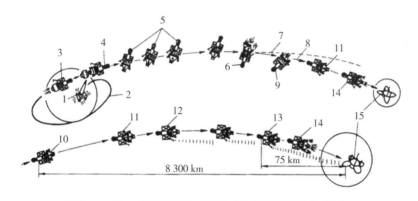

图 9-3　Ye-6 飞行轨迹（摘自《太空旅行百科全书》）

1—发射；2—停泊轨道；3—进入奔月轨道；4—第四级分离；5—测轨遥测；6—轨道修正；

7—初段轨道；8—修正轨道；9—着陆程序启动；10—确定月球垂直面；11—朝向月球垂直面；

12—雷达高度计开启；13—高度计点燃制动火箭系统；14—制动火箭启动；15—着陆

　　1965 年 5 月 9 日，Ye-6 十号成功飞向月球，苏联对外将其称
为月球 5 号。在 5 月 10 日执行中段机动过程中，I-100 制导系统内
的陀螺仪没有足够的时间进行预热，航天器开始绕着自身的纵轴自
旋。工程师们让航天器恢复到受控状态，并试图再次执行机动，但
他们向它发送了一条错误的指令。等诊断出错误指令的时候，执行
机动已经太晚了。航天器在一条撞击月球的轨道上飞行，虽然撞击
角度是倾斜的，但是研究人员还是决定启动末段机动来控制系统，
然而制导又一次出现了问题，发动机也未能点火。5 月 12 日，该航
天器在南纬 1.6°、西经 25° 的位置撞击月球，而原定位置是在南纬
31°、西经 8°，它成为了苏联第二个撞击月球的航天器。莫斯科并没

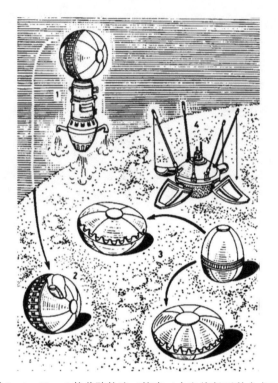

图 9 - 4　Ye - 6 软着陆轨迹（摘自《太空旅行百科全书》）

1—气球充气，密封的着陆器以 14 m/s 的速度弹出；2—撞击并反弹几次后完全停止；3—周围的接缝被烧掉，使气球半球体分离；4—上半个球体的翻盖打开，以确保着陆器稳固

有将这次任务说成是一次失败，而是声称其"为进一步开发月球表面软着陆的系统"获取了大量的信息。

　　Ye - 6 七号于 1965 年 6 月 8 日发射升空，并成功地飞向月球，它被命名为月球 6 号。6 月 9 日执行中段修正，一开始较为顺利；但是一个指令错误使得发动机无法关闭，导致其一直工作到燃料耗尽。结果就是航天器偏离轨道，到 1965 年 6 月 11 日，它已经偏离月球将近 160 935 km。不过，工程师们还是顺利地让它完成了全部的着陆程序。

　　因 Ye - 6 十一号的芯级电子设备在飞行前试验中出现故障，

1965 年 9 月 4 日的发射被取消。运载火箭被拖回机库，以对控制系统进行大修。一个月后，于 10 月 4 日，这枚火箭成功地将月球 7 号送入太空。航天器成功执行了中段机动，也成为了十次发射中第一个真正有机会尝试登月的 Ye - 6 航天器。然而在接近月球时，航天器姿态失控导致制动火箭点火失败，最终于 10 月 7 日世界时间 22：08：24 坠毁在风暴洋内，地点位于北纬 9 - 8°、西经 47.8°，在普勒环形山的西面。由于光学传感器设定的角度不正确，使得它在启动制动火箭前的姿态控制机动过程中无法观测到地球。正如莫斯科在它第一次承认失败时报道的那样："未按照程序执行某些操作，而且需要做进一步优化"。

列昂尼德·勃列日涅夫在发射前一年接替了赫鲁晓夫，他要求科罗廖夫亲自到莫斯科来向他解释长时间接连遭受失败的原因。科罗廖夫的政治魅力在这件事上起了很大的作用，他解释了遇到的种种困难，并承诺接下来在 12 月计划发射的任务一定能获得成功。虽然他没能实现他的承诺，但他不必再次面对领导层的指责，因为他在 1966 年 1 月 14 日的结肠外科手术中去世。在莫斯科的要求下，OKB - 1 的副局长鲍里斯·切尔托克（Boris Chertok）对航天器分系统的可靠性和测试展开了调查，并且确认缺少在航天器装配期间一些分系统的整合测试是个特定的问题。尽管针对下一次发射采取了纠正措施，但这样做是不够的。

1965 年 12 月 4 日，Ye - 6 十二号被发射升空后，进入了一条倾角比以前更小的停泊轨道，该轨道的倾角只有 51.6°，而不再是 65°。这样就可以让质量增加到 1 500 kg 以上。第四级像月球 8 号那样把航天器送向月球。第二天执行的中段机动较为顺利，但令人感到遗憾的是，有机会进行月球着陆的第二个 Ye - 8 遭遇失败。就在制动火箭点火前，按程序要给两个气囊充气，但是其中一个被着陆器翻盖上的一条制造工艺有问题的安装支架刺破了，喷出的泄漏气体使航天器发生自旋。其结果就是，制动火箭在 9 s 后就被关闭，而规定时间为 42 s。航天器于 12 月 6 日世界时间 21：51：30 坠毁在风暴洋内，地点位于北纬 9.8°、西经 47.8°，在开普勒环形山的西面。支架问题得到了修复，在此后的任务中，只有在制动火箭完成启动后才会对气囊充气。

月球 8 号是 Ye‐8 计划的第十一次连续失败，同时它也是拉沃契金设计局接管苏联月球及行星计划前的最后一次失败。

9.2.5　结果

无。

9.3　新型航天器和飞向火星的再次尝试：1963—1965 年

9.3.1　计划目标

科罗廖夫的团队针对火星和金星开展的前两次计划都以失败告终。在 1960—1961 年这段时间内，4 次任务中只有 1 次，也就是金星 1 号，成功地进入了行星际空间，可是在此之后它就发生了故障。1962 年，一种新型多用途航天器准备就绪，它就是 2MV 系列，苏联分别向火星和金星发射了 3 个这种航天器。这一次，6 次发射中只有 1 次，也就是火星 1 号，顺利进入太空，不过它还没能抵达目标便陷入了静默。与此同时，美国也处在困境中，在 1962 年这一整年内，探月任务遭遇了 14 次失败。它取得的唯一一次成功是1962 年向金星发射的水手 2 号，这次成功对苏联的打击更大，因为苏联本想抢在美国之前实现探索相邻行星的目标。

现在看来很显然是 8K78 运载火箭的可靠性存在严重问题，尤其是它的第四级，航天器本身也有问题。飞行时间较长且受问题困扰的火星 1 号所暴露出的问题，其严重程度让研究人员觉得有必要对 2MV 进行重新设计。科罗廖夫作出指示，在为 1964 年发射窗口研制新的 3MV 系列时要吸取这些教训，并且在行星发射机会之间要开展试验飞行。另外，他继续运用仪器设备对第四级进行分析，找出它存在的问题。试验飞行的目的是对从运载火箭到航天器一整套系统进行验证。

<table>
<tbody>
<tr><td colspan="2" align="center">发射的航天器</td></tr>
<tr><td>第一个航天器：</td><td>宇宙 21 号(3MV-1A 二号)</td></tr>
<tr><td>任务类型：</td><td>火星航天器试验飞行</td></tr>
<tr><td>国家/研制者：</td><td>苏联/OKB-1</td></tr>
<tr><td>运载火箭：</td><td>闪电号</td></tr>
<tr><td>发射日期/时间：</td><td>世界时间 1963 年 11 月 11 日 06:23:35(拜科努尔)</td></tr>
<tr><td>结果：</td><td>被困在地球轨道上,第四级发生故障</td></tr>
<tr><td>第二个航天器：</td><td>探测号 2 号(3MV-4 二号)</td></tr>
<tr><td>任务类型：</td><td>飞掠火星</td></tr>
<tr><td>国家/研制者：</td><td>苏联/OKB-1</td></tr>
<tr><td>运载火箭：</td><td>闪电号</td></tr>
<tr><td>发射日期/时间：</td><td>世界时间 1964 年 11 月 30 日 15:12(拜科努尔)</td></tr>
<tr><td>任务结束日期：</td><td>1965 年 5 月 5 日</td></tr>
<tr><td>相遇日期/时间：</td><td>1965 年 8 月 6 日</td></tr>
<tr><td>结果：</td><td>过渡段联系中断,通信发生故障</td></tr>
<tr><td>第三个航天器：</td><td>探测号 3 号(3MV-4 三号)</td></tr>
<tr><td>任务类型：</td><td>火星航天器试验</td></tr>
<tr><td>国家/研制者：</td><td>苏联/OKB-1</td></tr>
<tr><td>运载火箭：</td><td>闪电号</td></tr>
<tr><td>发射日期/时间：</td><td>世界时间 1965 年 7 月 18 日 14:38:00(拜科努尔)</td></tr>
<tr><td>相遇日期/时间：</td><td>1965 年 7 月 20 日(火卫)</td></tr>
<tr><td>任务结束日期：</td><td>1966 年 3 月 3 日</td></tr>
<tr><td>结果：</td><td>成功飞到火卫,未能抵达火星距离</td></tr>
</tbody>
</table>

3MV 航天器与 2MV 相似,但其上电子设备经过了改进。还有 3MV-1A 和 3MV-4A 这两个特别的型号,它们被用于模拟飞向金星和火星的试验任务。这些试验模型的质量较小,而且没有搭载全套的科学仪器。首个 3MV 于 1963 年 11 月发射升空。这次任务的目

的是测试行星飞掠的运行情况和用于火卫的摄像机系统，接下来计划在一年后火星发射窗口打开之前进行地球到火星距离的飞行操作。发射没能取得成功。之后，1964年2月进行了一次地球到金星距离的试验飞行，而金星发射窗口在3月末就会打开。这次发射同样未能成功。尽管遭到两次失败，然而苏联没有退路，只能继续开展1964年的计划。在3月和4月的金星窗口内发射了两个3MV航天器，第一个由于运载火箭故障未能成功；第二个，也就是探测号1号，在过渡段发生了故障。

面对困境，苏联没有畏惧不前，而是继续为火星任务做准备。虽然制造了两个飞掠航天器和至少一个进入探测器，但由于一些技术问题，只有一个航天器被送到了发射台。3MV-4二号飞掠航天器于1964年11月30日成功发射升空。当苏联发现这个航天器无法实现它的目标后，将它命名为探测号2号。为这次发射窗口准备的另一个火星航天器由于3MV出现问题而被取消，在调查问题期间，它被存放了起来。它们后来被用在了探测号3号任务和1965年的金星计划中。

在经历了1963—1964年的连续五次失败后，苏联决定再进行一次试验。3MV-4三号火星飞掠航天器错过了1964年的发射窗口，它在8个月后才发射。它的任务与1963年11月遭到失败的航天器相同，首先在飞掠月球的过程中对航天器和科学仪器进行测试，其次通过飞越火星距离来测试航天器的深空性能，即便在抵达后未必有行星存在。航天器在发射成功后被命名为探测号3号。（探测号这一名称最初被用于那些肯定无法完成目标的航天器，就像探测号1号和2号的情况那样；在此之后，它还被用于有专门试验目的或进行科学实验的航天器。）月球飞掠任务计划在规定时间内，利用火星摄像机拍摄月球背面的图像，探测号3号成功地实现了它的月球目标。虽然它没能到达火星距离，但它和地球的通信保持了8个月左右，最后在到达1.5亿千米距离时陷入了静默。

探测号3号是计划发射的3MV火星系列中的最后一个航天器，

之后机器人月球及行星计划被移交给了 NPO - Lavochkin，它放弃了为火星任务设计但受问题困扰的 3MV 设计，而是设计了一种新型航天器，它的质量更大、性能更强，要用质子号火箭发射。向火星发射的 2 个 1M、3 个 2MV、3 个 3MV，总共 8 个航天器，还有 2 次 3MV 试验，没有一个能完成自己的目标，只有探测号 3 号取得了探月任务的成功。

9.3.2　航天器

3MV 航天器在外观和通用功能上与 2MV 相似。它的长度为 3.6 m，略长于 2MV，均采用相同的纵列舱设计，由一个增压电子设备或"轨道"舱、一个推进系统、一个增压飞掠仪器舱或进入探测器构成。为了修改转动惯量，同时考虑到太阳风扭矩，对外形做了小幅的改变，不过其他尺寸都和 2MV 相同。还增加了一个黑色防护层，目的是防止散射光对光学传感器产生干扰。

伊萨耶夫制造的 KDU - 414 推进系统上增加了一个热保护罩。这套系统被用在了 1M、1VA 和所有的 2MV 及 3MV 航天器，以及金星 8 号上，它们携带的燃料贮箱尺寸各不相同，使用的是偏二甲肼和硝酸推进剂。它可以实现多次启动，并且在 2MV 和 3MV 航天器上配有万向架，能够在陀螺仪控制下提供推力矢量。推进系统组件，包括燃料贮箱在内，总长度约 1 m。在 3MV 金星任务中，用于给发动机推进剂增压和用于低温气体姿态控制喷嘴的压缩氮气瓶被安装在发动机整流罩上。在 3MV 火星任务中，这些氮瓶被安装在电子设备舱和飞掠舱/进入舱之间的环形连接部分上。电子设备做了重大改进，姿态控制系统喷嘴增加了冗余。高增益天线的直径增加到 2.3 m。低增益全向天线安装在半球形散热器上，散热器内部有循环的液体。除了姿态、导航、热和操作控制系统外，电子设备舱内还装有 32 cm 及米波段发射机、39 cm 及米波段接收机，以及两台磁带记录器。太阳帆板可为用于航天器的 112 A·h 镍镉电池阵列以 14 V 的直流电压充电。

图 9 - 5　探测号 2 号和 3 号航天器的前视图（左）和后视图（右）

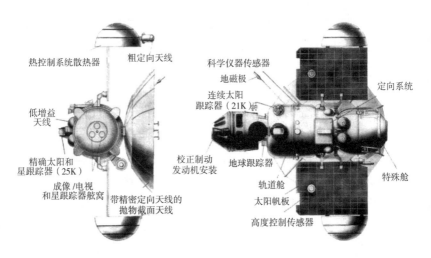

图 9 - 6　3MV - 4 火星飞掠航天器（由能源公司提供）

　　除了科学仪器和 5 cm 的脉冲图像发射机之外，飞掠舱内还带有一台 8 cm 连续波发射机，它可用于备份图像或航天器数据传送，以及作为对指令接收机和其他能够在电子设备舱出现故障的情况下控制航天器的电子设备的备份形式。

这些航天器，无论是火星型号还是金星型号，它们在发动机罩上都配有实验性等离子脉冲发动机，作用是配合标准的低温气体喷嘴进行姿态控制。它们在探测号 2 号上顺利通过了测试，后来经过进一步完善被普遍用在苏联的航天器上。

发射质量：800 kg（宇宙 21 号）

　　　　　　950 kg（探测号 2 号）

　　　　　　960 kg（探测号 3 号）

9.3.3　有效载荷

（1）3MV－1A 二号

1）传真成像系统；

2）辐射探测器；

3）带电粒子探测器；

4）磁力仪；

5）微流星体探测器；

6）莱曼-阿尔法原子氢探测器；

7）射电望远镜；

8）紫外线和 X 射线太阳辐射实验仪器。

（2）探测号 2 号和 3 号

1）传真成像系统；

2）摄像机系统中的紫外线 285～355 nm 光谱仪；

3）用于探测臭氧的紫外线 190～275 nm 光谱仪；

4）用于搜寻有机复合物的红外线 3～4 mm 光谱仪；

5）用于探测火星辐射带的气体放电和闪烁计数器；

6）带电粒子探测器；

7）磁力仪；

8）微流星体探测器。

　　1962 年的计划实施完毕后，用于飞掠任务的传真胶片成像系统得到了重大改进。成像仪的质量减小为 32～6.5 kg，使用 25.4 mm的胶片，能够存放 40 幅图像。探测号 2 号上配备了两部这种摄像机，分别带有 35 mm 和 750 mm 镜头。它的曝光时间可以选择1/100 和 1/300 s，每 2.25 min 就能完成一幅图像的拍摄和显影。25 mm 的胶片可重复倒片，并以每幅 550 或 1 100 线进行扫描。成像数据被存储在红外线光谱仪内的磁带记录器的电子设备上。5 cm的脉冲发射机和调制程序得到改进，图像传送时间缩短了四分之一。在高质量模式下，摄像机图像以 550 像素/秒的速度传送，也就是说每条扫描线要 2 s，发送一幅分辨率为 1 100×1 100 的图像总共需要34 min。如有必要，可以使用 8 cm 连续波发射机以更慢的速度传送图像。摄像机内置了一部在 285～355 nm 范围内工作的紫外线光谱仪，它会把数据记录在 3 帧胶片上。这些仪器都安装在飞掠舱内，它们通过 3 个舷窗进行观测，每个镜头和光谱仪有 1 个舷窗。另一个在 190～275 nm 范围内工作的紫外线光谱仪安装在外部，它能生成数字化数据。用于红外线光谱仪的光学系统也安装在外部，它配备了一个用来提供参考信号的小型可见光波长光度计。所有的光学仪器都带有瞄准装置。

9.3.4　任务说明

　　3MV - 1A 二号任务以失败告终，航天器被困在近地轨道上。第三级和第四级很明显在分离时出现了异常。第四级在惯性滑行过程中姿态出现偏差，发动机点火时又执行了错误的调整。飞行了1 330 s后遥测中断，第四级和它的有效载荷仍在地球轨道上。从这次任务起，苏联推出一项规定，对于那些被困在停泊轨道上的月球及行星任务使用"宇宙"这一名称，而它以前被用在科学卫星上，这样做的目的是为了掩盖真实目的。时至今日，"宇宙"这一名称已被用来表示军事任务。遭受失败的 3MV - 1A 成为了宇宙 21 号，它在 3 天后再入大气层。

一年后，在 3MV 金星航天器的试验发射，以及 2 次向金星发射航天器（其中包括探测号 1 号）都失败的情形下，苏联于 1964 年 11 月 30 日发射了 3MV - 4 二号航天器，它的目标是在 1 500 km 的距离飞掠火星。然而，有一块太阳帆板由于拉绳断裂而没有打开。第二块帆板在发动机几次点火被震松后，最终在 12 月 15 日展开，但是已经来不及执行首次轨道修正了。不仅如此，它还存在其他问题，包括定时器未能正常启动热控制系统。和同年早些时候的探测号 1 号不同的是，苏联在该年年初透露要将火星作为目标，但意识到无法以预定方式实现飞掠后，就把航天器命名为探测号 2 号，并声称它的目标是"在火星附近"开展实验。

在 1964 年 12 月 18 日的最后一个认证的通信期中，等离子发动机顺利通过了试验。在此之后，通信就变得很不稳定。焦德雷尔班克天文台监测到探测号 2 号在 1 月和 2 月的 3 日、10 日和 17 日发出的信号，但是不清楚是否执行了进一步的操作。最终，苏联在 5 月 5 日宣布与航天器失去联系。苏联失去了首个实现飞掠火星的大好机会。这个殊荣被美国的水手 4 号抢得，1965 年 7 月 15 日，也就是探测号 2 号发射的前两天，美国发射了该航天器。处于静默状态的探测号 2 号于 8 月 6 日错过火星，飞行距离为 650 000 km。

1965 年 7 月 18 日，探测号 3 号成功发射升空。大约在 33 小时后，在飞行距离月球正面 11 570 km 时，成像程序启动，并且持续到飞过月球背面，飞行 68 分钟后距离接近 9 960 km。月球背面最近的逼近点为 9 219 km。星上总共显影了 28 幅图像，并在 7 月 29 日传送，传送时航天器距离地球 1.25×10^{6} km。航天器的深空试验飞行仍在继续。9 月 16 日开始以 50 m/s 的速度执行中段修正，这时的距离为 1.25×10^{7} km。在 2.2×10^{6} km 时重新发送了图像，在 3.15×10^{7} km 处再次发送，这样做的目的是测试通信系统的性能。最后一次通信是在 1966 年 3 月 3 日，当时所处的距离为 1.535×10^{8} km，正好接近火星轨道距离。

9.3.5　结果

　　火星任务未取得任何结果。探测号 2 号成功进行了对以后的深空任务十分重要的技术验证，在通信中断前让 6 个等离子发动机运行，但结果发现它们还不足以控制航天器的姿态。探测号 3 号拍摄了月球表面 1 900 万平方千米的图像，其中 30％为月球背面；而在月球 3 号提供的图像中，这部分处于黑暗中。25 幅可见光波段图像和 3 幅紫外线波段图像的质量要远好于月球 3 号拍摄的照片。苏联实现了工程上的成功，它第一次同时利用太阳和星座基准实现了航线修正。

图 9-7　探测号 3 号提供的月球背面图像

9.4　第二个飞向金星的航天器：1964 年

9.4.1　计划目标

　　到 1962 年底，苏联已经进行了 5 次飞向金星的尝试。只有金星

1 号成功发射并且抵达了行星际空间,但航天器在过渡段初期就发生
了故障。第二代 2MV 火星/金星系列中的全部 6 个航天器,包括 3
次金星任务,都因运载火箭的原因而遭到失败。更令苏联感到沮丧
的是,美国的水手 2 号在 1962 年成功飞掠了金星。不过,苏联并没
有因此停下脚步,针对 1964 年金星和火星的发射机会,在改进
2MV 后推出了 3MV。

发射的航天器	
第一个航天器:	3MV - 1A 4A
任务类型:	金星航天器试验
国家/研制者:	苏联/OKB - 1
运载火箭:	闪电 M 号
发射日期/时间:	世界时间 1964 年 2 月 19 日 05:47:40(拜科努尔)
结果:	运载火箭出现故障,第三级发生爆炸
第二个航天器:	3MV - 1 五号(宇宙 27 号)
任务类型:	金星大气层/表面探测器
国家/研制者:	苏联/OKB - 1
运载火箭:	闪电 M 号
发射日期/时间:	世界时间 1964 年 3 月 27 日 03:24:42(拜科努尔)
结果:	未能离开地球轨道,第四级发生故障
第三个航天器:	探测器 1 号(3MV - 1 四号)
任务类型:	金星大气层/表面探测器
国家/研制者:	苏联/OKB - 1
运载火箭:	闪电 M 号
发射日期/时间:	世界时间 1964 年 4 月 2 日 02:42:40(拜科努尔)
相遇日期/时间:	1964 年 5 月 25 日
任务结束日期:	1964 年 7 月 19 日
结果:	过渡段出现故障,增压失效

　　在 3 月 27 日和 4 月 2 日苏联又尝试向金星进行发射,虽然这两
个日期并不在理想日期范围内。第一个航天器被困在停泊轨道上,

而第二个航天器进入了一条飞向金星的轨道。就像运载火箭饱受问题百出的第四级困扰那样，航天器电子设备系统的问题也令人头疼。在意识到 3MV－1 四号无法完成其金星任务后，苏联立即将它命名为探测号 1 号，航天器在飞行不到两个月后便陷入了静默。即便这次任务成功完成了进入探测器的部署，下降舱也不可能完好地到达表面。按设计，它只能在不超过 77 ℃的温度下工作，能承受的压力最高为 5 bar。当时关于金星表面状况出现了两种背道而驰的理论。地面射电望远镜测到了较高的亮度温度，水手 2 号在其 1962 年的飞掠过程中也证实了这一点，由此判断，火星表面要不温度高达400 ℃，要不就是一个热电离层及低温表面。第二种观点更被普遍接受，针对其的设计也更为简单，认为金星与地球类似，表面温度较低，甚至可能会有一片海洋。1964 年发射窗口打开后，探测号 1 号发射升空，尽管证据偏向于表面温度较高，但是争论并未停息。在1964 年晚些时候，研究人员从地球对金星实施了射电观测，得到的结果也推翻了表面温度较低的理论，但当时已来不及为 1965 年的发射任务重新设计金星探测器。在 1967 年金星 4 号完成飞行之后，表面温度较高的理论便牢固确立了自己地位，刚巧水手 5 号同时成功执行了飞掠任务。

9.4.2　航天器

（1）运载航天器

3MV 金星航天器几乎与 3MV 火星航天器完全相同，只是太阳帆板上的太阳电池不像后者那样密集。对于 2MV 和 3MV 的探测器型号来说，进入飞行器会在航天器进入大气层被烧毁前完成部署。主航天器上搭载着损毁前在行星附近进行行星际科研和测量的仪器。探测器发出的通信信号将直接传送至地球。

发射质量：800 kg（3MV－1A 4A）

发射质量：948 kg（宇宙 27 号和探测号 1 号）

进入系统质量：290 kg

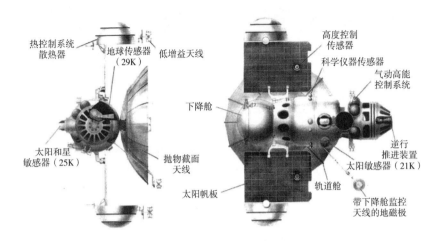

图 9-8　3MV-1 金星探测航天器（由能源公司提供）

（2）进入飞行器

3MV 进入航天器的目标是在穿过大气层下降的过程中获取数据，在撞击后保持完好，并发回表面数据。就金星的情况而言，它的大气层密度较高，这意味着探测器会以较慢的速度发生撞击，因此它就有相当大机会能够保持完好并且在表面短时间运行。3MV 探测器与 2MV 探测器相似，直径为 90 cm，带有降落伞、电池、程序设备，以及两个冗余的 32 cm 发射机，每个都配有一条用于直接与地球通信的天线，还有一些科学仪器。

9.4.3　有效载荷

金星的试验飞行搭载的有效载荷可能与试飞失败的火星探测器所搭载的有效载荷相似。1964 年 3 月 27 日和 4 月 2 日这两次金星发射任务所携带的有效载荷是完全相同的。

（1）探测号 1 号运载航天器

1）辐射探测器；

2）带电粒子探测器；

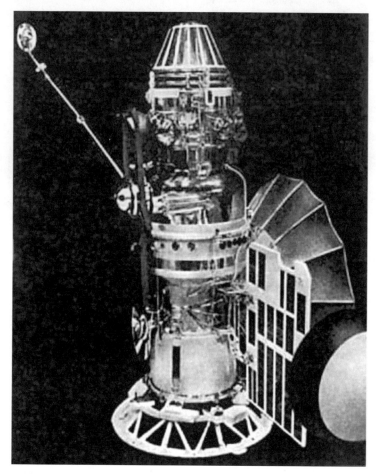

图 9 - 9　探测号 1 号

3）气体放电和闪烁宇宙射线及伽马射线探测器；

4）离子肼；

5）磁力仪；

6）微流星体探测器；

7）莱曼-阿尔法原子氢探测器。

（2）探测器 1 号下降/着陆舱

　　1）温度、压力和密度传感器；

　　2）大气成分、酸度和导电性试验；

　　3）伽马射线表面成分探测器和宇宙射线探测器；

　　4）可见光光度计；

　　5）水银水平实验仪器。

　　大气构成实验仪器包括两个测量范围在 $-60\sim460$ ℃和 $0\sim330$ ℃的铂丝电阻温度计，一个测量范围在 $0.13\sim6.9$ bar 的无液气压计，以及一个与温度计整合在一起的 β 射线离子室密度计。该密度计的测量范围为 $0.0005\sim0.015$ g/cc，误差为 5%。大气成分、酸度及电气实验仪器包括一套气体分析仪容器，它能对不同气体进行化学和电气测试，包括二氧化碳、氮气、氧气和水汽。光度计的作用是在夜晚着陆时搜寻气辉。它的灵敏度在 $0.001\sim10.000$ lx，而它包含的水银水平实验仪器能够测量推算存在的海洋的波运动。反符合气体放电和闪烁宇宙射线及伽马射线探测器的主要功能是测量表面释放出的放射性元素钾、钍和铀的构成情况，但它也能在行星际巡航期间测量主要的宇宙射线。

　　研究人员计划为 3MV 金星和火星着陆舱配备微有机物探测器，不过它从未被列入有效载荷。

9.4.4　任务说明

　　由于火箭第三级发生了爆炸，该系列航天器的首次试发射遭到了失败。从阀门里漏出的液氧冻住了燃料管路，造成管子破裂。3MV - 1A 4A 的失败离即将到来的金星发射窗口时间很近，这肯定让苏联感到非常沮丧，但是它依然继续准备发射另两个航天器。

　　苏联本打算在 3 月 1 日第一次尝试发射 3MV - 1 五号航天器，结果由于运载火箭在发射前测试中出现问题而不得不推迟。3 月 27 日的第二次发射使用了相同的运载火箭，发射遭到失败，原因是电气故障造成第四级的姿态控制失控，并且发动机也未能重新启动执行逃逸加速。它被苏联命名为宇宙 27 号。这次失败获得了十分有价值的结果。第四级遥测系统中第一次加入了飞行记录仪，在它第二次传送时，对地传输的遥测数据显示出现了故障，究其原因是I-100控制系统电路发生了一个小问题。只需要 20 分钟进行重新焊接便能修复这一问题继续飞行。

第三个金星航天器于 1964 年 4 月 2 日成功发射升空，它的初始轨道并不太正确，第二天在距离地球 564 000 km 时执行了中段机动，这是苏联的星际航天器第一次执行中段机动。金星 1 号和火星 1 号都具备这一能力，但它们都没能执行这项操作。然而，探测号 1 号出现了严重的问题。就在发射后，研究人员探测到在增压电子设备这一部分发生了泄漏，原因是太阳和星导航敏感器的石英圆顶窗焊缝出现开裂。研究人员通过分析逸出气体对航天器产生的扰动，确定了发生泄漏的位置。一周后，发射机和其他电子设备在压力下降到 5 mbar 时打开便发生故障，引起的电晕放电使电源线发生短路。离子发动机也因运行异常没能通过试验。由于采用了合理的备份设计，因而利用进入系统可继续进行通信，5 月 14 日执行了第二次中段机动，此时距离地球超过 1.3×10^7 km。按这样一条轨道运行，航天器会在位于 1×10^5 km 时飞掠目标。事实上，初始轨道可能因距离太远，以致即便航天器运行一切正常也不可能采用一条撞击航线。由于发生了压力泄漏，苏联并没有公开该航天器以金星作为目标，而只是宣布这次任务是一次深空工程试验，并将其命名为探测号 1 号而不是金星 2 号。泄漏造成了致命的后果：5 月 25 日，热控制系统失效，通信发生中断。失效的航天器于 7 月 19 日飞越了金星。

9.4.5　结果

探测号 1 号发回了有关行星际等离子体方面的数据，包括电子设备舱宇宙射线和莱曼-阿尔法的测量结果，还有着陆舱内的宇宙射线仪器对质子的测量结果，但这些发回的数据大部分似乎已遗失。

9.5　两次令人失望的金星任务：1965 年

9.5.1　计划目标

苏联在经历第三次金星计划失败的 19 个月后，准备在 1965 年末的发射窗口再发射三个航天器。自 1961 年 2 月起，苏联就抓住每个抵达这颗星球的机会，但经过一次试发射和七次发射后仍未取得任何进展。七个航天器中只有两个航天器顺利发射成功，但它们都在飞行后不久发生故障。尽管如此，工程师们认为他们已经修复了造成探测号 1 号失败的问题，同时在探测号 3 号探月成功及实现远距离行星际飞行的极大鼓舞下，他们准备实施 3MV 金星计划，并对此充满信心、满怀期待。

1964 年 11 月的火星计划中有几个 3MV 航天器被延期发射，在发射窗口打开期间只发射了一个，它被命名为探测号 2 号。另一个被称为探测号 3 号，于 1965 年 7 月发射，它的目标是进行火星距离的试验。三个 3MV 火星航天器中，一个配备了进入探测器（3MV - 3 一号），另两个用于飞掠观测（3MV - 4 四号和六号）。这三个航天器在经过改进后，准备在 1965 年的金星发射窗口内发射。它们的最初目标是火星，这点可以从它们特别的"尾号"上看出来。只有两个发射取得了成功。金星 2 号和金星 3 号到达了它们目标的附近，也成为了自科罗廖夫 1960 年开始发射星际航天器以来，最早真正意义上完成行星际巡航的两个航天器。长距离的行星际巡航虽然增强了苏联研究人员对航天器的信心，但这两次巡航均在抵达或接近目标时遭到失败，这也让他们感到既苦恼又失望。另外，第四个航天器可能配备了一个进入探测器，但在发射窗口关闭前它也未能发射。

发射的航天器	
第一个航天器：	金星 2 号（3MV－4 四号）
任务类型：	飞掠金星
国家/研制者：	苏联/OKB－1
运载火箭：	闪电 M 号
发射日期/时间：	世界时间 1965 年 11 月 12 日 05：02：30（拜科努尔）
任务结束日期	1966 年 2 月 10 日
相遇日期/时间：	1966 年 2 月 27 日
结果：	运行过程中发生故障，通信中断
第二个航天器：	探测器 2 号（3MV－4 二号）
任务类型：	金星大气层/表面探测器
国家/研制者：	苏联/OKB－1
运载火箭：	闪电 M 号
发射日期/时间：	世界时间 1965 年 11 月 16 日 4：19：00（拜科努尔）
任务结束日期：	1966 年 2 月 16 日
相遇日期/时间：	1966 年 3 月 1 日
结果：	过渡段发生故障，通信中断
第三个航天器：	探测器 3 号（3MV－4 三号）
任务类型：	火星飞掠
国家/研制者：	苏联/OKB－1
运载火箭：	闪电 M 号
发射日期/时间：	世界时间 1965 年 11 月 23 日 03：22：00（拜科努尔）
结果：	未能脱离地球轨道

　　金星 2 号和 3 号是 OKB－1 制造和发射的最后两个星际航天器，因为在 1965 年底，科罗廖夫将机器人月球及行星任务的职责移交给了拉沃契金设计局。计划在乔治·巴巴金的领导下开展下一个金星航天器（发射窗口 1967 年）的制造和发射活动。

9.5.2　航天器

　　金星 2 号和 3 号航天器与探测号 3 号基本相同，但研究人员针对新的目标对它进行了改进。金星 3 号的进入探测器其实和探测号 1 号上所搭载的完全一样。到这项发射任务发射前，已有充分的证据证明金星表面温度很高，有可能达到 400 ℃。尽管还无法确定表面的压力，但有一点是很显然的，那就是金星表面条件会超出 3MV 探测器设计上所能达到的极限（77 ℃和 5 bar）。由于已经来不及做出修改，因此尽管明知金星 3 号的探测器只能提供大气层方面的数据，在完成整个下降过程到达表面后不可能保持完好的情况下，苏联仍然发射了金星 3 号。

图 9 - 10　金星 2 号（左图）和金星 3 号（右图）

发射质量：　　　963 kg（金星 2 号）

发射质量：　　　958 kg（金星 3 号）

发射质量：　　　～950 kg（宇宙 96 号）

探测器质量　　　337 kg

图 9 - 11　金星 3 号探测器

9.5.3　有效载荷

（1）金星 2 号运载航天器

1）莱曼-阿尔法和氧光谱仪；

2）三轴磁通量闸门磁力仪；

3）微流星体探测器；

4）带电粒子探测器；

5）宇宙射线气体放电和固态探测器；

6）20～2 200 kHz 的宇宙电波发射接收机；

7）分米波段太阳等离子探测器。

宇宙射线探测器现在包括气体放电计数器和硅固态探测器。分米波段辐射仪抛物截面天线安装在电子设备舱和仪器舱之间的连接环上。

（2）金星 2 号飞掠仪器舱

1）传真成像系统；

2）成像系统中的紫外线 285～355 nm 光谱仪；

3）用于探测臭氧的紫外线 190～275 nm 光谱仪；

4）7～20 μm 及 14～38 μm 的红外线光谱仪。

摄像机系统和紫外线光谱仪与探测号 2 号和 3 号上所搭载的完全相同。摄像机配备了一个 200 mm 的镜头。金星红外线光谱仪和火星 1 号上的相似，但前者经过了重新设计，能够测量大气和云发出的热辐射。它涵盖了两个 150 的增量范围，第一个使用的是 InAn 窗，第二个使用的是 LiF 镜。这个仪器的质量为 13～15 kg，长度为 50 cm，安装在仪器舱的外面，与成像系统在同一条轴上，包含了一个作为参考的可见光光度计。它还能以 9.5 μm 和 18.5 μm 这两个固定的波长对行星进行空间扫描。

（3）金星 3 号运载航天器

1）莱曼-阿尔法和原子氧光度计；

2）三轴磁通量闸门磁力仪；

3）带电粒子探测器；

4）宇宙射线气体放电和固态探测器；

5）分米波段无线电太阳等离子探测器。

金星 3 号上的宇宙射线仪器新增了一个气体放电计数器，去掉了微流星体探测器和无线电发射接收机。

（4）金星 3 号降落/着陆舱

1）温度、压力和密度传感器；

2）大气组成、酸度和导电性科学仪器；

3）伽马射线表面组成探测器和宇宙射线探测器；

4）可见大气光光度计；

5）水银水平运动实验仪器。

探测器的仪器是 1964 年计划中的备用设备。由于金星 3 号计划在夜间着陆，因此再次使用了光度计。同所有的 3MV 任务一样，探测器也携带了苏联的小旗帜。

9.5.4 任务说明

金星 2 号飞掠航天器于 1965 年 11 月 12 日成功发射升空。它的目标是在金星受太阳照射的半球前飞过，并在不到 40 000 km 的距离内拍摄照片。由于初始轨道非常精确，因而不需要执行中段机动。热力系统没有正常工作，航天器在接近目标时开始过热，造成通信系统出现问题。散热器圆顶上没有采用适当的涂层被认为是造成这个问题的原因。2 月 10 日的时候已经到了最后的调查阶段，温度上升得很快，通信质量严重下降，无法收到从地球发出的开始飞掠观测的指令。在苏联发现执行飞掠的金星 2 号无法响应下载飞掠数据的指令后，于 3 月 4 日宣布与航天器失去联系。很可能它已经完成了任务，但无法向地球传送结果。它在世界时间 1966 年 2 月 27 日的 02：52 达到了逼近行星的最近点，距离为 23 950 km。

1965 年 11 月 16 日，金星 3 号发射后飞向金星。它在巡航期间的表现令人满意，在 12 月 26 日执行了一次中段机动后进入了一条距离目标 800 km 的撞击轨道。然而，通信系统在 2 月 16 日出现了故障，此时离抵达目标只有 17 天的时间。航天器可能在世界时间 1966 年 3 月 1 日的 06：56 自动释放了它的进入探测器，但是没有收到任何太空舱发出的遥测数据。即便如此，探测器成为了第一个抵达另一颗行星的人造体，它位于背面靠近晨昏圈南纬 20°和北纬 20°之间、东经 60°和东经 80°之间的某一位置。

研究人员在任务结束后调查金星 2 号和 3 号失败的原因时发现，两个航天器的温度控制系统存在问题，这造成通信系统中的组件过热并发生故障。

第三个航天器是 3MV－4 六号，它在 11 月 23 日发射。在火箭第三级即将关闭前，燃料管路裂开使得第三级内的一个发动机燃烧室发生爆炸，造成第四级姿态不稳。虽然该航天器试图进入轨道，但是翻滚使它未能重新启动发动机执行逃逸机动。它被命名为宇宙

96 号，在 12 月 9 日再入大气层。

　　第四个航天器（可能是 3MV - 3 二号）原本要在 1965 年 11 月 26 日发射窗口临近关闭时发射，但研究人员在飞行前检查中发现运载火箭存在问题，取消了发射。放弃此次发射的原因是无法在发射窗口关闭前修复运载火箭。

　　这些都是 OKB - 1 最后发射的机器人行星际航天器。在七年多一点的时间内总共发射了 39 次，只有月球 2 号和 3 号，以及探测号 3 号完成了它们的任务。向月球发射的 20 次任务中有 8 次发射取得成功，但只有 3 个航天器取得了圆满成功。向金星发射的 11 次任务中有 4 次发射取得成功，但可惜的是，没有一个航天器获得成功。在 6 次向火星发射的任务中，只有 2 次取得了成功，但这 2 个航天器都发生了故障。2 次 3MV 试发射也均告失败。

9.5.5　结果

　　1965 年开展的计划未能从金星获取任何数据。公开了一些有关微流星体、行星际磁场、宇宙射线、低能带电粒子、太阳风等离子通量，以及它们的能量谱方面的结果。

第 10 章　最终获得月球和金星的成功，
　　　　但火星仍未成功

10.1　时间线：1966 年 1 月—1968 年 11 月

将人类送上月球的竞赛在 1966 年变得更加激烈。苏联和美国为了最终实现载人航天任务，各自加快了机器人探月任务的步伐，它们都成功地发射了着陆器和轨道飞行器。1967 年 9 月，苏联开始对计划把航天员送入太空执行绕月任务的某型联盟号航天器进行自动测试，在 1968 年 9 月开展的探测号 5 号任务中，该航天器在绕月飞行后，携带着生物有效载荷和从深空拍摄的高质量地球的照片返回地球。它的成功激起了美国发射阿波罗 8 号进入绕月轨道的决心，美国希望自己的航天员能够抢在苏联的航天员之前到达月球附近。苏联在 11 月份的时候失去了一次机会：探测号 6 号又一次执行了绕月任务，并在返回时坠毁。这为阿波罗 8 号在 12 月的发射扫清了道路，它的成功也使得把苏联航天员送入太空执行绕月任务的宣传显得毫无价值。

1966 年的第一次发射使苏联终于在月球软着陆器系列上获得了成功。2 月 3 日月球 9 号成为首个登上月球的着陆器。随后在 12 月苏联又发射了第二个着陆器，月球 13 号。在月球 9 号取得成功后不久，研究人员又匆忙装配了一个轨道舱段，用它来取代着陆器舱段，并且根据载人航天任务在月球重力场和表面性质方面的要求对航天器进行了改造。月球 10 号在 1966 年 3 月 31 日发射，苏联成为了第一个将航天器送入绕月轨道的国家。后续苏联还发射了其他几个轨道飞行器，1968 年年底时发射了这一系列中的最后一个航天器，月球 14 号。

　　1966 年 5 月 30 日，美国首次尝试月球软着陆获得成功，勘探者 1 号要比月球 9 号更精细，美国的绕月轨道飞行器系列中的航天器同样是这样，其中第一个于 1966 年 8 月成功地进入了绕月轨道。美国的着陆器和轨道飞行器的目标与它们的对手苏联完全一样，就是要确定月球的性质和载人任务的候选着陆点。5 个绕月轨道飞行器全都取得了成功，7 个勘探者号着陆器中有 5 个也取得了成功。

发射日期		
1966 年		
1 月 31 日	月球 9 号着陆器	成功，首个登月着陆器
3 月 1 日	月球轨道飞行器	第四级发生故障
3 月 31 日	月球 10 号轨道飞行器	获得成功，首个绕月轨道飞行器
5 月 30 日	勘探者 1 号月球着陆器	成功，美国首个登月着陆器
8 月 10 日	绕月轨道飞行器 1 号	成功，美国首个探月轨道飞行器
8 月 24 日	月球 11 号轨道飞行器	轨道飞行器成功，成像仪发生故障
9 月 20 日	勘探者 2 号月球着陆器	9 月 22 日坠毁在月球上
10 月 22 日	月球 12 号轨道飞行器	成功，发回图像
11 月 6 日	绕月轨道飞行器 2 号	成功
12 月 21 日	月球 13 号着陆器	成功
1967 年		
2 月 5 日	绕月轨道飞行器 3 号	成功
4 月 17 日	勘探者 3 号月球着陆器	成功
5 月 4 日	绕月轨道飞行器 4 号	成功
5 月 16 日	绕月轨道飞行器试验飞行	第四级过早耗尽
6 月 12 日	金星 4 号进入探测器	成功进入大气层，没有到达表面
6 月 14 日	水手 5 号飞掠金星	在 10 月 19 日成功飞掠金星
6 月 17 日	金星进入探测器	第四级发生故障
7 月 14 日	勘探者 4 号月球着陆器	着陆前几分钟失去联系
8 月 1 日	绕月轨道飞行器 5 号	成功
9 月 8 日	勘探者 5 号月球着陆器	成功
9 月 27 日	探测号地球轨道试验飞行	助推器发生故障，无人探月联盟号飞船
11 月 7 日	勘探者 6 号	成功
11 月 22 日	探测号地球轨道试验飞行	发射失败，无人探月联盟号飞船

续表

发射日期		
1968 年		
1 月 7 日	勘探者 7 号月球着陆器	成功
2 月 7 日	绕月轨道飞行器	第三级过早耗尽
3 月 2 日	探测号 4 号深空试验	返回时自毁,无人探月联盟号飞船
4 月 7 日	月球 14 号轨道飞行器	成功
4 月 22 日	探测号绕月试验	第二级关闭
9 月 14 日	探测号 5 号绕月试验	获得成功,9 月 21 日返回
8 月 24 日	探测号 6 号绕月试验	11 月 17 日返回时坠毁

在开展这一系列探月任务的过程中,苏联迎来了首个星际任务的圆满成功,它就是 1967 年 6 月 12 日发射的金星 4 号。但 6 月 17 日进行的另一次发射没能取得成功。金星 4 号于 10 月 18 日进入了金星大气层,并在利用降落伞下降的过程中传送大气数据,在离表面还有很大距离时陷入静默。第二天,美国的水手 5 号第二次成功地完成了飞掠金星的任务。

两个国家都取消了 1967 年的火星发射机会。美国没有能力像苏联那样进行那么多次的发射,它只能把力量集中在 1967 年的金星任务。苏联经历了六次火星任务失败,3MV 航天器又不断出现种种难题,同时美国的水手 5 号在 1965 年完成飞掠。在这种情况下,苏联决定抢先抓住 1967 年的发射窗口机会,同时设计一种更复杂的火星航天器,由质子号运载火箭发射来执行行星着陆任务。相比之下,金星 2 号和 3 号诱人的表现确保了 3MV 系列航天器将继续用于金星任务。在金星 4 号获得成功后,可以认为在这一行星表面着陆是完全可实现的。

10.2 Ye-6 月球着陆器系列：1966 年

10.2.1 计划目标

苏联的机器人月球及行星计划在 1965 年这一整年遭受了很大的打击。在 1963－1965 年期间，6 个探测金星的航天器中有 3 个发射取得成功，3 个探测火星的航天器中有 2 个发射成功，11 个月球软着陆器中有 5 个发射成功。不过，所有这些航天器或是在途过程中或是在抵达目标时出现了故障。只有探测号 3 号 1 个航天器，完成试射达到火星距离，发回的所有数据具有科学或宣传价值，而这些数据是在飞掠月球时获取的。从积极的角度来看，情况在往好的方向发展，因为在 1965 年年底开展的 3 次任务其实已经实现了它们的目标，只是在最后一刻遭到了失败，这几个航天器分别是金星 2 号、月球 7 号和 8 号。

发射的航天器	
第一个航天器：	月球 9 号（Ye-6M,202/13 号）
任务类型：	月球着陆器
国家/研制者：	苏联/拉沃契金设计局
运载火箭：	闪电 M 号
发射日期/时间：	世界时间 1966 年 1 月 31 日 11:41:37（拜科努尔）
着陆日期/时间：	世界时间 1966 年 2 月 3 日 18:44:54
任务结束时间：	世界时间 1966 年 2 月 6 日 22:55
结果：	成功
第二个航天器：	月球 13 号（Ye-6M,205/14 号）
任务类型：	月球着陆器
国家/研制者：	苏联/拉沃契金设计局
运载火箭：	闪电 M 号
发射日期/时间：	世界时间 1966 年 12 月 21 日 10:17:00（拜科努尔）
着陆日期/时间：	世界时间 1966 年 12 月 24 日 18:01:00
任务结束时间：	世界时间 1966 年 12 月 28 日 06:13
结果：	成功

　　机器人月球及行星探测任务的职责在 1965 年年底从 OKB - 1 移交到拉沃契金设计局后，十几次任务失败促使乔治·巴巴金下定决心要把 Ye - 6 着陆器改造成 Ye - 6M。他的改动立即获得了成功，月球 9 号于 1966 年 2 月 3 日实现了预想的软着陆，并从另一个世界发回了首批照片。苏联再一次在美国之前抢先实现了太空探索的又一个里程碑。西方的报纸纷纷用头条宣称，苏联已成为新的太空领导者。美国实现登月比原计划晚了几年，主要原因是它在开发运载火箭的上面级过程中遇到了困难，不过美国首次尝试在月球着陆取得了成功。勘探者 1 号在 1966 年 6 月 2 日完成着陆，并发回了质量更高的图像。1966 年 12 月，Ye - 6M 系列中的第二个也是最后一个航天器，月球 13 号，同样取得了成功。

10.2.2　航天器

　　Ye - 6M 航天器与 Ye - 6 完全相同，前者只是在着陆减震上做了一些修改，并采用了一套新型的独立制导系统。在制动火箭点火后，会对包住着陆器的气囊进行充气，这时需要重新调整氮气箱的位置：氮气会先从其中一个侧舱开始充入，然后再充到巡航级本身上，因为侧舱在开始制动前就会被抛掉。没有引入其他的冗余设备。

　　月球 9 号发射质量：1 538 kg（着陆器 105 kg）

　　月球 13 号发射质量：1 620 kg（着陆器 113 kg）

　　月球 9 号着陆器的总重达 105 kg，包含重为 5 kg 的科学仪器。月球 13 号着陆器的质量达到了 112 kg，它搭载的实验有效载荷有所增加，包括两台用于立体成像的全景摄像机和两条 1.5 m 长、用于土壤力学测试的弹簧伸展臂。

10.2.3　有效载荷

　　（1）月球 9 号

　　1）全景摄像机；

　　2）辐射探测器。

图 10-1 月球 9 号航天器

月球 4 号～8 号的扫描光度计摄像机系统得到了改进。它的质量只有 1.5 kg，功耗仅为 2.5 W，且具有更高的分辨率。它采用了一面安装在回转架上的转镜，通过该转镜可生成分辨率达 6 000 线的 29°×360° 全景图像。它可通过指令来调节其灵敏度，可在 80～150 000 lx 的范围内工作。以 250 Hz 的模拟视频在 183.538 信道上传送一幅全景图像大约需要 100 min。光学标定和倾斜指示靶从弹出天线顶端悬垂下来，3 根短柱上安装的双面镜可以生成表面小区域的立体图像，也可以用来测量距离，同时还能更精确地确定水平和倾斜程度。辐射探测器可在飞行过程中和月球表面测量太阳粒子辐射。

（2）月球 13 号

1）可生成立体图像的双全景摄像机；

2）辐射探测器；

3）测量土壤温度的红外线辐射仪；

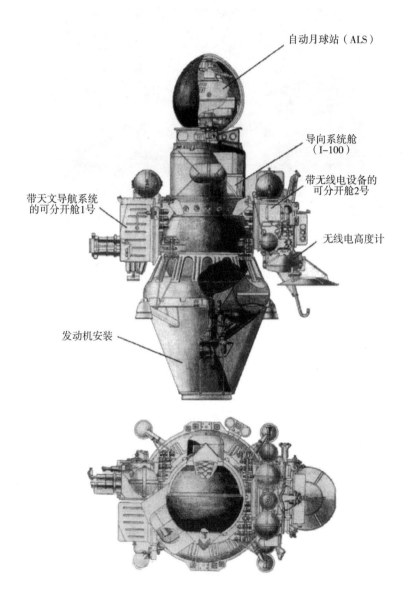

自动月球站（ALS）

导向系统舱
（I-100）

带无线电设备的
可分开舱2号

带天文导航系统
的可分开舱1号

无线电高度计

发动机安装

图 10 - 2　月球 9 号航天器示意图（由能源公司提供）

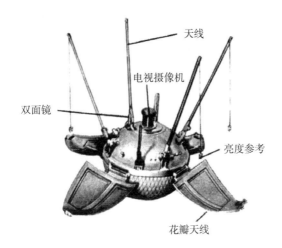

图 10-3　月球 9 号着陆器

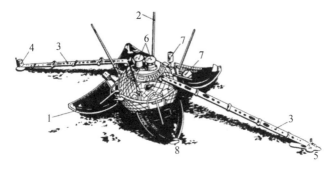

图 10-4　月球 13 号着陆器（摘自《太空旅行百科全书》）

1—发射机天线；2—接收机天线；3—伸展臂；4—透度计；5—伽马射线密度计；

6—立体全景摄像机；7—红外线辐射仪；8—稳定翻盖

4）测量土壤强度和承载力的透度计；

5）伽马射线辐射/反向散射密度计；

6）着陆时测量表面力学的三轴加速度计。

带有一个 5 cm 长圆锥体的透度计安装在一条伸展臂的末端上，65 N 的炸药能将它插入地面来测量土壤的力学性质。伽马射线反向

图 10 - 5　配备单摄像机的月球 9 号以及配备双摄像机的月球 13 号（小图）

散射密度计安装在另一条伸展臂的末端，它的作用是测量土壤密度。

10.2.4　任务说明

　　月球 9 号航天器于 1966 年 1 月 31 日发射后完美地飞越了地月空间，在执行第一次制动机动后弹出着陆舱。着陆舱在弹起并滚动了几下后于世界时间 2 月 3 日的 18：45：04 在风暴洋内北纬 7.08°、东经 295.63°的位置上停止了运动。在四片翻盖向外打开使着陆舱稳定后，弹簧天线按照指令开始展开，其中一条天线明显出现故障。着陆后 5 min，电视摄像机打开并将显示首个地面视角的月球表面图像。这时候的太阳只高出地平线 3.5°，大部分地面还处在阴暗中。冷战中具有讽刺意味的一点是，英国利用焦德雷尔班克射电望远镜，在截获并很快识别出传送的传真机信号后，第一个公布了月球 9 号发出的照片。虽然苏联公布了它的频率，并一直请求焦德雷尔班克射电天文台协助其跟踪以前的任务，但苏联肯定不会愿意将得到的成果都公诸于世，尤其是在图像高宽比例设定不正确的情况下，这也是可以理解的。美国在阿斯马拉和埃塞俄比亚的情报站也截获了这些图像，但此事在当时无人知晓。

月球 9 号在一个直径为 25 m 的环形山边缘附近停止了运动，倾斜角度为 15°。在此后的几个小时内，它的倾斜角度增大到了 22.5°，这样就能够拍摄附近特征的立体图像。在 7 个通信期内，传送了 4 幅全景图像，持续时间总共为 8 小时 5 分钟。传送最后一幅图像时，太阳的仰角已经接近 40°。最后一次联系是在世界时间 2 月 6 日的 22：55，此时电池已快要用尽。

第二个 Ye-6 航天器是月球 13 号，它于世界时间 1966 年 12 月 24 日 18：01：00 在北纬 18.87°、东经 297.95°完成着陆，地点位于风暴洋内的 Seleucus 和 Krafft 环形山之间。在弹起和滚动的过程中，加速度计记录下了深度约为 20 cm 处的土壤密度数据。航天器展开了两条伸展臂，开始测量土壤密度和表面辐射性。在此后的两天里，电视系统不时地发送图像，但由于两台摄像机中有一台发生故障，因此无法拍摄立体图像。在电池用尽后，航天器于世界时间 12 月 28 日的 06：13 终止了操作。

10.2.5　结果

（1）月球 9 号

月球 9 号发回了 9 幅图像，其中 5 幅拼接在一起构成了着陆器附近表面的一幅全景视图。辐射探测器测得的日常剂量为 30 mrad，这不会对人体造成伤害。成功实现着陆表明，月球表面的密度足以承受今后的载人航天器。

（2）月球 13 号

月球 13 号上只有一台摄像机，它发回了 5 幅 220°的全景图像，

图 10 - 6　月球 9 号提供的全景图像中的一部分

图 10 - 7　月球 13 号提供的全景图像中的一部分

图像中太阳的仰角逐渐增加。测得的土壤密度约为 0.8 g/cc，远低于月球石块和地球表面类似物质的密度，但足以承受重型着陆器的质量。辐射探测器证实了月球 9 号提供的 30 mrad/d 的读数。红外线辐射仪记录下了随太阳仰角变化而变化的表面温度，测得当地中午的温度达 117 ℃。经决定，首批将要登上月球的航天员将在风暴洋内实施着陆。

10.3　Ye - 6 绕月轨道飞行器系列：1966—1968 年

10.3.1　计划目标

OKB - 1 在开发 Ye - 6 软着陆器的同时，还展开了 Ye - 7 绕月轨道飞行器的研制工作，但这项工作的进展更为缓慢。拉沃契金设计局接手机器人太空计划后，苏联急切地想拥有超过美国的轨道飞行器，并定于 1966 年年中首次发射。同时，针对载人登月计划，苏联需要获得可能着陆位置的近景图像和绕月轨道环境方面的信息。1966 年年初的一件事情起到了推动作用，那就是上升 3 号载人飞船由于其漫长的飞行过程恰逢苏联共产党第 23 届代表大会（苏联新一届领导人列昂尼德·勃列日涅夫）于四月开幕，因而苏联需要展示其他新的航天壮举。尽管 Ye - 7 尚未准备就绪，但巴巴金提出用搭载了以现有仪器为有效载荷的增压舱来取代 Ye - 6 的着陆器，以此推出一颗月球卫星。第一个轨道飞行器是 Ye - 6S，它在不到一个月的时间内就被赶制完成。这个轨道飞行器的太空舱有可能是从宇宙系列的人造地球卫星改造而来的。

1966 年 3 月 1 日发射失败后，苏联准备了一个备用航天器，并于 3 月 31 日成功地把它送往月球。巴巴金是幸运的，因为这一任务及时满足了政治上的目标。月球 10 号不仅成为了第一个绕月轨道飞行器，它也成为了苏联太空计划上又一个里程碑。当代表大会进行到某一时刻时，会场上响起了《国际歌》。

美国在四个多月后向月球发射了第一个轨道飞行器。这一计划的首次试发射取得了成功，绕月轨道飞行器 1 号从绕月轨道上发回了首批照片。得益于着陆器和轨道飞行器发回高质量的数据，美国最终赶上苏联的步伐。

发射的航天器	
第一个航天器：	Ye - 6S 204（宇宙 111 号）
任务类型：	月球轨道飞行器
国家/研制者：	苏联/拉沃契金设计局
运载火箭：	闪电 M 号
发射日期/时间：	世界时间 1966 年 3 月 1 日 11:03:49（拜科努尔）
结果：	未能离开地球轨道
第二个航天器：	月球 10 号（Ye - 6S 206 号）
任务类型：	绕月轨道飞行器
国家/研制者：	苏联/拉沃契金设计局

续表

发射的航天器	
运载火箭:	闪电 M 号
发射日期/时间:	世界时间 1966 年 3 月 31 日 10:47:00(拜科努尔)
相遇日期/时间:	世界时间 1966 年 4 月 3 日 18:44
任务结束日期:	1966 年 5 月 30 日
结果:	成功
第三个航天器:	月球 11 号(Ye-6LF 101 号)
任务类型:	绕月轨道飞行器
国家/研制者:	苏联/拉沃契金设计局
运载火箭:	闪电 M 号
发射日期/时间:	世界时间 1966 年 8 月 24 日 08:03:00(拜科努尔)
相遇日期/时间:	世界时间 1966 年 8 月 28 日 21:49
任务结束日期:	1966 年 10 月 1 日
结果:	轨道飞行器取得成功,但未发回任何图像
第四个航天器:	月球 12 号(Ye-6LF 102 号)
任务类型:	绕月轨道飞行器
国家/研制者:	苏联/拉沃契金设计局
运载火箭:	闪电 M 号
发射日期/时间:	世界时间 1966 年 10 月 22 日 08:42:00(拜科努尔)
相遇日期/时间:	1966 年 10 月 25 日
任务结束日期:	1967 年 1 月 19 日
结果:	成功
第五个航天器:	Ye-6LS 111 号(宇宙 159 号)
任务类型:	月球轨道飞行器试验任务
国家/研制者:	苏联/拉沃契金设计局
运载火箭:	闪电 M 号
发射日期/时间:	世界时间 1967 年 5 月 16 日 21:43:57(拜科努尔)
结果:	地球轨道试验任务,低于预定轨道
第六个航天器:	Ye-6LS 112 号
任务类型:	绕月轨道飞行器
国家/研制者:	苏联/拉沃契金设计局
运载火箭:	闪电 M 号

续表

发射的航天器	
发射日期/时间：	世界时间 1968 年 2 月 7 日 10:43:54(拜科努尔)
结果：	第三级发生故障，未能抵达地球轨道
第七个航天器：	月球 14 号(Ye-6LS 113 号)
任务类型：	绕月轨道飞行器
国家/研制者：	苏联/拉沃契金设计局
运载火箭：	闪电 M 号
发射日期/时间：	世界时间 1968 年 4 月 7 日 10:09:32(拜科努尔)
相遇日期/时间：	世界时间 1968 年 4 月 10 日 19:25
任务结束日期：	1968 年 6 月 24 日
结果：	成功

　　成功抢在美国之前进入绕月轨道并且完成了莫斯科想要看到的航天壮举后，巴巴金又恢复了 Ye-7 轨道飞行器的研制工作，该飞行器的任务是拍摄月球图像。在苏联决定采用 Ye-6 巡航级来执行中段机动和入轨机动后，该轨道飞行器被命名为 Ye-6LF。

　　月球 10 号严重偏离了月球轨道的预定航迹，并且从无线电跟踪得到的结果来看，月球的重力场分布并不规则。如果想让载人登月着陆器在预先选定的地点着陆，那么对轨道精度就会有较高的要求，除了拍摄月球照片外，Ye-6LF 的另一项任务是要精确地测绘出月球的重力场。

　　月球 11 号和月球 12 号是这些航天器中实现飞行的两个航天器。虽然它们都进入了绕月轨道，但由于月球 11 号姿态稳定出现了问题，使得它没能提供任何有价值的图像。即使有了新的跟踪数据，导航仪依然无法根据所需的精度来预测它们的轨道。对轨道飞行器再次进行修改后推出了 Ye-6LS，它不仅能获取更为精确的月球重力场数据，还可用于测试载人登月计划的深空通信能力。在开展了一次地球轨道试验任务后，苏联尝试向月球发射了航天器，但因运载火箭故障而失败，第三个取得了成功的 Ye-6LS 航天器被命名为月球 14 号。

10. 3. 2　航天器

这些轨道飞行器都采用了 Ye-6 巡航级，它的着陆器被轨道飞行器太空舱取代。有意思的是，这些轨道飞行器都有一个特点，就是它们没有用来给电池充电的太阳帆板，这样带来的结果就是它们的工作时间取决于电池的电量。对于着陆任务来说，进入绕月轨道所需的加速要远远小于制动机动。就 Ye-6S 月球 10 号的情况而言，轨道飞行器太空舱会以一种自旋稳定状态来自行释放。不过，对于 Ye-6LF 和 Ye-6LS 来说，月球 11 号、12 号和 14 号的轨道飞行器太空舱不会被释放，这样能让它们稳定下来进行拍摄。Ye-6S 轨道飞行器太空舱的长度为 1.5 m，直径为 0.75 m，质量为 248.5 kg。它搭载的两个无线电以 183 Hz 和 922 Hz 的频率发射信号。Ye-6LF 轨道飞行器包括巡航级和一个大的圆锥形设备舱，总长为 2.7 m，直径为 1.5 m。Ye-6LS 与 Ye-6LF 相似，但前者采用了改进后的导航系统，该导航系统能够更精确地测量轨道，同时还搭载了可对用于载人登月计划的通信系统进行测试的设备。

图 10-8　月球 10 号航天器

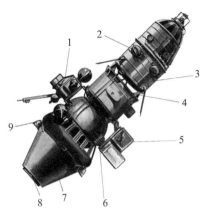

图 10 - 9　月球 10 号 Ye - 6S 航天器（摘自《机器人探索者》）

1—姿态控制和雷达高度计；2—轨道飞行器的全向天线；3—轨道舱；4—电子设备和通信舱；

5—姿态参考敏感器；6—推进剂箱；7—推进系统；8—发动机喷管；9—姿态控制喷嘴

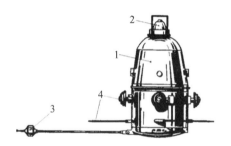

图 10 - 10　月球 10 号轨道飞行器（摘自《太空旅行百科全书》）

1—增压仪器舱；2—辐射仪；3—磁力仪；4—天线

月球 10 号发射质量：1 584 kg（轨道飞行器太空舱 248.5 kg）

月球 11 号发射质量：1 640 kg

月球 12 号发射质量：1 620 kg

月球 14 号发射质量：1 700 kg

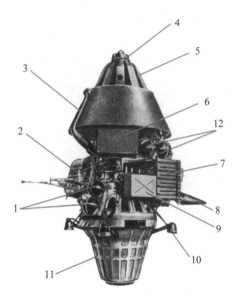

图 10 - 11　月球 11 号和 12 号 Ye - 6LF 航天器

1—用于姿态控制增压的氦箱；2—成像系统；3—温度控制散热器；4—辐射仪；5—仪器舱；

6—电池；7—姿态控制传感器；8—全向天线；9—姿态控制电子设备；

10—姿态控制发动机；11—主发动机；12—推进剂箱

10.3.3　有效载荷

（1）Ye - 6S 月球 10 号

1）安装在臂架上的三轴磁通量闸门磁力仪；

2）低能 X 射线光谱仪；

3）伽马射线光谱仪；

4）气体放电计数器；

5）离子阱太阳等离子探测器；

6）SL - 1 辐射仪；

7）微流星体探测器；

8）红外线辐射仪；

　　9）重力场测绘实验仪器（利用航天器跟踪）。

　　Ye-6S 的名称是月球 10 号，它携带了 7 个为 Ye-7 研制的仪器，但并未包括摄像机。磁力仪被安装在一条 1.5 m 长的臂架上。低能 X 射线和伽马射线光谱仪的作用是测定月球表面的成分；压电传感器被用来测量微流星体通量；红外线辐射仪的作用是测量月球表面发出的热辐射和它的温度；气体放电计数器被用来测量月球环境下的太阳和宇宙射线，以及月球电离层内的软性电子；离子阱的作用是测量太阳风里的电子和离子，并搜寻月球电离层；而 SL-1 辐射仪被用来测定月球的辐射环境。还有一项关键的研究任务是通过航天器的无线电跟踪来测量月球的重力场。暂时没有这个匆忙赶制出来的轨道飞行器的相关照片。

　　（2）Ye-6LF 月球 11 号和 12 号

　　1）传真成像系统；

　　2）低能 X 射线光谱仪；

　　3）伽马射线光谱仪；

　　4）SL-1 辐射仪；

　　5）微流星体探测器；

　　6）紫外线光谱仪；

　　7）长波射电天文学实验仪器；

　　8）重力场测绘实验仪器（利用航天器跟踪）；

　　9）月球车车轮驱动技术实验仪器。

　　成像系统与几年前探测号 3 号所采用的传真胶片摄像机相似。当到达某一高度时可拍摄照片，在此高度上获取的图像可以覆盖一片大小为 25 km² 的区域，而 1 100 条扫描线可实现的最大分辨率为 15～20 m。每次任务配备了两台摄像机。紫外线反射光谱仪的作用是测量表面的结构。关于月球表面或磁场的构成及月球环境下的辐射及微流星体，没有公布任何数据。也没有公布对于不规则重力场的分析结果。除了搭载科学仪器外，航天器还要完成对用于真空环境下工作的齿轮和轴承的润滑剂的技术测试任务，它将在今后的月球车上应用。

（3）Ye‐6LS 月球 14 号

1）月球通信系统测试；

2）宇宙射线探测器；

3）太阳风等离子传感器；

4）辐射剂量计；

5）重力场测绘实验仪器（利用航天器跟踪）；

6）月球车车轮驱动技术实验仪器。

月球 14 号的主要目标是要对用于载人登月计划的新型通信系统的星载段及地面段进行测试。其他目标包括继续研究月球辐射和等离子体环境，以及利用新的导航系统对月球重力场及天平动进行更精确的测绘。航天器还要开展其他一些针对月球车发动机的工程测试，包括在真空环境下工作的齿轮、滚珠轴承和润滑剂。

10.3.4　任务说明

1966 年 3 月 1 日，首个航天器 Ye‐6S 204 号，被困在停泊轨道上，原因是无动力惯性滑行期间第四级的滚动控制失控，造成发动机未能点火执行逃逸加速。它被命名为宇宙 111 号，并在两天后再入大气层。

四周以后，于 1966 年 3 月 31 日，Ye‐6S 206 号成功发射升空，它被命名为月球 10 号。它在第二天执行了一次中段修正，随后在世界时间 4 月 3 日的 18：44，成为了第一个进入围绕另一个天体的轨道的航天器。该轨道是一条 350 km×1 017 km 的轨道，与月球赤道的倾角为 72°，航天器运行一周需要 2 h 58 min。在此之后，巡航级释放了轨道飞行器太空舱。4 月 4 日，苏联共产党第 23 届代表大会的会场上响起了《国际歌》的旋律。事实上，大会上播放的是前一个晚上的排练情况，因为在会议当天早上进行第二次排练时发现一本曲谱不见了。月球 10 号运行了 59 天，它在电池耗尽前沿绕月轨道运行了 460 周，发送了 219 次无线电信号，1966 年 5 月 30 日，它和地面失去了联系。

1966 年 8 月 24 日发射了 Ye-6LF 101 号航天器，它在世界时间 8 月 28 日 21：49 进入了一条 160 km×1 193 km，倾角为 27°的绕月轨道，运行一周需要 3 h。此时离美国发射首个轨道飞行器只过去了 2 周时间，西方预计苏联有可能发回图像。苏联对传输的信号进行了重新编码，以防被焦德雷尔班克天文台这样的机构截获，但并没有收到任何照片。姿态控制推进器发生了故障，造成摄像机或紫外线仪器无法瞄准月球表面。研究人员怀疑有东西卡在了推进器的喷管里。更糟糕的是，X 射线和伽马射线光谱仪也出现了故障。航天器进入了自旋稳定模式，不过其他的实验设备看起来工作状况令人满意。38 天后，航天器沿绕月轨道运行了 277 周，发送了 137 次无线电信号，电池在 1966 年 10 月 1 日耗尽。苏联在报道中声称这次任务取得了成功，但并未提及拍摄图像。

1966 年 10 月 25 日，被称为月球 12 号的 Ye-6LF 102 号进入了一条 103 km×1 742 km，倾角为 36.6°的绕月轨道，运行周期为 3 h 25 min。它并没有遇到之前几个航天器上发生的问题，只是紫外线光谱仪再一次出现了故障。它的主要目标是拍摄月球的照片（月球 11 号没能做到这一点），以及继续测绘重力场。10 月 29 日，航天器发送了它的首批照片。在这一点上，苏联比美国晚了两个月。两台摄像机分别发回了总共 40 幅图像。航天器完成成像后，便进入了自旋稳定模式，其他任务开展得也较为顺利，包括对月球车的电动马达进行测试。尽管通过跟踪月球 11 号获得了新的重力图，月球 12 号还是较大地偏离了预定的轨道。它的近月点相对于预定值的下降幅度为 3～4 km/d，而且其中一个姿态控制推进器发生了故障，使得它无法升高近月点来作出补偿。最后，在 1967 年 1 月 19 日，航天器在运行 85 天、沿轨道运行 602 周、经过 302 个通信期后，终止了信号发射。

下一个计划发射的任务是轨道飞行器第二次修改后的试验飞行。Ye-6LS 111 号航天器计划在发射后进入一条离心率很高的地球轨道，它的远地点接近 250 000 km，这样可以通过精确测量和调整轨道航迹来弥补重力近点角，但是第四级的过早关闭使得航天器留在了一条 260 km×60 710 km 的较低轨道上。尽管远地点较低，然而航天器依然有可能完成原定任务。它被命名为宇宙 159 号，并于 1967 年 11 月 11 日再入大气层。Ye－6LS 112 号航天器未能进入停泊轨道，原因是涡轮燃气振荡器的耗油量过大，造成第三级的推进剂在 524 s 时过早耗尽。这一类型航天器中的最后一个是 Ye－6LS 113 号，它命名为月球 14 号，于世界时间 1968 年 4 月 10 日 19：25 成功发射升空后，进入了一条 160 km×870 km，倾角为 42°的绕月轨道。它也标志着第二代月球任务的结束。

10.3.5　结果

　　月球 10 号在绕月轨道上对月球开展了广泛的研究。它的航迹与苏联预期的相差很大。这是受重力场分布很不均匀的影响，其表面以下存在局部的"质量集聚区"。月球 10 号充分证明了测绘月球重力场及让航天器实现鲁棒推进对精确控制其轨道航迹的重要性。苏联早在美国之前就发现了这一点，但美国得到普遍认可的原因在于它所获得的空间计划成果被更为广泛地公诸于世。从月球 10 号得到的结果来看，月球并没有可探测的大气层；月球表面有着广阔的玄武岩，而花岗岩的区域即使有也很少；它还测量了地壳内钾、铀及钍的含量。它测得的磁场只有地球的 0.001%，并且发现这可能不是月球的固有特征。数据显示，月球和地球一样，未能捕获辐射带。此外，月球 10 号对绕月轨道环境下的微流星体通量和宇宙辐射也进行了测量。

　　月球 11 号上的 X 射线和伽马射线光谱仪出现了故障，因此无法进行成像，但仍然能够观测太阳辐射，并且成功地对月球车减速齿轮在真空环境下的工作状况进行了测试。月球 12 号获得了首批图像。1966 年 10 月 29 日，月球 12 号发送了雨海和阿利斯塔克环形山的图像，分辨率为 15～20 m。由于分辨率较低，因此只公开了前几

图 10-12　月球 12 号在 250 km 高度时获得的阿利斯塔克环形山
以南 25 km² 区域的图像

幅图像。具有讽刺意味的是，苏联在选择着陆地点时，采用的是绕
月轨道飞行器系列提供的范围更广、质量更好的图像。此外，和美
国一样，苏联最终选择了三个地点，它们分别在宁静海、中央湾和
风暴洋内。对月球 11 号和 12 号进行无线电跟踪的结果显示，需要
采用更好的轨道跟踪实验仪器来绘制月球的重力图。月球 12 号还对
月球表面由太阳风引起的 X 射线荧光进行了探测，这也是测量表面
成分的一种方法。另外，月球 12 号还测量了月球空间内的辐射场和
微流星体通量，对减速齿轮进行的工程测试也取得了成功。

　　苏联在几乎没有发布任何消息的情况下就开始了月球 14 号的任

务，也许是因为说明任务的内容可能会泄露载人登月计划的进展情况。当时西方认为这是一次失败的拍摄任务，但现在看来，这次任务不仅非常精确地绘制了月球的图像及其重力场，获取了无线电通信在传输和稳定性方面的数据，测量了绕月轨道环境下的太阳风等离子体和宇宙射线，测量了月球的天平动运动，还确定了地月质量比。同时，该计划成功测试了载人登月计划的通信系统。除此之外，对月球车的发动机开展了进一步的工程测试，目的是为月球车上采用的系统选择最适合在真空环境下使用的材料和润滑剂。

10.4　金星任务的首次成功：1967 年

10.4.1　计划目标

到 1965 年年底的时候，苏联飞向金星和火星的任务总共遭受了 16 次失败。这些失败中有 10 次是金星任务，包括了离成功仅一步之遥的金星 2 号和 3 号任务。更让苏联感到沮丧的是，当时美国已经在 1962 年和 1964 年分别成功地近距离飞掠了金星和火星。不过，苏联在近期取得的成功的鼓舞下，决定继续向前推进。在意识到美国即将在 1967 年再次尝试飞掠金星的任务后，苏联想要抢在对手之前完成两次金星任务，这两次任务的目标是穿越金星云层并获取该行星神秘大气层和表面的最新信息。

发射的航天器	
第一个航天器：	金星 4 号（1V 310 号）
任务类型：	金星大气层/表面探测器
国家/研制者：	苏联/拉沃契金设计局
运载火箭：	闪电 M 号
发射日期/时间：	世界时间 1967 年 6 月 12 日 02:39:45（拜科努尔）
相遇日期/时间：	1967 年 10 月 18 日
结果：	成功

续表

发射的航天器	
第二个航天器：	宇宙 167 号（1V 311）
任务类型：	金星大气层/表面探测器
国家/研制者：	苏联/拉沃契金设计局
运载火箭：	闪电 M 号
发射日期/时间：	世界时间 1967 年 6 月 17 日 02:36:38（拜科努尔）
结果：	未能脱离地球轨道

在金星 2 号和 3 号任务结束之后，机器人行星计划从 OKB-1 移交到了拉沃契金设计局。从 1965 年 4 月起，巴巴金决定在 1965 年的计划完成之后，不再开展金星发射任务。另一方面，针对 1967 年的金星发射窗口，拉沃契金设计局着手对 3MV 航天器进行修改，将重点放在进入大气层和着陆上。巴巴金领导下的工程师们以 OKB-1 提供的 3MV 设计图为基础，同时从金星 2 号和 3 号上获得的经验中汲取深刻认识，着手对温度控制和其他系统进行改进。拉沃契金设计局开展了更多的地面测试，并建造了两座新的试验设施：一座是 1967 年竣工的热真空室，它可以模拟飞行条件对航天器进行测试；而另一个是离心力达 500 G 的离心机，它可以用来测试进入和降落系统。在这个热真空室里对进入探测器的第一次试验的载荷在 350～450 G，以大角度进入金星大气层，速度接近 11 m/s，造成内部部件损坏。由于早期的下降舱肯定无法达到要求，因此必须对设计作出修改。不懈努力很快便得到了回报，苏联在 8 年尝试后，第一次真正获得了行星任务的成功，金星 4 号发回了金星大气层的现场数据。苏联在研究这一行星方面也开启了一个新的更为成功的时代。

10.4.2　航天器

（1）运载航天器

这些航天器是首批用于金星任务的 3MV，它们由拉沃契金设计局负责制造，大幅改进了在金星 2 号和 3 号上问题不断的温度控制系统。安装在太阳帆板顶端上的半球形流体散热器被去掉，在抛物截面天线的后面安装了一套新的传热管系统，由于其朝向与太阳帆板相反，因此它本身就是一个散热器。研究人员这次放弃了液体冷却剂，改用气体冷却剂。通信系统也得到了改进，全向天线被低增益螺旋锥形天线取代，安装在与太阳帆板连接的臂架上，在飞行时会形成一定的角度，使地球始终处于辐射图范围内。和以前一样，航天器必须进行转动才能让它的高增益天线瞄准地球，但只有在规定的通信期和飞向金星的运行过程中才会要求这样。

金星 4 号与前期型号一样，高度为 3.5 m，太阳帆板展开后的宽度为 4 m，抛物截面高增益天线的直径为 2.3 m。太阳帆板的大小为 2.5 m²，和以前一样，上面的电池分布并不密集。金星 4 号与 3MV 系列的前期型号最显著区别是它的太阳帆板变得更像矩形，并且增加了半球形的散热器。

（2）进入飞行器

针对 1967 年的任务，研究人员增强了进入舱，使它能够承受高达 350 G 的应力，并加入了一个内部缓冲器以降低在进入大气层和着陆过程中受到的震动。它的直径为 1 m，比以前的探测器长 10 cm；外形接近球体，表面带有烧蚀涂层，后面半个球体上有一个被封闭的开口，它的作用是打开降落伞和天线。该探测器是一系列进入探测器中的第一个，该系列会越来越适于完好地在表面降落。在内部质量分布方面，它的底部较重，这样就能保证进入大气层时的正确指向及下降过程中的气动力稳定性。在分离之前，它会被主舱内的一套系统预先冷却到 −10 ℃，在此之后打开再循环风扇。该舱段的作用是在下降过程中发送大气和雷达数据、承受撞击，以及在表面进行测量。航天器在续航期间可对 28 A·h 的电池充电，该电池能够维持 100 min 的单独运行。太空舱的设计压力为 10 bar，极限高达 18 bar，最大可承受温度为 400 ℃。

金星探测器的目标是抵达行星面的中心，这样可以实现直接向

图 10 - 13　金星 4 号航天器的前视图和后视图

注：公开照片未显示进入系统或隔热垫层上较厚的烧蚀材料

地球发回数据的最优通信方式。安装在下降舱顶部的一条螺旋天线可将辐射图指向天顶，而遥测数据会通过一对冗余发射机在 922.8 MHz 下以 1 bit/s 的速度进行发送。测量结果每隔 48 s 被发回地球。如果太空舱坠入的是一片海洋，虽然出现这种可能性不大，则它能够在海面漂浮，而在这种情况下，这个"糖果罐"会发出臂板信号来报告这一情况。

图 10 - 15（a）所示为未覆盖隔热罩的进入飞行器。这一工程模型上有两个用于测试隔热系统的舱口。在这个厚厚的、带有孔眼的轻型烧蚀材料内就是下降舱本身，如图 10 - 15（b）所示。

发射质量：1 106 kg

进入飞行器质量：383 kg

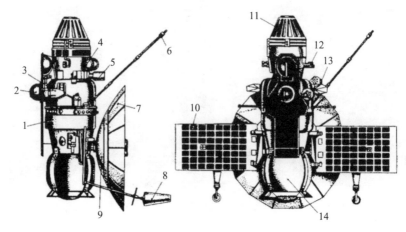

图 10 - 14　金星 4 号航天器示意图（摘自《太空旅行百科全书》）

1—运载飞行器；2—星敏感器；3—太阳敏感器；4—姿态控制气体箱；5—地球敏感器；
6—磁力仪；7—抛物截面天线；8—全向螺旋天线；9—散热器；10—太阳帆板；
11—推进系统；12—姿态控制微型发动机；13—宇宙射线探测器；14—进入飞行器

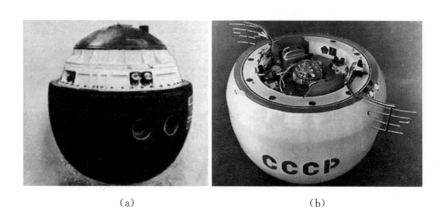

（a）　　　　　　　　　　　　　（b）

图 10 - 15　金星 4 号进入系统和内部下降舱

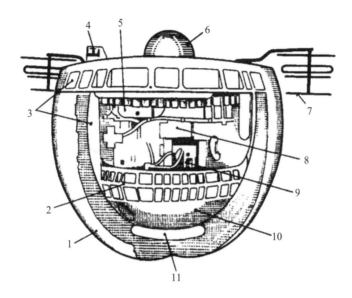

图 10-16　金星 4 号下降舱示意图（摘自《太空旅行百科全书》）

1—外部隔热罩；2—结构框架；3—探测器外壁；4—高度计打开系统；

5—热交换器；6—通信天线；7—高度计天线；8—电子设备单元；

9—电池；10—隔热罩；11—减震器

10.4.3　有效载荷

（1）运载航天器

1）三轴磁通量闸门磁力仪；

2）太阳风带电粒子探测器；

3）莱曼-阿尔法和原子氧光度计；

4）宇宙射线气体放电和固态探测器。

它搭载的仪器与金星 2 号和 3 号巡航舱上的仪器相同，唯一的不同在于它的宇宙射线仪器还带有第二个不同类型的气体放电计数器。

（2）降落/着陆舱

1）温度、压力和密度传感器；

2）大气化学气体分析仪；

3）无线电高度计；

4）多普勒实验仪器。

温度、压力和密度传感器与金星 3 号上的相同。气体分析仪采用了 11 个单元来测量二氧化碳、分子氮、分子氧和水汽。通过大气与各个单元内的材料反应的方式可以确认这些成分，例如通过化学吸收表面的导电性，或是通过加热后具有反应性的细丝，还有通过采用特定吸收性材料内部压力如何变化。这项实验会在降落伞打开时采集一组读数，并在 347 s 后再采集一组读数。使用的仪器与金星 3 号上的仪器相同，但它还带有一个用于测量水汽的比重计。着陆舱还第一次搭载了无线电高度计，它的作用是获取绝对高度并确认在表面着陆。这套系统由一套飞机上使用的系统改造而来，它的制造者是空间设备技术研究所。为了节省带宽，它没有连续发出数据，只是发出一个臂板信号来表示下降的高度已低于 26 km。多普勒实验不需要用到太空舱上的硬件设备，它利用发射机载波的频率漂移来确定探测器在穿过大气层时的视线速度。

考虑到无线电高度计和结构加强的质量要求，不得不去掉之前的探测器上搭载的一些仪器。伽马射线仪器、波运动传感器，还有光度计也被去掉。不过，和以往一样，它上面带有一枚大奖章，上面有苏联军队的标志和列宁的浅浮雕。

10.4.4　任务说明

1967 年 6 月 12 日，首个航天器成功发射，它被命名为金星 4 号。第二个航天器于 6 月 17 日被困在停泊轨道上，原因是涡轮泵未预冷而使第四级点火失败。它在 18 天后再入大气层，苏联将其命名为宇宙 167 号。金星 4 号在巡航期间状况良好，每隔几天就会重新定向，使它的高增益天线指向地球以便进入通信期。7 月 29 日，当它距离地球 1.2×10^7 km 时执行了一次中段修正。它于 10 月 18 日抵达了金星，并在世界时间 04:34 释放了进入太空舱，此时它位于夜晚一侧 44 800 km 的高度上。运载航天器持续发送上层大气和电离层的测量结果，直到它在大气层内解体。太空舱以 10.7 km/s 的速度进入大气层，以最高减速度 350 G 减速。当压力水平达到 0.6 bar 并且速度为 300 m/s 时，后盖脱落、2.5 m² 的助力伞被打开；几秒钟后，55 m² 的主降落伞被打开，同时开启无线电高度计天线。仪器在高度为 55 km 时启动，此时的下降速度为 10 m/s。机械换向器依次检测每台仪器的状况，然后向发射机发送数据。在降落伞下降过程中，它持续传送 93 min，之后便进入静默。太空舱到达表面的位置在北纬 19°、东经 38°，地点位于黑暗的一侧，靠近晨昏圈。抵达的时间是金星太阳时间 4:40，当时的太阳天顶角为 110°。包括 3 次有目的的试验飞行在内，这是苏联在进行了 20 次尝试后第一次获得行星任务的成功，也是两个航天强国首次获得进入探测器方面的成功。

　　焦德雷尔班克天文台对收到的、从表面发出的信号作了报告，但并未意识到这些是在下降过程中发出的。苏联认为太空舱已经到达了表面，并且工作正常，因此宣布太空舱已着陆。但它慢慢发现实际情况似乎并非如此。水手 5 号在金星 4 号抵达金星 1 天后飞过金星，从它提供的数据来看，表面温度要远远高于进入探测器所报的最后测量结果。苏联和美国的科学家们在此后的两年里进行了一系列会议，最终得出的结论是：探测器在逐渐恶劣的环境影响下，在距离地面还很远的时候就已失灵。尽管如此，作为第一个实现在行星大气层内发送数据的任务，它在科学领域依然是一个重大的里程碑。发回的数据具有重要的意义，向研究人员展示了金星环境的恶劣程度。显然，必须对今后的探测器进行进一步加强。

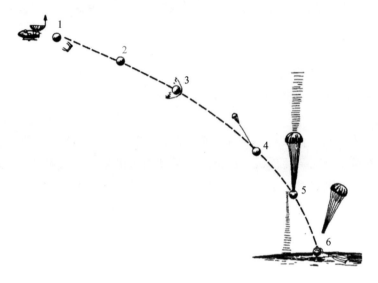

图 10 - 17　金星 4 号下降顺序（摘自《太空旅行百科全书》）

1—分离；2—不稳定的自由飞行；3—进入大气层并稳定；4—减速降落伞打开；

5—打开主降落伞，传输机和高度计打开，收集和传输下降过程中的数据；

6—表面撞击，主降落伞松开

10.4.5　结果

通过大气结构实验，金星 4 号进入探测器在下降过程中发回了 23 组读数。数据采集开始于高度为 55 km 时，在整个 93 min 的下降过程中都对大气温度进行了测量。初始温度为 33 ℃，随后上升至 262 ℃。初始压力读数为 0.75 bar，仪器在探测器停止传输前很长一段时间就达到了 7.3 bar 的极限值。运用当时获得的数据建立起大气模型后得出的结论是，探测器在高度为 24 km 时失去了信号。通过将温度和压力数据代入流体静力学方程可获得大气密度，并采用降落伞下降特征对结果进行验证。多普勒数据（即收到的主振荡器的频率变化）提供了水平和垂直方向上的风速及方向的高度数据，但测量结果的误差很大。

大气成分的实验结果显示，大气层主要由二氧化碳构成：

1）二氧化碳：90％±10％

2）分子氮：低于 2.5％

3）分子氧：0.4％～1.6％

4）水汽：0.05％～0.7％

科学家们一开始对二氧化碳的百分比提出了不同的看法，因为他们预计大气中至少 50％是分子氮，美国科学家对此表示怀疑。但是后来开展的任务证明金星 4 号提供的数据是正确的。大气层干燥的特性也让研究人员感到意外。将金星作为一个有水的星球的理论从此被完全推翻。

航空器改装型无线电高度计的作用是在高度为 26 km 时发送臂板信号，可是它针对金星任务进行的改装并不充分，所以能发送信号的距离是上述高度的两倍，也就是说，它要在 52 km 的高度才能发送信号。这也是造成研究人员不清楚金星 4 号是否已经到达表面的主要原因。大气数据和多普勒测量结果显示，探测器在传输信号期间下降了接近 28 km，高度计臂板信号机显示最大距离为 26 km。最后测得的温度为 262 ℃，得到的压力为 18 bar 左右，研究人员预计这就是当时表面的状况。然而，通过地面射电望远镜得到的行星微波亮度测量结果显示，表面温度大约为 325 ℃。金星 4 号进行的化学分析显示，需要对根据二氧化碳较少建立的大气模型获得的射电望远镜微波亮度进行再次分析，才能确定是否二氧化碳为主要成分。研究人员在 1967 年进行的一项最新分析中，将金星微波波谱的不寻常特征归结为是二氧化碳的作用，最后得出的表面状况大致为温度达 427 ℃，压力为 75 bar，已经到达表面的金星 4 号无法承受这些条件。根据水手 5 号的数据建立的大气模型也表明，表面的温度和压力要高得多。有种观点认为金星 4 号降落在了一座很大的山脉上，但是卡尔·萨根指出，通过雷达对金星进行研究后并未发现这样的大型山脉。根据金星 4 号提供的大气剖面推断得出的结果是，撞击地点的表面状况为 500 ℃和 75 bar。最终，瓦杜韦斯基、马洛夫和罗杰斯特文斯基（1969 年）采用金星大气层的绝热模型核实了这些数据，证实当压力在 18±2.5 bar，高度大约为 24 km 时，出现了信号损失，并且推测出表面状况温度为 442 ℃，压力为 90 bar。

当接近太空舱压力极限值时信号终止，有可能是探测器在运行 93 min 后，在接近 18 bar 的条件下耗尽了电池。无论如何，太空舱都会被压碎，随后降落伞被烧毁，太空舱以自由落体的方式坠落到表面上。

在破裂前，主航天器会提供关于近区磁场、热层、电离层及太阳风相互作用的第一手现场测量结果。1962 年，水手 22 号在 34 773 km的高度下飞过金星，由于距离金星太远而没有探测到磁场或磁层信号。金星 4 号没有发现行星固有磁场。太阳风与电离层相互作用产生的弱磁场被探测到。虽然没有发现任何辐射带，但是发现了一条原子氢的延伸电晕，它从金星一直向太空延伸了10 000 km。

10.5　探测号绕月系列：1967—1970 年

10.5.1　计划目标

1964 年 8 月后，苏联政府宣布，将载人登月计划分为由切洛梅负责的、用质子号火箭发射的绕月计划，以及由科罗廖夫负责的、用 N-1 火箭发射的着陆器计划，而科罗廖夫在这一整年内都在一直争取把这两项计划合并归入他的 OKB-1。除了组织和经济上的理由，他还提出，采用已进入设计高级阶段的航天器来实现登月会快很多，而切洛梅需从草图开始。针对绕月任务，科罗廖夫提出划出一部分他的地球轨道联盟号综合发射设施，他在最初建造该设施时就已经有了探月任务的想法。由于苏联急于首先把航天员送上月球，因而科罗廖夫的大力劝说为他在 1965 年赢得了部分胜利，政府批准采用他的 7K-L1 月球联盟号来执行绕月飞行，并由切洛梅的质子号火箭来发射，该火箭采用 OKB-1 的 Block D 级作为上面级。N-1 火箭既未准备就绪，也不适合绕月任务，它适用于载人登月计划。

虽然科罗廖夫和切洛梅是对手关系，但他们似乎在共同开展绕月计划上合作得很好。与此同时，科罗廖夫仍计划继续开发用于载人登月计划的硬件设备：N－1 运载火箭，联盟号的 LOK 绕月轨道型号，还有 LK 月球着陆器。

发射的航天器	
第一个航天器：	7K－L1 4L
任务类型：	绕月及返回试验飞行
国家/研制者：	苏联/实验机械制造中央设计局
运载火箭：	质子 K 号
发射日期/时间：	世界时间 1967 年 9 月 27 日 22:11:54（拜科努尔）
结果：	助推器损毁
第二个航天器：	7K－L1 5L
任务类型：	绕月及返回试验飞行
国家/研制者：	苏联/实验机械制造中央设计局
运载火箭：	质子 K 号
发射日期/时间：	世界时间 1967 年 11 月 22 日 19:07:59（拜科努尔）
结果：	第二级损毁
第三个航天器：	探测号 4 号（7K－L1 6L）
任务类型：	达到月球距离的试验飞行并返回
国家/研制者：	苏联/实验机械制造中央设计局
运载火箭：	质子 K 号
发射日期/时间：	世界时间 1968 年 3 月 2 日 18:29:23（拜科努尔）
返回日期/时间：	1968 年 3 月 9 日
结果：	航天器使用降落伞时发生自毁
第四个航天器：	7K－L1 7L
任务类型：	绕月及返回试验飞行
国家/研制者：	苏联/实验机械制造中央设计局
运载火箭：	质子 K 号
发射日期/时间：	世界时间 1968 年 4 月 22 日 23:01:27（拜科努尔）
结果：	由于第二级关闭而失败

续表

发射的航天器	
第五个航天器：	探测号 5 号(7K - L1 9L)
任务类型：	绕月及返回试验飞行
国家/研制者：	苏联/实验机械制造中央设计局
运载火箭：	质子 K 号
发射日期/时间：	世界时间 1968 年 9 月 14 日 21:42:11(拜科努尔)
相遇日期/时间：	1968 年 9 月 18 日
返回日期/时间：	世界时间 1968 年 9 月 21 日 16:08
结果：	在印度洋上成功回收
第六个航天器：	探测号 6 号(7K - L1 12L)
任务类型：	绕月及返回试验飞行
国家/研制者：	苏联/实验机械制造中央设计局
运载火箭：	质子 K 号
发射日期/时间：	世界时间 1968 年 11 月 10 日 19:11:31(拜科努尔)
相遇日期/时间：	1968 年 11 月 14 日
返回日期/时间：	1968 年 11 月 17 日
结果：	航天器返回途中坠毁在哈萨克斯坦境内
第七个航天器：	7K - L1 13L
任务类型：	达到月球距离的试验飞行并返回
国家/研制者：	苏联/实验机械制造中央设计局
运载火箭：	质子 K 号
发射日期/时间：	世界时间 1969 年 1 月 20 日 04:14:36(拜科努尔)
结果：	上面级故障
第八个航天器：	探测号 7 号(7K - L1 11)
任务类型：	绕月及返回试验飞行
国家/研制者：	苏联/实验机械制造中央设计局
运载火箭：	质子 K 号
发射日期/时间：	世界时间 1969 年 8 月 7 日 23:48:06(拜科努尔)
相遇日期/时间：	1969 年 8 月 11 日
返回日期/时间：	1969 年 8 月 14 日
结果：	在西伯利亚成功回收

续表

发射的航天器	
第九个航天器：	探测号 8 号(7K - L1 14)
任务类型：	绕月及返回试验飞行
国家/研制者：	苏联/实验机械制造中央设计局
运载火箭：	质子 K 号
发射日期/时间：	世界时间 1970 年 10 月 20 日 19:55:39(拜科努尔)
相遇日期/时间：	1970 年 10 月 24 日
返回日期/时间：	世界时间 1970 年 10 月 27 日 13:55
结果：	在印度洋上成功回收

　　苏联决定开展探测号系列中的联盟号月球版的首次试验飞行，第一个航天器是用质子号发射的 7K - L1 绕月型号。L1 计划在 1966 年 12 月通过了批准，这一计划要求在定于 1967 年 6 月 26 日的首次载人绕月飞行前进行四次自动化测试。后续系列被用于测试由 N - 1 探月火箭发射的 7K - LOK 绕月轨道型号，该型号对应的是美国的土星 5 号。这一广泛的飞行测试对苏联来说是独一无二的。具有讽刺意义的是，科罗廖夫通常会避免开展像阿波罗号那样的全配置载人飞行试验，但是他又很不愿意像美国那样在计划中进行大量的地面测试。这样带来的结果就是，苏联航天器的自动化程度通常要高于美国的航天器，这往往会使航天员懊恼不已；而未经过充分的地面试验造成它在试验飞行中表现不佳，并会因此发生故障和延迟。

　　探测号 5 号顺利完成绕月飞行后返回地球，并于 1968 年 9 月成功回收，苏联为此开展了庆祝活动。两个国家此前所开展的任务都未能获得如此巨大的成功。此后不久，苏联便透露，这是一次联盟号载人太空舱的自动飞行任务。这引起了美国的警觉，因为这就意味着肯定有航天员参加了这一任务。在 11 月和 12 月中旬会出现发射窗口，这样苏联就有可能抢在阿波罗 8 号前发射，因为后者的发射窗口在 12 月下旬。（拜科努尔发射场位置偏北，其发射窗口打开时间要稍早于纬度较低的佛罗里达发射场。）苏联利用 11 月的发射窗口进行另一次试验，但是探测号 6 号在着陆过程中发生了严重损坏。然而美国并没有察觉到这次挫折，它预计苏联会在 12 月开展一次载人绕月任务，苏联却没有进行这次发射。当时已经没有什么能阻碍阿波罗 8 号了。苏联坚持要在开展载人任务前让探测号进行四次成功的自动飞行。对于是否有必要像美国当时利用第一枚载人土星 5 号开展绕月任务那样不顾一切地进行一次尝试，苏联内部曾出现过争论。探测号 6 号的失败使得这一争论变得毫无意义。在阿波罗 8 号发射后，苏联仍坚持不懈地对探测号进行完善，想将它用于绕月任务，但是重点有所改变，并且加紧试验 N-1 运载火箭。

尽管大多数探测号试验飞行的目的是提供技术方面及安全地把航天员送往月球并返回所需的工艺信息，然而它们还提供了具有科学价值的信息。这些任务中所携带的仪器收集了微流星体通量、太阳和宇宙射线、磁场、无线电波，以及太阳风的数据。此外，航天器上还搭载了生物有效载荷，并且拍摄了许多高质量的月球和地球的照片。

10.5.2　航天器

联盟号 7K-L1 是 7K-LOK 绕月轨道航天器经修改后，用于执行绕月任务的一个版本。由于它没有轨道舱，因而只能搭载两名航天员而非三名。它带有针对探月任务重新设计的仪器面板和一个更厚的防热层，使它能应对返回时以更高的速度再入大气层对航天器产生的影响。绕月任务在设计上还有其他一些不同之处。

探测号 4 号最显著的特点是它是苏联第一个配备计算机的航天器。这台采用集成电路的氩 11 计算机质量为 34 kg，功耗为 75 W，能够执行 15 项运算，带有 4K 的指令寄存器和 128 字的随机存取存储器。

探测号发射质量：5 375 kg 左右

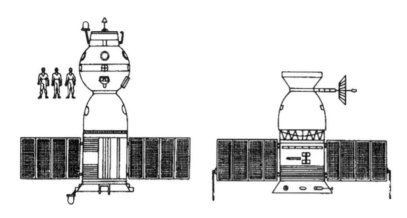

图 10 - 18　联盟号（左）与探测号（右）的对比（摘自《太空旅行百科全书》）

10.5.3　有效载荷

（1）探测号 5~7 号

1）成像系统（探测号 7 号为彩色）；

2）宇宙射线探测器；

3）微流星体探测器（仅限于探测号 6 号）；

4）生物有效载荷。

（2）探测器 8 号

1）成像系统；

2）太阳风收集器。

探测号 5 号、6 号和 8 号上的成像系统配有一台 400 mm 的摄像机，它使用的是 13 cm×18 cm 的全彩色胶片。探测号 7 号上配有一台 300 cm 的摄像机，它使用的是 5.6 cm×5.6 cm 的全彩色胶片。太阳风收集器使用的是一个与阿波罗号的航天员在月球表面设立的相似的太阳风铝箔靶，不同之处在于，对于探测号任务来说，它们被放置在下降太空舱的外部。

图 10 - 19　探测号 4～8 号航天器（由能源公司提供）

10.5.4　任务说明

　　开展绕月飞行的限制条件相当严格，它需要在苏联的高纬度地区实施发射和回收，每年只有 5 次或 6 次发射机会，并且在一年内的时间分布是不均匀的。因此一些探测号试验只是达到了月球的距离，而并非真正抵达月球。在自动绕月系列开始前，开展了两次地球轨道试验飞行。第一个航天器在 1967 年 3 月 10 日发射，它是质子号火箭的第五次飞行任务，同时是第一次采用科罗廖夫的 Block D 第四级。它成功地将联盟号送入了一条远地点远离地球的轨道，并进行了遥测试验。苏联并未尝试回收这一航天器。这次任务被命名为宇宙 146 号，这是一个幸运的开始。将第一次载人绕月飞行定在 1967 年 6 月看起来是可行的。但此后情况就变得不对了。1967 年 4 月 6 日的第二次飞行试验因 Block D 发生故障而遭到失败。更糟糕的是，4 月 23 日，联盟号在首次载人地球轨道飞行中着陆时坠毁，航天员弗拉基米尔·科马洛夫遇难。在他短暂的轨道飞行过程中出现了严重的问题，他尝试紧急着陆，可是降落伞缠在了一起。在探测号和联盟号的常见问题得以解决前，这两项计划被暂缓开展。苏联准备在 9 月份重新启动探测号计划。

前两次绕月任务都由于质子号运载火箭的原因而遭到失败。在 1967 年 9 月 27 日的第一次任务进行过程中，助推器上的六台发动机中的一个由于推进剂管子堵塞而未能完成点火，造成火箭仅飞行了 97 s 便损毁。负责发射台的工程师在发射前忘了把一个盖子取下来。第二次发射是在 1967 年 11 月 22 日，第二级上的四台发动机中的一台在飞行到 125 s 时未能完成点火，致使火箭在 130 s 时发生损毁。

下一次发射定在 1968 年 4 月的一个发射窗口内进行，但是苏联急于完成试验，并抢在美国之前抵达月球，所以它决定不以月球作为目标提前开始行动，对航天器进行达到月球距离的试验，并以较高的速度再入大气层。1968 年 3 月 2 日，探测号 4 号发射后进入了一条离心率很高的椭圆轨道，它的远地点达到 354 000 km。在飞行中发生了许多飞行系统故障。姿态控制系统中的一个星敏感器工作状况不稳定，给飞行带来了问题，但是工程师们设法将航天器导航回地球。在依靠降落伞降落到几内亚湾的过程中，太空舱发现自身偏离了航线，于是通过一个部分安装的机构实施了自毁，这样即便航天器在再入大气层后严重偏离目标，美国也无法对航天器进行恢复。

接下来又试发射了一次探测号，这次的目标是绕月飞行，但它在 1968 年 4 月 22 日遭遇了不光彩的失败，航天器的紧急逃生系统在 194 s 时被误触发，运载火箭的第二级关闭，导致探测号航天器逃离。它在距离发射台 520 km 的地方回收。1968 年 7 月 14 日按计划又进行了一次发射，但同样遭到失败，在发射前的试验中，第四级的液氧贮箱在发射台上发生破裂，不仅造成 Block D 子级受损，还夺去了三位工程师的生命。所幸的是，几个加满推进剂的下面子级没有发生爆炸。7K-L1 8 号航天器虽然没有遭到损坏，但还是对它作了报废处理。

在经历了这一系列令人失望的失败后，探测号 5 号终于取得了

绕月飞行的圆满成功。它于 1968 年 9 月 14 日发射升空，虽然出现
了一些技术问题，但还是完成了任务。文件资料中的一个错误造成
地球传感器没有正确安装。星敏感器姿态控制系统出现失效，原因
是光学表面被升华的防热材料污损。更糟糕的是，备用系统被错误
地关闭。但是工程师们利用太阳敏感器，经过一个困难和缓慢的过
程后，还是控制了航天器的姿态。航天器执行了两次中段机动后，
自 9 月 18 日开始绕月球飞行，它逼近月球最近的一点距离月球
1 950 km。焦德雷尔班克天文台宣布了这次成功的探月活动，并报道
了航天器正在返回地球。直到这一刻，苏联才真正承认开展了这次
任务。在返回地球的途中，又有一个姿态控制敏感器发生了故障。
9 月 21 日，航天器以 11 km/s 的速度，沿着一条倾角过大的轨迹返
回了大气层，而不是按原定的、在导引下实现"跳跃式"再入。幸
好在探测号 4 号遭遇失败后，自毁系统就已经被去除了。航天器在
大气层中飞行了 6 min，这一过程中承受的最大应力为 16 G，温度
达到了 13 000 ℃，下降太空舱通过降落伞于世界时间 16:08 降落在
了印度洋上，近南纬 32.63°、东经 65.55°的位置，距离最近的苏联
跟踪船有 105 km。这时，苏联第一次在水面回收航天器。太空舱先
在印度孟买卸下载荷，随后用飞机运回莫斯科。这次任务增强了苏
联对于载人探月计划的信心，不过这次飞行中出现了严重的非致命
故障。

　　探测号 6 号于 1968 年 11 月 10 日成功发射。姿态控制再次出现
了问题，高增益天线和连接的主星敏感器都未能打开。只能使用备
用的星敏感器系统和较低增益天线。11 月 14 日，航天器在 2 420 km
的高度上开始了绕月飞行，它拍摄了月球向地侧和背面的照片。在
返回地球的途中，工程们不得不重新对航天器进行定向，通过将过
氧化氢贮箱暴露在直射太阳下来尽量控制它内部的温度，但它依然
存在发热问题，该问题引起舱口密封盖变形，造成舱内压力下降。
生物有效载荷死亡，高度计也遭到损坏。为准备在 11 月 17 日再入
大气层，服务舱按计划实现分离，但是高增益天线仍留在太空舱的

前端。飞行器以 11 km/s 的速度进入了大气层，在释放了一些能量后，它按计划以 7.6 km/s 的速度跳跃回到了太空，此时天线实现分离。"第二次下降"进行得较为顺利，直到高度为 5 300 km 时，高度计工作状况出现异常，并发出指令抛掉降落伞。在爆破工程师引爆太空舱上携带的、用于无线电指令自毁系统的 10 kg TNT 之前，地面人员从残骸中回收了一些胶片，其中包括月球的首批彩色照片。

在这两次绕月任务中，探测号 5 号在再入过程中未能执行"跳跃"机动，而是执行了弹道下降，坠入了印度洋；而探测号 6 号一直按预定轨迹飞行，只是它的降落伞发生了故障，降落在了拜科努尔境内，距离发射台只有 16 km。苏联并未因此而失去信心，对于 12 月的发射窗口，它开展了大量准备工作。航天员在接受绕月飞行的训练后争着要参加这次飞行任务。12 月 1 日，一个航天器被运到了发射台上，但是这个航天器存在很多技术问题，当它得到可以发射的批准时，发射窗口已经关闭了。即便在阿波罗 8 号于同一个月内获得成功，苏联仍然在对探测号进行试验。硬件设备已准备就绪，显然需要做的就是全力争取成功，使投入得到回报。虽然重点转移到 N-1 运载火箭使得前景变得黯淡，但实现载人绕月飞行仍存在希望。

然而在之后的 8 个月中，当美国在欢庆阿波罗 8 号、10 号和 11 号获得的成功的时候，苏联的载人登月计划却经历了三次挫折。苏联急于解决探测号存在的问题，准备在夏季发射窗口打开之前再进行一次达到月球距离的试验飞行。7K-L1 13L 在发射后由于第二级和第三级出现问题而在 1969 年 1 月遭受失败。

四台发动机中的一台过早关闭，随后在上升阶段，第三级的燃料供给系统由于发生故障而被切断。甚至对于载人计划来说更为重要的 N-1 探月火箭，在 1968 年 2 月及 7 月的最初两次试射同样遭到了失败。

探测号 6 号遭遇重大失败后 9 个月，就在阿波罗 11 号获得成功后不久，苏联的机器人着陆器月球 15 号发生了坠毁，探测号 7 号于

图 10 - 20　竖立在发射台上搭载了探测号 5 号的质子号运载火箭

1969 年 8 月 7 日发射飞向月球。第二天,它执行了一次中段机动,并拍摄了地球的彩色照片。8 月 11 日,航天器在 1 985 km 的高度上开始了绕月飞行,并在两个时间段内分别拍摄了月球和地球的彩色照片。它在 8 月 14 日开始返回地球,按预定的"跳跃式"再入大气层,并且成功降落在了哈萨克斯坦境内库斯塔奈南部的预先选定的区域内。

　　这次计划要求在开展载人绕月任务之前进行四次试验飞行,但这四次任务中只有探测号 5 号和 7 号获得了成功。面对如此低的成功率，有人提出再进行一次试验飞行，随后开展一次载人任务，以此来庆祝 1970 年 4 月的列宁诞辰。支持者认为这次飞行会对计划有所帮助，它可以向全世界展示苏联具有开展载人任务的能力。但由于含金量显得不高，并未得到政府的批准。在阿波罗 8 号之前让航天员执行绕月任务是一回事，可是在阿波罗 11 号之后再这样做可是另一回事了。从政治的角度来说，当时美国取得的成果正决定着双方的利益。只有最终的自动试验飞行得到批准。

探测号 8 号于 1970 年 10 月 20 日发射升空。第二天，它在离地球 64 480 km 的地方拍摄了地球的照片；这之后的第二天，当距离为 250 000 km 时，它执行了一次中段机动。在它飞向月球的过程中，连续 3 天发送了地球的照片，并且在 10 月 24 日飞越月球背面时，在 1 110 km 的高度下执行了两个成像期。在返回途中执行两次中段修正机动后，在北半球上空再入大气层，它沿着一条向南的轨迹飞行，这样可以在大部分再入过程中保持通信。而在此之前，所有的探测号航天器都在南半球再入大气层，向北飞行。太空舱于世界时间 10 月 27 日 13：55 坠入了印度洋，距离位于查戈斯群岛东南方向的预定地点大约有 24 km。15 min 后，它被苏联的海洋考察船塔曼号回收，途经印度孟买被运回莫斯科。

10.5.5　结果

虽然这些任务以工程试验飞行为主，但也搭载了用于获得科学实验结果的有效载荷。

1）探测号 5 号：在返回途中，它在距离为 90 000 km 时拍摄了一些高质量的地球照片。这些照片是有价值的，因为它们意味着可以在地球上处理胶片，而不需要在探测器上进行扫描再通过无线电发送。生物有效载荷中的乌龟、红苍蝇、苍蝇卵、面包虫、植物、种子、细菌以及其他生物都被回收。乌龟的体重减小了很多，还出现了其他一些新陈代谢方面的异常情况。苍蝇卵没有变成预计数量的成虫，下一代的变异数量大大增加。

图 10 - 21　探测号 5 号拍摄的地球照片

　　2）探测号 6 号：坠落造成胶片盒子损坏，但是一部分胶片被回收，其中包括拍摄距离为 3 300～11 000 km 的月球边缘和背面特征图像。另外还获取了一些立体图像对。探测器得到的图像只有一小部分被公开。

　　3）探测号 7 号：拍摄了地球和月球的彩色照片。生物有效载荷中的乌龟、红苍蝇、苍蝇卵、面包虫、植物、种子、细菌及其他生

图 10 - 22　探测器 7 号拍摄的月球表面和地球的照片

物都被成功回收。

4）探测器 8 号：在 9 500 km 和 1 500 km 的距离处拍摄了地球和月球的照片。

总的来说，虽然照片的质量很高，但这几次试验飞行所提供的科学价值却非常有限。尽管获得了关于太阳风和宇宙射线的数据，但并未对外公开。已回收的探测器上携带的种子样本都出现了染色体受损的迹象；但是在动物中，只有探测号 5 号上携带的乌龟被发现受到了不良影响。

图 10 - 23　探测号 7 号拍摄的地球照片

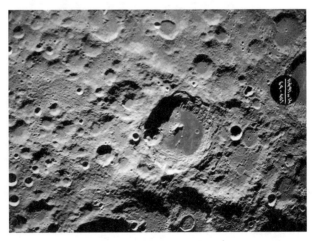

图 10 - 24　探测号 8 号拍摄的照片

第 11 章 在"阿波罗"影响下的机器人成就

11.1 时间表：1968 年 12 月—1970 年 4 月

随着阿波罗 8 号于 1968 年 12 月投入飞行，苏联的航天员登月计划逐渐进入尾声。苏联探测号绕月飞行试验系列遇到了很多问题。即使是成功飞行的探测号 5 号也遭遇了很多分系统异常问题，工程师对使用航天器完成载人任务信心非常不足。探测号 6 号的坠毁使苏联几乎不可能在月球任务中击败阿波罗 8 号。绕月计划在 1969 年 1 月 20 日再次遇到挫折，因为在探测号接下来的试飞中，运载火箭再次出现故障。1969 年 2 月 21 日，与土星 5 号相关的 N-1 火箭在首次飞行时就完全失败，这严重打击了苏联航天员在登月方面与美国竞争的信心。该火箭原定用来将一个改造后的苏联探测号送入月球轨道。N-1 的第二次试飞是在 1969 年 7 月 3 日，距离阿波罗 11 号发射不到两周的时间，结果发生了火箭历史上最大的爆炸，并摧毁了发射塔设施。根据苏联探测号试飞计划，最后一次计划飞行，探测器 7 号，于 1969 年 8 月进行并取得了成功，但是此时美苏竞赛已经宣告结束。苏联并没有继续开展载人绕月任务，而是增加了另外一次自动飞行任务，也就是 1970 年 10 月成功发射的苏联探测器 8 号。1971 年 6 月和 1972 年 11 月对 N-1 火箭进行的两次尝试失败后，苏联载人月球计划被取消。

不过，针对阿波罗计划，苏联开展了一系列机器人月球任务，并采用了一种新的大型航天器，该航天器最初的目的是将漫游车送到月球表面供苏联航天员使用。1968 年年末到 1969 年年初，很明显美国人会抢先登月，所以苏联选择使用这种机器人着陆系统，以期通过最先向地球返回月球样本，挑战并超越美国的阿波罗计划。

　　开发的样本返回系统计划与着陆器配合使用，1969 年 2 月 19 日，首次尝试发射带有一个漫游车的新着陆器，不过在质子号运载火箭升空后不久，有效载荷罩就出现了故障，从而导致任务失败。首个样本返回航天器于 6 月 14 日发射，但是在出现第四级故障后失败。为了与阿波罗 11 号登月计划展开竞争，1969 年 7 月 13 日进行了另外一次发射以执行样本返回任务，其时间是在灾难性的 N-1 爆炸事故 10 天后，也是发射阿波罗 11 号的 3 天之前。这个航天器，月球 15 号，于阿波罗 11 号前 2 天成功抵达了月球轨道。西方人并不清楚该航天器的意图，对其充满了怀疑。在阿波罗 11 号月球舱于 7 月 20 日在月球登陆，其航天员进行历史性的首次月球行走后不久，苏联航天器尝试在危海降落时坠毁，这个地点位于阿波罗 11 号登陆的宁静海东部。后来，到了 1970 年中期，苏联又使用这种航天器进行了 3 次从月球返回样本的尝试，但是都因为运载火箭故障而失败。

发射日期		
1968 年		
12 月 21 日	阿波罗 8 号月球轨道器	成功，人类首次抵达月球轨道
1969 年		
1 月 5 日	金星 5 号进入探测器	成功进入，没有到达月球地表
1 月 10 日	金星 6 号进入探测器	成功进入，没有到达月球地表
1 月 20 日	探测号地球轨道试飞	第二级故障
2 月 19 日	月球号漫游车	运载火箭罩故障
2 月 21 日	N-1 月球火箭试验	第一级飞行过程中出现故障
2 月 25 日	水手 6 号火星飞掠	7 月 31 日成功
3 月 27 日	水手 7 号火星飞掠	8 月 4 日成功
3 月 27 日	火星轨道飞行器	第三级爆炸
4 月 2 日	火星轨道飞行器	助推器爆炸
5 月 18 日	阿波罗 10 号月球轨道试验	成功

续表

发射日期		
6 月 14 日	月球样本返回	第四级故障
7 月 3 日	N-1 月球火箭试验	第一级起飞时爆炸
7 月 13 日	月球 15 号样本返回	7 月 21 日在月球上坠毁
7 月 16 日	阿波罗 11 号月球着陆	成功，7 月 20 日人类首次登上月球
8 月 7 日	探测号 7 号绕月试验	成功，8 月 14 日返回地球
9 月 23 日	月球号样本返回	第四级故障
10 月 22 日	月球号样本返回	第四级故障
11 月 14 日	阿波罗 12 号月球着陆	成功
1970 年		
2 月 6 日	月球号样本返回	第二级提前熄火
4 月 11 日	阿波罗 13 号月球着陆	在飞行过程中因爆炸而损坏，安全返回

1969 年 1 月初，苏联继 1967 年金星任务后又一次取得成功，两次发射的航天器与金星 4 号类似，不过这些航天器也进行了改良，从而能够更快地在大气中下降，这样就可以从比以往更深的位置提供数据。虽然金星 5 号和金星 6 号操作效果很好，但是它们在距离金星表面较高的位置爆炸。

1969 年 3 月，苏联准备好了一种飞往火星的新型航天器。与运送漫游车和样本返回航天器的新月球号一样，它们都属于重型航天器，需要通过质子号运载火箭发射。按照设计，它们可以进入绕火星轨道，并部署一个着陆器；但是在 1969 年的发射窗口中，发射的目的是发送一个探测器，以收集设计该着陆器所需的大气数据。后来由于开发和测试问题不再采用探测器，而是决定在这个时间窗口中，将这两个航天器作为轨道器，其运载火箭也没有保留。直到冷战结束后，西方才对这些航天器及其发射活动有所了解。美国对于苏联本可能展开的这些强势竞争活动一无所知，并在 1969 年再度开展了两次火星飞掠任务：水手 6 号和水手 7 号，两者都取得了成功。

11.2 金星的后续活动：1969 年

11.2.1 计划目标

1967 年，金星 4 号完全达到了预期的效果，尤其是考虑到它所探索的环境完全是未知的。美国在金星的这个发射窗口只进行了一次飞掠，而苏联在其首次成功完成的金星任务中，克服了令人印象深刻的技术难题——穿过行星大气下降，并发回关于其特征的关键数据。苏联清楚美国没有返回金星的计划，而是计划以火星为重点目标，所以苏联在金星研究中建立了牢不可破的领先优势。

拉沃契金设计局为 1969 年的发射机会建造了两艘新型的 3MV 航天器。金星 4 号经过 93 min 的下降之后，在远离金星表面的高空进入静默，其原因可能是本身被压碎或者电池耗尽。相关人员决定新的舱体必须以更高的速度下降，以便在电池允许的时间内达到更深的位置。这些太空舱与金星 4 号的太空舱类似，不过进行了改造，以承受更高的进入速度，并采用一个更小的降落伞，以便更快地下降。

发射的航天器	
第一个航天器：	金星 5 号(2V 330 号)
任务类型：	金星大气/地表探测器
国家/建造者：	苏联/拉沃契金设计局
运载火箭：	闪电 M 号
发射日期/时间：	1969 年 1 月 5 日,世界时 06:28:08(拜科努尔)
相遇日期/时间：	1969 年 5 月 16 日
结果：	成功
第二个航天器：	金星 6 号(2V 331 号)
任务类型：	金星大气/地表探测器
国家/建造者：	苏联/拉沃契金设计局
运载火箭：	闪电 M 号

续表

发射的航天器

发射日期/时间:	1969 年 1 月 10 日,世界时 05:51:52(拜科努尔)
相遇日期/时间:	1969 年 5 月 17 日
结果:	成功

　　总体来看,1967 年金星 4 号和水手 5 号任务提供的数据,以及从地球上测量的金星射电亮度,表明金星的地表压力显著超过了降落舱的设计耐受极限。但是关于金星 4 号是否抵达金星地表的争论持续了两年。1968 年 3 月,苏联和美国科学家首次在图森会面;同年 5 月,在东京的空间研究委员会 COSPAR 会议上见面;同年 10 月,在基辅的一个座谈会上再次见面。双方经过探讨,普遍认为金星地表温度和压力为 427 ℃ 和 90 bar。不过因为相关争论持续的时间较长,所以没有及时达成一致意见,无法影响可用于 1969 年探测任务的短期建造日程。因为只知道压力超过了 18 bar,所以拉沃契金设计局将新任务的耐受极限增加到 25 bar。不过,到发射金星 5 号和 6 号时,已得出金星地表压力要大得多的结论。因为没有时间进一步改良,所以只是将此次任务作为一个通过更精准仪表来采集数据的机会,并针对下一个时间窗口采用更高压力的设计方案。

　　这两次任务中,探测器都成功地在大气中进行下降操作,正如预期一样舱体在某一高度爆炸。苏联媒体刻意淡化对抵达金星地表的预期。金星 5 号和 6 号为尝试抵达金星地表的下一次任务奠定了良好的基础。这是多级发射首次取得 100% 成功率,也是多重航天器首次取得 100% 成功。

11.2.2　航天器

　　运载飞行器与金星 4 号的基本一样,不过对下降探测器进行了强化,以便适应在 1969 年任务中更高的靠近速度,这个速度会导致更大的、达到 450 G 的减速度载荷,同时承受 25 bar 的压力。为此,使用了所有可用的浮力质量。针对打开引导伞的操作,预先设置了一个 210 m/s 的较低速度，并采用了较小的降落伞，以加快下降速度，并在电池电量用光或者内部温度达到临界值之前，在更靠近地表的位置获取测量数据。引导伞的尺寸从 2.2 m² 缩小到 1.9 m²，主降落伞从 55 m² 缩小到只有 12 m²。

图 11 - 1（b）给出了处于收起状态并准备发射的金星 6 号航天器。进入系统位于底部，表面是黑色烧蚀材料。在拍摄的大部分 3MV 照片中，探测器都涂白漆，并带有字母"CCCP"。天线和太阳能电池板被收起来，以便能放入运载火箭罩内，在高增益天线碟后方，能够看到螺旋形的气体冷却管，天线碟的朝向与太阳能电池板相反，起散热器的作用。金星 5 号和 6 号航天器是一样的。

发射质量：1.138 kg（探测器 405 kg）

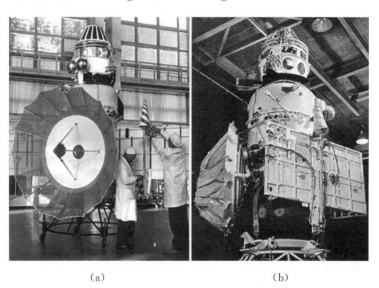

（a）　　　　　　　　　　　　（b）

图 11 - 1　正在展示的金星 5 号及收起后准备发射的金星 6 号

11.2.3　有效载荷

（1）运载航天器

1）太阳风带电粒子检测器；

2）莱曼-阿尔法和原子氧光度计；

3）宇宙射线气体放电和固态检测器。

这些配置与金星 4 号相同。

（2）降落/着陆舱

1）温度、压力和密度传感器；

2）大气化学气体分析仪；

3）可见气辉光度计；

4）无线电高度计；

5）多普勒实验仪器。

在进入过程中，通过综合使用多普勒跟踪和探测器的加速计，来测量大气密度。在降落伞下降过程中，通过大气结构实验测量了温度、压力和密度。此仪表相对金星 4 号进行了改良，采用 3 个铂丝电阻温度计以达到更高的精度；采用了 2 组（每组 3 个）无液气压表，其范围分别为 0.13～6.6 bar、0.66～26 bar 及 1～39 bar；另外还采用了一个音叉密度计，以实现 0.000 5～0.040 g/cc 的更大范围的测量。充分利用金星 4 号积累的经验：对金星 5 号大气气体分析仪进行了改良和重新配置；增加了一个吸气器，以测量惰性气体总量，其中包括分子氮；并通过改良以更好地测量分子氧和水。在进行成分分析的同时，通过发送压力读数来提升精度。金星 5 号会在较高的高度进行成分测量，而金星 6 号则在较低的高度测量。金星 5 号和 6 号对无线电高度计进行了很多改进，以避免出现金星 4 号的问题，分别在 45 km、35 km 和 25 km 的高度给出 3 个信号量，其精度约为 1.3 km。虽然它们是在夜间着陆，但仍然配备了一个可见光光度计，以测量下降过程中的亮度，因为根据已知的信息，该行星的暗半球存在原因不明的气辉现象。

11.2.4 任务说明

金星 5 号于 1969 年 1 月 5 日发射。3 月 14 日，在距离地球 1.55×10^7 km 时，进行了一次航线修正机动，并于 5 月 16 日抵达金

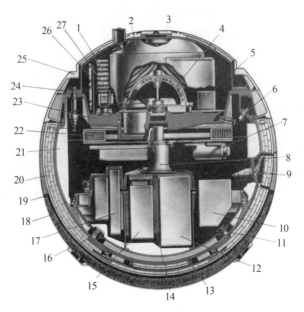

图 11 - 2　金星 5 号和金星 6 号进入舱图示

1—阻力伞；2—主降落伞；3—高温活塞盖；4—传输器天线；5—密度传感器；6—气体填
充阀；7—减湿器；8—热控制风扇；9—加压阀；10—转换模块；11—加速计；12—传
输器；13—振荡衰减器；14—电池；15—冗余发射器；16—加速计；17—定时器；
18～20—外部绝缘；21—内部绝缘；22—热控制系统；23—着陆器盖；24—高
温活塞；25—降落伞室盖；26—无线电高度计天线；27—气体分析仪

星。进入舱在距离金星 37 000 km 处释放，在世界时间 06:01，它以
11.17 km/s 的速度进入大气，其接近角为 65°。降落伞在金星暗侧
南纬 3°、东经 18°处下降的过程中，每隔 45 s 提供一组仪表读数，共
持续 53 min。传输在距离金星表面大约 18 km 的高度停止，这时的
压力超过了 27 bar。当时的外部温度为 320 ℃，内部温度达到28 ℃。
这时为金星太阳时 04:12，太阳天顶角为 117°。

金星 6 号于 1969 年 1 月 10 日发射。3 月 16 日，在距离地球
1.57×10^7 km 处进行了一次中途航线修正，并于 5 月 17 日抵达金星
（比金星 5 号晚一天）。进入舱在距离金星 25 000 km 处释放，在世

界时间 06:05 进入大气。探测器在金星暗侧南纬 5°、东经 23° 的位置下降，并发射了 51 min 的信号。信号在大约距离金星表面 18 km 的高度停止，当时的压力为 27 bar，从而确认了金星 5 号给出的结果。这时为金星太阳时 04:18，太阳天顶角为 115°。

金星 5 号和 6 号运载航天器在大气中解体之前，都提供了关于金星上层大气和电离层的测量信息。

11.2.5　结果

金星 5 号和 6 号进入舱在从大约 55 km 高度到其爆炸的过程中，发送了超过 70 个温度读数和 50 个压力读数。借助流体静力方程，使用温度和压力数据推算了大气密度，并利用无线电高度计所得到的降落伞下降特征进行检验。多普勒数据提供了与风速和方向相关的高度曲线（包括水平和垂直）。虽然开始的时候高度测量存在一些混乱，但是这些仪表正常工作，在无线电高度计标志附近测量的温度和压力与目前的金星大气工程模型非常吻合：

	金星 5 号			金星 6 号	
高度/km	36	25	18	34	22
压力/bar	6.6	14.8	27.5	6.8	19.8
温度/°C	177	266	327	188	294

每个太空舱都给出两个大气成分读数：金星 5 号是 0.6 bar 和 5 bar，金星 6 号则是 2 bar 和 10 bar。它们的读数一致，并且与金星 4 号的数据也很吻合：

	金星 5 号	金星 6 号
二氧化碳	97 ±4%	高于 56%
氮气和其他惰性气体	不到 3.5%	不到 2.5%
分子氧	不到 0.1%	不到 0.1%
水蒸气	大约 1.1%（11 mg/L）	大约 0.6%（6 mg/L）

　　两个光度计除了黑暗以外都没有记录任何数据，不过在即将解体之前，金星 5 号的光度计报告了一个较大的读数。这可能是一次闪电，不过考虑到当时的时间，也可能只是进入舱即将解体之前的一次电瞬态。

　　金星 5 号和 6 号运载航天器返回了关于金星附近太阳风及太阳风与金星的相互作用的测量数据。

11.3　YE‐8 月球漫游车系列：1969—1973 年

11.3.1　计划目标

　　开发 Ye‐8 系列的目标是为苏联月球航天员计划提供支持。苏联于 1964 年中期开始月球竞赛时，科罗廖夫设计局的俄罗斯工程师就已经制定了一个月球漫游车的开发计划。这些计划与其他所有月球机器人计划一起，在 1965 年被转交给拉沃契金设计局。1966 年早期，将一个自动化月球地表漫游车纳入到任务计划中，以支持计划登上月球地表的苏联航天员。该漫游车的功能是在苏联航天员之前抵达着陆地点；勘察并确认该地点适合安全着陆；作为引导载人着陆器的无线电信标；在着陆器着陆后对其进行检查，并确认它可以安全上升；如果认为着陆器不适合上升操作，则将苏联航天员转移到一个已经准备好的备用上升飞行器中。

　　在将机器人月球探测计划转交给 NPO‐Lavochkin 之后，乔治·巴巴金开始设计满足这些要求的航天器。强大的四级质子号运载火箭（使用 Block D 月球转移射入轨道级），使得 Ye‐8 与其前身 Ye‐6 相比，质量和复杂度均显著增加。考虑到相关航天器的设计主要用来实现漫游车及其他有效载荷的软着陆，便没有采用 Ye‐6 系列的多功能内嵌舱设计方案。

11.3.2　航天器

　　航天器主要包括三部分：位于底部的一个着陆器级、顶部携带的漫游车，以及一对侧面安装的"背包结构"，这两个"背包结构"都带有电子设备及两个圆筒形推进剂储罐。

发射的航天器	
第一个航天器：	Ye-8 201 号
任务类型：	月球着陆器和漫游车
国家/建造者：	苏联/拉沃契金设计局
运载火箭：	质子 K 号
发射日期/时间：	1969 年 2 月 19 日,世界时间 06:48:15(拜科努尔)
结果：	罩体故障,飞行器解体
第二个航天器：	月球 17 号(Ye-8 203 号)
任务类型：	月球着陆器和漫游车
国家/建造者：	苏联/拉沃契金设计局
运载火箭：	质子 K 号
发射日期/时间：	1970 年 11 月 10 日,世界时间 14:44:01(拜科努尔)
月球轨道进入：	1970 年 11 月 15 日
月球着陆：	1970 年 11 月 17 日,世界时间 03:46:50
任务结束时间：	1971 年 9 月 14 日,世界时间 13:05
结果：	成功
第三个航天器：	月球 21 号(Ye-8 204 号)
任务类型：	月球着陆器和漫游车
国家/建造者：	苏联/拉沃契金设计局
运载火箭：	质子 K 号
发射日期/时间：	1973 年 1 月 8 日,世界时间 06:55:38(拜科努尔)
月球轨道进入：	1973 年 1 月 12 日
月球着陆：	1973 年 1 月 15 日,世界时间 22:35
任务结束时间：	1973 年 6 月 3 日
结果：	成功

（1）巡航和着陆器级

着陆器级采用了一套 4 个、88 cm 直径的球形推进剂储罐，安装在同一侧，面积为 4 m²，并通过圆筒形罐间结构连接。这些储罐为同一个发动机提供推进剂，其推力范围为 7.4~18.8 kN。另外还有6 个游机，其中 2 个安装在主发动机旁边，在最终下降到地表的过程中使用；其他游机位于四周，以达到稳定效果。着陆系统、发动机和无线电高度计位于方形储罐组件下方。每个储罐都支持一个减震着陆架。姿态控制推进器位于着陆器周围的不同位置。用来控制月球转移轨道、月球轨道进入、轨道机动及着陆的电子设备和姿态控制传感器位于储罐间圆筒形区域内。通过水冷来实现热控制。在922 MHz 和 768 MHz 的通信通过安装在臂架上的圆锥形天线来实现。上行链路频率为 115 MHz。

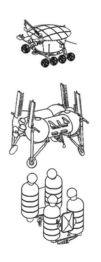

图 11-3　在拉沃契金测试期间的月球 17 号航天器图示（巴勒等提供）

　　两个可拆卸"背包结构"垂直安装在方形储罐组件相对的两侧，用于巡航和轨道操作。每个结构都有一对 88 cm 直径的圆筒形储罐，中间是电子设备和电池模块。储罐中带有用于主发动机的推进剂。在每个储罐的上方都有一个较小的球形储罐，用来储存冷气体姿态控制系统所需的氮。

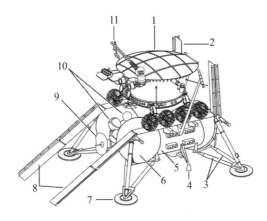

图 11 - 4　月球 17 号着陆器（詹姆斯·加里提供）

1—月球步行者漫游车；2—折叠起来的出口坡道；3—减震器；4—控向火箭；5—服务舱
和电子设备；6—推进储罐；7—着陆支脚；8—延长出口坡道；9—无线电高度计；
10—姿态控制气体储罐；11—圆锥形低增益天线和可控定向螺旋天线

伊萨雅夫设计局建造了新型可节流 KTDU - 417 主发动机。其作用是在如下过程中进行中途航线机动：月际航行、月球轨道进入、轨道机动，以及完成下降过程的关键部分。一旦到达大约 100 km 的轨道高度，就开始执行下降到表面的操作：进行一次大约 20 m/s 的点火，将近月点下降到距离着陆地点正上空大约 15 km 处。背包结构被抛弃，在近月点浮现的情况下，主发动机点火，以实现一个 1 700 m/s 的"完全停止"燃烧过程，持续时间为 270 s，目的是完全消除航天器水平速度。在航天器自由落到大约 600 m 的高度，并在弱月球重力下加速到大约 250 m/s 的下降速度后，主发动机重新点火。主发动机在 20 m 高度处熄火，着陆游机点火，直到在 2 m 高度通过一个接触开关将它们断开为止。如果一切按计划进行，飞行器会以不超过 2.5 m/s 的速度接触地面。与 Ye - 6 软着陆器（其目标受月际航行垂直下降需要的限制）不同，新航天器首先进入轨道，因此可以在任何地点降落。

针对漫游车任务，在漫游车前方和后方着陆器的上部安装了两组折叠坡道，着陆器的轮子位于坡道中间。坡道的末端在运载过程中折叠在漫游车上，在抵达月球后会展开降下来，以便为漫游车提供将着陆器驱动到地表的两种方案。

(2) 月球步行者漫游车

月球步行者漫游车是一个浴盆状的加压镁合金壳，用于安放电子设备、仪表和环境控制器，并有一个大的铰链盖。在月球地表的白天，会在漫游车后方打开凸盖，以便露出位于盖子内表面的太阳能电池充电，并露出位于"浴盆结构"顶部的散热器来进行热控制；在晚上，这个盖子会关上。它采用了一种非常简单和有效的设计。太阳能电池（月球步行者 1 号上为硅电池，月球步行者 2 号上为砷化镓电池）功率为 1 kW，可以给内部电池充电。主体结构安装在有 8 个轮子的一个托架上，每个轮子直径为 51 cm，由钛刀片花纹金属丝网制成。此设计方案是根据月球 9 号提供的月球土壤数据设计的。因为发现月球尘土层较薄，土壤比较坚固，所以决定放弃履带设计方案。每个轮子都有自己的悬架系统，使用一种特殊的氟化物型润滑剂在真空中操作，另外还采用了一个加压的独立直流电机和一个独立的制动器。

漫游车完全由地球上的一个 5 人团队进行控制，没有自动化模式，进行控向操作时，需要独立更改轮子的速度设置。它使用每侧中的两个轮子即可操作，任何一个轴都可以分开从而甩下被锁住的轮子。漫游车最小的转弯半径为 80 cm，内部陀螺仪会指示其方向。它可以在 40 cm 高或 60 cm 宽的障碍物上行驶，爬上 20°的坡道，并在 45°的陡坡上移动。车上带有故障安全装置，可以避免在过陡的斜坡上运动。月球步行者 1 号只能以 800 m/h 前进或后退；月球步行者 2 号则能以 800 m/h 或 2 000 m/h 的速度前进或后退。

控制团队通过安装在漫游车前方的一对电视摄像机进行观察，从而进行操控及导航等操作。月球步行者 1 号以 20 s 每帧的速度返回低分辨率图像，在月球步行者 2 号任务中，这个速度则大幅度提升到 3.2 s 每帧。信号从地球到达月球再返回的时间延迟为 5 s，对

图 11-5 月球步行者 1 号

操作造成一定程度的影响。漫游车底盘上安装了与月球 9 号相同的 4 个扫描光度计成像仪。在每一侧，通过一个吊舱固定一个垂直安装的成像器，从而在向下倾斜 15°的情况下获得 180°视野；两个成像仪结合起来，就可以提供漫游车周围的全景图。第二个成像仪位于第一个上方，靠近"浴盆结构"顶部，并且水平安装。这样一来，就可以共同提供一个完整的垂直全景，其中包括天顶导航的天空和星体，以及天底点的一个飞行器水平指示仪。

原计划漫游车需度过三个月球夜晚，每个夜晚相当于地球上的两周，总共 3 个月。在夜晚期间，通过一个使用钋-210 的小型放射性同位素加热器及位于闭合盖顶部的一个散热器使之保持活跃状态。通过循环内部空气及开放式循环水冷过程来实现热控制。漫游车带有一个圆锥形低增益天线、一个可控向定向螺旋高增益天线、电视摄像机，以及用来撞击月表以进行土壤密度和机械属性试验的可展开装置。月球步行者 1 号高 135 cm，长 170 cm，顶部宽 215 cm，轮子宽 160 cm，轴距为 2.22 m×1.6 m，质量为 756 kg。

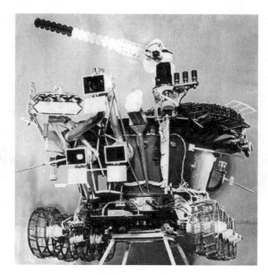

图 11 - 6　月球步行者 2 号

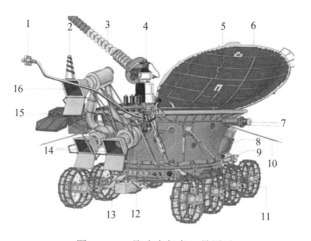

图 11 - 7　月球步行者 2 号图示

1—磁力计；2—低增益天线；3—高增益天线；4—天线瞄准装置；5—太阳能电池阵列；
6—展开盖；7—水平和垂直全景成像仪；8—放射性同位素加热器，在后方有反射器和
第九个轮子里程计；9—采样器（未展开）；10—吊臂天线；11—电动轮；12—加压
仪表室；13—土壤 X 射线光谱仪（未展开）；14—带防尘盖的立体电视摄像机；
15—激光反射器；16—带防尘盖的成人高度摄像机

　　月球步行者 2 号是在月球步行者 1 号基础上改良的，在前方增加了一个相当于成人高度的摄像机，以便更好地导航。其图像可以通过 3.2 s、5.7 s、10.9 s 或 21.1 s 每帧的速度传播，以最快的速度改进驾驶操作。8 轮驾驶系统也进行了改良，使得月球步行者 2 号的速度和航程都增加了一倍。另外还携带了其他一些科学仪表。

　　月球 17 号发射质量：5 660 kg（着陆质量 1 900 kg，漫游车 756 kg）

　　月球 21 号发射质量：5 700 kg（着陆重量 1 836 kg，漫游车 836 kg）

11.3.3　有效载荷

　　（1）月球步行者 1 号

　　1）两个电视摄像机，用来拍摄行进方向的立体图像；

　　2）四个全景成像仪；

　　3）PrOP 里程计/速度计和土壤力学透度计；

　　4）土壤 X 射线荧光光谱仪；

　　5）宇宙射线检测器；

　　6）用来观测太阳和银河系以外的 X 射线望远镜；

　　7）激光后向反射器（法国）；

　　8）辐射计。

　　安装了 2 个电视摄像机，其分辨率为 250 个水平行，视野向前，能够提供行进方向的 50°立体图像。其他 4 个成像仪为月球 9 号所使用的传真摄像机，它们改进了灵敏度和增益控制，并在每侧安装 2 个。在每一对成像仪中，一个采用 180°水平扫描安装，另外一个则垂直扫描安装，可以从月表扫描到天空。每个 180°全景都包含 500×3 000 个像素。每一对摄像机都提供了一个 360°全景。水平相机为前向相机提供了背景，垂直相机则在驾驶过程中辅助导航。

　　漫游车后方第九个钉轮，它带有一个里程计，用来测量距离和速度。地表透度计安装在一个缩放仪上。法国激光后向反射器质量为 3.5 kg，包含 14 个 10 cm 的石英玻璃棱镜。它的设计精度为 25 cm。因为苏联采取了保密措施，所以法国只得到了一份如何安装该设备的图纸，并没有被提前告知将搭载于何种月球车上。

（2）月球步行者 2 号

1）3 个前方电视摄像机，用来拍摄行进方向的立体图像；

2）4 个全景成像仪；

3）PrOP 里程计/速度计和土壤力学透度计；

4）土壤 X 射线荧光光谱仪（Rifma - M）；

5）宇宙射线探测器；

6）用来观测太阳和银河系以外的 X 射线望远镜；

7）激光后向反射器（法国）；

8）辐射计；

9）可见光-紫外光度计；

10）臂架磁力计。

根据月球步行者 1 号上积累的经验，设计师在月球步行者 2 号更高的位置安装了第三个前向观察电视摄像机，以获得更好的驾驶视野，而下面的一对电视摄像机则提供关于潜在障碍物的立体图像。可见光-紫外光度计用来检测地球气辉及银河紫外光源。磁力计安装在一个 1.5 m 长的臂架上，位于漫游车前方。在法国后向反射器上增加了苏联制造的一个光电池，以记录激光命中情况，并改良了 X 射线荧光光谱仪。

11.3.4　任务说明

（1）首次尝试在下靶场坠落

1969 年 2 月 19 日，苏联首次尝试发射带有一个漫游车的 Ye-8，但是任务完全失败，在升空 51 s 后，位于运载火箭上方的有效载荷组就发生解体。紧接着，运载火箭爆炸，其残骸散落到下靶场 15 mi（24.14 km）范围内。通过调查发现，在最大动压力点，当运载火箭所受的载荷最大时，为质子号新设计的有效载荷罩出现故障。原计划在月球夜间用于漫游车保暖的放射性同位素加热器一直未能回收。也有传言声称，因为当年冬天出奇的寒冷，所以捡到加热器的士兵用它来给营房取暖。

（2）月球 17 号

直到 20 个月后，苏联才第二次尝试发射月球漫游车。第一次任务失败后，Ye‒8 计划重点尝试通过自动系统返回月球样本的任务来打败阿波罗计划。1970 年 10 月由月球 16 号成功返回样本之后，苏联决定继续发射一个漫游车。在苏联机器人月球计划中，相距一个月并且都取得了成功的自动样本返回任务和漫游车任务是令人印象深刻的里程碑成就。

月球 17 号于 1970 年 11 月 10 日发射，在 12 日和 14 日进行中途航线修正后，于 15 日进入到一个 85 km×141 km 的月球轨道，其轨道倾角为 141°，周期为 115 min。16 日，它将近月点降低到 19 km。世界时间 17 日 03：46：50，探测器在雨海以大约 2 m/s 的速度成功着陆，地点为北纬 38.25°、东经 325.00°。

苏联宣布其实现第四次月球软着陆，西方人以为这次会像月球16 号一样返回样本。不过，在着陆的近 3 小时后，即世界时 17 日06：28，探测器坡道释放，摄像机盖打开，并开始拍摄斜坡末端的照片，以确保没有障碍物。然后，月球步行者 1 号从前方坡道上滚下来，在月表前进了 20 m。到了第二天，它停留在原位，并且给电池充了电。在接下来的两天中，分别前进了 90 m 和 100 m。第五天，在距离着陆器 197 m 处，它盖上了盖子并关闭，以迎接即将到来的月球夜晚。

整个世界顿时沸腾起来，人们对在另外一个星球上开来开去的机器人漫游车充满了兴趣，即使这种视觉感受是虚拟的。苏联和西方媒体都大力报道了月球 17 号漫游车所取得的成功，相比之下，月球 16 号的样本返回任务只得到了一带而过的赞赏。月球步行者的吸引力可能部分源自其物理外形。开始几天的新闻不遗余力地描绘其古怪的动作，要不是漫游车需要关闭以便为长期月球飞行做准备，这种报道还会继续进行下去。美国用了不止 25 年才有机会在地球以外的行星上操作机器人漫游车。

图 11 - 8　月球步行者 1 号的操作人员

　　月球步行者 1 号顺利度过第一个月球夜晚后继续活动。驾驶人员处理 20 s 的帧频时遇到一些困难，后来发现主摄像机在漫游车上设置的位置过低，因为它们的视角看起来更像是坐在椅子上，而不是直立着的。另外，由于图像曝光过度，因此在场景中的对比度很差，尤其是在月球中午左右。最开始不在控制室的情况下，科学家们很难让漫游车停在感兴趣的岩石上。这是因为工程师采用的成功标准是行进的距离。不过，随着任务的推进，科学家实现其目标的难度逐渐降低。

　　在第 1 个月球日，操作人员驱动漫游车行进了 197 m，在第 5 个月球日，行进了 2 km 的距离。为了测试其导航系统，在一次早期旅行期间，它曾返回到着陆器级。在 10 个月的时间内，它穿越了崎岖的山丘和山谷，并穿过了众多环形山。月球步行者 1 号顺利承受了月球夜间零下 150 ℃ 的低温以及月球中午 100 ℃ 的高温。期间，漫

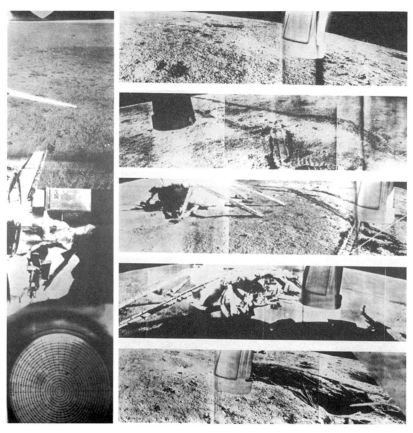

图 11 - 9 月球步行者 1 号的一组水平全景图，在其返回到着陆地点的
过程中拍摄；以及在展开之前仍然悬挂在着陆器上时拍摄的、从天底到
地平线的垂直全景图

　　游车曾有两次被卡在环形山内，不过后来都设法摆脱出来。由于摄
像机位置较低，因此经常无法及时发现环形山，从而给驾驶人员的
导航带来困难。在月球的中午，由于缺少阴影，对比度降低到零，
因而无法进行控向。漫游车顺利承受了一次太阳耀斑（如果当时有
苏联航天员在月球，可能对其会是致命的）及一次日食（在此期间
暂时陷入黑暗）。第 10 个月球日，阿波罗 15 号的航天员在轨道上发

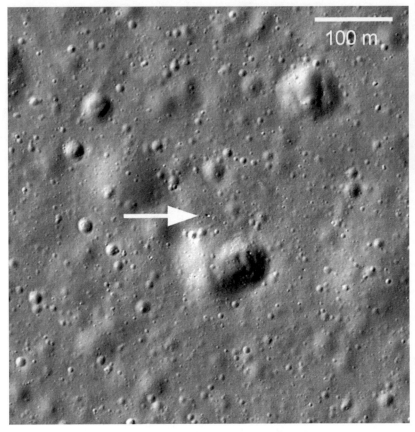

图 11 - 10　位于月表的月球步行者 1 号，照片由 NASA
月球勘测轨道飞行器拍摄

现了它。

　　月球步行者 1 号的最后一次成功通信期于世界时间 1971 年 9 月
14 日 13：05 结束，此前其内部压力突然下降。根据官方说法，此次
任务于 1971 年 10 月 4 日结束，也就是 Sputnik 升空后的 14 周年时。
幸运的是，在其最后一个通信期中漫游车停下来时，激光后向反射
器所处的位置使其可以继续使用。月球步行者1号的寿命超过了原来
预期的 3 个月球日，一直工作了 11 个月球日。它总共行进了 10 540

m，并发送了 20 000 多幅照片、206 幅全景图、25 次 X 射线元素土壤分析，以及 500 多次土壤透度计试验。整个任务非常成功。

（3）月球 21 号

下一个漫游车是借鉴月球步行者 1 号的经验改造的，1973 年 1 月 8 日，携带月球步行者 2 号的月球 21 号发射。漫游车在发射后第二天进行了一次中途航线操控，于 1 月 12 日进入了一个 90 km × 110 km 的月球轨道，该轨道倾角为 62°，周期为 118 min。漫游车于第二天将近月点减小到 16 km，然后于 1 月 15 日在近月点令其主发动机点火离开轨道。在 750 m 的高度处，主发动机再次点火，以减小下降速度。在 22 m 处，此发动机关闭，由游机接管，并到达 1.5 m 的高度，然后游机关闭。在其后的降落过程中，速度为 7 m/s，通过支脚来吸收地面冲击。月球 21 号于世界时间 23：35 在北纬 26.92°、东经 30.45°的默尼湾降落。这是一个侵蚀和熔岩云集环形山，切入到位于澄海东岸的金牛山脉中。

着陆后，月球步行者 2 号漫游车立即通过位于着陆器上方的设备开始拍摄电视图像。漫游车于世界时间 1 月 16 日 01：14 向下滚动到月表，并拍摄了着陆器和着陆地点的照片。月球步行者 2 号原地停留了 2 天，直到电池充满电为止，然后又拍摄了一些照片，并开始横越月球表面。在第一个全月球日中，其行进距离超过了月球步行者 1 号漫游车 11 个月球日总的行进距离，共走了 1 148 m（原文是这么写的）。漫游车爬上了一座 400 m 高的山坡，并拍摄了金牛山脉顶峰照片；远望地平线，地球位于空中。1973 年 1 月下旬，参加莫斯科行星探测国际会议的一位美国科学家为俄罗斯科学家提供了一组照片，该组照片是由阿波罗 17 号拍摄的月球 21 号着陆地点。通过这些非常详细的照片，苏联科学家将月球步行者 2 号导航到位于着陆地点东部的一个沟纹处。

月球步行者 2 号在月球白天进行漫游车操作，期间偶尔停止操作，以便使用其太阳能电池板给电池充电。到月球夜间其处于休眠状态，使用放射性同位素加热器来保持热控制。

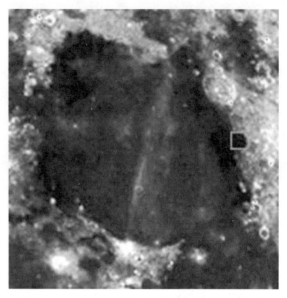

图 11 - 11　月球步行者 2 号位于澄海的着陆地点

图 11 - 12　月球步行者 2 号拍摄的着陆器照片

月球步行者 2 号运行了大约 4 个月，行驶了 37 km，其中包括穿过高低山区和沟纹，行驶距离超过了月球步行者 1 号的四倍，并返回了 80 000 多幅图像和 86 幅全景图。漫游车进行了数百次元素分析及土壤机械试验，并用于激光定距和其他试验。1973 年 5 月 9 日，因为阴影遮挡导致月球步行者 2 号不慎滚入到一个小型的 5 m 环形山中。在漫游车尝试退出的过程中，盖子刮擦了环形山山壁，从而导致太阳能电池板上蒙上了一层尘埃。由于在月球夜晚月球车需要盖上盖子，因此这些土壤被倾倒到散热器上。在下一个月球日打开盖子时，产生的热和动力问题导致飞行器损坏，公布的损坏时间为 6 月 3 日。

图 11 - 13　月球步行者 2 号着陆区周围的全景，远处是金牛山脉

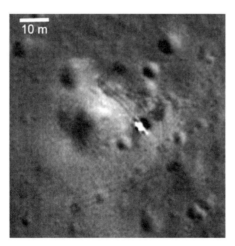

图 11 - 14　位于月表的月球 21 号着陆器，由 NASA 月球勘测轨道飞行器拍摄，并显示出漫游车轨道

11.3.5　结果

两个月球步行者漫游车所拍摄的 20 000 多幅单帧图像和 200 幅全景图，描绘了岩石和土壤、车轮轨迹、环形山和气体地质特征。通过分析这些图像，取得了丰硕的科研成果。透度计提供了很多土壤力学测量数据，X 射线荧光光谱仪则提供了很多化学分析结果。分析证明雨海和默尼湾底部是一个典型的月海玄武岩区，但是在默尼湾周围的高地（侵蚀环形山边缘的残余部分）含有更高浓度的铁、硅、铝和钾。

法国和俄罗斯分别从南日比戈尔峰天文台及克里米亚半岛瑟梅斯天文台发射了激光，通过后向反射器来确定到月球的距离，"月球步行者 1 号"到月球的距离的误差不超过 3 m，同时确定月球步行者 2 号，误差不超过 40 cm。从长期来看，通过这种观测可以确定月球的周期和长期动态变化。宇宙射线仪表记录了月球上的辐射，X 射线望远镜观测了太阳和银河系。月球步行者 2 号的磁力计测量到了一个非常弱的磁场，并且随行星间磁场感应电流而变化。光度计对月球天空的亮度进行了观测，并且观测结果让人感到惊讶。具体来说，它确定了白天时月球天空被一些尘埃所污染；在地球光线下，月球夜间的天空比地球满月时亮 15 倍。这对于将来在月球地表建设天文台并不是好消息。

11.4　N-1 月球任务系列：1969—1972 年

11.4.1　计划目标

美国开展阿波罗 8 号任务后，苏联感到深深的忧虑，就像苏联早些年取得成功后给美国造成的忧虑一样。苏联对相关计划进行重新评估，并于 1969 年 1 月 8 日确定了新的方案。载人绕月计划会继续进行，不过很明显：与阿波罗 8 号相比，时间会比较晚，并且相对落后。另外，载人着陆计划也会继续进行，当然，此时除非美国

遇到严重的耽搁，否则美国应该会首先完成此类任务。在苏联完成
月球计划之后，可以借助 N-1 火箭实现飞往科罗廖夫最初设想的目
的地，火星，从而在 20 世纪 70 年代末期超过美国。按照苏联的计
划，应加快太空站及面向月球、火星和金星的机器人飞行计划；在
新闻报道中，这些任务是推动苏联计划的主要力量。

　　N-1 是苏联针对土星 5 号开发的运载火箭，在上述战略中是一
个重要的环节，因为计划用其发射将苏联航天员送到月球地表的航
天器。N-1 开发工作始于 1962 年，原计划于 1965 年进行第一次发
射，但是因为组织内部分歧、预算问题，以及在 1964 年对整个飞行
器进行全盘重新设计，导致日程大幅度延误。比如，发动机开发是
一项关键的技术和组织因素，因此，N-1 的开发相对于土星 5 号比
较滞后。

　　1969 年年初，在美国载人月球着陆计划取得重大进展的背景下，
苏联认为 N-1 已经准备好进行测试。这些测试进行载有探测号轨道
飞行器的发射。不过，所有发射试验都失败了，并且都是因为火箭
第一级的问题。第一次试验在 2 月，第二次在 7 月，也就是美国准
备发射阿波罗 11 号的时候。虽然在月球竞赛中失败，但苏联仍然希
望其航天员有一天能登上月球，所以继续对绕月航天器进行自动化
试验，并且探测号 7 号和 8 号分别于 1969 年 8 月和 1970 年 10 月取
得了连续两次成功。另外一次 N-1 试验于 1971 年 6 月失败，
1972 年 11 月进行的第四次试验也失败了，这时是美国最后一次阿波
罗月球着陆之前一个月。自此，苏联终于放弃了 N-1 火箭，不太光
彩地结束了苏联载人月球计划。

发射的航天器	
第一个航天器：	7K-L1S 3S 号
任务类型：	月球轨道和返回试飞
国家/建造者：	苏联/实验机械制造中央设计局
运载火箭：	N-1-3L

续表

发射的航天器	
发射日期/时间：	1969 年 2 月 21 日,世界时间 09:18:07(拜科努尔)
结果：	第一级在飞行过程中失灵
第二个航天器：	7K - L1S 5L 号
任务类型：	月球轨道和返回试飞
国家/建造者：	苏联/实验机械制造中央设计局
运载火箭：	N - 1 - 5L
发射日期/时间：	1969 年 7 月 3 日,世界时间 20:18:32(拜科努尔)
结果：	第一级起飞时爆炸
第三个航天器：	7K - LOK 6A 号
任务类型：	月球轨道和返回试飞
国家/建造者：	苏联/实验机械制造中央设计局
运载火箭：	N - 1 - 7L
发射日期/时间：	1972 年 11 月 23 日,世界时间 06:11:55(拜科努尔)
结果：	第一级在飞行过程中爆炸

11. 4. 2　航天器

　　7K - LOK 联盟号月球轨道飞行器与绕月的探测号明显不同。其服务舱下摆更宽,有两个发动机。其中一个是标准联盟号发动机,在操作任务中执行月球轨道会合。新发动机则更大,用来将 LOK 推出月球轨道并返回地球。7K - LOK 带有一个轨道舱,就像联盟号地球轨道飞行器一样,不过在某些方面有所不同。7K - LOK 具备更多的月球观测口,并在前方带有一个姿态控制系统和对接系统,以便与返回的月球着陆器进行会合与对接。7K - LOK 还有一个大型舱盖。与阿波罗不同,苏联航天员将在轨道舱与月球着陆器之间进行太空行走。7K - LOK 是苏联第一艘通过燃料电池来发电的航天器,不需要太阳能电池板。

　　在操作任务中,联盟号月球轨道飞行器位于 LK 着陆器上方,该着陆器位于 Block D 推进系统上,即 N - 1 的第五级。整个叠加结

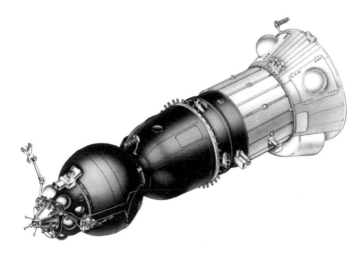

图 11 - 15 7K - LOK 联盟号月球轨道飞行器(来自能源公司)

构会通过第四级加速离开停泊轨道飞往月球,随后第四级被丢弃。Block D 将进行中途航线操控、月球轨道进入,以及初步在轨操控,然后将月球着陆器下降到大约 1 500 m 的高度,并在这里将着陆器释放。接下来,着陆器自带发动机点火,完成最终下降阶段。这个过程与阿波罗系统有很大区别。

前两次 N - 1 试验发射的有效载荷分别为:Block D,它是 LK 着陆器的仿品,用来代替当时尚未准备好的 7K - LOK;以及 7K - L1S 探测号绕月试验航天器,其携带一个用于月球轨道操作的姿态控制模块。针对这些任务的计划是:将改良的探测号送入月球轨道,然后将其返回地球。不过,如前文所述,两次发射都失败了。第三个 N - 1 主要是测试运载火箭本身,它只携带了航天器的仿制品。不过,在第四次试验时,决定发射一个完整的 7K - LOK 月球联盟号及一个 LK 月球着陆器的仿品。根据计划,航天器应在月球轨道停留 3.7 天,在此期间其拍摄未来的着陆地点,随后返回地球。

N - 1 试验发射:

1)N - 1 第一次试验:7K - L1S 3S 绕月飞行器和 LK 月球着陆

器仿品；

2）N-1第二次试验：7K-L1S 5L绕月飞行器和LK月球着陆器仿品；

3）N-1第三次试验：LOK和LK航天器模型；

4）N-1第四次试验：7K-LOK 6A月球联盟号和LK月球着陆器仿品。

7K-L1S发射质量：6 900 kg

7K-LOK发射质量：9 500 kg

11.4.3 任务说明

N-1的第一次试验于1969年2月21月失败。在刚要起飞之前，其新型第一级助推器30个发动机中的2个就发生熄火，不过按照火箭设计，可以通过延长其他发动机的燃烧时间来解决这种情况。在5 s的时候，一个气体压力管路破裂，在23 s的时候，一个氧化剂管路破裂，从而导致发动机喷嘴组着火，点燃了整套发动机控制系统线缆，并导致助推器在70 s时熄火。自动逃逸系统逃离探测号，逃生舱在距离发射地点35 km处安全着陆。飞行器的爆炸碎片落到50 km以外。爆炸震碎了大面积内的窗户玻璃，其中包括组建中的大楼和一家本地宾馆。

第二次N-1试验于1969年7月3进行，也就是阿波罗11号发射后的13天，但是遭受了完全失败。点火之后，整个火箭上升到大约200 m的高度时发生了一次大爆炸，并落回到发射塔。此次爆炸将发射塔完全摧毁，并严重损坏了大面积内的建筑。美国一颗间谍卫星拍摄到了一幅事故后的图像。在第0.25 s的时候，一个一级发动机中的氧化剂泵被其他给料管线吸入的一个外来物损坏，从而导致爆炸。爆炸后的火焰迅速吞没了助推器的发动机室。在10 s的时候，控制系统关闭了大部分发动机，飞行器落下并发生爆炸。7K-L1S逃生系统运行正常，逃生舱在2 km以外被找到。此次灾难浇灭了苏联通过这种火箭与美国竞争，并实现其首次载人月球着陆的希望。

　　N-1 的发射活动直到月球竞赛结束后才恢复。第三次试验于 1971 年 6 月 28 日失败。在开始飞行 48 s 后，助推器滚转控制失效，飞行器解体。第四次，也是最后一次试验于 1972 年 11 月 23 日进行，同样以失败告终，在开始飞行 107 s 后，第一级爆炸，这个时间仅仅是在第一级预定熄火并转交给第二级的时间点之前的几秒钟。具有讽刺意味的是，故障原因可能是中心发动机按顺序关闭而给发动机组造成过大的冲击。此次失败之后，苏联对将航天员送往月球不再抱有希望。

图 11-16　在清理发射塔之前的第三次 N-1 发射尝试

11.4.4　结果

　　无。

11.5 针对火星的一项大胆的新计划：1969 年

11.5.1 计划目标

自 1960 年苏联启动火星和金星计划以来，这两项计划就一直有着密切的关联：采用的是同一航天器的不同型号，但差别很小。当 NPO - Lavochkin 接管了行星计划之后，开始将科罗廖夫设计局的 3MV - 3 设计改造为一种质量为 1 000 kg 的航天器，并计划在 1967 年火星发射窗口使用升级的闪电 M 号运载火箭发射。但是该方案很快就被放弃了。火星计划一直灾难不断。1960—1964 年进行的 7 次尝试都失败了，其中包括 1 次试验任务。与此同时，探测号 2 号火星飞掠航天器的失败也使苏联感到尴尬，因为美国几乎同时发射的水手 4 号于 1965 年 7 月实现了成功的飞掠。同样是在 7 月，探测号 3 号在顺利完成月球任务后，错过了其火星深空试飞目标。苏联了解到美国当时正在将注意力从金星转向火星，便计划于 1969 年进行两次飞掠，并继而运送轨道飞行器和着陆器，也许在 1973 年就能实现。因此，苏联决定完善火星着陆器，用以超过美国的火星飞掠任务。

发射的航天器	
第一个航天器：	M - 69 521 号
任务类型：	火星轨道飞行器
国家/建造者：	苏联/拉沃契金设计局
运载火箭：	质子 K 号
发射日期/时间：	1969 年 3 月 27 日,世界时间 10:40:45(拜科努尔)
结果：	发射失败,第三级爆炸
第二个航天器：	M - 69 522 号
任务类型：	火星轨道飞行器
国家/建造者：	苏联/拉沃契金设计局
运载火箭：	质子 K 号
发射日期/时间：	1969 年 4 月 2 日,世界时间 10:33:00(拜科努尔)
结果：	发射失败,助推器爆炸

　　3MV 火星探测器的进入飞行器是 20 世纪 60 年代早期设计的，当时假设火星地表大气压力为 80～300 mbar。1965 年 7 月飞掠火星的水手 4 号显示其压力只有 4～7 mbar。因此，3MV 进入探测器的设计存在致命缺陷，需要一项新技术在这种稀薄大气环境中进行进入、下降和着陆操作。1965 年 10 月，拉沃契金设计局放弃了针对火星的 3MV 计划，不过仍然为金星活动保留了该探测器，因为它适合稠密的大气环境。苏联错开 1967 年的火星发射窗口，转而为1969 年的发射机会开发一种更强大的航天器。

　　功能强大的质子号运载火箭于 1965 年首次露面。与采用三级结构的闪电号相比，其向低地球轨道的运输能力增加了一倍。Block D 第四级（质子 K 号火箭所使用的），与闪电号发射的 3MV 相比，可以运送全新一代更重、功能更强、更复杂的月球和星际航天器。质子 K 号能够将超过 4 t 的质量送入到行星际轨道，1966 年后成为标准的月球和火星任务运载火箭，1972 年后则成为标准的金星任务运载火箭。

　　1966 年 3 月，拉沃契金设计局的局长乔治·巴巴金确定了1969—1973 年间新的火星和金星任务的工程要求：

　　1）使用质子 K 号火箭进入停泊轨道，然后逃逸进入一个行星际轨道。

　　2）在滑行过程中，使用一个"通用"多功能模式式机载推进系统进行轨道修正，然后进入到目标附近的一个轨道中，其近心点大约为 2 000 km，远心点不超过 40 000 km。

　　3）采用飞掠下降和轨道下降任务设计方案，以通过软着陆器将仪表送到火星地表。

　　4）使用主航天器作为飞掠飞行器或轨道飞行器，以便以大约100 bits/s 的速度将信息从着陆器传到地球。

　　5）使用遥测系统，从主航天器以 4 000 bits/s 的速度传输数据。

　　相关人员决定，除了轨道修正操控、进入飞行器瞄准，以及行星轨道进入和修正机动，通用推进系统还应该在 Block D 级使用完毕被抛弃后点火，以便辅助进入所需的行星际轨道。

这些要求在开始的时候并没有用于金星，直到成功的金星号 3MV 在 1972 年实现了所有目标。不过对于 1969 年的火星机会，则迅速采用了这些要求。另外，相关人员确定，对于首次火星任务，降落舱将是一个大气探测器，用来获取必要的数据，从而设计用于这种稀薄大气的着陆系统。另外一个重要目标是为未来的任务改良火星星历表。使用新航天器系统的火星任务的科学目标包括：

1）测量火星地表的温度、压力、风速和方向，并测量火星周围大气的化学成分。

2）在选定地点实现软着陆，并拍摄地表照片，以研究地形和植被。

3）测量土壤的成分、承压强度和属性。

4）测量火星地表的辐射值和磁场。

5）检测土壤中是否有任何微生物的痕迹。

6）研究火星上层大气。

7）从轨道绘制详细的热辐射图。

8）在火星轨道期间飞过火卫一和火卫二，并通过拍摄照片确定其形状、尺寸和反照率。

9）从轨道拍摄火星，以便了解"海洋"和"沟渠"区的特点，并获取关于季节变化的信息。

对于自 1960 年以来经历过 6 次失败、并且尚未实现任何火星目标的计划来说，实现上述目标难度是很大的。在面临美国竞争及有质子 K 号运载火箭作为后盾的背景下，苏联制定了大胆的计划，准备在只有 33 个月就要到来的发射窗内，首次尝试发射火星轨道飞行器和着陆器。这个时间非常短，期间需要开发一种有史以来前所未有复杂程度的航天器。此外，因为需将一部分时间用来改良 3MV，从而在 1967 年成功完成金星任务，所以最后用来开发新型航天器的时间只有 20 个月。在解决了设计问题后，只剩下 13 个月。为了在火星任务中超越美国，苏联面临巨大的压力，其风险非常高。

20 世纪 60 年代末期，苏联努力与阿波罗计划进行竞争，因此工作量很大。拉沃契金设计局因为需要开发月球漫游车和样本返回任务而超负荷运转；在继续开展获得成功的金星任务的同时，努力开发 M - 69。这是一种全新的航天器，与以往的航天器都不同，其日程非常紧张，并且困难重重。由于 OKB - 1 早期设计很仓促，工程师对成功也没有什么把握，该航天器也同样遇到了开发问题。1968 - 1969 年的冬季，时间尤为紧张，管道爆裂、加热系统失灵，因而几乎处于不可能正常的工作状态。控制和遥测系统充满了问题，航天器的设计不便于维护。因为时间不够及系统质量增加，所以被迫在开发过程很晚阶段删除了进入探测器，并用一个额外的轨道仪表室取而代之。

1969 年，苏联首次尝试使用这种新型航天器遭到失败，但是 M - 69计划的工程和科学要求为后来的所有火星任务设计创造了先例。当时，西方几乎完全不了解这些任务，其详细内容直到 30 年后才被公诸于世。

11.5.2　航天器

（1）初步设计

1966 - 1967 年，巴巴金的工程师与 OKB - 1 的同事合作，为后来成功进行的金星 4 号任务准备一艘 3MV 航天器。与此同时，NPO - Lavochkin 的工作人员则在为月球号系列开发一种新型航天器，该航天器将由质子 K 号而不是闪电号发射。与以前航天电子设备室是主结构元件的 2MV、3MV 和月球号系列航天器不同，这一次通过圆筒形储罐间部件将四个球形推进剂储罐彼此连接起来，形成一个方形结构，所有其他部件都安装在这上面。

因为用来开发由质子号发射的火星航天器的时间很短，苏联决定最大限度利用此项工作。在 M - 69 最初的设计中，进入探测器被连接到储罐组件处，这本来是用来携带月球漫游车的位置，而其他系统则连接到"下侧"。两个太阳能电池板从方形结构的两侧向外展开，天线和发动机则在另外两侧彼此相对。这种设计可以满足日程要求，但是不容易重新配置，并且无法满足某些要求。另外，设计者不得不应对很多工程问题，以便让月球航天器满足火星探测的要求。新型航天器的主要问题集中在基本储罐设计，苏联最终不得不将其放弃，在发射日期之前 13 个月被迫进行全面的重新设计。

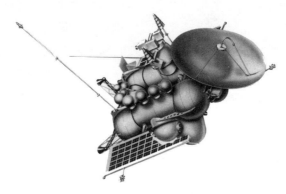

图 11 - 17　M - 69 航天器的最初理念图

（2）最终设计

新设计方案在航天器中心使用了一个大型球形储罐作为主结构元件。储罐有一个内部隔板，将 UDMH 燃料与四氧化二氮氧化剂分开。伊萨耶夫发动机连接到储罐的底部。在储罐顶部，连接了一个圆筒形级间结构并带有一个用于电子设备的加压容器，进入飞行器安装在其上方。两个整体密封圆筒形模块连接在储罐相对的两侧，其中一个用于通信、导航系统及光学定向传感器，此外一个用于科学仪表，其中包括摄像机。此外还有科学传感器连接在航天器的外侧。

包括一个大型高增益和小型圆锥形天线的天线系统固定在圆筒形级间结构上。两个 3.5 m² 的太阳能电池板安装在仪表舱外侧。板上还有一个镍镉电池，可以提供 12 A 的电流，并具有 110 A/h 的容量。同时采用被动绝热和主动热控制。主动系统在加压室内操作，并包含一个通风和空气循环系统，以便在两个散热器之间形成通道。

其中一个散热器暴露在日光下，另外一个则处于阴影中。热控制散热器位于太阳能电池板上，在主储罐的各模块之间。M-69 航天器的电子设备与 3MV 系列相比有了很大改进，它是苏联第一个携带计算机的星际航天器，该计算机具备高级数据处理系统，质量只有11 kg,可以对仪表进行规划、处理及压缩工程和科学系统提供的数据，以便传输回地球。

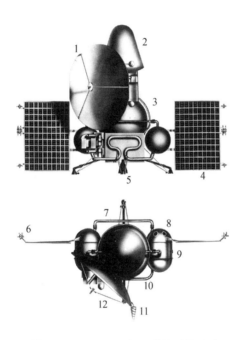

图 11-18　M-69 航天器的最终设计

1—抛物型高增益天线；2—进入系统（尚未飞行检测）；3—燃料储罐；4—太阳能电池板；
5—推进系统；6—姿态控制；7—热控制—冷却侧的喷嘴；8—摄像机观察口；
9—仪表室；10—热控制—加热侧；11—全向天线；12—导航系统

　　M-69 带有一个新遥测系统，其中包括一组用于传输非成像数据的转发器-接收器、一个图像脉冲发射器、一个 2.8 m 的抛物型高增益定向天线，以及三个低增益半定向圆锥形天线（用于分米和厘米波段）。圆锥形天线采用在太阳能电池板指向太阳时会瞄准地球的

图 11 - 19　正在测试的 M - 69 航天器

合理布局。转发器-接收器有两个发射器和三个接收器，它们位于分米波段，频率为 790～940 MHz，功率为 100 W，便于在 128 bits/s 的数据发射速率下进行多普勒跟踪（500 个数据通道）。这些发射器和接收器可以使用圆锥形天线或者高增益天线，一个接收器始终处于接通状态，并连接到其中一个圆锥形天线，以持续接收信号；其他接收器和发射器则借助定时器在这些天线之间循环，以确保系统的可靠性。在 M - 69 的有效载荷中，开发了一个新型胶片摄像机系统，并带有传真处理功能。成像系统有一个 5 cm 脉冲的 50 W 发射器，可以使用 25 kW 的短脉冲实现 6 kbits/s 的数据速率。

　　M - 69 的姿态控制系统搭载了新型太阳和星敏感器系统，以及氮气微发动机，其中共有两个太阳传感器、两个恒星传感器、两个地球传感器、以及两个火星传感器。该系统通过九个氦加压储罐将存储在十个不同储罐中的氮气送到八个姿态控制推进器，其中两个用于俯仰,两个用于偏航,其他四个用于滚转。姿控系统通过将氮储罐压力从 350 bar 调节到 6 bar 实现操控,以及调节到 2 bar 实现姿态保持。在巡航和常规操作过程中,该航天器使用一组传感器来保持自身大致的姿态,使太阳能电池板朝向太阳。对于高增益天线操作、中途航线操控及轨道绘图,则通过一组更精确的传感器来实现精准的三轴稳定。另外还为姿态控制系统提供光学传感器和陀螺仪控制。

进入系统是一个计划于 1971 年使用的原型,并在距离火星还有 2 天行程时部署。但是在 1969 年的任务中,它最终被取消,其原因包括航天器质量增加,以及没有足够的时间在气球投落试验中检测降落伞下降系统。进入探测器是围绕一个大型球形储罐及三个相连加压室设计的。其他细节不清楚。

发射质量: 4 850 kg(含燃料,但是不含探测器)

轨道器质量: 3 574 kg

探测器质量: 260 kg

11.5.3 有效载荷

(1)轨道器

1)传真成像系统(FTU);

2)红外傅里叶光谱仪(UTV1),用于大气和地表研究;

3)检测地表温度的红外辐射计(RA69);

4)检测反射辐射的紫外光谱仪(USZ);

5)水蒸气探测仪(IV1);

6)质谱仪,用来检测电离层成分和氢、氦(UMR2M);

7)多通道伽马射线光谱仪(GSZ);

8)低能离子光谱仪(RIB803);

9)带电粒子检测器(KM69),用于检测太阳电子和质子;

10)磁力计;

11)微流星体检测器;

12）低频辐射检测器；

13）宇宙射线和辐射带检测器；

14）X 射线辐射计；

15）伽马射线暴检测器。

总质量：85 kg。

新型 FTU 是一种先进的胶片传真成像系统，共由三个摄像机，每个摄像机都带有红色、绿色和蓝色滤光器。图像格式为 1 024×1 024 像素。一个摄像机配有一个 35 mm 镜头，第二个配有一个 50 mm 镜头，其视场为 1 500 km×1 500 km，第三个带有一个 250 mm 镜头，其视场为 100 km×100 km，最佳分辨率为 200～500 m。胶片在航天器上处理，通过数字编码发送到脉冲发射器。苏联科学家计划在航天器抵达火星后通过化学活化的方式处理胶片，从而避免在航行过程中胶片因为辐射而损坏。每个摄像机都有足够的胶片，可以拍摄 160 幅图像。

（2）大气探测器（被删除）

1）压力传感器；

2）温度传感器；

3）大气密度加速计；

4）化学气体分析仪。

总质量：15 kg

11.5.4　任务说明

M - 69 航天器计划借助质子号火箭的前三级及 Block D 上面级到达停泊轨道。在经过一个轨道后，Block D 会进行二次点火，以便在航天器控制下完成逃逸操作的第一部分。在 Block D 燃烧完毕并分离之后，航天器会将其主发动机点火，以实现向行星间轨道的最终助推。这是首次使用此新方案，给本就棘手的项目进一步增加了风险。在六个月火星巡航的过程中，航天器发动机还计划进行两次轨道修正，第一次是在离开地球 40 天后，第二次是在抵达火星 10～

15 天之前。航天器将在距离火星的最近点对发动机进行第四次点火，使其进入一个赤道倾角为 40°、1 700 km×34 000 km 的轨道，其轨道周期为 24 小时。虽然预计误差会比较大，但是没有计划进行快速的修正点火。航天器在此初始轨道上进行几周的拍摄及其他科学活动后，近地点会被降低到大约 600 km，以便再进行 3 个月的成像和数据采集，其后便计划结束任务。

不幸的是，两个航天器甚至都没有抵达地球轨道。M - 69A 因为第三级爆炸而失败，其原因是一个转子轴承故障导致一个涡轮泵失灵并着火。发动机在第 438 s 熄火，该级爆炸。M - 69B 则因为在发射不久后 6 个一级发动机之一爆炸而失败。当时运载火箭借助剩余的 5 个发动机继续升空，直到第 25 s 在 1 km 的高度向水平方向翻倒。其余发动机熄火，在飞行第 41 s，运载火箭落到距离发射塔 3 km 的地面并爆炸。值得一提的是，第二级坠落后仍完好无损。

苏联于 1969 年的火星发射窗口执行任务的失败，并没有在西方引起过多的关注，其原因主要是两次发射都在飞行早期就失败了。不过质子号的事故可能也使苏联避免陷入更尴尬的火星任务失败的困境，因为火星航天器的设计和开发实在是太仓促了，很难保证任务成功。正如一位设计人员所述，M - 69 可以作为建造航天器的反面教材。

11.5.5 结果

无。

质子号此时正经历着最糟糕的发展阶段，其故障率很高，并导致损失了很多航天器，其中包括大量月球任务航天器。M - 69 发射的失败对于航天器团队来说是一枚难以下咽的苦果，因为他们进行了大量艰难的准备工作。更糟糕的是，此后不久，美国的阿波罗 11 号就成功在月球着陆，水手 6 号和 7 号也成功飞掠了火星。

11.6　YE‑8‑5 月球样本返回系列：1969—1976 年

11.6.1　计划目标

　　1968 年末到 1969 年初，苏联明显地意识到：美国航天员很有可能在苏联航天员之前抵达月球。为了确保苏联率先向地球返回月球土壤，拉沃契金设计局仓促地修改了 Ye‑8 航天器，以便用于样本返回任务。到 1968 年底，这种航天器的月球漫游车设计已经达到很高的水平，并且可以通过更换着陆器有效载荷随时修改。即使它具有科学价值，但是样本返回任务的重要性远不仅限于又一次 Ye‑8 任务。通过机器人样本返回任务，可以抢在美国之前返回月球样本，从而领先阿波罗计划。事后来看，能够在如此短促的时间内设计和建造这些复杂的航天器，并最终进展如此顺利，是非常令人惊奇的。这符合苏联人的行事风格"说做就做，克服困难"，利用一切可用资源，在制造过程及其后随时解决难题。

　　在为执行样本返回任务而将 Ye‑8 月球漫游车改造成 Ye‑8‑5 的过程中，面临极大的难题，比如返回飞行器的质量限制、从月球地表升空，以及导航返回地球。最初认为返回飞行器需要与任何行星间航天器同样复杂的航天电子设备，以便能够确定其位置，并进行中途航线修正操控。满足这些要求所需的航天电子设备远远超过了可用质量。不过，应用数学研究所的一位科学家 D·耶·奥霍特西姆希（D. Ye. Okhotsimskiy）发现了一组数量有限的飞行轨道可以实现月球地表发射，并且不需要中途航线修正。从本质上来说，地球对月球所产生的较大引力在某些条件下可以确保航天器返回地球。这些轨道仅限于月球上的某些特定点，随时间而变化，并要求着陆器在其目标 10 km 范围内降落，然后在一个精确的时间点垂直从月球地表起飞。此外还需要精确了解月球引力场，不过此类信息已经通过月球 10 号、11 号、12 号和 14 号轨道器任务收集完成。

发射的航天器

第一个航天器：	Ye-8-5 402 号
任务类型：	月球样本返回
国家/建造者：	苏联/拉沃契金设计局
运载火箭：	质子 K 号
发射日期/时间：	1969 年 6 月 14 日,世界时间 04:00:47(拜科努尔)
结果：	第四级点火失败
第二个航天器：	月球 15 号(Ye-8-5 401 号)
任务类型：	月球样本返回
国家/建造者：	苏联/拉沃契金设计局
运载火箭：	质子 K 号
发射日期/时间：	1969 年 7 月 13 日,世界时间 02:54:42(拜科努尔)
月球轨道射入：	1969 年 7 月 17 日,世界时间 10:00:00
月球着陆：	1969 年 7 月 21 日,世界时间 15:51:00
结果：	坠毁
第三个航天器：	Ye-8-5 403 号(宇宙 300 号)
任务类型：	月球样本返回
国家/建造者：	苏联/拉沃契金设计局
运载火箭：	质子 K 号
发射日期/时间：	1969 年 9 月 23 日,世界时间 14:07:36(拜科努尔)
结果：	第四级失灵,搁浅在地球轨道
第四个航天器：	Ye-8-5 404 号(宇宙 305 号)
任务类型：	月球样本返回
国家/建造者：	苏联/拉沃契金设计局
运载火箭：	质子 K 号
发射日期/时间：	1969 年 10 月 22 日,世界时间 14:09:59(拜科努尔)
结果：	第四级点火失败,搁浅在地球轨道

续表

发射的航天器	
第五个航天器:	Ye-8-5 405 号
任务类型:	月球样本返回
国家/建造者:	苏联/拉沃契金设计局
运载火箭:	质子 K 号
发射日期/时间:	1970 年 2 月 6 日,世界时间 04:16:06(拜科努尔)
结果:	第二级提前熄火
第六个航天器:	月球 16 号(Ye-8-5 406 号)
任务类型:	月球样本返回
国家/建造者:	苏联/拉沃契金设计局
运载火箭:	质子 K 号
发射日期/时间:	1970 年 9 月 12 日,世界时间 13:25:53(拜科努尔)
月球轨道射入:	1970 年 9 月 17 日
月球着陆:	1970 年 9 月 20 日,世界时间 05:18:00
上升级起飞:	1970 年 9 月 21 日,世界时间 07:43:00
地球返回:	1970 年 9 月 24 日,世界时间 03:26:00
结果:	成功
第七个航天器:	月球 18 号(Ye-8-5 407 号)
任务类型:	月球样本返回
国家/建造者:	苏联/拉沃契金设计局
运载火箭:	质子 K 号
发射日期/时间:	1971 年 9 月 2 日,世界时间 13:40:40(拜科努尔)
月球轨道射入:	1971 年 9 月 7 日
月球着陆:	1971 年 9 月 11 日,世界时间 07:48:00
结果:	着陆失败
第八个航天器:	月球 20 号(Ye-8-5 408 号)
任务类型:	月球样本返回
国家/建造者:	苏联/拉沃契金设计局
运载火箭:	质子 K 号
发射日期/时间:	1972 年 2 月 14 日,世界时间 03:27:59(拜科努尔)

续表

发射的航天器	
月球轨道射入：	1972 年 2 月 18 日
月球着陆：	1972 年 2 月 21 日，世界时间 19:19:00
上升级起飞：	1972 年 2 月 22 日，世界时间 22:48:00
地球返回：	1972 年 2 月 25 日，世界时间 19:19:00
结果：	成功
第九个航天器：	月球 23 号（Ye-8-5M 410 号）
任务类型：	月球样本返回
国家/建造者：	苏联/拉沃契金设计局
运载火箭：	质子 K 号
发射日期/时间：	1974 年 10 月 28 日，世界时间 14:30:32（拜科努尔）
月球轨道射入：	1974 年 11 月 2 日
月球着陆：	1974 年 11 月 7 日
任务结束时间：	1974 年 11 月 9 日
结果：	在着陆时损坏，没有尝试返回
第十个航天器：	Ye-8-5M 412 号
任务类型：	月球样本返回
国家/建造者：	苏联/拉沃契金设计局
运载火箭：	质子 K 号
发射日期/时间：	1975 年 10 月 16 日，世界时间 04:04:56（拜科努尔）
结果：	第四级故障
第十一个航天器：	月球 24 号（Ye-8-5M 413 号）
任务类型：	月球样本返回
国家/建造者：	苏联/拉沃契金设计局
运载火箭：	质子 K 号
发射日期/时间：	1976 年 8 月 9 日，世界时间 15:04:12（拜科努尔）
月球轨道射入：	1976 年 8 月 14 日
月球着陆：	1976 年 8 月 18 日，世界时间 06:36:00
上升级起飞：	1976 年 8 月 19 日，世界时间 05:25:00
地球返回：	1976 年 8 月 22 日，世界时间 17:35:00
结果：	成功

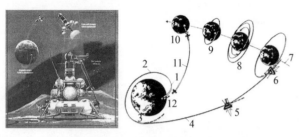

图 11 - 20　　月球号样本返回操作顺序（来自拉沃契金设计局和
《太空旅行百科全书》）

1—发射；2—停泊；3—月球转移进入点火轨道；4—月球转移飞行；5—轨道修正机动；
6—月球轨道进入点火；7—月球轨道；8—机动到最终轨道；9—下降操作；10—从月
球地表上升；11—自由返回地球的轨道；12—与返回飞行器分离并进入

　　这些被动返回轨道大幅度简化了上升飞行器。上升飞行器只需要进行一次点火。既不需要进行主动导航，也不需要进行中途航线操控。被动返回的唯一问题就是在抵达地球时的椭圆轨道误差很大，因此在回收小舱体时难度非比寻常。解决这个问题的办法是在上升飞行器上采用一个小质量的米波长无线电信标，从而能够通过无线电跟踪来确定其实际轨道，并在飞行后半段通过在地球上进行的光学观测来补充。此外，返回舱还带有自己的信标，可以辅助回收操作。

　　即使有上述设计巧妙的解决方案，工程师还是无法将 Ye - 8 - 5 的设计质量降低到 5 880 kg 以下。当时质子 K 号能够向月球运送的最大质量为 5 550 kg。不过，巴巴金设法说服了质子号的制造方增加其运载质量，从而能向月球发射其样本返回航天器。最终，在运载火箭没有大幅度改动的情况下，实现了这个目标。

11.6.2　航天器

（1）着陆器级

　　着陆器级与漫游车任务所采用的设计基本相同，到月球着陆之前的任务轨迹也一样。唯一的差别是着陆器连接了一个地表采样系

统;另外,前八个航天器还配置了一对电视摄像机以便拍摄采样地
点的立体图像,以及夜间着陆所用的泛光灯。漫游车和坡道被一个
环形加压室所取代,其中安放了用于地表操作的仪表和航天电子设
备。上升级安装在顶部,整个着陆器和环形室用作其发射台。

图 11 - 21　月球 16 号航天器图示(由巴勒等提供)以及
在拉沃契金设计局进行测试的场景

　　上升级由一个 14 A·h 的银锌电池驱动,返回舱由一个 4.8 A·h
的电池驱动。着陆器通信频率为 922 MHz 和 768 MHz,备用频率为
115 MHz 和 183 MHz。上升级通信频率为 101.965 MHz 和
183.537 MHz。返回舱用无线电跟踪的信标频率为 121.5 MHz 和
114.167 MHz。

　　Ye - 8 - 5 的采样系统带有一个 90 cm 长的竖直吊臂,可以提供

两个自由度，其末端带有一个钻机，用来采集地表样本。采样系统经过 3 次运动，并摆动 100°之后将钻机放到地面；然后再通过 3 次运动将样本运送到上升级。在收起状态下，吊臂自身首先垂直摆动，然后绕方位轴转动，与选定的采样地点对齐，此后向下摆动到地表。采样系统可以通过绕方位轴的一次运动（头部着地）来清理一小片区域，以便更好地钻探。通过与上述操作相反的操作，可以将样本送到上升级的返回舱。在吊臂末端有一个圆柱形容器，直径为 90 mm，长度为 290 mm，用于中空回转/冲击钻探。钻头的直径为 26 mm，长度为 417 mm，其切割器是一个带有锐齿的冠状结构。钻机带有各种取芯装置，可以钻取硬岩心和软岩心。在 500 rpm 的速度下，完成整个 38 mm 长岩心的采样操作需要 30 min。钻机采用绝热和整体密封，可确保能使用润滑油蒸气对装置进行润滑，该机制直到使用前一刻才会打开。一些部件采用了一种润滑剂设计方案，以减小在真空中的摩擦。另外还配有一个应急备用电机，以应对在钻探过程中遇到意外事件。整个设备的质量为 13.6 kg。

Ye-8-5M 采用了一种改良的钻机系统，带有一个轨道安装式展开装置。这个钻机穿透深度为 2.5 m，并且可以不破坏地层分布，不过它无法通过关节连接来选择采样点。其通过一个升降装置而不是关节吊臂将样本运回到返回舱。

（2）上升级

上升级是一个较小型的垂直安装的开式结构，带有一个加压圆筒形航天电子设备室，其下方为三个球形推进剂储罐和火箭发动机。上升级与着陆器所用的发动机相同，但是没有节流。四个游机连接在推进剂储罐的外部。在靠近航天电子设备室的顶部，沿着径向安装了垂直天线，彼此之间的角度为 90°。球形返回舱在顶部通过可展开捆带固定住。包括返回舱在内的上升级高度为 2 m。上升级干质量为 245 kg，在带有推进剂的情况下则为 520 kg。KRD-61 伊萨耶夫发动机使用硝酸和不对称二甲肼作为推进剂，能持续 53 s 产生 18.8 kN 的推力，从而实现 2.6～2.7 km/s 的速度，这足以通过直接

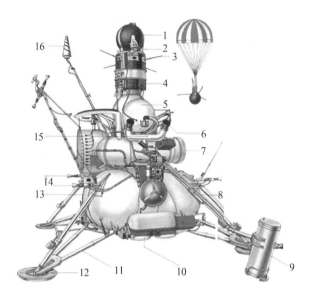

图 11-22 月球 16 号和月球 20 号 航天器

1—返回飞行器;2—地球进入系统捆带;3—返回飞行器天线;4—返回飞行器仪表室;5—返回
飞行器燃料储罐;6—成像系统;7—着陆器仪表室;8—土壤采样器吊臂;9—土壤采样器;
10—着陆器推进系统;11—着陆架;12—垫式支脚;13—着陆器燃料储罐;
14—姿态控制喷嘴;15—返回系统发动机;16—低增益天线

上升轨道逃离月球。

(3) 返回舱

返回舱是一个 50 cm 的球体,表面带有烧蚀材料,进入速度大约为 11 km/s,最高减速载荷为 315 G。它有三个内部区:上部区包含降落伞(一个 1.5 m² 的阻力伞和一个 10 m² 的主降落伞)和信标天线;中部区包含月球样本;底座区包含重型设备,其中包括电池和发射器。

在月球上,样本通过侧面的一个舱盖进入到舱内。舱体质量为 39 kg,其质量分布设计方案可以确保进入过程中舱体保持稳定。

月球 15 号发射质量:5 667 kg

月球 16 号发射质量:5 727 kg

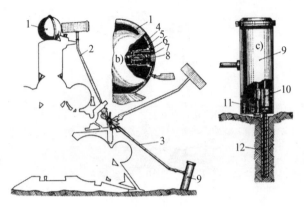

图 11 - 23　月球 16 号和月球 20 号采样系统（来自《太空旅行百科全书》）

1—进入舱；2—钻探臂的收起状态；3—钻探臂的展开状态；4—土壤容器；5—带钻头的
土壤样本；6—锁定盖；7—整体密封样本容器盖；8—弹簧；9—钻机容器；
10—钻机电机；11—钻机电机传输；12—钻机头部

月球 18 号发射质量：5 750 kg

月球 20 号发射质量：5 750 kg

月球 23 号发射质量：5 795 kg

月球 24 号发射质量：5 795 kg

在轨干质量：4 800 kg（月球 24 号）

着陆质量：1 880 kg

上升级质量：520 kg（月球 23 号和 24 号为 515 kg）

舱体进入质量：35 kg（月球 23 号和 24 号为 34 kg）

11.6.3　有效载荷

1）带有灯的立体全景成像系统（在月球 23 号和 24 号上被删除）；

2）采集样本的远程吊臂（在月球 23 号和 24 号上采用改良钻机）；

3）辐射探测器；

4）舱内温度传感器

立体成像系统有两个 300×6 000 像素的全景扫描摄像机，其类

图 11-24　月球 16 号的上升级

型与早期 Ye-6 着陆器和月球步行者漫游车相同。摄像机安装在着陆器上，紧靠上升级的下方，与采样系统在同一侧，彼此间距为 50 cm，与垂直方向的角度为 50°，视场为 30°。通过测量全景图像中地球的位置，来确定着陆器的方向。对两个着陆架之间的地表拍摄立体图像，以便选择采样地点。这两个摄像机还拍摄了采样和钻探操作照片。在月球 23 号和 24 号样本返回任务中，摄像机和灯被删除。

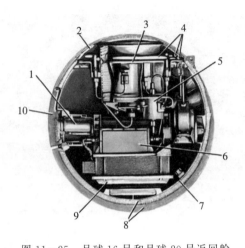

图 11 - 25　月球 16 号和月球 20 号返回舱

1—土壤样本容器；2—降落伞容器盖；3—降落伞容器；4—天线；5—天线释放装置；
6—发射器；7—进入舱内壁；8—绝热材料；9—电池；10—土壤样本容器盖

11.6.4　任务说明

在此系列的 11 个航天器中，只有 6 个成功发射，其中有 3 个顺利将月球样本返回地球。

（1）第一次尝试

第一次发射（Ye - 8 - 5 402 号）是在 1969 年 6 月 14 日，也就是阿波罗 11 号发射前的一个月，但是 Block D 第一次点火时失败，有效载荷在太平洋上空再入大气层。

（2）月球 15 号

此系列的第二个航天器于 1969 年 7 月 13 日成功发射，也就是阿波罗 11 号发射的前 3 天。苏联宣布月球 15 号计划于 7 月 19 日登上月球，也就是比美国早一天，其目标是向地球返回样本。7 月 17 日世界时间 10：00，月球 15 号进入一个 240 km×870 km 的月球轨道，轨道倾角为 126°。该轨道比预期轨道要高得多，因此在第二天，又调整到一个 94 km×220 km 的轨道。又过了一天，轨道再次被调整到 85 km×221 km。在理想情况下，这时候轨道应该是一个大约 100 km 的近圆形，但是苏联低估了月球密集质量的影响，另外还遇到了姿态控制问题。与此同时，阿波罗 11 号抵达并进入一个月球赤道轨道。当时的局面非常戏剧化。虽然苏联人对任务内容很清楚，但是美国人对月球 15 号的最终目的仍然一头雾水，觉得它很神秘，态度从怀疑到惊讶再到不可理解。阿波罗 8 号的航天员弗兰克·鲍曼此时刚访问苏联归来，他想向苏联索要相关信息，苏联科学院提供了轨道数据和操作频率，并保证月球 15 号不会影响阿波罗 11 号任务的安全。

7 月 20 日，在又经历了几次轨道变更之后，月球 15 号开始在第 39 个轨道上进行下降操作，将其近月点降低到危海区着陆地点上空 16 km 处。它原计划在阿波罗 11 号于西部宁静海着陆之前 2 小时降落，但是控制人员观察了通过第一个近月点的雷达数据之后深感忧虑。唯一的目标地点似乎不够平坦，并可能存在危险。苏联方面肯定是在非常不情愿和沮丧的心情下决定推迟着陆，以便进行雷达测试和进一步的观测。这样一来，不仅没有希望抢在美国人之前着陆，而且考虑到返回轨道的特点，可能无法抢先把样本送回地球。不过在当时，人们并不知道这些情况，全世界都在焦急地等待月球 15 号的后续行动，但不清楚它会通过何种方式胜过阿波罗 11 号。18 小时后，在其第 52 个轨道上的月球 15 号接到命令，于世界时间 7 月 21 日 15：46：43 降落，而此时阿姆斯特朗和奥尔德林已经完成了月球行走。月球 15 号的下降操控失败（其原因仍然未知），在开始离轨点火后，信号传输中断了 4 min，并坠毁在北纬 17°、东经 60°，该地点大约位于宁静海基地以东 800 km。焦德雷尔班克天文台告知美国月球 15 号已经以 480 m/s 的速度撞向月表，此时阿波罗 15 号的月球舱正准备离开月球。苏联则报告说，月球 15 号已经"抵达月球地表预定区域"，但是没有透露关于其真正任务的信息，也没有关于成功的宣传。

（3）三颗哑弹及运载火箭评估

接下来的三次样本返回尝试都因为运载火箭故障而失败。1969 年 9 月，Ye - 8 - 5 403 号搁浅在停泊轨道，其原因是 Block D 未能重新启动。在第一次点火后，由于一个氧燃料阀卡住无法关闭，导致所有氧化剂溢出。苏联将此航天器命名为宇宙 300 号，其在 4 天后再入地球。同年 10 月，因为一个编程错误，导致 Block D 未能点火，从而使 404 号航天器（命名为宇宙 305 号）在第一轨道期间就重新返回地球。1970 年 2 月，第 405 号航天器也被损失掉，其原因是在飞行第 127 s，一个错误的压力传感器命令导致第二级熄火，飞行器被摧毁。由此，相关人员开始加快评估质子号运载火箭，因为它们在执行 Ye - 8 和苏联月球探测器系列任务过程中，失败远远多于成功。在评估的基础上对其做出了一些修改，并于 1970 年 8 月成功进行了一次亚轨道诊断飞行。同年 9 月，尝试进行了另外一次样本返回任务。在已经连续经历了 15 个月的 5 次失败之后，这一次终于迎来了成功。

（4）月球 16 号

月球 16 号于 1970 年 9 月 12 日世界时间 13：25：53 发射。在进入停泊轨道 70 min 后，Block D 重新点火，并进行了月球转移轨道进入点火。该航天器于 9 月 13 日进行了一次航线修正，并于 17 日进入一个近圆形的 110 km×119 km 轨道，轨道倾角为 70°。在获取此轨道的重力数据后，于 9 月 18 日和 19 日进行了两次轨道调整，第一次调整进入一个椭圆轨道，其近月点位于着陆地点上方 15.1 km，远月点位于 106 km；第二次将轨道倾角调整到 71°。9 月 20 日，月球 16 号在靠近近月点时，抛弃了额外的储罐。在世界时间 05：12，发动机在近月点点火，燃烧了 270 s 以消除轨道速度，航天器开始自由下落。在雷达高度计的触发下，发动机在达到 600 m 的高度和 700 km/h 的速度时重新启动，并在达到 20 m 的高度和 2 m/s 的速度时熄火。主游机针对末段进行点火，并在 2 m 的高度处熄火，然后航天器以大约 4.8 m/s 的速度撞击月球地表。接触月表的时间为世界时间 05：18，地点为丰饶海，南纬 0.68°、东经 56.30°，距离预定点只有 1.5 km。

由于月球 16 号在本地日落 60 小时后才接触到月球地表，并且没有安装泛光灯，因此它没有提供任何图像。着陆 1 小时后展开钻机，在操作 7 分钟后穿透到 35 cm 的深度，并在此遇到障碍物。接下来，吊臂将岩心样本从地表取出，并将其摆动到上升级上方的返回舱，插入一个打开的舱盖，然后闭合舱盖。在此操作过程中，采样器损失了一些土壤。世界时间 9 月 21 日 07：43，在月球上停留 26 小时且 23 分钟之后，上升级升空，并以 2.7 km/s 的速度逃逸。下降级停留在月表，并继续发射月球温度和辐射数据。上升级直接返回地球。9 月 24 日，在 48 000 km 的距离下，捆带释放返回舱。4 小时后，它以 11 km/s 的速度进入大气层，其轨道倾角与垂直方向的夹角为 30°，其进入弹道的峰值减速度为 350 G。在 14.5 km 处，舱体顶部被弹出，阻力伞展开。在 11 km 处，主伞展开，信标天线也被打开。舱体在 9 月 24 日世界时间 03：26 降落，其地点位于哈萨克斯坦杰兹卡兹甘市西南大约 80 km。

图 11-26　月球 16 号着陆器，小筒采样器已展开

月球 16 号最终返回了 101 g 的月球材料。此次任务取得了很大的成功，苏联媒体尽可能地渲染了此次成功，以凸显机器人相对载人任务的优势。而对于美国来说，月球 16 号证实了他们对月球 15 号的怀疑，即月球 15 号执行的是一个样本返回任务，其目的是胜过阿波罗 11 号任务。

（5）月球 18 号

再一次尝试样本返回是在月球 16 号之后一年。月球 18 号于 1971 年 9 月 2 日发射，4 日和 6 日进行了中途航线修正，并于第二天进入一个 101 km 的圆形月球轨道，其倾角为 35°。在将其近月点下降到 18 km 以后，接受于 9 月 11 日着陆的命令。但是在世界时间 07：48，高度大约为 100 m 时，信号突然中断。主发动机因为早期操作使用的燃料过多，导致此时燃料耗尽，其残骸坠落在北纬 3.57°、东经 56.50° 的崎岖高地区。

（6）月球 20 号

月球 20 号是继月球 18 号之后，第二次尝试从月球高地采集样本。该探测器于 1972 年 2 月 14 日发射，通过望远镜跟踪来计算精确的轨迹，在发射后的第二天进行了一次中途修正，并于 2 月 18 日进入一个 100 km 的圆形月球轨道，其倾角为 65°。一天后，航天器将近月点降低到 21 km。最后，于 2 月 21 日世界时间 19：19，月球 20 号在阿波罗尼斯高地触地，该位置在丰饶海附近，北纬 3.53°、东经 56.55°，距离月球 18 号的坠毁地点只有 1.8 km。太阳位于地平线上方 60°。在采样操作之前航天器发送了月表图像。在钻探过程中遇到阻力，被迫暂停了三次，以避免过热。钻头最终只达到了 25 cm 的深度。采集的样本岩心被送到返回舱。

上升级于 2 月 22 日世界时 22：58 升空，然后在返回地球时遇到一场强暴风雪。虽然它在杰兹卡兹甘以北 40 km 的卡金尔河上方下降，但在 2 月 25 日世界时 19：19 落在一个岛屿上。因为有冰、风、雪等干扰因素，所以回收团队执行任务时遇到了很大的困难。上升级于第二天被回收，打开之后，发现只有 55 g 的月球土壤。

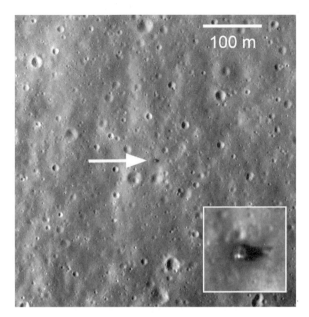

图 11 - 27 月球上的月球 20 号及 NASA 月球勘测轨道器拍摄的特写

图 11 - 28 显示了月球 20 号成像系统地表采样器的照片及（上图）
分别从左侧和右侧拍摄的月球地平线

（7）月球 23 号

首个经过改良的 Ye-8-5M 样本返回飞行器为 410 号，即月球 23 号，于 1974 年 10 月 28 日成功发射。10 月 31 日进行了一次中途航线修正后，于 11 月 2 日进入了一个近圆形的 94 km×104 km 轨道，轨道倾角为 138°。在将近月点下降到 17 km 之后，月球 23 号按照命令于 11 月 6 日降落。虽然月球 23 号在位于危海南部的目标地点降落（北纬 12.68°、东经 62.28°），但是降落速度为 11 m/s，其冲击力损坏了样本采集仪器，并导致其他损坏。该航天器没有采集样本，上升级也没有点火。着陆器持续发送信号，直到 11 月 9 日失去联络为止。

（8）又一次失败，以及最后一次样本返回，月球 24 号

接下来的一次样本返回任务使用了航天器 Ye-8-5M 412 号，这也是该系列中的第九个航天器。因为 Block D 第一次点火失败，无法抵达停泊轨道，导致该任务失败。最终一次尝试使用的是 413 号，该任务取得了成功。月球 24 号于 1976 年 8 月 9 日发射，在 11 日进行了一次中途航线修正，并于 14 日进入了一个 115 km 的圆形月球轨道，其倾角为 120°。8 月 17 日，航天器将轨道调整到 120 km×12 km，8 月 18 日世界时间 02：00：00，航天器在黑暗中着陆，地点为危海地区北纬 12.75°、东经 62.20°，距离月球 23 号着陆器只有大约 2 400 m，并靠近月球 15 号目标着陆点。Ye-8-5M 系列的主要任务是从克里斯乌姆月海的月球密集区地表采集深岩心。在略微倾斜的角度下，钻机抵达 2.25 m 的预定深度（相当于垂直深度 2 m）。样本被送到返回舱，在 8 月 19 日世界时间 05：25，上升级升空。8 月 22 日世界时间 17：53，舱体在西伯利亚苏尔古特东南 200 km 着陆。月球 24 号共返回了 170.1 g 的样本。

（9）月球任务结束，但是开始推进级开发

月球 24 号是月球号系列中的最后一个，也是苏联最后的月球任务。该任务建造了第三个漫游车，并准备了另外一个样本返回航天器，但是在 1977 年，该漫游车的发射器被用于发射一个通信卫星，

相关人员的注意力转移到不幸的 5M 火星样本返回项目。后来所有月球和火星计划都被取消,以便支持继续开展成功的金星任务。

图 11-29　带轨道安装钻机的月球 24 号着陆器

不过,可靠的 Ye-8 巡航级进行了改造,以便为 1988 年的"火卫一"航天器提供自主推进级,并且成为"质子 K 号"和"联盟号"运载火箭目前所用的 Fregat 上面级。

11.6.5　结果

月球 15 号上的高度计在下降过程中返回了数据,直到失去信号为止,这些数据提供了关于月球土壤平均密度的实用信息。月球

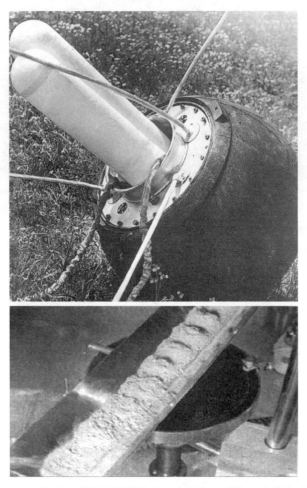

图 11 - 30　月球 16 号的回收操作和土壤样本（下图），在着陆后气球
在舱体右侧膨胀展开，以露出天线

16 号从丰饶海采集的样本是一块暗色的粉末状月海玄武岩，这与阿
波罗 12 号在风暴洋采集的类似。1971 年，苏联用月球 16 号采集的
3 g 土壤样本与 NASA 交换了阿波罗 11 号采集的 3 g 样本及阿波罗
12 号采集的 3 g 样本。莫斯科沃尔纳德斯基地球化学研究所对这些
任务返回的土壤进行了分析。一些样本被捐赠给其他国家，其中包

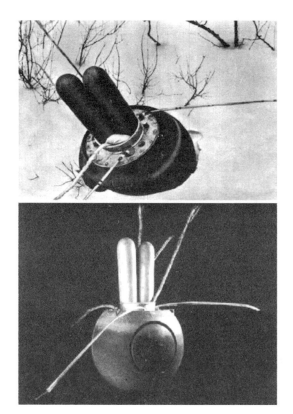

图 11-31　月球 20 号的回收（上图）及月球 24 号返回舱（下图）

括法国、奥地利和捷克斯洛伐克。虽然月球 20 号从高地采集的土壤样本较小，但是与月球 16 号采集的月海样本明显不同。它颜色明显要淡一些，颗粒尺寸更大。其中有一半多的岩石颗粒是古代钙长石，而在月球 16 号样本中，这种成分则不到 2%。苏联用 2 g 样本交换了阿波罗 15 号采集的 1 g 高地材料，美国科学家测定月球 20 号样本的形成日期为 30 亿年前。月球 24 号的 2 m 岩心具有分层结构，清晰地展现了其中存在连续沉淀。此岩心的一小部分与美国科学家进行了交换。

第 12 章　在月球、金星和火星着陆

12.1　时间线：1970 年 8 月—1972 年 2 月

1970 年和 1971 年的机器人任务使苏联月球计划的成功达到了顶峰。1970 年 9 月 19 日，月球 16 号成功向地球返回了一个月球样本，这是连美国也无法比拟的成就。同年 11 月，在月球 17 号任务中，苏联在月球上成功地部署了第一个机器人漫游车：月球步行者 1 号，这也是美国另一个无法企及的成就。在 1971 年 9 月 19 日尝试返回样本时任务失败，其原因是月球 18 号在着陆时失去了通信。其后很快又发射了月球 19 号，这是将航天器作为轨道器的一次成功尝试。1972 年 2 月 19 日，月球 20 号成为第二个成功的样本返回任务。

另外，苏联从 1961 年 2 月 19 日开始陆续进行了 11 次金星着陆尝试，并最终实现了金星着陆。金星 7 号于 1970 年 8 月 17 日发射，带有一个经过改良的降落舱，以承受金星地表较大的压力。它顺利通过了整个大气，并以低速接触地表。它在地表继续工作了 23 分钟，最终因高温而损坏。苏联的火星计划则始于 1960 年 10 月 19 日，并在经历八次尝试后最终在 1971 年取得了一些成功。从能量的角度来看，1971 年的机会并不像 1969 年那么有利，需要在接近过程中释放着陆器，而不是在进入行星周围的轨道之后。为了解决这个问题，以及火星-69 号航天器的若干工程问题，被迫进行了一次全面的重新设计。在 1971 年，火星航天器成为此后通过苏联质子号发射的所有星际航天器的基本设计参考方案。

苏联计划在 1971 年通过一个火星轨道器，为其后续航天器提供关于行星位置的精确信息，以便这些航天器在自身进入轨道之前，

能够根据需要将其着陆器部署在非常精确的进入轨道上。5 月 10 日，
先期轨道器发射失败，使该计划受挫。幸运的是，苏联还有一个备
用方案，即当航天器靠近火星时，使用机载光学导航来确定火星的
位置，并自主更新其导航系统，以便能够正确部署其着陆器。该系
统的复杂性、精密性远远超过了当时的水平，但风险很大。火星 2 号
系统工作正常，但因软件出错，致使着陆器的进入角过陡，导致坠
毁。它在火星 3 号任务中效果非常好，火星 3 号的进入系统首次成
功将着陆器送上火星，不过在发送了 20 s 无法解释的数据后，它便
陷入静默。两个航天器都进入了绕火星轨道，并发送了火星地表图
像，以及关于其大气、地表和等离子体环境的数据。

发射日期		
1970 年		
8 月 17 日	金星 7 号进入探测器	成功，12 月 15 日第一个行星着陆器抵达
8 月 22 日	金星号进入探测器	第四级失灵
9 月 12 日	月球 16 号样本返回	成功，第一次机器人样本返回成功
10 月 20 日	探测号 8 号绕月试验	成功，在 10 月 27 日返回
11 月 10 日	月球 17 号漫游车	成功，第一个月球漫游车：月球步行者 1 号
1971 年		
1 月 31 日	阿波罗 14 号月球着陆	成功
5 月 9 日	水手 8 号火星轨道器	上级失灵
5 月 10 日	火星轨道器	第四级失灵
5 月 19 日	火星 2 号轨道器/着陆器	轨道器成功，着陆器坠毁
5 月 28 日	火星 3 号轨道器/着陆器	轨道器成功，着陆器在着陆后失灵
5 月 30 日	水手 9 号火星轨道器	在 11 月 13 日成功，第一个火星轨道器
7 月 26 日	阿波罗 15 号月球着陆	成功
9 月 2 日	月球 18 号样本返回	在着陆过程中失去通信
9 月 28 日	月球 19 号轨道器	成功
1972 年		
2 月 14 日	月球 20 号样本返回	成功

1971 年，美国的火星任务也取得了重大成功。水手 9 号是该发射机会中的首次任务，它抵达目标并成为首个进入火星轨道的航天器。借助更精密的摄像机和系统及一套精良的仪表，它非常成功地完成任务，并使重得多的苏联轨道器相形见绌。

12.2 抵达金星地表：1970 年

12.2.1 计划目标

苏联的金星 4 号、5 号和 6 号任务取得了巨大的成功，在降落伞按照计划下降的过程中，发回了详细的信息，但是没有顺利抵达地表。在金星 4 号和水手 5 号任务之后展开了关于金星地表条件的争论。但是因为没有及时得到结论，所以无法修改金星 5 号和 6 号探测器，以确保其顺利承受地表的温度和压力。在这种背景下，相关人员还是决定进行发射，以获取关于大气条件的更多信息，它们很出色地完成了任务。

发射的航天器	
第一个航天器：	金星 7 号（3V 630 号）
任务类型：	金星大气/地表探测器
国家/建造者：	苏联/拉沃契金设计局
运载火箭：	闪电 M 号
发射日期/时间：	1970 年 8 月 17 日世界时间 05:38:22（拜科努尔）
交会日期/时间：	1970 年 12 月 15 日
结果：	成功，从地表发回数据
第二个航天器：	宇宙 359 号（3V 631 号）
任务类型：	金星大气/地表探测器
国家/建造者：	苏联/拉沃契金设计局
运载火箭：	闪电 M 号
发射日期/时间：	1970 年 8 月 22 日世界时间 05:06:09（拜科努尔）
结果：	未能离开地球轨道

在 1970 年的金星机遇中，苏联决定向金星地表发射探测器。他们当时已经得到了明确的科学证据，证明金星地表压力约为 100 bar，温度超过了 450 ℃。但是在经过科学家数年的争论之后，工程师们都变得非常谨慎，他们设计的新舱体能够在 180 bar 的压力和 540 ℃的温度下承受 90 min。由于质量增加，因此需要显著削减科学仪表的数量。

其中的一次任务取得了成功，但另一次任务则因为运载火箭的问题而失败。金星 7 号的进入舱最先抵达金星地表并保持工作状态，成为第一个成功的行星着陆器。在 20 世纪 60 年代，苏联共开展了 17 次不成功的金星任务尝试，其中有 7 次都以抵达金星地表为目标。坚持终有回报。与此同时，苏联的第一个月球步行者漫游车已经在月球地表行走。

12.2.2　航天器

（1）运载航天器

运载航天器相对金星 4 号、5 号和 6 号没有变化，但是减少了携带的仪表，以便为进入系统腾出更多质量。

（2）进入飞行器

如上文所述，降落舱进行了大幅度修改。具体来说，进入系统被改造成更像鸡蛋的形状，以满足额外的绝热要求，并容纳一个新减震器。它采用了一个新型球形压力容器，而不是以前的平盖半球结构。压力容器用钛制造，为了尽量减少弱点，将馈穿和焊点数量控制在最低。温度和压力传感器位于壳体外部，顶部舱盖下面。在一个新测试腔内对此设计进行了验证，测试条件为 150 bar 和 540 ℃。

该任务的目标是在不损失舱体的条件下尽快抵达金星地表，以便尽量延长舱体在金星地表寿命。它只采用了一个降落伞。在第一次打开时，通过罩线周围的一个开伞索，将其面积限定为 1.8 m^2。它比前一次任务的主降落伞更小，使舱体可以更快地下降。不过开伞索设计的熔化温度为 200 ℃，在深入大气后，将降落伞全部打开，其面积为 2.5 m^2，以便实现软着陆。降落伞能够承受地表的高温。在运载航天器释放舱体之前，需预先将舱体冷却到 −8 ℃，以尽量延长其存活时间。舱体的总设计寿命为 90 分钟。

发射质量：1 180 kg（进入舱 490 kg）

图 12-1　金星 7 号航天器

12.2.3　有效载荷

（1）运载航天器

太阳风带电粒子检测器。

（2）降落/着陆舱

1）温度、压力和密度传感器；

2）无线电高度计；

3）伽马射线光谱仪；

4）多普勒风实验仪器。

因为需要承受超高压力而额外增加了质量，所以该航天器只携带了太阳风带电粒子检测器，未携带降落舱的大气成分实验设备和气辉光度计。无液气压表可以测量 0.5～150 bar 的压力，电阻温度计的量程为 25～540 ℃。在进入阶段，通过一个加速计来测量密度。另外还增加了一个伽马射线仪表，以测量地表岩石类型。

12.2.4　任务说明

金星 7 号在 1970 年 8 月 17 日成功发射，在 10 月 2 日和 11 月 17 日进行了中途航线操控。在 8 月 22 日进行的第二次发射中，第四级点火失败，未能离开近地球轨道。因为操作排序出现问题及动力系统的一个故障，导致发动机点火延误，并在点火后仅 25 s 就熄火。这个飞行器被苏联称为宇宙 359 号，在 11 月 6 日重新返回地球。金星 7 在 12 月 12 日开始了其行星探测活动，此时利用太阳能电池板为舱体电池充电。内部设备室被激活并冷却到 −8 ℃。12 月 15 日世界时间 04：58：44，舱体被释放。它以 11.5 km/s 的速度进入高度为 135 km 的大气。当下降到 54 km 时，舱体已经减速到 200 m/s；得到 0.7 bar 的压力读数后，在接近云层上方的位置打开了降落伞。在黑暗中下降的过程中，舱体发送了 35 分钟的信号。世界时间 05：34：10，它顺利着陆，并又持续发送了 23 分钟的微弱信号。着陆地点位于南纬 5°、东经 351°，此时为金星太阳时 4：42，太阳天顶角为 117°。

人们最初并没有立即意识到此次成功，反而认为舱体未能顺利抵达地表。在向地表降落的 35 分钟过程中，下降势头很猛。经过 13 分钟后，开伞索熔化，降落伞完全打开，这与原计划一样。6 分钟后，降落伞破裂，在接下来的几分钟里，随着裂口变大，下降速度加大，舱体剧烈振动。在抵达地表之前几分钟，降落伞失效，舱体自由下落。从发射器载波频率的多普勒频移中，可以很明显地看

图 12 - 2　金星 7 号降落舱

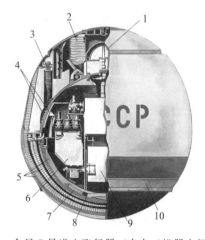

图 12 - 3　金星 7 号进入飞行器（来自《机器人探索者》）

1—天线；2—降落伞；3—顶部舱盖释放螺栓；4—内部隔热罩；

5—绝热层；6—仪表换向器；7—压力外壳；8—减震器；

9—发射器；10—航天器适配器

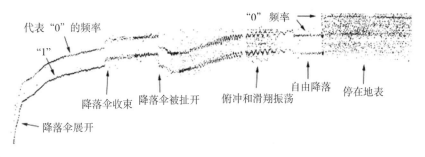

图 12 - 4　金星 7 号降落舱的多普勒频率图（来自 Don Mitchell）

到上述情况。舱体以 16.5 m/s 的速度撞击地面，信号消失，只剩下噪声。人们认为舱体肯定被损坏了，因此没有立即宣布金星 7 号任务取得成功。在新年假期之后，一位信号处理专家重新分析了数据磁带，并在噪声中发现了很难识别的、舱体在地表发射的信号。信号强度在撞击时下降到 3%，有 1 秒钟完全恢复了强度，然后在接下来的 23 分钟中再次回到 3%，直到消失。舱体似乎是在撞击地面时被反弹，然后以与垂直方向大约 50°的角度停下来，其天线的辐射方向远离地球方向，因此接收到的功率很低。团队人员为此次发现感到振奋。虽然不是一次完美的着陆，但也是苏联行星计划中的一项新纪录。

金星 7 号运载航天器返回了关于上层大气和电离层的数据，然后才在大气中分解。

12.2.5　结果

金星 7 号探测器测量了从距离金星地表 55 km 高度到金星地表之间的大气温度，但是因为一次换向器故障，导致没有发送压力或高度测量信息。开始的时候，人们认为返回的温度测量值是内部值，但是幸运的是，最终证明这些数据是大气温度。在与多普勒数据及热动力和空气动力模拟数据结合在一起之后，可以构建一个直到地表的温度和压力图。另外，还从多普勒数据和空气动力模拟数据中获得了水平风速和方向高度示意图。在较高海拔处存在快速风，其逆行方向与轴旋转方向相同。由此确认了紫外云层流动所提供的天文证据，即上层大气处于"超级旋转"状态。在地表测量的风速不到 2.5 m/s。探测器温度传感器的地表测量数值（二进制读数）在457~474 ℃之间波动。计算的地表压力为 92 bar。接触地表时的多普勒数据及舱体顺利承受高速碰撞的情况，表明地表硬度界于沙子与浮石之间。因为换向器被卡住，所以没有返回地表成分测量数据。

12.3　火星的第一个着陆器：1971 年

12.3.1　计划目标

尽管苏联非常希望能继续执行最初的 1971 年长期计划，并建造一个带软着陆器的新型进入飞行器，然而由于损失了 M - 69，导致拉沃契金设计局缺少用于行星的详细星历表和用于设计软着陆器的大气数据。一种方案是重复 1971 年使用硬着陆器的大气探测器任务来采集此类数据，并将软着陆器任务推迟到 1973 年。不过要利用1973 年的机会需要更多能量，为此将需要分开（而不是一起）发射轨道器和着陆器。这样一来，就至少需要发射四个飞行器：两个轨道器和两个飞掠航天器（携带着陆器）；并重新设计进入飞行器，以便能够从最初靠近状态进入大气，而不是从轨道进入。当时认为这种方案成本过高，但是苏联最终在 1973 年采用的正是这种路线。另外一种替代方案是从美国获取数据。在 1965 年和 1969 年的飞掠任务中，水手 4 号、6 号和 7 号研究了大气，并估算了地表压力，其相关信息已经公开发布，但是当时尚未发布关键的星历表，美国人也不愿意为苏联提供这些信息，因为那时候正是冷战对立的高峰期。

最终苏联决定采用一种聪明但冒险的方案来实现软着陆任务，在不需要在发射前收集关于行星星历表数据的情况下，实现在1971 年发射组合的轨道器/着陆器。为此，需要在两个轨道器/着陆器之前发射另外一个航天器进入绕火星轨道，并作为一个无线电信标，使其他航天器达到所需的导航精度。在这个轨道器上，正常情况下分配给进入系统的质量可以用于增加推进剂，从而到达一个高能快速轨道，并增加科学有效载荷。通过靠近过程中的光学跟踪及轨道内无线电跟踪，可以在充足的时间内推算出星历表，以便针对轨道器/着陆器的发射进行轨道修正。在进入轨道之后，前面发射的航天器会作为一个无线电信标，在进入飞行器被运载飞行器释放后、接近火星的过程中，辅助其进行导航。美国计划利用这个发射机会，将两个水手号航天器送入绕火星轨道。因为先行发射了航天器，所以苏联可以宣布自己率先将航天器送入到绕行星轨道。

发射的航天器	
第一个航天器：	M－71S(M－71 170 号和宇宙 419 号)
任务类型：	火星轨道器
国家/建造者：	苏联/拉沃契金设计局
运载火箭：	质子 K 号
发射日期/时间：	1971 年 5 月 10 日,世界时间 16:58:42(拜科努尔)
结果：	在轨道滞留,第四级未能重新点火
第二个航天器：	火星 2 号(M－71 171 号)
任务类型：	火星轨道器/着陆器
国家/建造者：	苏联/拉沃契金设计局
运载火箭：	质子 K 号
发射日期/时间：	1971 年 5 月 19 日,世界时间 16:22:44(拜科努尔)
相遇日期/时间：	1971 年 11 月 27 日
任务结束时间：	1972 年 8 月 22 日
结果：	轨道器成功,着陆器坠毁
第三个航天器：	火星 3 号(M－71 172 号)
任务类型：	火星轨道器/着陆器
国家/建造者：	苏联/拉沃契金设计局
运载火箭：	质子 K 号

续表

发射的航天器	
发射日期/时间：	1971 年 5 月 28 日,世界时间 15:26:30(拜科努尔)
交会日期/时间：	1971 年 12 月 2 日
任务结束时间：	1972 年 8 月 22 日
结果：	轨道器成功,着陆器在地表失灵

所有苏联轨道器的科学目标都是拍摄行星地表及其云层的图像,研究地表的地形、成分和物理属性,测量大气属性,进行温度测量,以及研究太阳风及行星间和行星磁场。两个运载飞行器还计划从其着陆器向地球传回信号。进入系统计划在进入过程中测量大气,并将着陆器送到地表。着陆器的目标是从地表返回图像,采集关于气象条件和大气成分的数据,并部署一个小型漫游车,测量土壤的机械和化学属性。

在 1971 年的上述苏联任务及美国水手 9 号轨道器任务期间,在美国帕萨迪娜的喷气推进实验室与苏联克里米亚半岛的叶夫帕托里亚航天中心之间建立了一条热线电话通道,从而实现了双方的首次合作,这有可能缓解了两个航天大国之间长期以来弥漫的竞争气氛。

12.3.2　航天器

（1）轨道器

主轨道器名称为 M-71S（S 表示 Sputnik,或者轨道器）,它所需要的储罐比 M-69 航天器大得多,以便能够在轨道器/着陆器之前,通过能量更高的轨道飞行并抵达火星。另外,M-69 设计方案的多个仪表舱还面临众多工程问题,为此,苏联再次重新设计了整个航天器。这一次,主结构部件不是推进剂储罐,而是 KTDU-425A 推进系统。燃料和氧化剂储罐在推进系统上方形成了一个 3 m 长的圆柱结构。航天电子设备和科学仪表则位于一个整体密封舱,该密封舱位于圆柱结构底部。这样就形成了一个环形推进系统。换向发动机喷嘴连接到储罐底部,并从仪表舱中心突出来。在检测过程中，只需拆下环形封盖的下半部即可操作仪表。

图 12 - 5　火星-71S 轨道器航天器

圆柱形储罐相对的两侧，有两个伸出的、2.3 m×1.4 m 太阳能电池阵列。连接到太阳能电池阵列的部件包括冷气体姿态控制喷嘴、一个着陆器中继传输天线，以及磁力计吊臂。一个直径为 2.5 m 的抛物型高增益天线安装在侧面，以支持 5 cm 和 32.5 cm 的冗余发射器（5.8 GHz 和 928.4 MHz）。三个全向螺旋天线安装在高增益天线附近。热控制散热器和姿态控制推进剂储罐位于圆柱结构侧面。导航光学装置位于仪表舱外部：其中一对星敏感器指向飞行器结构下方；三个太阳传感器位于一个垂直层叠结构内，它们都沿着径向指向外侧；另外还有一个地球传感器与抛物型天线对齐；以及一个火星传感器，沿着水平方向朝向一侧。

M - 71S 发射质量：4 549 kg（干质量 2 164 kg）

采用 M - 71S 设计的轨道器/着陆器被命名为 M - 71P（P 表示 Posadka，或者着陆器）。它们的储罐更短，携带的推进剂更少，其质量用于携带储罐顶部的进入系统，不过其他方面几乎与 M - 71S 相同。在带着陆器的情况下，M - 71P 高为 4.1 m，底座直径为 2 m。整个太阳能电池板的展开长度为 5.9 m。它们带有一个新型数字制导和控制计算机，该计算机基于 N-1 火箭 Block D 级所采用的原型。它可以显著提高导航精度，不过质量为 167 kg，功率为 800 W，因此在设计过程中很棘手。为了解决额外增加的质量，删除了 Block D 的控制系统，转而使用航天器来控制层叠结构。这是美国从未考虑采用的接口设计。

图 12-6　火星 3 号航天器

火星 2 号和 3 号发射质量：3 440 kg（轨道器：干质量 2 265 kg）

1 210 kg（进入飞行器）

635 kg（下降段着陆器系统）

358 kg（着陆器）

4 650 kg（总计）

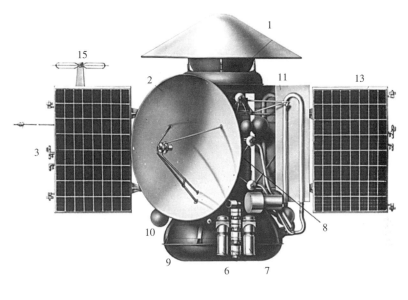

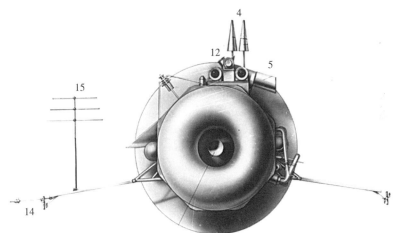

图 12 - 7　M - 71 轨道器/着陆器航天器

1—着陆器；2—抛物型天线；3—姿态控制喷嘴；4—螺旋天线；5—火星传感器；6—星敏感
器；7—恒星传感器；8—推进系统；9—仪表室；10—姿态控制气体储罐；11—热散热器；
12—地球传感器；13—太阳能电池板；14—磁力计；15—STEREO 实验天线

1971 年的航天器进行检测操作要容易得多，并且更容易随时修改以满足各种行星任务，这种修改只需要更换舱内的仪表，将各个舱体连接到储罐顶部及改变储罐自身长度即可。1971 年的设计为如下航天器奠定了基础：所有后续火星航天器，从金星 9 号到织女星号的所有金星航天器，以及地球轨道上的天体物理航天器。

（2）进入系统

在稀薄的火星大气中，需要使用一个新进入系统以实现航天器的快速减速，从而完成软着陆。为 1969 年大气探测器设计（没有经过飞行验证）的进入飞行器具有较陡的锥角，因此不适用于该任务。为了实现 1971 年任务中的软着陆，设计了一个大得多的进入壳体，其直径为 3.2 m，张开顶角为 120°，以便尽量增加打开降落伞时的高度。另外，降落伞还需要在 $Ma = 3.5$ 的超声速状态下打开，而在以前从未进行过这种操作。解决这个工程和检测难题的办法是：计划在 35 km 的高空使用气球，以及在 130 km 使用气象火箭进行投落试验。因为缺少火星大气数据，所以以 M - 71 系统的大气制动采用非受控弹道下降，而不是美国当时设计的维京进入飞行器所采用的受控下降。

进入系统包括四个层叠组件：前端的大气制动装置，嵌入在大气制动装置内的蛋形着陆器，着陆器上方的环形降落伞容器，以及后方的推进组件（后者带有一个结构环）。层叠结构通过四个横梁固定，它们将大气制动装置的边缘与后方的环体连起来。与美国的设计不同，它没有单体式后壳。在推进环组件中心的固体火箭的作用是：在释放之后使进入系统与轨道器分离，并从飞掠轨道转换到所需的进入轨道。运载飞行器会停留在飞掠轨道，直到其自身发动机点火进行轨道捕获为止。针对姿态控制，安装在推进环组件内部的储罐为横梁边缘附近的冷气体微发动机提供氮气。小型固体火箭微型发动机固定在大气制动装置边缘，以便在进入之前使飞行器旋转，在进入之后解除旋转状态，从而准备好展开降落伞。从释放到进入旋转，飞行器都采用主动三轴控制；在进入过程中采用被动空气动力控制；在降落伞下降过程中采用被动控制。固定降落伞、展开装置及末段火箭发动机的环形区连接到着陆器。大气制动装置通过下方的金属带连接到降落伞容器。用来控制进入、下降和着陆操作的航天电子设备位于与环形装置下方相连的一个小型圆筒内，该圆筒可以分成两个半体结构。在上半侧固定一个带有四个小喷嘴的固体火箭装置，用来将 13 m² 的阻力伞从环形结构中拉出。环形结构的上半部被分离，并被阻力伞带走，继而拉出 140 m² 的主降落伞，主降落伞的线与下半部结构相连。固体末段火箭安装在吊伞索上方一个容器部件内。雷达高度仪安装在仪表舱底部的着陆器内部。

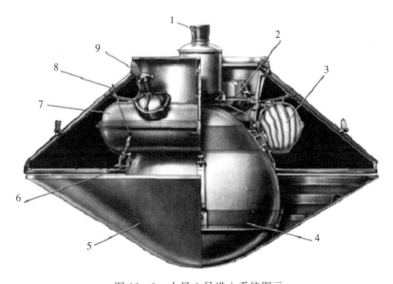

图 12 - 8　火星 3 号进入系统图示

1—主固体火箭；2—航天电子设备；3—主降落伞；4—着陆器地表站；5—减速伞；
6—高度计天线；7—降落伞容器；8—中继天线；9—阻力伞高温计

（3）着陆器

着陆器是一个蛋形舱体，直径为 1.2 m，横跨在覆盖 20 cm 厚泡沫层的中部。泡沫分为两块，其中一块是一个减速伞盖，其形式是一个可弹出盖，盖住着陆器舱的大部分，并固定到一个环绕舱体

图 12 - 9　火星-71 号进入系统

底部的小型环绕边缘上；另外一块为透镜形状，被永久安装在底部，位于环绕边缘的下方，其作用是吸收着陆时的冲击力。在着陆后，通过气球膨胀使瓣式结构打开，从而将泡沫减速伞盖弹出，以便稳定着陆器并露出其内部仪表。两个摄像机口和四个可展开弹性天线从球体顶部伸出，以便与轨道器进行通信。系留漫游车安装在一个可展开臂上。着陆器使用电池驱动，在分离之前由轨道器给电池充电。通过用绝热材料覆盖露出部分及散热器系统进行温度控制。着陆器能够承受火星寒冷的夜晚。

　　整个着陆器舱体质量为 358 kg，在发射之前通过杀菌灯消毒，以防止污染火星环境。它使用弹射装置进行检测，额定水平速度为 28.5 m/s，垂直速度为 12 m/s，冲击力为 180 G。在图 12 - 10 中给出了着陆器舱，其瓣式结构处于封闭状态，被泡沫减速伞盖及冲击减震器包裹着。

　　在苏联任务设计中，并没有让到达的运载航天器定位大气进入点，再释放被动进入系统，然后进行一次偏移操控以抵达轨道捕获

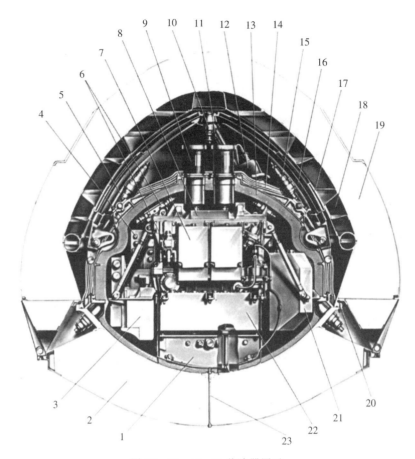

图 12 - 10　M - 71 着陆器图示

1—雷达高度计；2—减震器；3—遥测装置；4—自动无线电系统；5—天线；6—无线电；
7—无线电系统单元；8—科学仪表舱；9—成像系统；10—瓣式结构锁定销；11—仪表
配置系统；12—科学传感器；13—内部绝热装置；14—外部绝热装置；15—瓣式结构
展开装置；16—瓣式结构；17—减速伞盖移位气球；18—减速伞盖；19—减速伞盖
减震器；20—用于移位气球的气筒；21—控制系统；22—电池；23—压力传感器

点；而是将运载飞行器定位到轨道捕获点，并使用一个更复杂的进
入系统，通过其推进系统的操控达到必要的大气进入点和攻角。金
星和火星进入策略的不同是因为其大气特点不一样。金星大气很稠

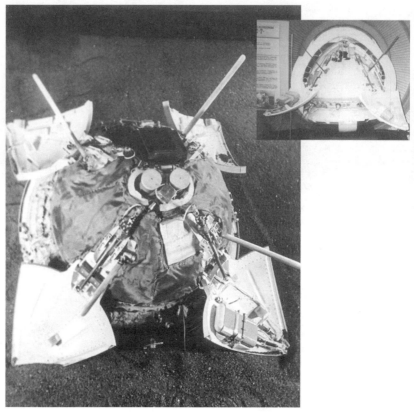

图 12-11　试验台上的火星-71 号着陆器工程样机及一个剖面模型（插图）

密，采用一个简单的重心偏移球形外壳进行姿态对准，就可以在远离地表的位置随时将速度降到亚声速。火星大气很稀薄，需要使用一个大型圆锥形减速伞盖在足够高的位置来实现足够快的大气减速，以确保降落伞和末段火箭能够在碰撞地表之前消除剩余速度。火星大气对进入角的要求很严格：如果角度过大，那么飞行器就会在完成减速操作步骤之前抵达地表；如果角度过小，飞行器会掠出大气。另外，圆锥形罩体也必须相对进入速度矢量进行正确定向，并通过稳定旋转保持该方向。尽管缺乏准确的火星星历表数据，然而还是

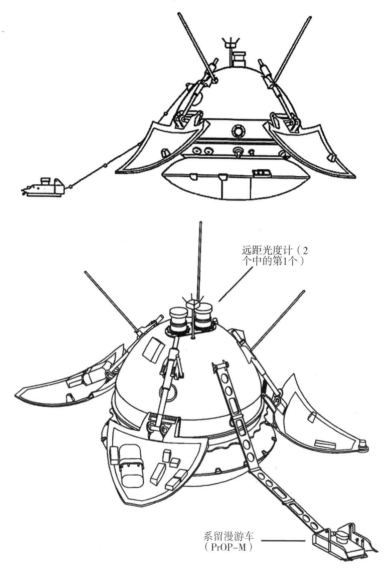

远距光度计（2
个中的第1个）

系留漫游车 ————
（PrOP-M）

图 12-12　着陆器地表展开状态和减震器图示（由巴勒等提供）

要使飞行器达到精确的轨道和进入角。为此，设计者设法让运载飞
行器在靠近行星时自主进行光学导航，并在进入大气之前几小时释

放进入系统。金星号运载飞行器在进入前 2 天释放了进入系统，随后进入大气并自毁。不过，1971 年火星任务是运载飞行器进入轨道。在完成整个航天器机动到大气进入轨道后，释放进入系统，然后在行星附近进行一次偏移操控，但这些会需要超量的推进剂。通过对质量进行权衡，得出的更好的轨道器方案是为进入系统配置一个机动发动机及主动三轴姿态控制功能。

在图 12 - 13～图 12 - 17 中给出了火星 - 71 号进入系统的靠近、分离、轨道修正、进入、下降和着陆操作顺序。在进入系统与轨道器分离后的所有步骤都自动完成，不需要来自地球的命令。在距离火星大约 46 000 km 的地点，进入系统与轨道器进行火工分离，这意味着其开始执行进入任务。此时进入系统处于三轴姿态控制。在 900 s 后（此时应该与轨道器之间达到了安全距离），主固体火箭点火，提供一个 120 m/s 的脉冲，使之到达所需的进入轨道。100 s 后，飞行器通过旋转调整到合适的进入姿态。再经过 50 s，在大气制动装置边缘的一组固体微发动机点火，每个发动机都可以提供 0.5 kN的推力，时长为 0.3 s，从而让飞行器加速旋转到 10 rpm。接下来抛弃推进环组件，同时随其带走姿态控制系统和安装杆。进入稳定旋转状态的飞行器会滑行到其目标。

飞行器以大约 5.8 km/s 的速度进入大气。在经历峰值减速后，载荷力下降到 2 G，不再需要旋转稳定，在大气制动装置边缘的第二组固体微发动机点火，以解除飞行器的旋转。大约 100 s 后，在预先设定的 G（大约等效于 $Ma = 3.5$），通过一个加速计触发下降程序计时器，此时时间为 $t = 0$，并展开 13 m^2 的阻力伞。环形区在 $t = 2.1$ s 时一分为二，其上半部被阻力伞拉开，从而拉出主降落伞。接下来释放阻力伞。140 m^2 主降落伞通过开伞索固定，以避免在这种高速状态下受到过大的作用力。科学仪表在 $t = 3.1$ s 时激活。在 $t = 12.1$ s 减速到亚声速后，切开开伞索，顶盖完全打开。大气制动装置在 $t = 14$ s 时被抛弃。

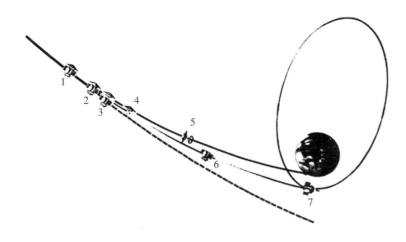

图 12 - 13　火星 - 71 号靠近和瞄准操作序列

1—在约 70 000 km 距离处进行第一次光学导航测量，以更新轨道器和进入飞行器轨道参数；

2—通过轨道修正机动（离开地球后的第三次）以定位轨道器，将近拱点从 2 350±1 000 km 变到 1 500±200 km，速度变化不到 100 m/s；3—在进入之前大约 6 小时，进入飞行器分离；

4—进入飞行器通过轨道修正机动进行定位，进入角精度约为 5°，速度变化为 100 m/s，推进系统在操控后弹射；5—进入飞行器针对进入姿态和加速旋转重新定向；

6—在 20 000 km 的距离进行第二次光学导航测量，以更新轨道进入参数；

7—火星轨道进入机动，速度变化约为 1 190 m/s，轨道周期精度约为 2 小时

高空雷达在 $t=19$ s 时被激活，此时下降速度大约为 65 m/s。在 $t=$ 25 s 时，下方罩线从环形装置中退出，末段固体火箭系统位于环形装置上方；在 $t=27$ s 时，低空雷达被激活。再经过 30~200 s 后，在 16~30 m 的高度，雷达启动着陆操作序列，紧接着启动第二个定时器，关闭下降科学仪表，着陆器末段固体火箭点火，提供 56 kN 推力并保持 1.1 s；降落伞被其他火箭带走，该火箭点火时间为 1 s，并提供 9 kN 的推力。在末段火箭点火后，释放着陆器使其降落到地表；位于末段火箭容器侧面的两个小火箭提供 1 kN 的水平脉冲，持续 4 s，以防止末段火箭落到着陆器上。与此同时，着陆器应以不超过 12 m/s 的垂直速度撞击地面。

在着陆器与地表接触 15 s 后，通过一个定时器命令弹射泡沫盖

图 12 - 14　火星-71 号进入操作序列

1—在进入前 6 小时，进入系统分离；2—固体火箭点火，以便从飞掠轨道重新定位到进入轨道；3—推进系统分离和加速旋转；4—在经历峰值减速后减速旋转；5—空气制动

图 12 - 15　火星-71 号引导伞制动操作序列

1—加速计启动下降程序定时器，时间为 $t=0$，辅助降落伞盖被断开，牵引火箭点火；2—阻力伞和盖子从其容器中被拉出；3—阻力伞罩线从其容器中被拉出，在悬浮线上的拉力增加；4—阻力伞从牵引装置中释放，并在 $t=0.7$ s 时打开；5—环形主降落伞盖的上半部分被断开并分离；6—主降落伞与连接到环形室下半部的罩线被拉出；7—主降落伞展开，不过通过一个开伞索来限制，以避免受力过大，科学仪表在 $t=3.1$ s 时激活

图 12 - 16 火星 - 71 号主降落伞下降操作序列

1—开伞索在 $t=12.1$ s 被断开,以完全打开主降落伞;2—隔热罩在 $t=14$ s 分离,在 $t=19$ s,
启动高空雷达高度计;3—在 $t=25$ s,通过火工点火释放末段火箭;4—主降落伞用一组
新的罩线拉出火箭,在 $t=27$ s,激活低空雷达;5—在降落伞上经过 $30\sim200$ s 后,
在 $16\sim30$ m 的高度,低空雷达关闭下降科学仪表,并给末段着陆火箭点火;
6—降落伞被其他火箭带走,将着陆器投下;7—着陆器自由降落到地表

瓣式结构,并启动着陆器操作序列。在此过程中应展开 4 个瓣式结构、瓣式结构,天线和吊臂,并通过两个独立的甚高频通道、以 72 kbits/s 的速度开始向主航天器发送数据。此通信期持续大约 20 分钟,必须在航天器进行其进入操控之前进行。它包含一个 500 × 6 000 像素的全景图像。然后着陆器会像在所有通信间隔期内一样关闭动力。通过定时器启动该阶段,其时间可能短至 1 分钟,具体取决

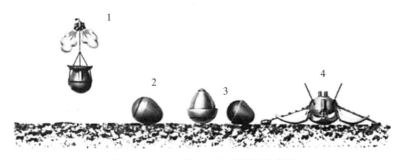

图 12-17　火星-71 号着陆操作序列

1—末段火箭点火，并由其他火箭将降落伞带走；2—着陆器被投下，接触地表后停止；
3—移位气球膨胀，从而将着陆器顶盖分离（右侧）；4—在上半球的瓣式结构打开，
使着陆器稳定，天线和吊臂展开，科学仪表包被激活

于地点、地形特征及轨道器/着陆器的彼此位置。着陆器的设计使其能够在火星上工作几天。

此前，已利用 M-100B 探空火箭在 130 km 高度投放比例模型的方式对整个下降序列进行了 15 次测试。

12.3.3　有效载荷

（1）M-71S 轨道器

轨道器的科学有效载荷几乎是相同的，只是 M-71S 及火星 3 号航天器都带有法国 STEREO 仪表以测量太阳大爆发。这是苏联航天

器首次携带一个西方制造的仪表。不过，苏联仍然坚持保密原则，法国只是提交了设备。他们并没有参与仪器的集成和检测。实际上，他们并没有看到任何图纸，也未被告知在哪里及哪个航天器上安装仪表。因为失去了 M - 71S 轨道器，所以此试验只剩一个仪表，从而影响了项目的立体成像效果。

（2）火星 2 号和 3 号轨道器

大多数轨道器的科学仪表都安装在整体密封仪表舱内，一般在每个近拱点附近操作 30 分钟。其他仪器则安装在外部，或者使用外部安装的传感器，以便对太空环境进行现场调查。

1）FPU 双摄像机传真成像系统；

2）红外辐射计（8～40 μm），用来测量地表温度；

3）红外窄波段 1.38 μm 光度计，用来测量大气中的水蒸气含量；

4）2.06 μm 吸收波段二氧化碳红外光谱仪，用来测量大气光学厚度及描述地表地形；

5）带滤光器的紫外光度计，其区间为 1 050～1 180、1 050～1 340 及 1 225～1 340 Å，用来检测原子氢、氧和氩；

6）莱曼 - 阿尔法光度计（法国 - 苏联），用来测量上层大气中的氢；

7）六通道可见光光度计，其范围为 0.35～0.7 μm，用来测量地表和大气的颜色和反照率；

8）微波辐射计（3.4 cm），用来测量深度 25～50 cm 的地表介电常数和地表温度；

9）通过无线电探测设备研究确定大气结构（温度和密度图）；

10）宇宙射线带电粒子检测器，其中包括 1 个切伦科夫计数器、4 个气体放电检测器及 7 个硅固态检测器；

11）太阳风等离子体传感器（8），用来在 30 eV～10 keV 能量范围内测量速度、温度和成分；

12）通过吊臂安装的三轴磁通量闸门磁力仪；

13）在 M - 71S 和火星 3 号上的 STEREO 仪表，用来在 169 MHz 测量太阳辐射爆发，与地球上的接收器（法国-苏联）配合使用。

火星 2 号和 3 号的电视成像系统是在 M - 69 系统基础上改良而成的，包括两个瞄准胶片摄像机，其中一个带有 52 mm 的广角镜头及若干个彩色滤光器，另外一个带有 350 mm 的窄角镜头和一个橙色光滤光器。在规划的近拱点高度，预计地表分辨率为 100～1 000 m。胶片可以拍摄 480 张图像，其中大部分都是预先为轨道任务前 40 天设定的。

火星 3 号轨道器上科学仪表的总质量为 89.2 kg。

（3）火星 2 号和 3 号进入系统

在下降过程中，通过一个连接到环形结构的无线电高度计提供高度数据。着陆器有效载荷的质量为 16 kg，并包含：

1）进入过程中用于测量大气密度的加速计；

2）下降和着陆过程中的温度和压力传感器；

3）下降过程中提供高度的无线电高度计；

4）下降和着陆过程中用于测量大气成分的质谱仪；

5）测量地表大气密度和风速的仪器；

6）对地表进行立体观察的两个全景电视摄像机；

7）从一个瓣式结构上部署到地表的土壤成分 X 射线光谱仪；

8）与伽马射线密度计和圆锥形透度计处于上项同一瓣式结构，并部署到地表的 PrOP - M 行走机器人。

摄像机与月球 9 号着陆器所用的类似，带有一个光度计和一个扫描镜，可以倾斜进行垂直扫描及旋转进行水平扫描，从而返回每个扫描位置的统一亮度值。一幅全景图扫描像素为 500 × 6 000。质谱仪是为金星 9 号和 10 号开发的 Bennett 射频仪表的早期形式。在下降过程中没有进行遥测。在此过程中获取的所有数据都被存储起来，以便在设定的触地后立即开始计划的通信期内传输。

4.5 kg 的 PrOP - M 漫游车是一个 250 mm × 250 mm × 40 mm

的箱体，其上表面中心处有小突起。其主体结构为两个滑雪板装置支撑，每侧分别有一个，并伸向下方。通过交替移动滑雪板装置，可以实现漫游车"行走"；而将它们沿着相反方向移动，则可以转动。在漫游车前方有障碍检测杆，它设定了反向程序，可以通过导航绕过障碍物。漫游车通过一个 6 关节的机械手臂来展开，并移动进入摄像机视场。它与着陆器间系连一根 15 m 长的电缆，以直接与着陆器通信，每 1.5 m 暂停一次以便进行测量。它携带了一个动态透度计和一个伽马射线密度计，并通过拍摄其轨迹图片来研究地表物理属性。

图 12-18 PrOP-M "Marsokhodnik" 漫游车

12.3.4 任务说明

(1) M-71S

1971 年 5 月 8 日，美国的水手 8 号发射失败，这令苏联的压力稍微减轻一些。苏联的计划是让 M-71S 航天器抢在两个美国航天器之前抵达火星并进入轨道，美国的发射失败增加了苏联实现目标的机会。M-71S 轨道器在两天后的 5 月 10 日发射，但是因为一个点火时序错误而导致 Block D 的二次点火失败——这个错误太严重了，简直无法原谅——它导致航天器搁浅在停泊轨道上。原计划通过定时器设置，在 Block D 进入轨道 1.5 小时后重新给发动机点火，但是输入命令的编程员把代码位数顺序弄反了，因而导致 8 位代码被错误地设置为 150 小时。为了隐匿任务目标，苏联将这个航天器和级结构的组合体命名为宇宙 419 号。它在 2 天后返回地球。

此次故障不仅导致苏联无法实现率先进入火星轨道的目标，而且也威胁到火星-71 号任务的成功，因为这意味着将没有绕行星轨道的无线电信标来协助精确调整携带着陆器的航天器的轨道。苏联当时并没有告知法国其第一个 STEREO 仪表已经被损失掉。在这种情况下，苏联将不得不采用修正轨道的备用方法，但其精度较低，并且风险也要大得多。因为没有精确的火星星历表来计算预先确定的释放点，以及如何使进入系统相对火星进行定向，所以每一艘靠近火星的航天器都必须使用机载光学传感器来确定其相对火星的位置，然后自行计算释放点、抵达该点所需的轨道修正，以及进入系统必须准备好的大气进入方向。这个自主程序使用一个光学导航仪表，是作为一个备用应急程序被开发的，但是因为 M-71S 失败，因此就使它成为唯一的方案。该设计方案很大胆、很复杂并且高度精密，远远超过当时的技术水平。在几十年之后，美国任务设计人员才开始采用自动光学导航；如果当时他们知道苏联将其用于火星 2 号和 3 号，一定会瞠目结舌。

火星-71 号任务计划最多允许进行三次中途航线修正操控，不过通常只使用两次，第一次是在离开地球之后，第二次是在靠近火星时。另外一次修正当时则变得很重要，并且专门用于自主进入系统瞄准程序。第一步是在距离大约 70 000 km 的地点进行光学导航观测，以正确定位进入系统。在计算出一个新矢量并进行航道修正之后释放进入系统，以执行其标准程序。接下来，主航天器在距离火星大约 20 000 km 的位置进行第二次光学观测，以便确定轨道进入机动所需的任何改变。所有这些操作都通过自主方式进行。

（2）火星 2 号

在 1971 年 5 月 19 日成功发射之后，于 6 月 5 日进行第一次轨道修正机动。6 月 25 日火星 2 号和火星 3 号用于通信的主分米波信号几乎同时中断，很明显是发射器出现了问题。短暂的时间后，火星 2 号上的分米波备用发射器也失效，已证实无法激活其厘米波段遥测系统。主分米波发射器仍然不可靠，不过确定了可以使用备用发射器的条件。后来始终没有找到厘米波段系统失效的原因，不过它在后续任务中非常可靠，也没有再发生事故。在 11 月 21 日，在还有 6 天抵达目的地的时候，火星 2 号执行了一次光学导航序列；7 小时后，进行了第二次轨道修正。11 月 27 日进行第三次机动，目的是定位进入系统，但是事实证明出现了致命的不精确性。进入系统在主航天器计划执行其轨道进入机动之前 4.5 小时释放，然后运行了其标准程序。轨道器进行了一次平衡保持点火，然后以 1.19 km/s 的速度进行进入机动，并进入一个 1 380 km×24 940 km 的轨道，其倾角为 48.9°。因为第三次瞄准机动出现问题，导致最远点低于预期，其周期变为 18 小时，而不是 24 小时。

与此同时，下降系统以大约 6.0 km/s 的速度进入火星大气，其角度比计划更陡。下降系统最终出现故障，着陆器在能够打开降落伞之前就撞上了地面，地点为南纬 44.2°、西经 313.2°，留下了苏联的一枚纹章。飞行后的分析表明：因为缺少足够的开发时间来应对所有情况，所以开发的计算机代码不够，其中包括在火星 2 号任务中，在第三次修正之前的轨道非常靠近所需的轨道，由此导致程序纠正过度，并导致进入角度过陡。

（3）火星 3 号

火星 3 号是在 1971 年 5 月 28 日发射的，在 6 月 8 日进行了第一次中途航线修正。主分米波段发射器在 6 月 25 日出现故障，不过备用发射器可以继续使用。航行过程中没有出现问题，在 11 月 14 日，航天器进行了第二次中途航线机动。12 月 2 日在靠近火星时，它进行了自主最终瞄准操作。在世界时间 09：14、轨道进入前 4 小时

35 分钟,航天器释放了进入系统。15 分钟后,进入系统进行了其分离机动,并达到所需的方向。在世界时间 13:47,它以 5.7 km/s 的速度进入了火星大气,进入角不到 10°。阻力伞被展开,然后拉出主降落伞。主降落伞始终被开伞索约束,直到航天器减速至亚声速、顶盖可以完全打开为止。此时隔热罩被抛弃,低空雷达被激活。在 20~30 m 的高度时以 60~110 m/s 的速度降落,此时降落伞被抛弃,小型火箭离开着陆器。与此同时,着陆器令其自身的反推火箭点火。在下降了略多于 3 分钟后,火星 3 号在世界时间 13:50:35 以 20.7 m/s 的速度接触地面。着陆地点位于南纬 44.9°、西经 158.0°,处于预定区域内。

在触地后,泡沫盖立即被弹出,四个瓣式结构打开。在世界时间 13:52:05、着陆后 90 s,舱体开始向其主航天器传输信号。不过,20 s 之后传输停止,再无信号可接收。在经过了几个小时后,主航天器(需要全面关注轨道进入机动)才将着陆器记录的数据传回地球。着陆器返回的一部分图像无法被解读,基本上是噪声。唯一的真实信息是成像校准信号。造成这种信号丢失的原因可能与整个行星不时出现的大范围尘暴有关。这也可以解释为何图像光线较弱。有人提出导致发射器失灵的原因是多尘低压大气中的电晕放电。无论如何,由于在下降过程中收集的数据存储在着陆器上并准备在第一个通信期发射,所以这些数据也丢失了。

与此同时,因为计算机编程错误,导致火星 3 号轨道器进入点火突然终止,最终进入一个 1 530 km × 190 000 km 的轨道,其周期变为 12.79 天而不是 25 小时。如此导致在其有限的工作寿命内,只有 7 次近拱点观测机会。与火星 2 号一样,其轨道倾角为 49°。

在 1971 年 12 月 19 日到 1972 年 3 月 19 日的 4 个月内,两个轨道器传输了大量科学数据。火星 2 号轨道更适合行星观测,但是仍然存在通信问题,其遥测质量很差,在航天器经过行星边缘时,除了射电掩星外,几乎所有行星数据都丢失了。火星 3 号的遥测系统操作正常,不过其脉冲发射器出现了故障。其轨道不适合行星观测,不过火星 3 号能够返回有用的行星数据。在 3 月份的科学观测结束后，两个轨道器都继续工作到 1972 年 7 月 19 日。两者几乎同时失去联络，当时它们的姿态控制气体已耗尽。在 1972 年 8 月 22 日宣布该任务完成，这时候火星 2 号已经绕着其比预期短的轨道运行了 362 圈，火星 3 号则绕着其比预期长的轨道运行了 20 圈。

这些航天器是高度精细的工程杰作，也是用来对其他行星进行全面和前沿研究的首批新一代大型复杂航天器。它们的成功开启了利用全新一代航天器探索行星和进行天体物理研究的大门。

12.3.5　结果

（1）轨道器

①成像

火星 2 号和 3 号轨道器遇到了多种问题。首先，遥测系统出现了一些问题。火星 2 号几乎没有发回遥测信息。火星 3 号的脉冲发射器失灵，只通过 PCM 分米波发射器返回了较低分辨率的 250 行图像。其次，在 10 月份开始出现尘暴，在航天器抵达时尘暴已经完全覆盖了整个行星。再次，成像序列是预先编写的，而当时除了最高山脉以外，其他所有地方都一片模糊，所以无法拍摄。最后，摄像机的曝光设定是错误的。在装有处理胶片的化学物质的安瓿被打开之后，可以拍摄的时间很有限。火星 3 号几乎所有的图像都是通过四批数据返回的。前两批拍摄时间为 1971 年 12 月 10 日和 12 日，尘暴问题造成几乎没有显示细节。鉴于控制系统问题，接下来的两批被推迟到 1972 年 2 月 28 日和 3 月 12 日，此时尘暴已经减弱。总共返回了 60 幅图像，其中包括火山的彩色图像，其顶峰高达 22 km，凹陷处深度为 1.2 km，不过图像质量很差。

在任务期间只发布了一幅照片，它是从火星 3 号极度偏心轨道的远拱点拍摄的整个火星图，其图像特征较弱。与拍摄了 7 000 多幅照片（显示了火星大约 70% 的地区，并且达到了前所未有的详细度）的水手 9 号相比，苏联任务显得比较苍白。美国航天器提供的大量轨道数据表明：火星远远不止是水手 4 号、6 号和 7 号飞掠任务所发现的干燥、环形山、类月地貌那么简单。水手 9 号拍摄到了峡谷、干涸的河床、洪泛平原和火山图像，这暗示火星的过去比现在湿润得多，可能有地下水甚至是生命。火星 2 号和 3 号轨道器所取得的成就在水手 9 号面前黯然失色，苏联只能感叹自己运气不佳。

②尘暴

尘暴在 1972 年 1 月末减弱，使轨道摄像机能够拍摄地表，不过尘埃中很轻的粒子过了几个月才从大气中沉降下来。通过观察发现：尘埃云的高度达到 10 km，不过在整个行星上并不是均匀分布的。研究确定了尘埃颗粒的尺寸，且发现：在尘暴期间，在 7 km 的高空大气中存在微米级的小尘埃颗粒。亮紫外云表明在更高处甚至有更小的颗粒。在尘暴期间，大气中的水蒸气含量很低，可降水量只有几微米。在尘暴之后，水蒸气含量增加到 20 μm，赤道地区的湿度比北极地区更高。尘埃折射了大量日光，在大气清澈之后，地表温度上升了大约 25 ℃。

③上层大气和电离层

通过频繁的火星 2 号无线电掩星，获取了上层大气温度和压力分布图，数据表明存在一个中性上层大气，其中几乎完全是二氧化碳，并有大约 2% 的原子氧。在昼夜分界线以上 200 km 的位置，检测到夜侧气辉。电离层的底部位于 80～110 km。从 100～800 km，二氧化碳越来越多地解离为原子氧和一氧化碳。通过莱曼-阿尔法实验，检测到一个延伸到 20 000 km 的原子氢冕层。与水手 6 号和 7 号在 1969 年进行的观测相比，其中原子氢更少，估计是因为氢原子来自水解离，而在尘暴期间大气中的水较少。测量了电离层中的带电粒子，并检测到了定义太阳风与行星电离层的相互作用的弓形激波。

④下层大气

采集的数据包括下层大气温度随时间和空间的变化，地球大气中水蒸气含量比其高 5 000 倍。边缘图像表明：大气具有分层结构，其范围向外延伸到 200 km。在高度 40 km 的下层大气中发现了包含亚微米尺度的粒子的云层。根据报告，其成分中有 90% 的二氧化碳，0.027% 的分子氮，0.02% 的分子氧，0.016% 的氩，其可沉降水蒸气含量在 10～20 μm 之间。

⑤地表地形

采用了基于二氧化碳柱密度的高度测量方法，并在地表沿着轨道器的轨道，通过 2.06 μm 吸收波段的红外光度计进行测量。推算的高度与地球雷达的观测值总体吻合。

⑥地表属性

每天的地表温度变化很大，表明干燥、多尘地表具有低热传导特征。纬度方向的地表温度变化范围从北极冠处的 -110 ℃到赤道附近的 $+13$ ℃之间。赤道平均温度为 -40 ℃，在南纬 60° 处的温度为 -70 ℃，并且一天中的变化不大。在地表的黑暗区，温度比亮区高 10～15 ℃。在夜间的低纬度区，地表温度迅速下降，表明存在干燥多孔、热导率低的土壤。0.5 m 深的地下温度不高于 -40 ℃。有一些"热区"的温度比周围高大约 10 ℃。北极冠的温度接近二氧化碳冷凝温度。测量的地表压力为 5.5～6 mbar。根据微波和热辐射测量数据，推导了土壤密度、热导率、介质磁导率和反射率。土壤密度为 1.2～1.6 g/cm³，在某些地区则增加到 3.5 g/cm³。地表应该覆盖了一层二氧化硅尘土，平均厚度约为 1 mm。在地表发现了异常热流。

⑦全球属性

采集了关于火星重力和磁场的全球数据。没有检测到行星自身的磁场，电离层与太阳风相互作用的等离子体数据表明，地球磁矩至少比其磁矩强 4 000 倍。一个关键的发现是：在重力场中存在大型的本地质量瘤，这与月球类似，它导致航天器轨道发生显著变化。此外，可以测定极直径小于赤道直径。

（2）着陆器

虽然火星 2 号着陆器坠毁，不过因为它是抵达火星地表的首个人造天体，所以仍然具有重要意义。

火星 3 号着陆器则是首个在火星成功着陆的人造天体，不过着陆后几乎马上陷入静默。在图 12 - 19 中给出了扫描 - 光度计成像器所返回的数据,这些数据是在近年发布的,通过分析发现其中大部分是噪声。

图 12 - 19　火星 3 号着陆器拍摄的图像

12.4　YE - 8 月球轨道器系列:1971—1974 年

12.4.1　计划目标

　　除了月球地表漫游车和样本返回任务,Ye - 8 模块式航天器还通过飞行轨道任务来辅助支持载人任务的工程要求。基本要求包括拍摄高分辨率的月球地表照片,并进行远程地表成分测量,以便选择着陆地点。次要目标是采集月球轨道关于辐射和等离子体的数据,以便了解其给人类造成的风险。共成功发射了两个 Ye - 8LS 轨道器:月球 19 号和 22 号。利用其跟踪数据,继续进行了从月球 14 号开始的精确月球重力场绘图工作。

	发射的航天器
第一个航天器：	月球 19 号(Ye - 8LS 202 号)
任务类型：	月球轨道器
国家/建造者：	苏联/拉沃契金设计局
运载火箭：	质子 K 号
发射日期/时间：	1971 年 9 月 28 日,世界时间 10:00:22(拜科努尔)
相遇日期/时间：	1971 年 10 月 3 日
任务结束时间：	1972 年 10 月 3 日
结果：	成功
第二个航天器：	月球 22 号(Ye - 8LS 206 号)
任务类型：	月球轨道器
国家/建造者：	苏联/拉沃契金设计局
运载火箭：	质子 K 号
发射日期/时间：	1974 年 5 月 29 日,世界时间 08:56:51(拜科努尔)
相遇日期/时间：	1974 年 6 月 2 日
任务结束时间：	1975 年 11 月
结果：	成功

12.4.2　航天器

　　航天器与月球漫游车的着陆器级基本相同,不过其有效载荷带有一个轨道仪表加压舱。这是一个矮圆筒结构,与月球步行者一样,其带有一个铰链盖,可以露出下方的太阳能电池板。

　　月球 19 号发射质量: 5 700 kg

　　月球 22 号发射质量: 5 700 kg

12.4.3　有效载荷

　　1) 成像系统;

　　2) 引力场实验仪器;

　　3) 伽马射线光谱仪,用来测量地表成分;

图 12-20　月球 19 号航天器

4）辐射传感器；

5）磁力仪；

6）微流星体检测器；

7）高度计；

8）无线电掩星实验仪器。

对于这些轨道器，根据月球 9 号和 13 号全景成像器开发了全新线性扫描摄像机。主要通过航天器的运动提供图像长轴，光度计只沿着与轨道运动方向的垂直方向扫描。以天底为中心，视场为 180°，并给出"圆筒形鱼眼"图像。该摄像机从 100 km 的高度拍摄，速度为每秒 4 行，行进方向的分辨率为 100 m，垂直方向则为 400 m。月球 22 号还携带了另一个摄像机，并可以对用于真空操作的固体润滑剂进行工程检测，对地表反射属性进行薄片检测。

12.4.4　任务说明

　　月球 19 号是在 1971 年 9 月 28 日发射的，在 10 月 3 日进入了一个 2 小时的圆形月球轨道，其高度为 140 km，倾角为 41°。3 天之后，轨道变为一个 127 km×385 km 的椭圆。几个月后，近月点下降到 77 km，以便从更近距离拍摄。在轨道上运行了 4 000 多圈之后，航天器在 1972 年 10 月 3 日停止操作。

　　月球 22 号是在 1974 年 5 月 29 日发射的，在 6 月 2 月进入了一个 219 km×221 km 的月球轨道，其倾角为 19.6°。在 18 个月的寿命期内，它进行了很多次轨道调整，以优化实验操作，有时候会将其近月点降低到 25 km，以改善拍摄效果。在 9 月 2 日姿态控制气体耗尽之后，仍然有零星的联络，任务在 1974 年 11 月月初结束。

图 12-21　月球 19 号拍摄的全景图像的一部分，地点为暑湾，右侧是厄拉多塞环形山

12.4.5　结果

　　月球 19 号和 22 号都从轨道返回了月球地表的图像，很明显，月球 19 号返回了大约 5 个全景图，月球 22 号返回了 10 个全景图。两个航天器都扩展了系统研究，以确定以前的月球号轨道器就开始研究的质量密集区（质量瘤）。它们还对地表成分进行了遥感，并直

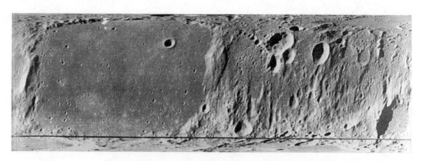

图 12 - 22　月球 22 号拍摄的全景图像的一部分，所使用的线性扫描
光度计成像器具有"圆筒形鱼眼"视觉效果

接测量了轨道环境属性，其中包括辐射、等离子体、磁场和微流星
体通量。对月球地形进行了高度测量，并研究了风化层的电磁属性。
其结果一定很详细，但是公开发布的信息极少，尤其是关于月球 22
号的信息。

第 13 章　金星航天器、月球火箭及陷入困境的火星任务进入尾声

13.1　时间线：1972 年 3 月—1973 年 12 月

1972 年，最后一艘 3MV 航天器——金星 8 号发射，这是苏联月球或行星任务最后一次使用闪电号运载火箭。借助金星 7 号测量的地表温度及推断的压力数据，简化了过度设计的降落舱，使金星 8 号能够携带更多仪表。它于 3 月 27 日发射，着陆器在金星地表成功操作。另外两次重要的收尾任务包括：在 1972 年 11 月发射的第四个 N‑1，但是任务失败，这也导致该项目被取消；在 1972 年 12 月进行的最后一次阿波罗登月。

第二个也是最后一个机器人月球漫游车是月球步行者 2 号，它于 1973 年 1 月通过月球 21 号任务发送到月球。除此之外，1973 年可能是机器人行星飞行历史上最令人沮丧的一年。当时苏联很清楚美国计划在 1975 年向火星发射精密复杂的轨道器/着陆器。在几乎成功的火星 3 号着陆器的鼓舞之下，苏联为 1973 年的发射窗口设计了大胆的计划。这一年的发射机会不如 1971 年的那么有利，无法发送轨道器/着陆器，因此苏联在 7 月和 8 月发射了 4 个航天器：其中火星 4 号和 5 号是轨道器，火星 6 号和 7 号则携带了要在飞掠过程中释放的着陆器。在开发这些航天器的过程中，苏联在很多航天器系统中使用了一种新晶体管。但是在发射之前，发现这些晶体管存在错误，在其生产过程中采用了"创新"技术，导致使用寿命有限、无法保证顺利完成面向火星的长期飞行。但是要在这个时间窗口内发射，已经没有时间来替换它们，相关人员非常为难。最后，为了

抢在美国之前实现目标，他们决定不再等待 1975 年的下一次火星发射机会，而是继续原计划，并希望至少有一个着陆器能够成功。但实际情况证明，晶体管寿命试验结果很准确，所有四个航天器都失败了，并最终导致此竞争变成一场灾难。

发射日期		
1972 年		
3 月 2 日	先锋 10 号木星飞掠	在 1973 年 12 月 3 日成功飞掠
3 月 27 日	金星 8 号进入探测器	成功
3 月 31 日	金星号进入探测器	第四级失败
4 月 16 日	阿波罗 16 号月球着陆	成功
11 月 23 日	N-1 月球火箭试验	助推器爆炸,第四次也是最后一次试验
12 月 7 日	阿波罗 17 号月球着陆	成功,最后一次阿波罗飞行
1973 年		
1 月 8 日	月球 21 号漫游车	成功,月球步行者 2 号
4 月 5 日	先锋 11 号木星/土星	成功的木星和土星飞掠
7 月 21 日	火星 4 号轨道器	未能进入轨道,掠过火星
7 月 25 日	火星 5 号轨道器	绕轨道运行 22 圈,提前失败
8 月 5 日	火星 6 号飞掠航天器/着陆器	成功下降,在着陆过程中失去联系
8 月 9 日	火星 7 号飞掠航天器/着陆器	进入系统失灵,掠过火星
11 月 3 日	水手 10 号金星/水星	成功飞掠金星和水星

因为系统有问题，所以火星 4 号无法进入火星轨道，只能掠过火星。火星 5 号抵达了轨道，但是在轨道上运行 22 圈后陷入静默。火星 6 号的遥测系统提前失灵，因此被迫在盲飞状态下指挥飞掠航天器。它不可思议地进行了自动中段机动，在靠近火星的过程中利用光学导航使其进入系统进入了正确的轨道。进入系统进入了大气，通过降落伞下降，并在其通信系统受到破坏的情况下发回了数据，不过其中大部分是混乱的数据。在地表附近释放着陆器时失去了联络。火星 7 号飞掠航天器按照计划释放了其进入系统，但是该系统未能正常操作，并且错过了火星。直到苏联解体后，关于此次大规

模竞争的真实结果才浮出水面。

与此同时，美国在 1972 年 3 月 2 日发射了先锋 10 号，以执行面向太阳系外的首次任务。它飞掠了太阳系最大的行星：木星。在 1973 年 11 月美国发射了水手 10 号，以利用飞掠金星达到引力加速效果，并抵达水星。在 1973 年 4 月发射的先锋 11 号也在木星附近采用了类似的方法来抵达土星。

13.2　在金星地表的科研：1972 年

13.2.1　计划目标

金星 7 号在金星地表顺利着陆，是苏联所取得的一次重要成功。在最终确认了地表压力和温度后，NPO‑Lavochkin 的工程师将设计的压力限值从 180 bar 降低到 105 bar，并将节约下来的质量用来强化降落伞和增加科学仪表。为了满足下一代更大、更复杂的金星着陆器的需求，还增加了一个光度计，以确定地表亮度。以前的所有进入探测器都定位于夜半球，其目的主要是确保直接与地球通信，但是也需要测量日半球的亮度，以便为未来的着陆器设计成像器。因此，在 1972 年任务中，计划在位于昼夜分界线的地点于清晨降落，而在这里仍然可以向地球发送信号。采用了一个冗余的可展开天线，以避免主天线瞄准效果不佳，或者因为崎岖的地形而阻挡视线。

发射的航天器	
第一个航天器：	金星 8 号(3Y 第 670 号)
任务类型：	金星大气/地表探测器
国家/建造者：	苏联/拉沃契金设计局
运载火箭：	闪电 M 号
发射日期/时间：	1972 年 3 月 27 日,世界时 04:15:01(拜科努尔)
相遇日期/时间：	1972 年 7 月 22 日
结果：	成功的,从地表发射数据

续表

发射的航天器	
第二个航天器：	宇宙 482 号（3Y 第 671 号）
任务类型：	金星大气/地表探测器
国家/建造者：	苏联/拉沃契金设计局
运载火箭：	闪电 M 号
发射日期/时间：	1972 年 3 月 31 日，世界时 04：02：33（拜科努尔）
结果：	未能离开地球轨道

共尝试进行了两次发射，第一次成功地发射了金星 8 号，第二次航天器滞留在停泊轨道。金星 8 号航天器最终获得成功，这也是 3MV 系列航天器最后一次取得成功。它实现了苏联多年来努力反复尝试的目标，也是对其不懈努力的回报。在其建造过程中，NPO-Lavochkin 正在开发新一代的月球号航天器，以执行样本返回、漫游车和轨道器任务，以及面向火星的轨道器和着陆器任务，它们都计划使用质子号运载火箭，因此本次任务是最后一次使用 8K78M 闪电号进行的行星活动。

金星 8 号为设计复杂得多的着陆器提供了数据，从 1975 年开始，这些着陆器计划通过下一代先进的金星号航天器来运送，并使用质子号火箭发射。

13.2.2　航天器

金星 8 号的运载航天器与金星 4 号以后的所有任务基本相同，但是其进入探测器经过了改造。进入探测器压力设计限值被降低，以适应增加的科学仪表；降落伞也进行了强化，不过顶盖尺寸与金星 7 号相同，以便以同样的方式在大气中快速下降。因为从地球上观测，探测器的着陆地点会进一步远离金星中心，所以天线传输方向图从蛋形（当地球处于顶点时比较合适）变为一个漏斗形（当地球位于地平线上较低位置时较比合适）。为防止舱体侧停，还配置了第二个天线，该天线在使用时会弹射到地表。这是一个扁圆盘，每一侧都带有一个螺旋天线，因此不管如何落地，都能通信。

使用了一种新型蜂窝复合材料作为着陆器的主绝热层。另外还通过三水硝酸锂来增强绝热效果，它是一种相变材料，可以在 30 ℃ 通过熔解来吸收热量。除了在压力容器内部形成"蓄热器"以外，它还保护伸到外面的仪表。

发射质量：1 184 kg

进入舱质量：495 kg

13.2.3　有效载荷

（1）运载航天器

1）太阳风带电粒子检测器；

2）宇宙射线气体放电和固态检测器；

3）紫外光谱仪，用于莱曼-阿尔法测量。

图 13 - 1　在地表部署的金星 8 号，降落伞弹出，并展开了第二个
天线（来自 NPO - Lavochkin）

（2）下降/着陆舱

1）温度、压力和密度传感器；

2）大气化学气体分析仪；

3）宽带可见光光度计（2）；

图 13 - 2　金星 8 号航天器正在拉沃契金进行测试

4）伽马射线光谱仪；

5）无线电高度计；

6）多普勒实验仪器。

在降落伞展开之前的下降过程中，使用一个加速计来测量大气密度。高度计经过了重新设计，使在降落伞下降过程中工作的仪器精度可达几百米。大气成分实验包括一项氨-石蕊试验，大气结构实验装置带有四个电阻温度计、三个无液气压表及一个电容气压表。携带了一对单通道宽带硫化镉光度计，以测量综合向下通量，其视

场为 $60°$，波长范围为 $0.52 \sim 0.72~\mu m$。光学单元位于舱体外部上方，安装在一个单独装置内，该装置采取了高压密封及高温绝热。光线通过 1 m 长的光纤抵达电子设备。光度计灵敏范围为 $1 \sim 10~000~lx$，并采用对数编码。

图 13-3　金星 8 号探测器

注：无线电高度计部署在左侧，主天线位于中心，辅助天线和展开装置位于右侧。

边缘的小圆筒是两个光度计（每侧各有一个），以及气体分析仪

伽马射线光谱仪安装在整体密封探测器内部。它可以检测钾、钍和铀的辐射，并根据一组地球岩石数据针对这些元素进行校准。

13.2.4　任务说明

金星 8 号在 1972 年 3 月 27 日发射，在 4 月 6 日进行了中途航线修正机动，并于 7 月 22 日抵达了金星。太阳能电池板给舱体电池充电，并通过巡航模块的一个系统对舱体进行预冷却，其方法是让 $-15~℃$ 的空气在其中循环流动。在释放 53 min 后（世界时间

08：37)，舱体以 11.6 km/s 的速度撞击大气，其角度为 77°，并位于日照侧，距离清晨昼夜分界线大约 500 km。18 s 后，它速度下降到 250 m/s，并展开了其引导伞。被开伞索限定的主降落伞在高度为 60 km 时打开，顶盖在高度为 30 km 时完全打开。仪表在高度为 50 km 时被激活，并在 55 min 的下降过程中发送数据。能够明显地看到叶夫帕托里亚号。舱体在南纬 10.70°、东经 335.25°猛烈撞击地表。此时为金星太阳时 6：24，太阳天顶角为 84.5°。降落伞在碰撞时被抛弃，辅助天线在地表展开。舱体又传送了 63 min 的信号，并报告地表测量值。主天线首先传送 13 min 的数据流，然后辅助天线传送 20 min 的数据流，最后主天线传送 30 min 的数据流。

金星 8 号运载航天器返回了上层大气和电离层的测量信息后在大气中解体。

原定发射的第二个航天器，由于一个定时器出现故障，导致发动机在 125 s 后就停止运转，从而使第四级无法点火，因而航天器无法离开低地球轨道。它滞留在一个高度椭圆轨道中，该航天器的名称为宇宙 482 号。在 6 月底，有一部分结构分离，这部分很有可能是进入舱，并且仍然停留在轨道内；而主航天器则在 1981 年 5 月 5 日重返大气。

13.2.5 结果

金星 8 号舱体返回了关于大气和地表的大量数据。它根据 100～65 km 高度范围内的加速计数据确定了大气密度，并直接测量了大气温度、压力、成分及从高度 55 km 到地表的下降光通量。虽然不精确，但是这些关于太阳光通量与高度关系的首批数据足以证实高温是由温室效应引起的。测量了地表的光照，并将衰减变化模式归因于云层的作用。根据多普勒数据，获得了从高度 55 km 到地面的水平风的速度和方向。在 50 km 以上高度，风速为 100 m/s，在接近高度 45 km 的雾层，风速为 40～70 m/s，从这个高度到 20 km 的范围内，风速也大得让人感到意外，为 20～40 m/s。从高度 10 km

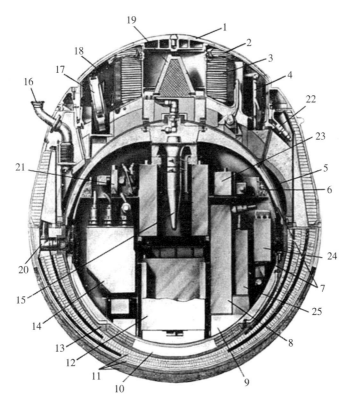

图 13 - 4　金星 8 号探测器图示

1—降落伞外壳盖；2—阻力伞；3—主降落伞；4—可展开无线电高度计天线；5—热交换器；

6—蓄热器；7—内部绝热装置；8—程序定时器；9—蓄热器；10—减震器；11—外部绝

热装置；12—传输机；13—加压球；14—通信装置；15—风扇；16—运载飞行器的

冷却管道；17—可展开辅助天线；18—降落伞外壳；19—主天线；20—脐带电缆；

21—天线馈线系统；22—封盖防爆螺栓；23—遥测装置；

24—稳定石英晶体振荡器；25—通信装置

到地表，风速则只有大约 1 m/s。风处于超级旋转状态，这与高紫外云一样。

无线电高度计在 45.5 km 高度处第一次发出报告。它一共给出了 35 个读数，最后一个是在 900 m 高度处。舱体在下降过程中，沿着水平方向漂移了 60 km。高度计提供了一组地面数据，其中包括分别为 1 000 m 和 2 000 m 高的两个山脉，一个 2 000 m 深的深谷，以及一个面向着陆地点的向上缓坡。获取了两组回声密度数据，根据这些数据可以计算介电常数及地表密度（1.4 g/cm³）。光度计进行了 27 次测量，在探测器从云层中下降的过程中，亮度从 50 km 到 35 km 稳步下降。金星 8 号是首个能够区分金星大气三个主光学区的航天器：其中包括两个云层，其上层雾区较厚，从 65～49 km，下层雾区则从 49～32 km。在其下方的亮度则与地表基本相同，说明在云层下方的大气相对透明。这部分大气的照度与地球上多云天气的黄昏类似。地表亮度较弱，说明在入射日光中，只有 1% 抵达地表。另外，太阳仅位于地平线以上 5°。一个重要的发现是：其照度足以确保下一个着陆器完成摄像机操作。

在气体分析仪返回的大气成分信息中，包括 97% 的二氧化碳、2% 的氮、0.9% 的水蒸气及 0.15% 的氧。虽然在 44～32 km 高度的氨检测结果为阳性，其读数为 0.1%～0.01%，但是因为硫酸的检测结果也为阳性而受到影响。值得注意的一点是：气体分析仪确认在云层中存在硫酸。这也许可以解释为什么云层中如此干燥却能形成小云滴。另外，这种小云滴能够很高效地反射日光，也说明了为什么金星的反照率会这么高。

在地表上，金星 8 号报告的压力为 93±1.5 bar，温度为 470±8℃，从而证实了金星 7 号的测量，并且很符合根据金星 4 号、5 号和 6 号探测器的绝热温度垂直梯度模型（一直到地表）进行外推所得到的结果。

伽马射线光谱仪在下降过程中进行了测量，在地表还进行了两次测量。根据它的报告，地面含有 4% 钾、6.5 ppm 的钍及 2.2 ppm 的铀，说明其花岗岩成分多于玄武岩。不过，对此结果还有一些争论，而所有后来的金星号着陆器都发现玄武岩成分更多。多年后的雷达绘图表明：金星 8 号降落在一个高地火山区，其年代可能比构成行星主要地貌的熔岩平原更早。另外，这里的玄武岩富含钾（在地球上则比较罕见），这也可能是导致上述数据的原因。

13.3 火星任务大规模失败：1973 年

13.3.1 计划目标

在规划 1973 年的火星活动时，苏联清楚美国计划要在 1975 年向火星发射轨道器/着陆器。他们还清楚这些维京号航天器比苏联 1971 年发射的着陆器功能强大得多。另外，与 1971 年相比，1973 年的发射机会需要更多的能量，他们无法重复使用 M-71 轨道器/着陆器策略。如果要在 1973 年向火星发射着陆器，那么其运载航天器将必须飞越火星。苏联的航天器太庞大，因此在 1973 年，质子 K 号运载火箭无法将一个轨道器和一个着陆器组合在一起。一方面，苏联 1971 年所用的航天器与取得成功的美国水手 9 号轨道器相比性能很差；另外一方面，苏联的火星 3 号着陆器近乎成功，又给苏联带来了一些信心。最终，苏联决定抢在维京号任务之前实现火星任务目标。实际上，美国曾经希望在 1973 年发射这些航天器，但是因为财政问题被迫推迟到 1975 年。在得知美国不会在 1973 年展开竞争后，苏联决定进行四次发射，将两个轨道器和两个飞掠航天器/着陆器送往火星。按照计划，将首先发射轨道器，以便将其用作地表着陆器的通信转发器。在释放其着陆器之后的进入和下降过程中，一个运载航天器计划将遥测信息从进入系统实时转发到地球，然后其自身在飞掠过程中对火星进行遥测观测。

发射的航天器	
第一个航天器：	火星 4 号（M-73 52S 号）
任务类型：	火星轨道器
国家/建造者：	苏联/NPO-Lavochkin
运载火箭：	质子 K 号
发射日期/时间：	1973 年 7 月 21 日，世界时间 19:30:59（拜科努尔）
交会日期/时间：	1974 年 2 月 10 日
结果：	轨道进入点火失败，飞越火星

续表

发射的航天器	
第二个航天器：	火星 5 号（M－73 53S 号）
任务类型：	火星轨道器
国家/建造者：	苏联/NPO－Lavochkin
运载火箭：	质子 K 号
发射日期/时间：	1973 年 7 月 25 日,世界时间 18:55:48（拜科努尔）
交会日期/时间：	1974 年 2 月 12 日
任务结束时间：	1974 年 2 月 28 日
结果：	成功,但是寿命很短
第三个航天器：	火星 6 号（M－73 50P 号）
任务类型：	火星飞掠航天器/着陆器
国家/建造者：	苏联/NPO－Lavochkin
运载火箭：	质子 K 号
发射日期/时间：	1973 年 8 月 5 日,世界时 17:45:48（拜科努尔）
交会日期/时间：	1974 年 3 月 12 日
结果：	成功下降,但是在触地过程中着陆器失效
第四个航天器：	火星 7 号（M－73 51P 号）
任务类型：	火星飞掠航天器/着陆器
国家/建造者：	苏联/NPO－Lavochkin
运载火箭：	质子 K 号
发射日期/时间：	1973 年 8 月 9 日,世界时 17:00:17（拜科努尔）
交会日期/时间：	1974 年 3 月 9 日
结果：	进入系统失灵,飞越火星

　　到了 1973 年,美国和苏联的关系趋于缓和,两国航天计划的合作开始增加,成立了很多联合工作组,并为 1975 年拟定了一项联合阿波罗-联盟号运载火箭任务。苏联为美国提供了火星 2 号和 3 号及金星 8 号的数据;而美国则为苏联提供了精确的火星星历表、大气模型,以及水手 9 号针对火星 6 号和 7 号着陆器选定区域所拍摄的轨道图像。

　　为了节约成本和降低风险,苏联工程师使用了与 1971 年相同的航天器,改动幅度很小。不过在测试和飞行过程中遇到棘手的电子设备问题。1971 年电子设备包和 1973 年建造的设备之间的一个主要差异是：在整个航天器上所使用的一种关键晶体管中，其金线被铝所取代。在集成和测试计划的很晚阶段，才发现这种差异，当时一些新 2T - 312 晶体管遇到了故障。在 1973 年的任务中，2T - 312 晶体管的故障成为阿克琉斯之踵。航天器上几乎每个工程分系统和科学仪表都使用了它们。通过测试发现，这些晶体管一般会在生产1.5～2 年后失效。这和抵达火星的时间差不多，而要在这个发射窗口发射，已经没有时间来全部更换它们。经过一次分析预估因为这些晶体管而导致整个任务失败的概率高达 50%。如果这是美国的计划，那么此任务会被延期，但是苏联决策者急于抢在美国之前实现火星地表任务目标，为此置工程师的忧虑于不顾，选择继续使用这些晶体管，冒险开展任务。

晶体管的问题在发射后几乎马上就显现出来，并且在整个任务期间一直持续。所有四个航天器都抵达了火星，但是其中三个都处于严重的瘫痪状态。一个轨道器飞越了火星，一个着陆器错过了火星，其他着陆器则在返回了一组低质量的下降数据后，在马上就要接触地面时失去联系。火星 5 号抵达了轨道，但是在不到一个月后便失效了。

与长寿命的水手 9 号轨道器相比，这些航天器发回的数据很少，即使整合在一起，也可能无法与美国展开的维京号任务进行竞争。因此，苏联决定放弃火星任务，并在近期转向金星任务。苏联再次尝试火星任务已经是这之后 15 年了。

13.3.2　航天器

1973 年火星任务的整体设计和分系统与之前一样，不过科学仪表略有不同。最重要的工程差异是安装了一个新型遥测系统，其目的完全是为了使执行飞掠操作的运载飞行器能够由其进入系统将实时数据转发回地球，这对于火星 6 号是非常关键的。着陆器的遥测系统保持不变，从地表发回的通信信息计划通过轨道器传递。

M - 73 轨道器几乎与 M - 71S 航天器相同。其功能是进入绕火星轨道，与着陆器通信，并自行采集关于火星大气和地表成分、结构与属性的信息。科学有效载荷安装在航天器顶部，与飞掠航天器进入系统处于相同位置。飞掠运载飞行器的主要功能是将进入系统送入一个适当的进入轨道，并在下降过程提供实时遥测传回的信息。它带有用于巡航和火星飞掠观测的科学仪表。因为火星3号着陆器到达了地表，所以进入系统是相同的。不过，对着陆器的科学有效载荷进行了升级。

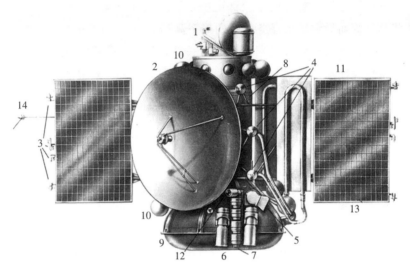

图 13-5　火星 4 号和火星 5 号航天器图示

1—科学仪表室；2—抛物型高增益天线；3—姿态控制系统；4—螺旋天线；5—火星传感器；

6—星敏感器；7—太阳传感器；8—燃料储罐和推进系统；9—航天电子设备室；

10—姿态控制气体储罐；11—热控制散热器；12—地球传感器；

13—太阳能电池板；14—磁力仪

火星 4 号和 5 号发射质量：3 440 kg（轨道器：干质量 2 270 kg）

火星 6 号和 7 号发射质量：3 260 kg（飞掠飞行器）

1 210 kg（进入飞行器）

635 kg（下降段着陆器系统）

358 kg（着陆器）

4 470 kg（总计）

图 13 - 6　火星 4 号和火星 5 号

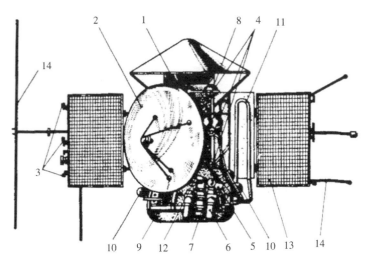

图 13 - 7　火星 6 号和火星 7 号航天器图示（来自《太空旅行百科全书》）

1—着陆器；2—抛物型天线；3—姿态控制气体喷嘴；4—螺旋天线；5—火星传感器；
6—恒星传感器；7—太阳传感器；8—推进系统；9—仪表室；10—姿态控制气体储罐；
11—散热器；12—地球传感器；13—太阳能电池板；14—"STEREO"无线电任务天线

图 13 - 8 火星 6 号和火星 7 号

图 13 - 9 正在测试中的火星 6 号进入系统

13.3.3　有效载荷

一些 M‑73 科学仪表是在火星 2 号和 3 号所用仪表的基础上重新设计的，不过其他仪表则是新增的。火星 4 号和 5 号轨道器及火星 6 号和 7 号飞掠航天器带有如下仪表：

1）FTU 传真成像系统；

2）光学‑机械全景成像系统；

3）红外辐射计（8～40 μm），用于测量地表温度（只用于火星 5 号）；

4）具有在 2 μm 左右的 5 个二氧化碳光谱带的红外光度计，用于获取地表高度信息；

5）微波偏光器（3.5 cm），用来测量介电常数和地下温度；

6）2 个具有 10 个光谱带的偏光器，其范围为 0.32～0.70 μm，用于分析地表纹理特征（法国‑苏联）；

7）具有 4 个光谱带的可见光光度计，其范围为 0.37～0.6 μm，用于测量地表和大气的颜色及反照率（只用于火星 5 号）；

8）红外窄波段 1.38 μm 光度计，用于测量大气中的水蒸气含量；

9）紫外光度计（0.260 μm 和 0.280 μm），用于测量臭氧；

10）扫描光度计（0.3～0.9 μm），用于研究上层大气中的辐射（只用于火星 5 号）；

11）伽马射线光谱仪，用于分析地表元素成分；

12）微流星体传感器（只用于火星 6 号和 7 号）；

13）莱曼‑阿尔法光度计，用于测量上层大气的氢（法国‑苏联）；

14）太阳风等离子体传感器（8），用于测量 30 eV～10 keV 能量范围的速度、温度和成分（只用于火星 4 号和 7 号）；

15）吊臂安装的三轴磁通量闸门磁力仪（只用于火星 4 号和 7 号）；

16）STEREO-2，用于研究太阳射电辐射（法国-苏联，只用于火星7号）；

17）ZHEMO，用于研究太阳质子和电子（法国-苏联，只用于火星6号和7号）；

18）多通道静电分析仪（只用于火星4号和5号）；

19）双频率无线电掩星实验仪器，用于绘制电离层电子和对流层密度。

采用了两种成像系统。第一种是一个进行了各种技术改良的M-71 FTU摄像机，并增加了胶片和提升了扫描速度。第二种是一个单行推扫式全景成像器，在地平线之间可扫描30°的视场，并且可以检测可见光和近红外线。它将数据存储在一个90 min的模拟磁带录音机上，以便传回地球。

FTU光学装置与以前一样：包括两个瞄准线摄像机，其中一个为f/2.8镜头，其焦距为52 mm，视场为35.7°；另外一个为f/4.5镜头，其焦距为350 mm，视场为5.67°。它们的质量都约为9 kg。广角摄像机配备了红色、绿色、蓝色和橙色滤光器，窄角摄像机使用了一个橙色低通滤光器。在一个耐辐射胶片盒中放置了20 m长的25.4 mm胶片，足够拍摄480帧图像。1 s内的交替曝光时间为1/50 s和1/150 s。每个相机都可拍摄23 mm×22.5 mm的帧图像，其胶片扫描分辨率可达10种，不过实际只使用了其中的三种分辨率：235×220，940×800和1 880×1 760像素。扫描的图像由专用脉冲发射器以每秒512像素或者1 024像素的速度发送。在预期的操作高度，这些摄像机的分辨率在100~1 000 m之间。

推扫式全景摄像机系统在1971年首次用于月球19号。它包含两个光学-机械摄像机，每个摄像机都带有一个光电倍增管和一个旋转棱镜，用来对整个航天器轨迹上的一个30°视场进行扫描。一个摄像机带有红色和橙色滤光器，可以检测整个可见光光谱；另外一个摄像机使用一个红色低通滤光器，带有一个可以检测红外线的光电倍增管。它们以4行/秒的速度扫描，并在1 000 Hz的频率下、在磁带上进行 250 周期/行的视频录制。读数速率为每秒 1 行，并根据命令以 256 像素/行或者 512 像素/行的分辨率传输数据。

　　进入系统和着陆器的有效载荷基本与火星 2 号和 3 号相同，不过升级了成像器、质谱仪及温度和压力传感器。用于在下降过程中测量风的多普勒实验装置是新增的。最值得关注的是，当时就可以实时发送下降数据，而不是将其存储起来并在着陆后再传输。进入系统和着陆器上带有如下仪表：

　　1）在进入过程中测量大气密度的加速计；

　　2）在下降过程中测量风和湍流的多普勒实验装置；

　　3）下降和着陆过程中使用的温度和压力传感器；

　　4）在下降过程中提供高度信息的无线电高度计；

　　5）在下降和着陆过程中测量大气成分的质谱仪；

　　6）测量地表大气密度和风速的仪表；

　　7）两个全景电视摄像机，用于地表立体拍摄；

　　8）用于分析土壤成分的伽马射线光谱仪，安装在一个瓣式结构上；

　　9）用来分析土壤成分的 X 射线光谱仪，从一个瓣式结构部署到地表；

　　10）PrOP - M 行走机器人，从与机载伽马射线密度计和圆锥形透度计相同的瓣式结构部署到地表。

　　多普勒测量及无线电高度计、加速计、温度和压力传感器从开始打开降落伞一直工作到航天器接触到地表。

13.3.4　任务说明

　　所有四个航天器都成功发射，但是就像预测的那样，不可避免地出现了意外，依次是火星 6 号、火星 7 号、火星 4 号，它们都因为晶体管问题而在几周内遇到了系统级故障。只有火星 5 号遇到的问题较小，能够进入绕火星轨道，但是也遇到了压力泄漏问题，并且很快就陷入静默。

（1）火星 4 号

火星 4 号是在 1973 年 7 月 21 日发射的。它在 7 月 30 日进行了一次中途航线修正，但是计算机出现了问题导致无法进行第二次中途航线修正。它在 1974 年 2 月 10 日抵达火星，但是发动机未能进行轨道进入机动点火，该航天器在距离火星 1 844 km 处飞越火星。

（2）火星 5 号

火星 5 号是在 1973 年 7 月 25 日发射的。它在 1974 年 8 月 3 日和 2 月 2 日进行了中途航线修正，然后在 2 月 12 日世界时间 15：44：25 进行了轨道进入机动，从而进入了一个 1 760 km × 32 585 km 轨道，其周期为 24.88 小时，相对赤道的倾角为 35.3°。在轨道进入过程中，因为某个未知事件，导致仪表舱发生缓慢泄漏。当时正准备加速观测计划，重点是获取地表高分辨率地表图像。但是在仅运行了 22 个轨道周期后，在 2 月 28 日，当压力低于发射器外罩内的操作压力以后，任务提前结束，此航天器无法再用作原计划在 3 月早期抵达的着陆器的中继设备。

（3）火星 6 号

火星 6 号是在 1973 年 8 月 4 日发射的，并在 8 月 13 日进行了一次中途航线修正。在 9 月底，科学和操作下行链路丢失，其原因几乎肯定是一个 2T-312 晶体管出现故障。在遥测系统中只有两个通道可以继续操作，但是它们都没有提供关于航天器状态的任何信息。工程师没有放弃，而是继续向航天器发送命令，希望接收器仍然能够工作。后来发现，命令上行链路没有受到影响，火星 6 号尽职尽责地执行了命令及其自主功能。在无法向地球发送报告的情况下，在 1974 年 2 月 19 日，它自主地确定了其位置，计算并实行了第二次中途航线修正。直至 3 月 12 日靠近火星时，它正确执行了光学导航和瞄准，然后在距离火星 48 000 km 处、进入大气之前 3 小时，释放了其进入系统。

此后不久，地面控制人员开始意识到火星 6 号正在工作。在世界时间 08：39：07，开始收到通过专用中继通道传输的数据，当时进入系统距离其目标为 4 800 km。在整个进入和下降过程中，航天器转发了数据，然后以距离火星地表不超过 1 600 km 继续飞越火星。此次操作是苏联航天器自主操作历史上的一个重要成就，并且发生在行星探测的早期阶段。

进入系统在世界时间 09：05：53 以 5.6 km/s 的速度穿过大气，攻角为 11.7°。在世界时间 09：06：20、75 km 高度处，因为等离子体的影响而导致信号丢失。在世界时间 09：07：20、29 km 高度处，重新恢复信号，并开始传输数据。在世界时间 09：08：32，进入系统速度减小到 600 m/s，高度为 20 km 时，主降落伞打开。在世界时间 09：08：44，顶盖完全打开，舱体开始发送关于高度、温度和压力的数据。质谱仪的数据被存储起来，以便在着陆后发送。还记录了信号的多普勒频移。舱体在降落伞下的摆动幅度似乎比预期更大，从而影响了数据传输质量。火箭发动机确认点火，但是信号传输在世界时间 09：11：05 停止，此时着陆器已经"靠近地表"，并很有可能已经撞击地表。在失去信号时的速度为 61 m/s，如果以这个速度接触地面便无法保证安全。原计划在释放着陆器后关闭发射器，以便切换到着陆器上的另外一组 YHF 天线。此后没有再收到信号，着陆器的命运也未知。它的位置在珍珠湾区内的南纬 23.90°、西经 19.42°，处于萨马拉山谷附近，其地貌以陡坡为主。

（4）火星 7 号

火星 7 号比火星 6 号晚发射 4 天，但是所选轨道可进行更快的飞行，因此提前 3 天抵达火星。它只在 1973 年 8 月 16 日进行了一次航线修正。因为通信系统的一个早期故障，导致其损失了一个传输器，不过仍然能够与地面保持联络。在抵达火星后，其正确执行了设置进入系统的瞄准机动，并在 1974 年 3 月 9 日释放进入系统。不过，很有可能因为一个 2T - 312 晶体管出现故障，导致进入系统计算机没有给反推火箭发出点火的命令，因此在与火星相距 1 300 km 处飞越。预期着陆目标位于南纬 51.2°、西经 30.9° 的加勒环形山。该运载航天器在其飞掠过程中提供了一些数据。

13.3.5　结果

（1）轨道器

①图像

在火星 4 号未能执行其轨道进入机动之后，它掠过火星，并继续从太阳轨道返回行星间数据。在飞掠过程中，在 6 min 的拍摄周期中，它返回了一个 12 幅幅宽的图像及 2 个全景图，其拍摄距离为 1 900～2 100 km。另外还获取了两组双频率无线电掩星数据，一组是在经过火星背后时（从地球看去）拍摄的，另外一组是在退出时拍摄的。这些数据是关于夜侧电离层的第一批信息。

火星 5 号轨道器在轨道进入后只运行了 25 天，返回了关于火星南半球一小部分的大气数据和图像。它一共返回了 108 幅图像，不过其中的窄角图像存在运动模糊现象。有用的数据包括 43 幅广角图像和 5 个全景图，它们是在持续 9 天的 5 个成像期内返回的，其拍摄区域基本相同，都位于靠近水手 6 号的成像轨道，并显示了位于水手山谷以南区域（从北纬 5°、西经 330°到南纬 20°、西经 130°）的幅宽。另外，还在近拱点附近沿着这个区域的 7 条相邻弧线，使用其他遥感仪表进行了测量。还确定了高空卷云和黄色细尘云。

②地表属性

根据火星 5 号红外辐射计从轨道返回的数据，最高地表温度为 -1 ℃，昼夜分界线附近为 -43 ℃，在夜间为 -73 ℃。这样的温度变化使土壤具有热惯量，这个热惯量与 0.1～0.5 mm 尺寸的颗粒相同。可见光谱的偏振数据表明：在可变云层的风成沉积中，存在小于 0.04 mm 的颗粒。3.5 cm 的偏振表明：在几十厘米的深度，介电常数为 2.5～4。伽马射线光谱仪从轨道检测到氧、硅、铝、铁、铀、钍和钾，表明其地表与地球的镁铁质岩石类似。

③下层大气

使用二氧化碳光度计，沿着从西经 20°～120°、南纬 20°～40°的路径，测量了 6 组高度数据。这些数据基本符合水手 9 号的紫外光谱仪数据。确定了地表压力高达 6.7 mbar。1971 年尘暴肆虐期间，火星 3 号只发现了 10～20 μm 的可沉降水蒸气。两年后，火星 5 号在塔尔西斯地区南部发现了高达 100 μm 的可沉降水蒸气。整个行星的水蒸气含量变化幅度因子为 4～5。在赤道区 40 km 高度处（而不是事先预测的接近地表处）检测到一个大约 7 km 厚的臭氧层，其浓度大约为地球臭氧层的 1/1 000。水手号则只在臭氧含量更多的极地检测到它。并且确认了大气中含有氩。

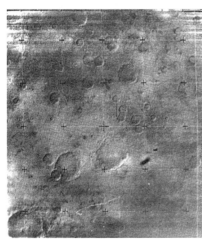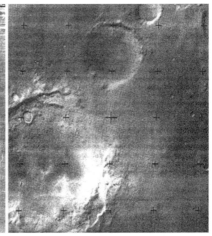

图 13-10　火星 4 号飞掠火星过程中及火星 5 号在轨道上发回的图像

注：左图—火星 4 号通过一个红色光滤光器在 1 800 km 距离处拍摄的、位于南纬 35.5°、西经 14.5°的环形山地形。从左下方开始的大型环形山依次为洛泽、哈特维希和沃格尔。

右图—火星 5 号从 1 700 km 距离处拍摄的南纬 36°、西经 79°的兰帕兰德环形山

④上层大气和电离层

莱曼-阿尔法仪表发现：外大气层温度为 295～355 K，87～200 km 高度范围的温度要较之低 10°。利用 0.3～0.8 μm 波长的可见光光谱仪，没有观测到上层大气的辐射。火星 5 号还在一个轨道上进行了一次无线电掩星实验，根据其结果及火星 4 号和 6 号进行的飞掠掩星测量，得出存在一个夜侧电离层的结论。在 110 km 高度的最大电子密度为 4 600 cm^{-3}，靠近地表的大气压力为 6.7 mbar。

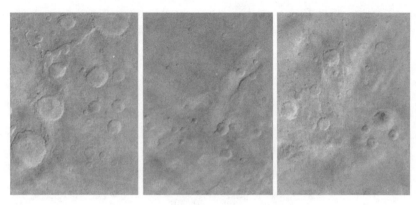

图 13 - 11　火星 5 号 FTU 彩色图像

图 13 - 12　火星 5 号全景成像器拍摄的照片（由泰德·特里克处理）

场和粒子仪表返回了大量数据，为 M - 71 轨道器数据提供了补充。发现在无干扰太阳风和行星磁圈之间的方型激波内有两个不同的等离子体区：一个是位于方型激波后面的热化等离子体，另外一个是磁尾中质子所携带的小电流。方型激波的高度保持在 350 km。等离子体检测结果和磁力计测量结果表明：火星本身的磁场强度大约为地球磁场的 0.03%，相对旋转轴倾斜 15°或者 20°；并且与地球一样，相对其轨道平面垂直线倾斜 23°。

（2）飞越航天器

通过火星 6 号运载航天器的无线电掩星观测，验证了火星 4 号和 5 号对夜侧电离层的观测结果。火星 7 号上的法国 STEREO 仪表在整个火星航行过程中都工作顺利，但是该航天器在飞掠过程中没有返回任何有用的科学数据。它是几个航天器中最后中断联络的，中断时间在 1974 年 9 月。

（3）进入系统

火星 6 号进入系统在其下降过程中传输 224 s 的信号后陷入静默，它提供了第一批关于火星大气的原位测量信息。虽然因为另外一个 2T‑312 晶体管的问题导致其中很多数据都无法读取，但是还是获得了足够的从大约 29 km 高度到地表的温度和压力信息。根据加速计数据，推算出了从 82 km 到此高度的大气密度。从 7 km 高度到近地表，测量到的风速为 12～15 m/s。根据温度、压力、加速计和多普勒数据，推算地表压力为 6.1 mbar，温度为 −28 ℃。地表风速为 8～12 m/s。其他参数包括：温度垂直递减率为 2.5 K/km，在 25～30 km 的高度范围内存在对流顶层，另外有一个几乎等温的平流层，其温度在 150～160 K。这些数据与火星 5 号轨道器的测量结果相符，后来又被维京号任务所确认。相关仪表还表明：火星大气水蒸气含量比以前任务报告的数值高几倍。由于质谱仪数据在下降过程中被存储起来并准备在着陆后发送，因此在着陆失败后丢失。不过，在下降过程中，到真空泵的电流作为一个工程参数被发送，其电流值存在一次陡增。这表明存在氩，其丰度可能为 25%～45%，这个数值太高，令人难以置信；维京号所发现的实际值为 1.6%，该数值更加合理。

（4）着陆器

始终没有收到火星 6 号着陆器发送的信号，即没有从火星地表获取任何信息。火星 7 号进入系统则完全错过了火星。

13.4　苏联火星任务的中断：1974—1988 年

到了 1974 年初，苏联的太空计划遭遇了重大挫折。其载人月球计划无法与美国竞争：其中既包括绕月飞行，也包括无法通过土星 5 号运载火箭 N‑1 将苏联航天员送往月球。因此，苏联退而求其次，开展了机器人月球漫游车和样本返回任务。1973 年孤注一掷的火星任务也以尴尬的失败收场。在 5 月份，谢尔盖·科罗廖夫的门徒和继任者瓦西里·米申的总设计师职位被他们的公开竞争者瓦伦汀·格鲁什科所取代，后者取消了 N-1 计划，并将载人计划重点调整到一种新型的能源号运载火箭和暴风雪号可重复使用航天飞机上，以期与美国当时开始开发的航天飞机展开竞争。

　　在 20 世纪 70 年代早期，在从事行星探索的苏联科学家和工程师团体中展开了一场"行星之争"。"金星派"主张重点开展金星任务，因为他们认为在该领域苏联有明显的优势，而不必去在美国已经获得优势的领域进行挑战。而"火星派"则主张以火星任务为重点，因为火星比金星更有意义。虽然无法与美国精密复杂的维京号着陆器展开竞争，但是苏联也已经进行了若干年的研究工作，从而为开展更大胆、甚至更受瞩目的火星任务，也就是需要使用 N-1 月球火箭的样本返回任务奠定了基础。在 IKI 的负责人罗纳德·萨格捷耶夫与沃尔纳德斯基地球化学研究所所长、科学院副主席及科学院部间太空探索科技委员会的月球和行星部门主席亚历山大·维诺格拉多夫之间展开了争论。最终由姆斯季斯拉夫·克尔德什做出了裁决，因为他的科学声望最高，也是团体中最有政治影响力的人物。克尔德什在即将到来的发射机会中对非常大胆的火星计划比较犹豫，比较支持更为切合实际的金星计划。决策者允许 NPO-Lavochkin继续设计使用质子号运载火箭的火星漫游车和样本返回任务，不过到了 1975—1976 年，这些任务被证明是不切实际的。乔治·巴巴金于 1971 年 8 月 19 日去世后，接任的谢尔盖·克留科夫提出一种拯救火星计划的方案，即难度较低的火卫一任务，火卫一是火星两颗小卫星中较大的一个。克尔德什也支持这种理念，不过在克留科夫于 1977 年辞职及克尔德什在 1978 年去世后，这种呼声逐渐消退，"火星派"被迫让步，在接下来的 10 年中，金星任务成为主旋律。

　　不过，在这里不妨稍微详细地介绍一下当时雄心勃勃的火星计划。苏联工程师在为 1971 年和 1973 年任务开发火星航天器的同时，也一直在设计火星样本返回任务。在 1970 年成功开展的月球 16 号样本返回任务及月球 17 号月球漫游车任务的推动下，上级领导命令 NPO - Lavochkin 在 19 世纪 70 年代中期之前完成一次火星样本返回任务。克留科夫认为可以使用 N-1。设计的第一个航天器的发射质量为 20 t。16 t 的进入系统使用了一个 11 m 的减速伞，它带有折叠瓣式结构，使其能够安装在有效载荷罩内。着陆器没有采用降落伞，而是用大型反推火箭来减速。计划使用基于金星 4 号到 6 号的一种 3MV 航天器：直接返回到地球，并采用一个两级火箭和一个进入舱，它会将 200 g 的火星土壤返回到地球。苏联努力解决复杂的航天器系统问题，以及地球生物污染问题。计划在 1973 年进行一次试验任务，向火星地表发送一个漫游车，该漫游车是在成功的月球步行者基础上开发的。

随着 N-1 火箭计划的失败，苏联被迫采用一种质量更小的设计方案。在 1974 年，NPO - Lavochkin 开始考虑如何利用质子号来完成火星样本返回任务。计划使用两个质子号。第一个质子号将一个 Block D 上面级和航天器送入地球轨道，第二个质子号将第二个 Block D 送入轨道，以实现交会和对接。接下来计划依次点火两个推进级，从而将一个飞掠航天器/着陆器航天器送往火星。因为不需要使用样本返回飞行器直接飞回地球，而是进入火星轨道，并与第三个质子号发射的一个地球返回飞行器交会，所以减低了航天器的质量。在这样一种场景，返回飞行器不是进入大气，而是在一个低地球轨道上停留，等待通过载人任务将其回收。这一次同样规划了一个先期任务，以便将着陆漫游车送到火星。

项目在复杂性和质量方面不断遇到问题。为此，在 1976 年进行了一次改良，计划将第一个航天器发射到地球轨道，其 Block D 上面级保持干质量，以便能够增加航天器的质量。通过第二次发射将第二个 Block D 和燃料发射到地球轨道，以转移到干质量级。飞掠航天器/着陆器航天器的发射质量为 9 135 kg。飞掠航天器为 1 680 kg，进入系统为 7 455 kg，其中的 3 910 kg 用于两级地表-轨道飞行器，7.8 kg 用于地球返回舱。在本计划中，计划返回舱既不带降落伞、

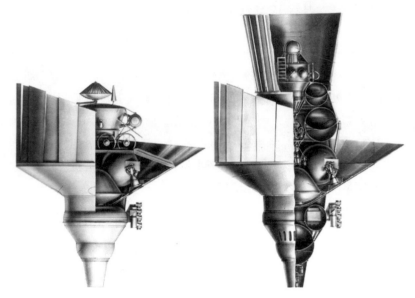

图 13 - 13　N - 1 火箭发射的火星漫游车（左图）和样本返回概念航天器（右图）

也不携带遥测系统穿过大气。可满足本任务的复杂度、成本和风险
要求，已经超过了苏联的技术能力。与此同时，NPO - Lavochkin 继
续增加复杂的月球漫游车和样本返回任务内容，一直到1976 年为止。
虽然为设计这些火星任务投入了大量资金，但是结果却令人失望。
苏联被迫牺牲了其他计划，其中包括一个月球步行者3 号任务。在发
现项目明显不切实际后，该项目最终被取消，克留科夫也离任。

　　虽然开展了成功的自动月球样本返回任务，但是苏联始终没有
机会尝试火星样本返回任务。在 19 世纪 70 年代中期，两国的宏伟
太空目标都受到各自政府的遏制。除了在月球竞争中落后以外，苏
联在火星任务中也惨遭失败。性能和成本都成为严重问题，对风险
的承受能力也在下降。具有讽刺意味的是，虽然美国的阿波罗计划
和维京号火星任务取得了成功，但是其最终结果也一样。经过了较
长一段时间以后，两国才重新开展火星任务，这一次仍然是苏联率
先行动，也就是 1988 年的火卫一任务。与此同时，虽然美国在20 世

纪 70 年代的行星探测中处于领先地位，包括从水星到海王星的探索，但是在 20 世纪 80 年代再次落后，其星际航天器发射率下降到零。而苏联则取得了成功，顺利开展了金星任务，并启动了国际合作计划，其中包括针对金星、哈雷彗星及最终火星的复杂的密集科研任务。

第 14 章　从月球和火星转向金星

14.1　时间线：1974—1976 年

在放弃了其载人月球计划之后，苏联继续开展机器人任务。在 1974 年 5 月，他们发射了月球 22 号，并成为苏联第二个新型重轨道器。在 1974 年 10 月 19 日的月球 23 号样本返回任务中，在着陆时损坏了其钻机系统，从而导致任务失败。一年以后，另外一次样本返回任务因为 Block D 故障而失败。不过，1976 年 8 月 19 日发射的月球 24 号成为第三个成功的样本返回任务。这标志着一系列长期任务的结束。这些任务最先开始于月球 1 号～3 号，它们是小型的 300 kg 航天器，使用三级 R-7 月球号运载火箭；接下来是月球 4 号～14 号，1 600 kg 航天器及使用四级 R-7 闪电号运载火箭；最后是月球 15 号～24 号，5 800 kg 的航天器及使用四级质子 K 号运载火箭。虽然经历了很多次失败，但是这些任务使苏联实现首次月球飞掠、首次月球地表撞击、首次拍摄月球远侧图像、首次着陆、首次发送轨道器、首次样本返回，以及首次发送地表漫游车等目标。

在 1972 年，通过金星 8 号的着陆实现了直接进入 3MV 系列航天器的目标后，苏联在 1973 年的发射机会没有进行金星发射活动；而是主要开发一种航天器，其目标是进入行星轨道，并向金星运送更大、功能更强、带有成像器的着陆器。这是基于用质子号发射的、火星航天器上的新金星号的基础上开发的，后者已经在 1971 年证明了自己。1975 年 6 月 19 日，苏联发射了两个航天器：金星 9 号和 10 号。它们都很成功，进入系统被释放到金星，然后进入到绕金星轨道。此外，两个着陆器也都提供了大气数据，并在地表顺利度过了大约一小时，在那里拍摄了第一组金星地表的黑白照片，并返回了岩石成分数据。

发射日期	
1974 年	
5 月 29 日	月球 22 号轨道器成功
10 月 28 日	月球 23 号样本返回降落,采样器损坏,没有返回
1975 年	
6 月 8 日	金星 9 号轨道器/着陆器成功,成功返回第一批地表图像
6 月 14 日	金星 10 号轨道器/着陆器成功
8 月 20 日	维京 1 号火星轨道器/着陆器成功,首个成功的火星着陆器
9 月 9 日	维京 2 号火星轨道器/着陆器成功
10 月 16 日	月球号样本返回第四级失灵
1976 年	
8 月 9 日	月球 24 号样本返回成功

美国在 1975 年向火星发送了两个精密复杂的维京号航天器。它们都很成功，包括轨道器和着陆器。因为苏联在 1973 年的火星任务全面失败，并且美国的维京号展示了出色的效果，所以苏联放弃了其长期以来命运多舛的火星计划，转而开展金星任务。苏联直到 1988 年才重新拾回开展火星任务的信心。与此同时，其新金星号航天器也取得了一连串的成功。

14.2　一种新型的、精密复杂的金星着陆器：1975 年

14.2.1　计划目标

1972 年，金星 8 号舱体在金星地表顺利存活，此时 3MV 航天器已经达到了其能力的极限，苏联已经准备好进行下一步的工作。当时，他们已经有了足够的金星大气和地表条件数据，可以设计一个功能很强大的着陆器，并携带高精成像器和地表科学仪表。他们所面临的挑战是：如何让这些仪器在恶劣的环境中运作。另外，通

过新型重型质子号发射的火星航天器已经在 1971 年通过火星 2 号和 3 号任务得到了自我验证。两个轨道器都成功了，并且火星 3 号着陆器顺利抵达火星地表。这个轨道器成为设计金星航天器的依据。不过，进入飞行器则需要全面重新设计。在 1961 年向金星首次发射后，苏联跳过了在 1973 年 10 月的一次金星发射机会，专心开发其新型航天器。

使用重型质子号发射的火星航天器和金星航天器之间的主要差别在于进入系统。对于进入火星稀薄大气的飞行器来说，需要一个宽圆锥形大气制动装置，以便其在上层大气中快速减速；还需要结实的大型降落伞，以便在其接触地表之前降低到一个安全速度。而金星大气比较稠密，提供的缓冲力要大得多，可以使用更简单的进入系统。用于金星的新系统是一个中空的球形容器，包含重型着陆器及其降落伞系统。鉴于以前的探测器表明大气很稠密，为了在合理的时间内抵达地表，新系统计划在大气中较高位置抛弃其降落伞，并利用大气制动使着陆器落下。因为在地表的自由降落速度足够小，可以满足不至撞击损坏的要求，所以不需要使用末段反推火箭。

发射的航天器	
第一个航天器：	金星 9 号(4Y - 1 660 号)
任务类型：	金星轨道器/着陆器
国家/建造者：	苏联/NPO - Lavochkin
运载火箭：	质子 K 号
发射日期/时间：	1975 年 6 月 8 日,世界时间 02:38:00(拜科努尔)
交会日期/时间：	1975 年 10 月 22 日
轨道器结束时间：	1976 年 3 月 22 日
结果：	成功
第二个航天器：	金星 10 号(4V - 1 661 号)
任务类型：	金星轨道器/着陆器
国家/建造者：	苏联/NPO - Lavochkin
运载火箭：	质子 K 号

续表

发射的航天器	
发射日期/时间：	1975 年 6 月 14 日,世界时间 03:00:31(拜科努尔)
交会日期/时间：	1975 年 10 月 25 日
轨道器结束时间：	1976 年 3 月 22 日
结果：	成功

对航天器进行了小幅度的修改,其中包括更改太阳能电池板的尺寸和位置、更改热系统及提升可靠性。一个关键性变化是将着陆器直接对地球通信的系统更换为一个通过轨道器转发的系统,后者显著提升了从着陆器发送数据的速率。金星任务计划与火星任务计划不同,轨道器/着陆器首先定位大气进入点,而不是轨道进入点。在距离金星还有几天航程的时候,释放了被动进入系统。然后航天器很快针对轨道进入点进行了一次偏移机动。根据设定的时间,在着陆器开始传输信息时,航天器应该刚好完成其轨道进入点火,并具有可转发信息的视线。

着陆器的主要科学目标是获取金星地表的首批全景图像。这决定了着陆器必须在地表运作的最短时间,以及通过轨道器转发数据的速率。因为具有这些新功能,并且着陆器可用质量较大,所以有很多以前无法携带的仪表在该次任务中都可以携带,从而在下降过程中可进行科研观测。这其中包括可实现如下功能的仪表:在云层内部和下方测量悬浮微粒垂直结构,在若干视角下测量透过云层的太阳通量的垂直和光谱分布,对大气进行化学和同位素分析,以及直接测量地表风。为了从轨道进行首批科研测量,航天器进行了相关试验以报告行星周围的等离子体环境,以及其大气结构、上方云层及向外的热辐射。

早期曾考虑使用一个飞掠航天器来支持着陆器任务,但是NPO -Lavochkin 和 IKI 针对轨道器展开了激烈的争论,以便能够获取只有轨道器才能实现的额外和原始科学数据。当然,从太空探测的角度来看,首次将航天器送入绕金星轨道也是一个重要的成就。

14.2.2　航天器

作为新一代航天器中最早的型号，金星 9 号和 10 号比前任航天器重五倍，并通过更强大的四级质子 K 号来发射。此运载火箭是在 1969 年为 Ye-8 月球任务开发的，后来又用于 M-69、M-71 和 M-73 任务。这些新航天器都带有一个轨道器，进入系统捆绑在其上方，其内部是着陆器。对新进入系统和着陆器通过风洞和空投试验进行了大量检测。

此发射机会所使用的两个航天器基本相同，不过金星 10 号略重，需要使用更多的燃料载荷以完成其时间更长的轨道进入点火。

发射质量：4 936 kg（金星 9 号），5 033 kg（金星 10 号）

燃料：1 093 kg（金星 9 号），1 159 kg（金星 10 号）

轨道器干质量：2 283 kg（金星 9 号），2 314 kg（金星 10 号）

进入系统质量：1 560 kg

着陆器质量：660 kg

（1）轨道器

该轨道器是基于 M-71 航天器设计的。UDMH 和四氧化二氮储罐构成了一个圆筒形主体结构。其直径为 110 cm，比用于火星的 180 cm 型结构要窄，长度也要短 1 m。在下方为 KTDU-425A 可重复启动火箭发动机，它可以在 9 856~18 890 N 之间调节，总工作时间为 560 s。航天电子设备和科学仪表处于一个加压环形舱内，其直径为 2.35 s，连接在圆筒结构底部，其万向节发动机喷嘴通过圆环圈伸出来。导航光学装置连接到仪表舱外部，其中包括多个线性相连的太阳传感器，其两侧是复制的俯视伸缩式老人星传感器。地球传感器的安装方式可使其与抛物型高增益天线指向相同的方向。如果包含顶部的进入系统，航天器高度为 2.8 m。

两个 1.25 m×2.1 m 的太阳能电池阵列从圆筒结构的相对两侧伸展出来，总跨度为 6.7 m。它们支持了冷气体姿态控制喷嘴、磁力仪吊臂，以及一个用于进入系统和着陆器的中继天线。在圆筒结构侧面还有热控制气体散热器和储罐，其中包含 350 bar 的氮，用于姿态控制系统。在行星际巡航期间，进入外壳上的天窗会为进入系统提供热控制。来自进入系统和着陆器的通信信息被轨道器接收，并转发到地球。在圆筒结构侧面有一个直径为 1.6 m 的抛物型高增益天线，用来在厘米波段与地球通信。在抛物型天线附近安装了 6 个全向螺旋天线，其中有 4 个用于地球，2 个用于着陆器。命令上行链路采用 769 MHz 的螺旋天线。通过一个 16 MB 的磁带系统来存储数据，到地球的下行链路通过高增益天线以 3 kbits/s 的速度进行脉冲编码相位调制；或者在紧急情况下，利用螺旋天线进行速度慢得多的脉冲编码相位调制。着陆器的数据通过抛物型天线实时转发到地球，同时仍存储在磁带上，以便以后进行备份传输。航天器计算机与 M - 71 任务所携带的计算机类似。

与火星任务一样，这种设计为从 1975 年开始的所有金星航天器奠定了基础，质子 K 号也成为苏联的通用行星运载火箭。

（2）进入系统

新型高精着陆器包含在一个直径为 2.4 m 的球形进入系统中，并在下降速度降低到亚声速后展开。进入容器是一个简单的圆形结构，表面覆盖了烧蚀材料，其中包括蜂窝结构上方的石棉复合材料。在进入过程中，通过让质心朝向前缘达到稳定。进入角小于 3MV 舱的进入角，使得最大负荷从大约 450 G 降低到更适中的 150~180 G。在进入之后，球体会分成两个半球，释放着陆器及其降落伞系统。

（3）着陆器

着陆器高度为 2 m，比 3MV 舱体大得多，并且可以携带更多的科学仪表。以前的金星号探测器在通过直接地球链路传输数据时，速度不超过 1 bit/s。着陆器通过电池供电，并通过两个甚高频通道以 256 bits/s 的速度向轨道器发送数据，以便借助高增益天线传输到地球。

着陆器基本上是一个整体密封的钛制球形压力容器，直径为 80 cm，其中包含大多数仪表和电子设备。它通过一组减震器固定到

图 14-1　金星 9 号航天器

一个环形着陆垫上。上方有一个圆盘形的大气制动装置，直径为
2.1 m，用于在自由降落过程中减速。这个圆盘还用作上方圆柱型缠
绕全向天线的反射器。在这个直径为 80 cm，高为 40 cm 的圆柱结构
中，包含降落伞和一些下降仪表。整个球体由彼此通过金丝密封栓
接在一起的几个部分组成。周围是一层 12 cm 厚的蜂窝绝热材料和
一层钛薄表层结构。在球体内部也有一层聚亚安酯泡沫绝热材料。
热设计与早期的着陆器类似。通过穿过进入容器的两个管道，借助

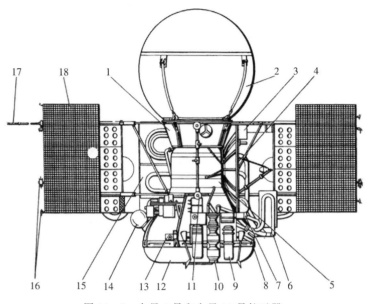

图 14-2 金星 9 号和金星 10 号航天器

1—轨道器总线；2—下降舱；3—科学仪表；4—高增益天线；5—推进剂储罐；6—热控
制管；7—地球传感器；8—科学仪表；9—老人星传感器；10—太阳传感器；
11—全向天线；12—科学仪表舱；13—科学仪表；14—姿态控制气体储罐；
15—热控制散热器；16—姿态控制喷嘴；17—磁力仪；18—太阳能电池板

冷空气将着陆器预先冷却到 −10 ℃。通过一种可以在 33 ℃ 熔化的三水硝酸锂相变材料吸收穿过绝热层的热量，并利用一个气体循环系统最终使之均匀分布。通过这些措施及电池的支持，着陆器在着陆后大约可以操作一小时。

（4）进入、下降和着陆

中途航线机动要将航天器定位到进入点。进入系统计划在距离金星还有 2 天时释放，以进行射入靠近操作，并以 10.7 km/s 的速度和 18°～23° 的投射角进入大气。在 6 s 后，进入系统会达到 170 G 的最大减速度。在 20 s 后，进入系统会减速到 250 m/s，减速度为 2 G，高度约为 65 km。此时小型引导伞会打开，通过一个开伞索拉

图 14 - 3　金星 9 号正在 NPO - Lavochkin 进行测试
注：进入飞行器上的百叶窗用于飞行过程中的热控制

出 2.8 m 的阻力伞。接下来，球形壳会分成两个半球，通过阻力伞将上半球及与其相连的着陆器从下半球拉开，同时展开第二个制动降落伞。在 11 s 后，高度为 60～62 km、下降速度为 50 m/s 时，上半球释放着陆器，将三个直径为 4.3 m 主降落伞从着陆器顶部的圆筒形区拉出来。

　　在启用其主降落伞以后，着陆器会激活其仪表。它会以大约 50 m/s 的速度，在云层中下降大约 20 min。在达到 50 km 的高度后，着陆器抛弃其降落伞，并在接下来的 55 min 中自由降落；期间，借助靠近地表的稠密大气，通过圆盘形大气制动装置的拖曳来降低其下降速度。选择这种策略的原因是要尽量减少下降过程中向内的热流，从而延长着陆器在地表的寿命。抵达地表的最终速度计划为 7 m/s，通过可压缩的金属环形着陆环来缓冲碰撞。

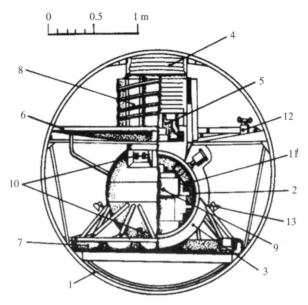

图 14 - 4 金星 9 号和金星 10 号进入舱（来自《太空旅行百科全书》）

1—隔热罩；2—着陆器仪表室；3—着陆器绝热层；4—降落伞；5—下降仪表；

6—下降制动装置；7—着陆环减震器；8—传输器螺旋天线；9—电子设备；

10—科学仪表；11—全景摄像机；12—风速计；13—照明灯

14.2.3 有效载荷

（1）轨道器

1）全景紫外云层摄像机，345～380 nm 及 355～445 nm；

2）云层红外光谱仪（1.6～2.8 μm）；

3）云层热红外辐射计（8～28 μm）；

4）云层紫外成像光谱仪（352 nm 及 345 nm）［苏联-法国］；

5）云层偏光器（335～800 nm）；

6）莱曼-阿尔法 H/D 光度计；

7）气辉光谱仪（300～800 nm）；

8）三轴磁力仪；

图 14-5 金星 9 号着陆器，带有减震着陆器环，球形加压仪表室，以及上部
圆盘拖曳制动装置（带有圆筒形缠绕天线"顶盖"）

注：在右侧圆盘制动器下方、靠近"滚漆筒"伽马射线密度计（折叠在球体上）可以看到
一个摄像机壳。分光光度计外壳位于圆盘下方的左侧。泛光灯连接到减震器支杆上，用于
两个摄像机视场的照明。在盘体上方左侧安装了一个测量地表风速的风速计。外绝热层被
卸下。在左侧的两个分隔管用于轨道器在分离之前的预冷却

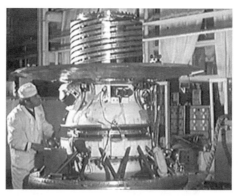

图 14-6 正在测试的金星 9 号着陆器

注：压力容器的中央环区已经被取下以便操作。工程师正在观察一台摄像机

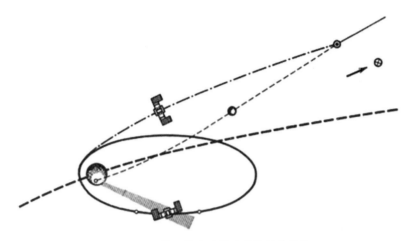

图 14 - 7　靠近轨迹及着陆器的转发操作

注：整个飞行器最初定位于日光侧的碰撞点，地球视野以外。两天后，释放进入飞行器，轨道器进行了一次偏移机动，从而使其就位，在进入飞行器抵达之前完成轨道进入点火。在轨道进入后不久，轨道器在着陆地点上空就位，以执行进入、下降和着陆过程中的转发操作

　　9）等离子体静电分析仪；

　　10）带电粒子捕获装置；

　　11）切伦科夫高能粒子检测器；

　　12）厘米和分米无线电掩星实验装置；

　　13）双静态 32 cm 雷达绘图实验装置。

　　两个云层摄像机与火星 4 号和 5 号轨道器的线性扫描光度计摄像机一样，提供 30°的跨迹扫描，并利用航天器的运动来实现沿轨道扫描。金星摄像机使用了紫色光和紫外滤光器，每行扫描 500 个周期，其速度为 2 行/秒。图像一般的传输速度为 256 像素/行，每个像素为 6 位。全景的长度一般为 6 000 个像素。对于大约 5 000 km 的近拱点，云层顶部的分辨率为 6~30 km。

　　在所有仪器中，光谱仪和光度计可以利用紫外、可见光和红外光谱来测量云层。偏光器是在 M - 71 和 M - 73 任务所用仪器的基础上改进而来的，其设计方案由法国协助完成。云层红外光谱仪采用

了一个环形坡道干扰滤光器，以对整个行星进行高分辨率空间扫描。热红外仪表使用了两个角状辐射计，并在 $8\sim13~\mu m$ 及 $18\sim28~\mu m$ 的范围内操作，这两个波段在二氧化碳大气中都是相对透明的。利用法国制造的云层紫外成像光谱仪，在两个波长下测量了空间分布，其分辨率为 16 弧秒。粒子检测器带有低能电子、质子和阿尔法粒子传感器，3 个半导体计数器，2 个气体放电计数器，以及一个切伦科夫检测器。

（2）着陆器

①进入和下降

1）宽带光度计，带有 3 个可见光和 2 个红外通道，用于测量辐射通量；

2）窄波段红外光度计，带有 3 个 $0.8~\mu m$ 附近的通道，用于测量水、二氧化碳及背景波段中的辐射通量；

3）在 $0.92~\mu m$ 的反向散射和多角度浊度计，用于测量 $63\sim18~km$ 高度之间的光散射；

4）用于测量从 $62~km$ 到地表的压力和温度的装置；

5）用于测量 $110\sim76~km$ 之间大气结构的加速计；

6）用来测量 $63\sim34~km$ 之间大气成分的质谱仪；

7）用于测量风和湍流的多普勒实验装置。

与金星 8 号相比，新光度计得到了显著的改进，并且更加复杂。在 $0.440\sim1.160~\mu m$ 范围内，使用绿色、黄色、红色、IR1 和 IR2 玻璃滤光器进行了上升和下降综合测量，其中包括 5 个波段，其宽度为 $0.1\sim0.3~\mu m$。另外，还通过 3 个通道的近红外光度计操作以作补充，其中一个通道中心是 $0.78~\mu m$ 的二氧化碳波段，第二个是 $82~\mu m$ 的水波段，第三个是 $0.80~\mu m$ 的背景通道，每个波段宽度都为 $0.005~\mu m$。着陆器同时携带了反向散射和角散射浊度计，它们是新增仪器，可以使用一个脉冲光源测量光线在大气中如何散射。这些信息可以用来推导云层小滴的尺寸分布、折射率及密度。用于光度计和浊度计的传感器安装在外部环境中，带有自己的热保护装置，

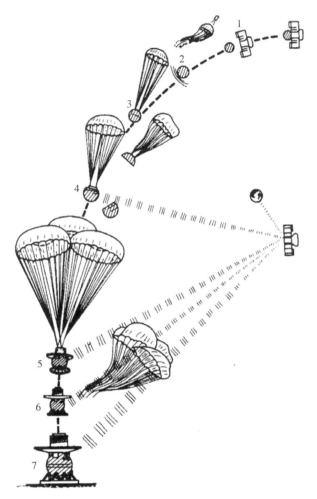

图 14 - 8　金星 9 号和金星 10 号下降序列（来自《太空旅行百科全书》）

1—在进入之前两天释放舱体；2—大气进入，最大加速度为 170 G；3—导引伞拉出
第一个降落伞；4—第一个降落伞将顶部拉开，并展开第二个制动降落伞，无线
电设备和仪表被激活；5—主降落伞在高度为 62 km 处打开，底部壳被抛弃，
在云层内 20 min 的下降过程中进行科学研究；6—着陆器在 50 km 高度上
释放；7—着陆器于 55 分钟后抵达地表

并通过光纤连接到内部仪表。质谱仪是一个射频单极装置，带有一个压力调节器，可以使用 0.1～10 bar 的输入压力。通过一个用于传输器的超稳定主机振荡器进行多普勒实验。

②地表

1）全景成像系统，2 个带有泛光灯的摄像机；

2）地表风旋转风速计；

3）用于测量地表岩石的伽马射线光谱仪（铀、钾和钍）；

4）伽马射线密度计。

扫描光度计成像摄像机与 M－71 着陆器携带的仪器类似，其质量为 5.8 kg。这种仪器共有两个，位于大气制动圆盘下方的着陆器两侧的密封绝热容器内，处于离地 90 cm 的有利位置。镜系统的旋转轴相对于着陆器的垂直方向倾斜 50°，从而使图像中心位于摄像机正前方 1.5～2 m 处的中心；其视场可以向任何一侧伸展 90°，从而包含一小部分地平线。摄像机的视野穿过 1 cm 厚的圆筒形石英窗口，使用一个镜头来补偿折射效应，其总视场角为 40°×180°。每个 128×512 全景都包含一个 115×512 图像，每行的前 13 bits 都包含一个校准的方向图。每个测量都包括一个 6 bits 的图像元素及 1 bit 的奇偶校验位。图像质量受制于如下因素：30 min 的预期地表寿命，以及 256 bits/s 的传输速度。要以 3.5 秒/行的速度发送一个全景，需要 30 min。全景图将在不同的 VHF 通道内同时传输。因为在金星 8 号后科学家担心地表照度太弱，所以为每台摄像机配备了一个 10 000 lx 的泛光灯系统。该系统有两个灯，可以确保有足够的光线来获取图像。

可展开密度计有一个铯 137 辐射源和检测器，可以测量环境所反射的伽马射线。在下降过程中，它测量了大气散射。在着陆之后，它立即在地表展开了一个 4 cm×36 cm 的"滚漆筒"，以便测量土壤散射。此外，在球体内还携带了一个与金星 8 号类似的伽马射线光谱仪，用来测量钾、铀和钍在土壤中的丰度。两个风速计安装在大气制动圆盘的上方。

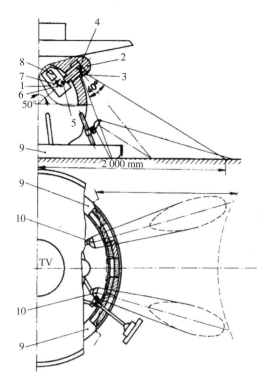

图 14 - 9　安装在金星 9 号和金星 10 号上的电视系统，图中显示了摄像机和
照明装置的安装位置、现场视野，以及成像全景和照明装置
（来自《太空旅行百科全书》）

1—全景摄像机；2—绝热层；3—摄像机口；4—扫描镜；5—镜头；6—镜体；
7—压力隔膜；8—光度计；9—着陆环；10—照射灯

14. 2. 4　任务说明

（1）金星 9 号轨道器

金星 9 号是在 1975 年 6 月 8 日发射的。它在 6 月 16 日和 10 月
15 日进行了机动，以便将其轨道与期望的金星大气进入点对准。在
10 月 20 日释放了其进入系统后，它进行了一次 247.3 m/s 的偏移点
火，从而向轨道进入点前进。在 10 月 22 日，它进行了一次

922.7 m/s的点火，并将自身射入到一个周期为 48.30 小时的轨道上。此后立即传输进入系统和着陆器的数据。这是第一艘进入绕金星轨道的航天器。初始轨道为 1 500 km×111 700 km，倾角为 34.17°；后来变为 1 300 km × 112 200 km 轨道；最终变为 1 547 km×112 144 km 轨道，倾角为 34.15°。轨道器进行了 3 个月的科学观测，后来因为其发射器故障而终止。

（2）金星 9 号着陆器

进入系统以 10.7 km/s 的速度和 20.5°的角度穿过金星大气。在 10 月 22 日世界时间 05：13，着陆器以 7～8 m/s 的速度接触地面，着陆点位于金星的光面南纬 31.01°、东经 291.64°处，其金星太阳时为 13：12，太阳天顶角为 33°。着陆点位于一个 15°～20°的斜坡上，因为地表崎岖、多岩，所以着陆器又倾斜了 10°～15°。随后着陆器立即开始其地表活动，通过轨道器向地球转发数据，直到 53 min 后轨道器飞出通信范围，此时着陆器内的温度已经达到 60 ℃。

（3）金星 10 号轨道器

金星 10 号在 1975 年 6 月 14 日发射，其飞行路线与金星 9 号几乎相同，在 6 月 21 日和 10 月 18 日进行了轨道修正，在 10 月 23 日释放其进入系统，然后进行了一次 242.2 m/s 的偏移点火。在 10 月 25 日，它进行了一次 976.5 m/s 的进入点火。其初始轨道为 1 500×114 000 km，倾角为 29.50°，周期为 49.38 小时；后来变为一个 1 651 km×113 923 km 轨道，倾角为 29.10°。在转发了进入系统和着陆器的数据后，轨道器开始进行科学观测。3 个月后，因为出现了与金星 9 号轨道器相同的问题而停止操作。

（4）金星 10 号着陆器

进入系统在 10 月 25 日世界时间 01：02 以 22.5°穿越金星大气。着陆器在世界时间 02：17 以大约 8 m/s 的速度接触地面，地点为南纬 15.42°、东经 291.51°，距离金星 9 号的着陆地点约为 2 200 km。它在金星光面，其金星太阳时为 13：42，太阳天顶角为 27°。地表很平坦，但是着陆器停在一个岩石区，使其大约倾斜了 8°。在轨道器飞出范围时，着陆器仍然在传输数据，在 65 min 后停止转发操作。

14.2.5　结果

（1）金星 9 号着陆器

①进入和下降段科研内容

金星 9 号着陆器根据 110~76 km 高度之间的加速计数据推算了大气密度。它直接测量了从 62 km 到地表的大气温度、压力、成分和亮度。浊度计提供的光散射数据及光度计数据表明：云层底部高度为 49~48 km，悬浮微粒的下边界扩展到大约 25±5 km。云层类似于一个轻雾结构，其小滴尺寸比地球上的标准值小得多，可见度为几千米。在 60~57 km、57~52 km，以及 52~49 km 检测到不同的云层。测量的折射率高达 1.46，这比水冰的折射率高得多，但与硫酸小滴一致。所有云层颗粒都散射光线，但是对蓝色光有吸收。这种吸收及较重的瑞利散射，导致橙色随深度而增加。25 km 以下的大气应该没有悬浮微粒。研究发现：沿着云层至地表的方向，红光比蓝光走得更深，从而导致光谱向更长的波长移动，这样就导致天空呈橙色，以及因为反射地表呈显微橙色。多普勒数据提供了关于水平风速和方向的高度信息。

此类第一个着陆器尝试进行了化学成分测量，但是结果不佳。质谱仪因为在发射之前没有进行合适的清洁，导致其没有正常运作，很明显其入口系统被云层颗粒堵塞。通过分析确定了分子氮与二氧化碳的比值。检测了大气中的氩，测量所得的氩-36 与氩-40 的比值较大，并在后续任务中得到确认，不过当时因为对仪表性能没有把握，所以没有报告。此着陆器通过近红外光度计观测水蒸气混合比，但是在后续任务中进行光谱测量时，证明其结果是错误的。

②地表段科研内容

通过光度计检测了触地所激起的尘埃，不过这些尘埃很快就沉淀下来。地表环境为 455±5 ℃、85±3 bar，并且有 0.4~0.7 m/s

的微风。

　　只拍摄了一幅 180°全景图，这是因为其他摄像机的盖子未能打开。该黑白图像是从地球以外的其他行星所拍摄的第一幅图像。它所显示的地貌具有各种平坦形式，以及比较年轻的有角岩石，其腐蚀程度不明显。一部分图像延伸到地平线，大气中没有尘埃的迹象。地表照度与地球中纬度地区在多云夏日的情况差不多，光散射没有投下阴影。摄像机没有启用泛光灯，在后续任务中没有再使用它们。科学家们在分析了金星 8 号的数据后，预计金星地表为发暗、朦胧和多尘环境，导致只能观察近场地区，而金星 9 号的观测给他们带来了惊喜。

图 14-10　金星 9 号着陆器的 180°全景图（由泰德·特里克处理）

　　在金星号着陆器返回的所有图像中，地平线都不清晰并且明显比较近，这是因为稠密大气的折射率较高，使金星看起来像一个小直径的球体，其地平线距离远小于 1 km。此现象类似于地球上的海市蜃楼，并且很有可能取决于观测者在地面以上的高度。

　　通过对地表材料的伽马射线成分分析，测量了钾、铀和钍的丰度，其数值更像是地球上的玄武岩而不是陨石。地表岩石与原始陨石不同，在一定程度上类似于地球岩石，这表明金星肯定是通过热过程分层为地核、地幔和地壳。在 5 个波长范围内的地表反射率都与玄武岩成分的材料符合。透度计数据表明：岩石密度为 2.7～2.9 g/cm^3。

　　（2）金星 10 号着陆器

　　①进入和下降段科研内容

　　金星 10 号着陆器根据 110～63 km 高度之间的加速计数据推算

了大气密度。它直接测量了从62 km高度到地表的大气温度、压力、成分和亮度，以及云层的结构、粒子物理学属性和成分。金星9号观测到的3个不同云层被确认存在。多普勒数据描绘了下降过程中的水平风速和方向，然后通过一个风速计测量了地表风速。因为其结果基本符合金星9号的结果，所以可以得出一些关于大气对流稳定性和湍流的结论。温度和压力数据表明：在42 km高度处为33 bar和158 ℃，在15 km高度处为37 bar和363 ℃，在地表为91±3 bar和464±5 ℃。

②地表段科研内容

在金星9号任务中，一个摄像机盖没有打开，因此这个着陆器也只提供了一幅180°的黑白全景图像。根据它提供的信息，地表更为平整，有腐蚀程度更高的大饼状岩石，并散布着熔岩和其他风化岩石。可以看到地平线，大气中没有尘埃的迹象。与金星9号一样，光度计检测到在触地时激起了一些尘埃，但是快速沉降了下来。根据两个着陆器的成像和光度计数据所推导的地表反照率为0.06。

图14-11 金星10号着陆器180°全景图（由泰德·特里克处理）

地表风很弱，速度为0.8～1.3 m/s。伽马射线测量结果和地表反射率表明岩石为玄武岩成分。很明显，两个着陆器都降落在年轻的火山盾结构上，其熔岩成分接近地球海洋扩张脊的拉斑玄武岩。透度计测量结果表明：地表密度为2.7～2.9 g/cm³，与金星9号降落地点的地表密度一样。金星地表应该比月球或火星更坚硬。

（3）金星9号和10号轨道器

全景摄像机返回了1 200 km长的图像，在拍摄时使用了若干不同的滤光器来区分云层结构和一些地表特征，不过对地表特征的区分效果不佳。为此，通过紫外、红外辐射测量、光度测量、光面和暗面的光谱测量、光偏振测量、无线电掩星和等离子体测量，获取了云层数据。轨道数据表明：云层底部高度为 30～35 km，并有 3 个明显的分层。轨道器采集了 64 km 以上的云层数据，这个高度也是开始采集下降数据的高度。上方云层白天的温度为 −35 ℃，在夜间大约上升 10°。分析发现：夜间大气在可见光谱范围内可产生气辉现象，在后来的研究中发现其波段为分子氧波段系统；在地球大气中，因为二氧化碳浓度较低，所以没有激发这个波段。

金星 9 号轨道器上的气辉光谱仪发现了关于暗面雷电的光学证据，不过金星 10 号没有发现。通过 1.7～2.8 μm 的红外区云层反射光谱，测量了靠近上层边界处的悬浮微粒均质大气高度。通过 8～28 μm 的红外宽带辐射测量得到结论：暗面的向外辐射强度总体高于光面。

通过 8 cm 和 32 cm 波长的双频率无线电掩星，得到了 40～80 km 高度的一组温度和压力数据，详细描绘了暗面的电离层及电离层电子密度每天的较大变化。通过双静态雷达实验，为宽 100～200 km，长 400～1 200 km 的地表绘制了 55 个地表条形图。通过早期分析，提供了分辨率为 20～50 km 的一维地形图。通过对金星 10 号数据的后续处理，得到了 5 个地区的二维原位地形，其分辨率为 5～20 km。

通过测量环绕金星氢冕层的太阳莱曼-阿尔法辐射的散射情况（包括其线宽），估算出大气在逸散层底的温度为 450 ℃。另外，还测量了描绘太阳风与电离层相互作用的众多特征。没有检测到金星本身的磁场。不过，太阳风与电离层的相互作用形成了一个等离子体磁尾。

在第一艘航天器进入金星轨道时，金星 9 号和 10 号可以通过带有复合电池的科学仪器对金星大气进行首次长期观测。其着陆器效果很好，返回了关于金星地表的首批数据。这些任务是一系列成功任务的开端，一直持续到 1983 年的金星 16 号，最终以 1985 年的两次织女星号飞掠任务而宣告结束。

图 14 - 12　根据金星 9 号轨道器图像绘制的金星镶嵌图（来自泰德·特里克）

第 15 章　重复在金星的成功

15.1　时间线：1977—1978 年

在没有其他月球探索目标，并且已经放弃了近期火星探索计划的情况下，苏联科学家和工程师将其机器人探测任务的重点放在了金星上。1978 年，他们发射了第二对航天器，它们基本上和金星9 号与 10 号相同。因为这一年发射窗口并不是很有利，发射轨道器/着陆器不可行，所以取而代之的是通过一个航天器发送着陆器。该航天器要执行一次飞掠，并且把来自进入系统和着陆器的数据转发至地球。虽然金星 11 号和 12 号着陆器都实现了着陆，但是它们遇到了很多问题，尤其是无法拍摄图像。

美国 1978 年也向金星发送了航天器，不过要小得多。先锋12 号金星轨道器非常成功，持续多年报告了关于金星上层大气的信息。先锋 13 号采用了一个碰撞航向，并部署了一个大型和三个小型进入探测器，它们在下降过程中都成功地返回了大气数据。

发射日期		
1977 年		
8 月 20 日	旅行者 2 号外行星巡游	成功
9 月 5 日	旅行者 1 号外行星巡游	成功
1978 年		
5 月 20 日	先锋 12 号金星轨道器	成功
8 月 8 日	先锋 13 号金星多探测器	成功
8 月 12 日	国际彗星探测器	成功飞越 G–Z 彗星
9 月 9 日	金星 11 号飞掠航天器/着陆器	成功,着陆器成像器失败
9 月 14 日	金星 12 号飞掠航天器/着陆器	成功,着陆器成像器失败

15.2　金星钻探：1978 年

15.2.1　计划目标

　　1978 年金星活动的目标是重复金星 9 号和 10 号着陆器所取得的巨大成功，同时增加新仪器以分析大气和表面。苏联为建造新仪器跳过了 1976－1977 年的发射窗口。在 1978 年发射需要以比 1975 年大得多的速度抵达金星。因为更长时间轨道进入点火所需的更多推进剂无法与新增仪器的质量冲突，所以运载火箭被降级为飞掠任务。但这也带来了好处，飞掠航天器可以更长时间地停留在着陆器的视野内，从而转发来自金星表面的数据。以前发射的两个着陆器在其轨道器飞到金星地平线之下后仍然在运行。新着陆器的研究活动采用了一个高分辨率的彩色摄像机及金星表面钻探实验装置。下降研究包括为了分析大气化学成分、云层特点及大气中的任何电活动的新型实验。此次任务减少了飞掠仪器，以便最大限度增加可用于下降和地表段科研的质量。

发射的航天器	
第一个航天器：	金星 11 号(4V-1 360 号)
任务类型：	金星飞掠航天器/着陆器
国家/建造者：	苏联/NPO - Lavochkin
运载火箭：	质子 K 号
发射日期/时间：	1978 年 9 月 9 日,世界时间 03:25:39(拜科努尔)
相遇日期/时间：	1978 年 12 月 25 日
结果：	成功
第二个航天器：	金星 12 号(4V-1 361 号)
任务类型：	金星飞掠航天器/着陆器
国家/建造者：	苏联/NPO - Lavochkin
运载火箭：	质子 K 号
发射日期/时间：	1978 年 9 月 14 日,世界时间 02:25:13(拜科努尔)
相遇日期/时间：	1978 年 12 月 21 日
结果：	成功

15.2.2 航天器

虽然只给金星 11 号和 12 号航天器分配了飞掠任务，但是它们与其前身轨道器几乎一样，只是着陆器中继被增加到每个通道 3 kbits/s。在抵达金星 2 天之前释放了进入系统后，金星 11 号（以及其后的所有飞掠航天器）进行了一次偏转机动来实现飞掠，这使其能够向地球转发数据的时间比轨道器更长。航天器与以往任务相同，着陆器采用了上一批着陆器一样的构型，不过去掉了泛光灯，并重新设计了摄像机镜头盖。降低了降落伞系统的复杂度和质量，以容纳更多仪器。只使用了一个超声速减速伞，而不是采用包括两个伞的序列。另外，主降落伞也只有一个而不是三个。一些仪器经过了改良，同时增加了一些新仪器，某些情况下安装在减震碰撞环上。从此之后一直到织女星 2 号，所有着陆器都携带一套技术实验装置，包括一组分布在着陆器环周围的小型太阳能电池。

发射质量：4 450 kg（金星 11 号），4 461 kg（金星 12 号）

飞掠干质量：2 127 kg

进入质量：1 600 kg

着陆器质量：731 kg

15.2.3 有效载荷

（1）飞越航天器

1）极紫外（30～166 nm）光谱仪（法国）；

2）磁力仪；

3）等离子体光谱仪；

4）太阳风探测器；

5）高能粒子探测器；

6）KONUS 伽马射线暴探测器；

7）SNEG 伽马射线暴探测器（法国-苏联）

KONUS 是一个行星间航行实验装置，用来检测和确定神秘的

图 15 - 1　测试中的金星 11 号

宇宙伽马射线暴的来源，为此两个航天器会与地球轨道上的预报卫星相互合作，以对单次射线暴进行三角测量。与法国合作建造的 SNEG 仪器用于辅助 KONUS。另外，还新增加了法国建造的极紫外光谱仪，它涵盖了金星外大气层中可能存在的原子氢、氦、氧和其他元素的光谱线。太阳风探测器是一个半球形质子望远镜，而高能粒子实验装置则采用了 4 个半导体计数器、2 个气体放电计数器和 4 个闪烁计数器。

（2）着陆器

①进入和下降

1）扫描分光光度计（0.43～1.17 μm）；

2）测量大气成分的质谱仪；

3）测量大气成分的气相色谱仪；

4）浊度计，用于测量尺寸大约 1 μm 的悬浮微粒；

图 15-2　金星 11 号着陆器

注：膈板已经取下，以便于观察内部，有一些仪表已标签标记（来自唐·米切尔）

5）X 射线荧光光谱仪，用于测量悬浮微粒的元素成分；

6）加速计，用于测量 105～70 km 的大气结构；

7）温度和压力传感器，用于测量从 50 km 高度到金星表面的温度和压力；

8）GROZA 无线电传感器，频率为 8～95 kHz，用于测量电和声活动；

9）用来测量风和湍流的多普勒实验装置。

对确定大气散射属性的实验装置进行了修改，以达到更高的光谱分辨率。取消了角散射浊度计，这是因为在金星 9 号和 10 号着陆器任务中，已经测量了粒子尺寸和折射系数，并且得到了满意的结果。只保留了反向散射浊度计，以研究金星不同区域内云层的空间均匀度。对扫描分光光度计进行了改良，以达到更高的光谱分辨率。每隔 10 s 它就会测量一次来自天顶的辐射，此过程使用了一个斜坡干涉滤光器，以大约 20 nm 的分辨率，在 430～1 170 nm 范围内连续测量；以 0.4～0.6、0.6～0.8、0.8～1.3 及 1.1～1.6 μm 的波段，在垂直平面内测量辐射的角分布情况（一个完整的 360°），此过程使用安装在大气制动装置上的一个旋转棱镜。通过一套包括 4 个温度计和 3 个气压表的装置测量温度和压力。金星 9 号和 10 号的单极射频质谱仪被一个 Bennett 射频装置取代，并对进气系统进行了改良，以防止它被云层颗粒堵塞导致污染大气读数。将大气引向仪表的显微泄漏装置被一个压电阀所取代，该阀门可打开一个相对较大的开口并保持很短的时间，以便将一股大气流引入到一个长采样管内来捕获云层颗粒。此外，直到着陆器抵达大约 25 km 的高度（远远低于悬浮微粒）时，才会运行该仪表。在两次大气读数之间，对仪器进行抽吸操作，以净化样本。另外还携带了两个新大气成分实验装置。气相色谱仪借助氖气使大气样本通过多孔材料制造的柱体及一个彭宁电离检测器。第一个柱体长 2 m，针对检测水、二氧化碳及化合物硫化氢、硫化碳和二氧化硫进行了优化；第二个柱体长 2.5 m，用来检测挥发气体氖、分子氢、氩、分子氧、分子氮、氙、甲烷和一氧化碳；第三个柱体长度只有 1 m，专门用来检测氪。一个 X 射线荧光光谱仪使用伽马射线将醋酸纤维素过滤器收集的云层颗粒（收集方式是让大气通过该仪器）激发出 X 射线，从而测量悬浮微粒的元素成分。

　　GROZA 实验装置由一个声学探测器和一个电磁波探测器组成，它使用环路天线，带有 4 个窄波段接收机，其频率分别为 10 kHz、18 kHz、36 kHz 和 80 kHz；还有一个宽带接收机，其频率范围为 8～95 kHz。该装置在 60 km 高度处启动，一直运行到抵达金星表面，并在表面继续运作。电磁波检测器用来记录来自闪电的射电暴和声音信号，需要考虑雷电、着陆器在下降过程中遇到的风，以及在金星表面上可能存在的地震对信号的干扰。

②金星表面

1）全景双摄像机彩色成像系统；

2）土壤钻机，带有 X 射线荧光光谱仪分析系统；

3）旋转圆锥形土壤透度计（PrOP‑V）。

全景摄像机系统经过了改良，增加了无色、红色、绿色和蓝色滤光器，以实现三色成像，并将图像质量从 6 bits 编码的 128×512 像素增加到 9 bits 编码和 1 bit 奇偶校验的 252×1 024 像素。它能在 1.5 m 的距离处达到 4 mm 或者 5 mm 的分辨率。传输带宽增加到原来的 12 倍，其原因之一是对苏联通信设施进行 Kvant‑D 升级；尤其是在叶夫帕托里亚号和乌苏里斯克号采用了 70 m 天线。通过将传输来自金星地表数据的速度从 256 bits/s 增加到 3 000 bits/s，可以实现在 14 min 内发射一个彩色全景图，而以前发射一个低分辨率的黑白全景图就需要 30 min。

金星 8 号、9 号和 10 号着陆器内的伽马射线土壤分析仪被一个更高级的仪器所取代。安装在减震碰撞环上的钻机用于采集表面岩心样本，然后将样本通过一系列减压级送到着陆器内部的 X 射线荧光光谱仪。透度计位于一个可展开臂上，通过一个标度盘来报告读数，读数由摄像机读取。

15.2.4　任务说明

（1）金星 11 号着陆器

金星 11 号于 1978 年 9 月 9 日发射，在 9 月 16 日和 12 月 17 日进行了中途轨道修正。在 12 月 23 日释放了进入舱后，航天器进行了偏移点火，以便在要求的转发通信高度飞掠金星。12 月 25 日，进入系统以 11.2 km/s 的速度进入大气。下降 1 小时后，着陆器以 7～8 m/s 的速度着陆，着陆点为光面的南纬 14°、东经 299°。此时为世界时间 03：24、金星太阳时 11：10，太阳天顶角为 17°。着陆器从金星表面传输了 95 min 的数据，而中继航天器飞出金星地平线的时间是在着陆 110 min 后，因此没有丢失任何传输的数据。

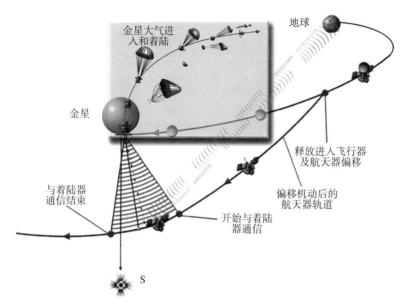

图 15-3　金星 11 号和金星 12 号交会设计方案，在进入舱瞄准操作后，
进行飞掠飞行器偏移和着陆器转发通信

（2）金星 12 号着陆器

金星 12 号于 1978 年 9 月 14 日发射，它采用了一条更快的轨道，在 9 月 21 日和 12 月 14 日进行了中途轨道修正，并早于金星 11 号抵达。它在 12 月 19 日释放了其进入系统。进入系统于 12 月 21 日以 11.2 km/s 的速度进入大气。在 49 km 高度处射出降落伞，下降后 1 小时着陆器以大约 8 m/s 的速度触地，着陆点在光面的南纬 7°、东经 294°。此时为世界时间 03：30，金星太阳时 11：16，太阳天顶角为 20°。与金星 11 号不同，它激起了一层尘埃，该尘埃在大约 25 s 后沉降完毕。两个着陆器都在 25 km 高度处遇到无法解释的异常现象，当时仪表读数超出量程，并且航天器出现一次放电现象。此着陆器在金星地表直到飞掠航天器飞出地平线传输了 110 min 的数据。因此无法得知它何时停止运行。

（3）金星 11 号和 12 号飞掠航天器

在进行偏移机动后，两个航天器都以大约 35 000 km 的距离飞越金星，并在着陆器的整个下降过程及金星表面活动期间向地球转发其数据。飞掠航天器发回最后一批报告的时间分别是 1980 年 1 月（金星 11 号）和 1980 年 3 月（金星 12 号）。

15. 2. 5　结果

（1）金星 11 号和 12 号下降段测量

着陆器根据在 100～65 km 高度段测量的加速计数据推断了大气密度，然后直接测量了从 61 km 高度处到金星表面的大气温度和压力。还测量了从 64 km 高度处到金星表面的不透明度，64～49 km 高度段的悬浮微粒化学成分，从 51 km 高度处到金星表面的悬浮微粒散射，以及从 60 km 高度处到金星表面的雷暴活动。气相色谱仪分析了从 42 km 高度处到金星表面的 9 个大气样本。新质谱仪测量了 23～1 km 高度处的大气成分。测量了从 23 km 高度处到金星表面的风速值，并根据多普勒数据获取了关于水平风速和方向的高度信息。

分光光度计得出了第一组实际的水蒸气数据，确定了水蒸气是大气中第二重要的温室气体（仅次于二氧化碳）。通过同期分析表明：从云层底部到金星表面，水蒸气含量从 200 ppm 下降到 20 ppm；不过在多年之后通过再次分析，采用固定水蒸气混合比，得到了关于金星 11 号、12 号和 14 号分光光度计数据的更精确的拟合结果，约为 30 ppm（从 50 km 高度处到金星表面）。这些任务所用的质谱仪报告的数值在 44 km 高度处高达 0.5%，在 24 km 高度处为 0.1%；这比分光光度计及从地球进行的其他遥测光谱测量所获取的水蒸气混合比要大得多，因此该结果值得怀疑。

通过分析 22 个样本的 176 个完整光谱，得到金星 11 号和 12 号的如下质谱仪结果：

二氧化碳　　　97%

分子氮	4.0±2.0 %
氩	110±20 ppm
氖	8.6±4 ppm
氪	0.6±0.2 ppm

同位素比如下：

碳 13/碳 12	0.011 2±0.000 2
氩 40/氩 36	1.19±0.07
氩 38/氩 36	0.197±0.002

气相色谱仪在 42 km 高度处到金星表面的范围内进行了 8 次测量，其结果如下：

分子氮	2.5±0.3 %
水蒸气	25～100 ppm
氩	40±10 ppm
二氧化硫	130±35 ppm
一氧化碳	28±7 ppm（低空）
分子氧	不到 20 ppm
氖	检测到
硫化氢	检测到
硫化羰	检测到

金星 12 号上的 X 射线荧光光谱仪测量了 64～49 km 范围的云层粒子，然后因为高温而停止动作。它没有在云层颗粒中检测到硫（<0.1 mg/m³），但是发现了氯（0.43±0.06 mg/m³）。当时认为这些氯可能是一种非挥发的化合物，比如氯化铝，不过并没有进行确认。在金星大气中存在相对于硫含量较高的氯，这与金星云层由硫酸小滴构成的理论不符，不过这些异常数据后来被金星 14 号任务修正。

金星 11 号和 12 号在 32～2 km 下降的过程中，都检测到了大量电磁脉冲，这与地球上遥远闪电产生的电磁脉冲类似。金星 11 号所检测到的活动比金星 12 号更剧烈，其强度在靠近金星表面时减弱。

金星 11 号在降落后没有再检测到这种脉冲，不过金星 12 号在金星表面时检测到了一次较大的脉冲爆发。在下降过程中，因为空气动力噪声使话筒达到饱和状态，所以在金星表面没有检测到雷电，不过它们录到了仪表及地表活动所发出的声音。

与金星 9 号和 10 号一样，光散射数据表明：云层底部的高度为 47 km，低于该高度悬浮微粒含量就变得少得多。金星 11 号和 12 号发现，在大约 30 km 高度以下，金星大气中基本没有悬浮微粒。金星 11 号的浊度计在整个下降过程中测量了云层颗粒，其结果验证了金星 9 号和 10 号所报告的信息，即各云层具有均匀性。底部云层处于 51～48 km 高度之间，其下方有一层雾。金星 12 号的浊度计没有正常运行。通过分析确认只有大约 3%～6% 的日光抵达了金星地表。在稠密大气中存在大量瑞利散射，因此能见度很低。在距金星地表以上几千米高度处肯定不可见。在表面也许可以看到地平线，不过地形地貌细节肯定很快就在橙色雾气中变得模糊。无法看到圆形的太阳，只能看到光线均匀分布的模糊天空。

（2）金星 11 号和 12 号的金星表面测量

金星 11 号着陆地点的温度为 458±5 ℃，压力为 91±2 bar。因为镜头盖无法打开，所以没有拍摄金星表面图像。在金星 9 号和 10 号各有一个摄像机出现问题后，工作人员重新设计了摄像机，但是结果却非常糟糕。传回的图片完全是黑的。通过土壤钻探采集到一个样本，但是没有被适当地送到仪器的容器中，因此没有进行土壤分析。

金星 12 号着陆地点的温度为 468±5 ℃，压力为 92±2 bar。金星 12 号的摄像机和土壤分析实验装置遇到了与金星 11 号完全一样的问题，说明其系统设计存在缺陷。下降过程中的振动破坏了钻机上的样本传输系统，因此无法进行土壤分析。两个着陆器的土壤透度计也都失灵。

两个着陆器的地表实验装置几乎完全失效。可能是粗暴的着陆损坏了安装在碰撞环上的仪器。没有得到结果令人非常失望，不过按照苏联一贯的风格，此次失败促使工程师们继续努力，以争取在下一次飞行窗口获得成功。

（3）金星 11 号和 12 号飞掠航天器

紫外光谱仪检测到氢原子的莱曼-阿尔法辐射，以及氦原子的584 埃（He-I）辐射。这些数据提供了外层大气的温度和数量密度。金星 11 号和 12 号采集了 143 次伽马射线暴的时间变化数据，并通过地球轨道上预报 7 号的一个相同的检测器对结果进行了三角测量。1980 年 2 月 13 日和 3 月 17 日，金星 12 号利用其极紫外光谱仪观测到了布拉德菲尔德彗星。

第 16 章　重返金星

16.1　时间线：1979—1981 年

1978 年之后，行星探测的速度明显放缓，尤其是美国。1979—1980 年，没有向月球或其他行星发射航天器。这与 20 世纪 60、70 年代的繁忙景象形成鲜明对比。实际上，从 1978 年（金星先锋号）到 1989 年（伽利略号）的 11 年间，美国没有进行任何月球或其他行星的发射任务；而苏联则继续不停地用成功的金星号航天器开展金星探索，并在这个领域独领风骚。在随后 1981 年的金星发射窗口，苏联发射了另外一对金星号飞掠航天器/着陆器。两者都取得了成功，并且首次发回了金星地表彩色图像。

发射日期		
1979 年		
无任务		
1980 年		
无任务		
1981 年		
10 月 30 日	金星 13 号飞掠航天器/着陆器	成功,首次发回地表彩色图像
11 月 4 日	金星 14 号飞掠航天器/着陆器	成功

16.2　发回金星地表的彩色图像：1981 年

16.2.1　计划目标

金星 11 号和 12 号并没有完成预先设定的目标。虽然在下降过程中的实验提供了很多大气信息，但是大多数地表科学活动都失败了。苏联跳过了一个发射窗口，以便开发新型耐热技术，从而解决这些问题。1981 年，他们准备好了更出色的设备和仪表以再次进行尝试，其目标主要是获取金星地表彩色图像，并分析钻机采集的样本。着陆地点是与美国科学家一起、基于先锋号轨道器在 1978 年进行的雷达成像试验所绘制的地图选择的。

发射的航天器	
第一个航天器：	金星 13 号（4V‑1M 760 号）
任务类型：	金星飞掠航天器/着陆器
国家/建造者：	苏联/NPO‑Lavochkin
运载火箭：	质子 K 号
发射日期/时间：	1981 年 10 月 30 日,世界时间 06:04:00（拜科努尔）
交会日期/时间：	1982 年 3 月 1 日
结果：	成功
第二个航天器：	金星 14 号（4V‑1M 761 号）
任务类型：	金星飞掠航天器/着陆器
国家/建造者：	苏联/NPO‑Lavochkin
运载火箭：	质子 K 号
发射日期/时间：	1981 年 11 月 4 日,世界时间 05:31:00（拜科努尔）
交会日期/时间：	1982 年 3 月 5 日
结果：	成功

16.2.2　航天器

作为飞掠航天器，金星 13 号和 14 号与先前的航天器基本相同。1981 年任务的主要变化是着陆器，特别是在碰撞环周围增加了金属齿结构，以减少在下降过程中的旋转和振荡，防止出现 1978 年任务过程中的粗暴着陆问题。摄像机镜头盖问题得到了解决，并重新设计了土壤采样器，以改善导致金星 11 号和 12 号土壤采样失败的问题。

发射质量：　　　　4 363 kg

飞掠湿质量：　　　2 718 kg

进入质量：　　　　1 645 kg

着陆器质量：　　　760 kg

图 16-1　金星 13 号和金星 14 号着陆器及其仪器（来自唐·米切尔）

图 16-2　金星 13 号（来自唐·米切尔）和着陆器（带有进入壳）

16.2.3　有效载荷

（1）飞掠航天器

1）KONUS 伽马射线暴探测器；

2）SNEG 伽马射线暴探测器（法国-苏联）；

3）磁力仪（奥地利）；

4）高能粒子宇宙射线探测器；

5）太阳风探测器。

飞掠航天器携带了一个更轻的有效载荷，以便增加着陆器能够携带的有效载荷。携带的仪器中包括升级的宇宙射线实验装置和两个伽马射线研究装置；一个奥地利制造的、安装在一个 2 m 吊臂上的磁力仪，其与太阳能电池板之一相连。

飞掠有效载荷质量：92 kg

（2）着陆器

①进入和下降段

1）加速度计，用于分析大气结构（110～63 km），然后进行着陆器碰撞分析；

2）温度和压力传感器；

3）用于分析大气成分的气相色谱仪；

4）用于分析化学和同位素成分的质谱仪；

5）用于分析水蒸气含量的液体比重计；

6）用于研究悬浮微粒的浊度计；

7）用于分析悬浮微粒元素成分的 X 射线荧光光谱仪；

8）分光光度计，用于分析太阳辐射的光谱和角度分布；

9）紫外光度计，波长为 320～390 nm；

10）用于分析电活动的 GROZA－2 无线电设备，以及用来分析声和地震事件的话筒；

11）用于分析风和湍流的多普勒实验装置。

②金星表面

　　1) 全景彩色成像系统，带有两个摄像机；

　　2) 钻机和地表采样器；

　　3) X 射线荧光光谱仪，用于分析地表岩石元素成分；

　　4) 旋转圆锥形土壤透度计（PrOP - V）；

　　5) 化学氧化状态指示器。

　　与金星 11 号和 12 号相比，其上若干个仪器得到了改良，包括摄像机、钻机、分光光度计、分析悬浮微粒的 X 射线光谱仪、质谱仪和气相色谱仪。液体比重计湿度传感器和化学氧化状态指示器是新加入的；后者是一个简单的化学指示器，用于搜索大气中的氧痕量。分光光度计通过一个广角天空视野及一组包括 6 个窄角的定向视野，测量 470～1 200 nm 的整个光谱。气相色谱仪带有一个性能更佳的探测器，可以检测更多种类的物质，并能在云层中运行。质谱仪经过改良，其质量分辨率提升了 2～40 倍，灵敏度提升了 10～30 倍。弄清楚并纠正了 1978 年任务中氪读数异常的原因。GROZA - 2 仪表带有一个经过改良的 10 kHz 探测器，这是一种在 2 kHz 波段的新探测器，能够在着陆之后更好地搜索地震事件。

　　全景成像系统带有一个经过改良的镜头盖。向飞掠转发航天器发送数据的带宽显著增加，使得每台摄像机都可以携带无色、红色、绿色和蓝色滤光器。每台摄像机都能在其 180° 全景图像中完成 4 个周期的运动，每个滤光器对应一个周期，整个过程需要将近一小时。如果着陆器只能正常操作 30 min，那么为了确保可以传输一个彩色区的信息，摄像机首先通过无色滤光器进行全 180° 扫描，然后再依次使用红色、绿色和蓝色滤光器对 3 个 60° 区进行扫描。

　　因为很多仪器都安放在外部，会暴露于金星的压力、温度以及腐蚀性大气中，所以此次任务是对金星号着陆器的一次考验。这些仪器包括钻机、透度计、质谱仪、气相色谱仪、液体比重计、悬浮微粒 X 射线光谱仪、氧化状态指示器，以及 GROZA 无线电传感器和话筒。摄像机和浊度计安装在内部，并通过特制的外壳连接到压力容器，使其能够通过窗口和棱镜进行观测。铂温度计和无液压力仪器使用了外部传感器，其线路穿过压力容器。

　　钻机采样器位于着陆器的底部。在加工此装置时，不得不考虑在 500 ℃时的热膨胀。因为着陆器的可靠寿命只有 30 min，所以必须在此时间内完成钻探、采样和分析程序。在任务中计划使用一个伸缩钻机头钻探金星表面大约 2 min，深入到固体岩石 3 cm 处，然后钻取一个 2 cm³ 的样本。根据钻机的速度和运动情况、钻探深度及钻探过程中电机产生电流的幅值，可以了解金星表面的物理和机械属性。钻机采集的几克材料放到托盘上之后，会通过火工装置使其移动通过一个三级气闸，从而将其从 90 bar 的大气环境转移到 X 射线荧光光谱仪内只有 0.06 bar 的分析室中，该光谱仪使用钚、铀-235 和铁-55 源。通过位于着陆器底部的一个真空罐来实现此传输操作的气体抽运。

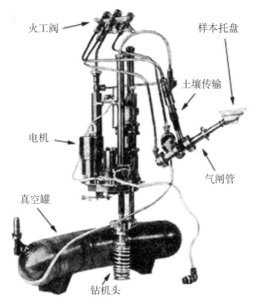

图 16-3　金星 13 号和金星 14 号着陆器的钻机装置（来自唐·米切尔）

动态透度计可以确定金星表面材料（岩石或土壤）的机械属性。它带有一个圆锥形冲模，该冲模可以在一个操纵杆末端转动，并向前落到地上。通过一个摄像机视场内的一个观察设备来确定钻探深度。完成钻探之后，通过一个弹簧让冲模在土壤内转动，其转动角度可以在观察设备上显示。另外，还在冲模和电子设备的一端连接了一个可测量电阻的电缆装置。

着陆器有效载荷质量：100 kg

16.2.4 任务说明

（1）着陆器

金星 13 号于 1981 年 10 月 30 日发射，在 1982 年 11 月 10 日和 2 月 21 日进行了中途修正。2 月 27 日，它在距离金星 33 000 km 处释放了其进入舱。进入舱于 3 月 1 日进入大气。加速度计在大约 100 km 的高度处启动，直到降落伞打开前提供了关于大气密度的信息。降落伞在 62 km 高度处打开，大约 9 min 后，在 47 km 高度处被抛弃。在降落伞打开后立即激活下降仪表，从降落伞打开到着陆的下降时间为一小时多一点。着陆器以 7.5 m/s 的速度触地，反弹了一次，然后在一个较高的山坡的一个平坦疏松表面上停下来，着陆点位于南纬 7.55°、东经 303.69°。此时为世界时间 03：57：21，金星太阳时 09：27，太阳天顶角为 36°。金星表面数据传输持续了 127 min。

金星 14 号于 1981 年 11 月 4 日发射，在经过 3 次中途轨道修正后抵达金星。其原因是 11 月 14 日进行的第一次修正并没有正确执行。在 11 月 23 日进行了一次补偿修正机动后，最终在 1982 年 2 月 25 日进行了调整机动。进入系统于 3 月 3 日被释放，并在 3 月 5 日进入大气。降落伞在 62 km 高度处被打开，在 47 km 高度处被抛弃。着陆器以大约 7.5 m/s 的速度着陆，着陆点位于南纬 13.055°、东经 310.19°的一个较低的平原区，在金星 13 号着陆点西南方向 950 km。此时为世界时间 07：00：10，金星太阳时 09：54，太阳天顶角为

35.5°。金星表面数据传输持续了 57 min。

金星 13 号和 14 号在 12.5 km 高度处经历了与金星 11 号和 12 号一样的异常电现象。两个着陆器下降阶段及金星表面的科学工作都开展得非常好。在着陆之后，镜头盖马上弹开并开始成像。首先发送了一幅黑白随机图像，然后发送了彩色全景图。着陆后也马上进行钻探实验，整个钻探、采样和分析过程持续时间略大于 32 min。金星 13 号采集了 2 cm³ 的样本，金星 14 号采集了 1 cm³ 的样本，采样深度都为 3 cm。金星 13 号透度计运行顺利，不过在金星 14 号任务中，此实验装置不幸地在一个弹出的镜头盖上展开。话筒采集了下降过程中的空气动力噪声、着陆声音，然后是镜头盖打开的声音、钻探噪声和采样器火工品声音、现场的风声，以及着陆器工作过程中的其他声音。

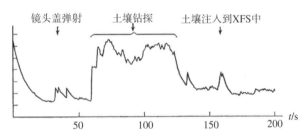

图 16 - 4　金星 13 号的话筒数据，$t = 0$ 为着陆时间（来自唐·米切尔）

（2）飞掠运载航天器

每个飞掠运载器都以距金星最近距离约 36 000 km 飞越了金星，并进入了日心轨道，从该轨道继续返回太阳（包括耀斑）的数据。为了对织女星号任务与哈雷彗星交会的后期中途轨道机动进行试验，金星 13 号在 1982 年 6 月 10 日进行发动机点火，金星 14 号在 1982 年 11 月 14 日进行发动机点火。

16.2.5　结果

（1）金星 13 号着陆器

①下降段测量

根据浊度计所报告的粒子物理学属性，在金星主云体系中有3个不同的云层：稠密顶层，高度从 60 km（开始测量高度）到57 km；其下方是一个透明层，高度从 57 km 到 50 km；最后是最稠密的一层，高度从 50 km 到 48 km。通过多普勒测量得到了风数据。很有意思的是，金星 13 号和 14 号的湿度传感器都表明，在 46～50 km 范围内，大气中的水含量是通过光谱测量所得数值的 10 倍。通过若干仪表的测量，确定了水混合比。虽然有些测量值是冲突的，但是在 40～60 km 之间的云形成区中，这个比值似乎是最大的；而在其上方和下方的云层中，水含量则要低一些。根据估算，在 48 km 高度处的水蒸气含量为 0.2%。为了避免质谱仪被悬浮微粒堵塞，直到云层下方才将其打开。质谱仪提供了很多从 26 km 高度处到金星表面大气成分的高度分布信息。研究发现，存在一种氪同位素，其比例略高于地球，不过低于太阳；氖混合比值明显低于气相色谱仪及金星 11 号和 12 号测量的数值；氩- 40 混合比地球比金星高约四倍。气相色谱仪检测到了一些新种类，其中包括分子氢、硫化氢和硫化羰。检测到的其他物质包括分子氧、水蒸气、氖及六氟化硫。

GROZA‑2 实验的冠状放电探测器确认了金星 11 号和 12 号实验探测到的、被认为是闪电的超低频脉冲暴不是由飞行器放电引起的。没有探测到雷电或者放电。

②金星表面段测量

金星 13 号在金星地表采集了黑白及第一批彩色全景图像。这些图像显示了着陆器环形底座的三角形"皇冠"，它们用于在下降过程中使着陆器保持稳定；另外，还显示了弹出的摄像机盖、彩色试验条带、展开的 PrOP‑V 透度计，以及悬浮微粒 X 射线荧光计的排气端口（位于着陆器环上，紧靠透度计左侧）。着陆地点应该是基岩露出岩层，周围被暗色的细颗粒土壤所包围。金星 13 号和 14 号采集的全景图都显示了平坦的分层石头，其间为暗色的土壤；另外还散布着小型颗粒，其地貌类似于地球的海底。光度计记录了着陆时激起的灰尘，不过灰尘很快就沉降下来，通过比较用不同滤光器所拍摄的顺序图像很容易看到这种沉降。

图 16 - 5　金星 13 号着陆器半球 1 的彩色全景图（由泰德·特里克处理）

图 16 - 6　金星 13 号着陆器半球 2 的彩色全景图（由泰德·特里克处理）

在金星 13 号的着陆点可见暗色扁平岩石，它们分布在颜色更深的松散土壤表层上，并在背景中有一些较低的起伏山脊。每个摄像机返回了 4 幅全景图：第 1 幅每个滤光器各扫描一次，分别是无色、红色、绿色和蓝色滤光器；后 3 幅为彩色图像。不过，在处理滤光器数据的过程中，很难获得精确的色彩平衡，因为展开的校准条受热、压力及橙色天空的影响，并且也不太清楚摄像机的辐射测量响应情况。

钻探样本分析显示为一种富含钾的玄武岩，这种岩石在地球上很罕见。透度计测量结果表明土壤的承载能力与重质黏土或者压实的灰尘类沙土类似。这些信息都符合根据着陆力学测量的应力应变数据所推导的金星表面特征（表层覆盖了一层低强度、多孔的材料，其属性类似于风化的玄武岩）。金星表面的电阻率非常低，属于半导体范围，这可能是因为在绝缘土壤颗粒上有一层薄的导电材料。

两个着陆器进行了金星裸露表面化学检测，以分析金星大气的氧化状态。结果似乎表明富含二氧化碳的大气处于还原态而非氧化态，不过此实验可能受到了着陆激起尘埃的影响。因为在金星表面运行寿命很短，所以 GROZA‑2 声学实验的目标是检测微地震活动，在地球上，这种活动大约每几秒钟就有一次。金星 13 号没有检测到微地震活动，但是金星 14 号可能记录了两次此类活动。金星 13 号的话筒记录了下降过程中的空气动力噪声，在金星表面的读数表明风速为 0.3～0.6 m/s。利用各滤光器连续拍摄的图片表明尘埃从着陆器环上被吹走。着陆点的温度为 465 ℃，压力为 89.5 bar。只有 2.4％的日光抵达金星表面。观测中记录到了照度的微小变化，这些变化可能是由云层引起的，不过总体来看大气很平静且昏暗，地表为平坦的火山平原。

（2）金星 14 号着陆器

①下降段测量

金星 14 号着陆器进行了与金星 13 号相同的观测，包括在其下降过程及金星表面期间。它得到的结果也与金星 13 号类似。综合质谱仪测量结果如下：

二氧化碳	97％
分子氮	4.0％±0.3％
氩	100 ppm
氖	7.6 ppm
氪	0.035 ppm
氙	不到 0.020 ppm

同位素比例为：

碳 13/碳 12	0.010 8
氩 40/氩 36	1.11±0.02
氩 38/氩 36	0.183±0.003

| 氖 20/氖 22 | 12.15±0.1 |

综合气相色谱仪结果为：

水蒸气	700±300 ppm
分子氧	18±4 ppm
分子氢	25±10 ppm
氪	0.7±0.3 ppm
硫化氢	80±40 ppm
硫化羰	40±20 ppm
六氟化硫	0.2±0.1 ppm

X 射线荧光计测量了 63～47 km 高度范围的悬浮微粒成分。它检测到了硫（$1.10±0.13$ mg/m^3）和氯（$0.16±0.04$ mg/m^3），氯的丰度显著低于金星 12 号的测量值。经过更精准校准的 X 射线荧光计测量所得的硫/氯丰度比与硫酸悬浮微粒相符。63～47 km 高度区域的悬浮微粒主要由硫化合物和一些氯化合物组成。硫和氯的丰度比值随高度而变化。悬浮微粒密度最大处位于 56～47 km 高度区域。金星 13 号的 X 射线荧光计未能正常工作。

②金星表面测量

图 16-7　金星 14 号着陆器半球 1 的彩色全景图（由泰德·特里克处理）

与金星 13 号不同，金星 14 号光度计没有检测到着陆时激起的尘埃。它降落在一个坡度平缓的平原上，地面有扁平的分层岩石，岩石之间几乎没有土壤。钻探样本的成分显示其为钾含量较低的玄武岩，与地球大洋中脊的情况类似。检测到的硫含量低于金星 13 号着陆点处含量，这很有可能意味着金星 14 号着陆点的地质年代更加年轻。根据触地动力测量所推导出的表面属性与金星 13 号着陆点的

图 16-8   金星 14 号着陆器半球 2 的彩色全景图（由泰德·特里克处理）

类似，不过金星 14 号着陆点可能覆有一层更脆弱的多孔材料。金星
14 号因为仪器向下摆动到一个被抛弃的镜头盖上而没有采集到透度
计数据。声音传感器报告了两个声音，可能来自较远处的小规模地
震活动。着陆点的温度为 470 ℃，压力为 93.5 bar。抵达金星表面
的日光量为 3.5％。

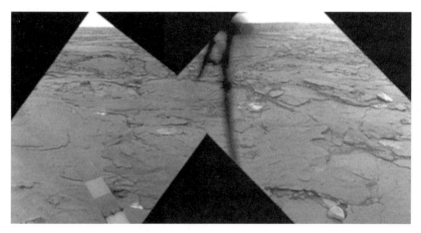

图 16-9   金星 14 号经过二次处理的全景图，以提供一个水平的
人视角图像（来自泰德·特里克）

X 射线荧光土壤分析结果如下：

	金星 13 号	金星 14 号
硅	45％	49％
钛	1.6％	1.3％

续表

	金星 13 号	金星 14 号
铝	16％	18％
铁	9.3％	8.8％
锰	0.2％	0.2％
镁	11％	8.1％
钙	7.1％	10％
钾	4.0％	0.2％
硫	0.65％	0.35％
氯	＜0.3％	＜0.4％

　　金星 8 号、9 号、10 号、13 号和 14 号在金星各处所进行的表面成分测量都很符合玄武岩特征，其成分与地球玄武岩类似。在金星上没有发现在地球上广泛分布的各种火成岩石和变质岩石，其原因很有可能是金星缺乏水分。

　　③金星 13 号和 14 飞掠航天器

　　两个飞掠航天器都采集了关于太阳风及太阳 X 射线耀斑的数据。它们加入了一个行星间网络，以便对伽马射线暴进行三角测量，并检测到了大约 150 次相关活动。在 20 世纪 80 年代后期，织女星号航天器计划通过金星飞越来与哈雷彗星交会，因此在离开金星后，金星 13 号和 14 号对其发动机进行点火，以演练这些后续任务所需的机动操作。

第 17 章 再次返回金星

17.1 时间线：1982—1983 年

苏联金星号系列的最终任务于 1983 年 6 月发射。因为之前金星号着陆器已经实现了他们的大部分目标，所以这两个航天器装备了大型雷达天线来取代进入系统，以作为轨道雷达绘图器被发射至金星。两个航天器都取得了成功，其雷达透过弥漫的云层辨别金星表面，并绘制了从北纬 30°到北极的地图，其分辨率大约为 2 km。

发射日期		
1982 年		
无任务		
1983 年		
6 月 2 日	金星 15 号轨道器	成功的雷达绘图器
6 月 7 日	金星 16 号轨道器	成功的雷达绘图器

17.2 揭开金星的云雾面纱：1983 年

17.2.1 计划目标

自金星 9 号起连续 6 次成功发送重型金星着陆器后，苏联决定在 1983 年的发射窗口发射雷达成像轨道器，而不是更多的着陆器。1978 年，美国先锋 12 号轨道器以 150 km 的超低分辨率采集了整个行星的无线电高度测量数据，并在高度计的侧视模式下采集了 30 km 分辨率的狭窄赤道区地形图。1981 年，这些数据被用来定位金星

13 号和 14 号着陆器。1983 年的金星号雷达轨道器计划使用双静态
雷达技术，以将分辨率提升到 2 km 甚至更高，不过只能覆盖金星大
约 25% 的面积。

发射的航天器	
第一个航天器：	金星 15 号（4V‑2 860 号）
任务类型：	金星轨道器
国家/建造者：	苏联/NPO‑Lavochkin
运载火箭：	质子 K 号
发射日期/时间：	1983 年 6 月 2 日，世界时间 02:38:39（拜科努尔）
交会日期/时间：	1983 年 10 月 10 日
任务结束时间：	1985 年 3 月
结果：	成功
第二个航天器：	金星 16 号（4V‑2 861 号）
任务类型：	金星轨道器
国家/建造者：	苏联/NPO‑Lavochkin
运载火箭：	质子 K 号
发射日期/时间：	1983 年 6 月 7 日，世界时间 02:32:00（拜科努尔）
交会日期/时间：	1983 年 10 月 14 日
任务结束时间：	1985 年 5 月 28 日
结果：	成功

此时金星俨然已经成为一颗"红色"行星，几乎成了苏联唯一
的探测对象。在水手 5 号于 1967 年飞掠金星之后，过了十几年的时
间美国才开始重新造访金星。1978 年发射的两艘先锋号主要针对电
离层和大气。不过与此同时，美国也在开发一个金星轨道成像雷达
（VOIR）任务。而 NPO‑Lavochkin 自 1976 年起一直在开发金星雷
达绘图器，在率先完成了金星原位表面拍摄任务后，苏联希望抢在
美国之前开展雷达绘图任务。实际上苏联根本不需要竞争，因为美
国 1981 年取消了 VOIR 计划，取而代之的是一种更简单、成本更低
的任务，名为"麦哲伦号"，并且一直到 1989 年才发射。从根本上

来说，NPO - Lavochkin 只需要将其航天器的进入系统换成一个侧视雷达，以采集金星表面的图像和电学特性；并增加一个无线电高度计，以测量地面航迹的地形。不过要通过修改航天器来携带雷达也不是一件轻松的事情。

1979 年，关于苏联金星雷达绘图任务的流言开始在美国传播，而美国国家航空航天局当时正竭力为其 VOIR 任务寻求资金。因为熟知苏联用来跟踪西方海军的重型核动力 RORSAT 轨道雷达，所以美国的大多数观察家都认为苏联没有建造轻型低功率合成孔径雷达所需的技术。事实上苏联也的确面临难题，尤其是在数据存储和计算要求方面，发射时间被迫从 1981 年推迟到 1983 年，不过该任务最终表现得非常好。

17.2.2　航天器

继金星 9 号之后，金星 15 号和 16 号是该系列航天器中最先得到大幅度修改的。其平台加长了 1 m，以满足 1 300 kg 的推进剂要求，这些推进剂用来将该重型航天器送入到绕金星的轨道。姿态控制系统携带的氮从 36 kg 增加到 114 kg，从而能够执行轨道任务所需的大量姿态改变。在一对标准太阳能电池板的外侧又增加了两个太阳能电池板，以便为雷达系统运行提供额外的电力。抛物型天线向外延展了 1 m，直径达到 2.6 m，以便将带宽从 6 kbits/s 增加到 108 kbits/s。另外，还采用了一个新型 5 cm 波段遥测系统，以便与 64 m 和 70 m 地面站通信。航天器没有做改动，具有一个 5 m 长、直径 1.1 m 的圆筒结构。在顶部安装了一个 1.4 m×6.0 m 的、用于合成孔径雷达（SAR）的抛物型面板天线，该雷达系统取代了进入系统。整个 SAR 系统质量为 300 kg。在附近还安装了一个直径为 1 m 的抛物型碟形天线，供无线电高度计使用。无线电高度计天线的电气轴与航天器的长轴对齐，SAR 相对该轴的角度为 10°。在成像过程中，无线电高度计应与当地垂直方向对齐，SAR 视角应向侧面偏 10°。

发射质量：5 250 kg（金星 15 号），5 300 kg（金星 16 号）

燃料质量：2 443 kg（金星 15 号），2 520 kg（金星 16 号）

图 17 - 1　在拉沃契金进行测试的金星 15 号

图 17 - 2　博物馆里的金星 15 号模型

注：SAR 相对长轴倾斜 10°，位于 SAR/高度仪仪器舱顶部，仪器舱则位于圆筒形推

进剂储罐上方

17. 2. 3　有效载荷

1）Polyus - V 合成孔径雷达（SAR），运行波长为 8 cm；

2）Omega 辐射测量高度计；

3）热红外（6～35 μm），傅里叶辐射光谱仪（IFSE，DDR - USSR）；

4）宇宙射线探测器（6）；

5）太阳等离子体探测器；

6）磁力仪（奥地利）；

7）无线电掩星实验装置。

SAR 和无线电高度计的所有部件都是通用的，只有天线例外。电子设备在天线之间每 0.3 s 进行一次 80W 行波管振荡器周期操作。一台星载计算机控制系统引导其序列和运行。SAR 天线通过 20 个周期的 127 次相移实现了横向跨迹编码，对金星表面进行 3.9 ms 的照射。航天器在这段时间内的运动会扫描出一个 70 m 的虚拟天线。在每次传输之后，天线都会切换到接收机，后者对反射雷达脉冲的幅值和相位进行数字化处理，并将数据以 2 540 个复数形式存储在一个固态内存缓冲器内。为了与雷达 0.3 s 的照射周期保持同步，需将数据交替读出到两个磁带记录器上，从而在一次近拱点穿行过程中完成一个 16 min 的绘图周期。在每个穿行过程中，都得到大约 3 200 幅返回图像，从而构成一个大约 120 km×7 500 km 的数据条带。地球上接收到数据之后，每个独立的 3.9 ms 返回数据都通过时间延迟分成 127 个跨迹范围和 31 个沿迹范围，然后针对大气、几何形状和轨道影响进行修正。接下来，将单独的返回图像组合在一起，从而得到表示金星表面倾斜度、崎岖度和发射率的图像条带。

在高度测量过程中，天线会发送一个包括 31 个脉冲的代码序列，每个脉冲周期为 1.54 μs。在传输之后，天线切换到接收机，记录 0.67 ms 周期内的火星表面脉冲反射情况。高度计无线电波束的椭圆形覆盖区为跨迹 40 km 及沿迹 70 km。在对返回波形进行星载

图 17-3　金星 15 号在一次单近拱点穿行过程中拍摄的 SAR 条带图
（来自唐·米切尔）

处理后，数据被存储在磁带记录器内，以便日后发回地球，从而在地球上进行针对大气、几何形状和轨道影响的后续修正处理，以得到高度值。在精确确定轨道元素之前，采用了一种低分辨率模式，然后切换到高分辨率模式。通过与多普勒分析数据相结合，高分辨率模式可以将覆盖区缩小到 10 km×40 km，误差大约为 1 km，垂直精度大约为 50 m。

另外，还决定携带一个东德提供的红外傅里叶变换光谱仪。其质量为 35 kg，可以提供比先锋 12 号轨道器所用的红外辐射计更高的光谱分辨率。它在 6～35 μm 范围内将光谱分成一组连续的 256 个通道；视场为 100 km×100 km，可以沿每个近拱点通道提供 60 个完整的光谱。其目标是在 90～65 km 高度范围内采集 15 μm 二氧化碳波段的大气温度数据、上层云层边缘的温度、悬浮微粒的丰度、大气中的二氧化碳和水蒸气、热结构数据，以及云和大气的动力学特征。

宇宙射线和太阳风实验类似于金星 1 号后的每次金星任务。

17.2.4　任务说明

金星 15 号于 1983 年 6 月 2 日发射，于 6 月 10 日和 10 月 1 日进行了中途轨道修正，然后于 10 月 10 日进入环金星轨道。金星 16 号于 6 月 7 日发射，于 6 月 15 日和 10 月 5 日进行了中途轨道修正，于 10 月 14 日进入轨道。两者轨道平面之间倾角大约为 4°，因此任何其中一个航天器所错过的区域都能被另一个航天器拍摄到。金星 15 号在 10 月 17 日进行了一次轨道修正，金星 16 号在 10 月 22 日进行了同种修正。每个操作轨道相对赤道的倾角都为 87.5°，近拱点位于 1 000 km 处，最远点距离约为 65 000 km，轨道周期为 24 小时。近拱点大约位于北纬 62°，每个近拱点通道都需以 70 rad 拍摄金星表面图像。两个航天器都在 11 月 11 日开始科学操作。通过不定期的小规模点火来保持近拱点，在太阳-航天器-地球夹角减小的情况下适应高增益天线的位置变化，并保持两个航天器近拱点之间 3 小时的间隔。

绘图和高度测量一般从极地进入侧北纬 80°开始，越过极地持续向下进行，一直到返回侧的北纬 30°。雷达持续进行成像，其最佳分辨率大约为 1 km。每个 16 min 近拱点通道期间所采集的数据被存储在磁带记录器中，然后在抵达下一个近拱点之前，在每天 100 min 的通信窗口内转发回地球。在每个 24 小时轨道周期内，金星都会绕其轴旋转 1.48°，这样一来连续绘制的图像中就会有一部分彼此叠加。按照这样的速度，覆盖所有经度需要 8 个月的时间。24 小时的轨道很有必要，它能够保证航天器下载信息与苏联的接收站保持同步。在任务期间进行了若干次轨道修正，以保持每个轨道的周期和形状。1984 年 6 月，金星经历了上合阶段，当它位于太阳背后（从地球看去）时无法进行传输。这提供了一个进行无线电掩星实验的机会，以研究太阳和行星间等离子体。在上合阶段结束之后，金星 16 号将轨道向后旋转了 20°（相对金星 15 号），以绘制上合阶段前错过的地区。在此后不久的 7 月 10 日完成了绘图。

利用两个航天器可以拍摄从北纬 30°到北极的所有区域，总面积占金星的 25%。分辨率为 1~2 km，这与作为雷达运行的 300 m 阿雷西沃无线电望远镜天线所能够达到的分辨率相近；不过该航天器在赤道纬度范围受限，无法获取相关的高度测量信息。

据报道，金星 15 号在 1985 年 3 月耗尽了其姿态控制气体，不过金星 16 号在该年 5 月 28 日前仍继续通过其他仪器发送数据。没有尝试通过改变轨道来达到更高的分辨率或扩大覆盖范围。

17.2.5　结果

两个航天器一起在北纬 30°到北极范围内成像,其分辨率为 1~2 km。其主要成果包括:拍摄了金星北部(占金星面积 25%)的 27 个雷达镶嵌图,其比例为 1:5 000 000。结果证实了最高的地区(高于平原区 4 km 的地区)的雷达反射率显著增加。

通过雷达实验,获得了关于金星表面的重要发现,拍摄的新地形包括:

1)冕区——大型环形或卵形地形,带有深同心环;

2)穹顶——扁平的近环形凸起地形,其中一些带有中央喷火山口;

3)蛛网结构——带有放射状裂缝的塌陷穹顶结构;

4)镶嵌地块——大型线性山脊和峡谷区。

在金星 15 号和 16 号之前,阿雷西沃望远镜偶然捕捉的冕区被认为是由熔岩填充的撞击地形。成像区域大约有 30 个冕区和 80 个蛛网结构区。因为没有明显的板块构造证据,所以提出冕区、穹顶和蛛网结构都是地幔热柱加热固定地壳所导致的地表形态的假想。没有直接与地球类似的地形。镶嵌地块似乎是金星最老的地壳区,上面常为熔岩流覆盖。

即使穿过厚层大气的大型物体在抵达金星表面之前会被摧毁,其也会产生一个冲击波对地表产生影响。在观察的区域内大约有 150个环形山。通过分析环形山数据,可以发现其非常年轻,年龄为 7.5±2.5 亿年,这符合如下理论:灾难性地表重构产生镶嵌地块,在地表重构活动的间歇期,则在地幔热柱上方生成大规模的"泡状结构"。

高度计给出了关于北半球地形的大量数据。将这些数据与雷达数据结合在一起,科学家绘制出了详细的金星表面地图。

金星 16 号上的红外光谱仪出现了故障,不过金星 15 号上的红外光谱仪在轨道上工作了 2 个月后才失灵。通过光谱清楚地分辨了二氧化碳、水蒸气、二氧化硫及硫酸悬浮微粒。这些数据很有力地

图 17 - 4　金星 15 号和 16 号拍摄的金星全球图像，分辨率
大约为 1 km（来自唐·米切尔）

注：凸起的拉克希米高原位于右上方，旁边是麦克斯韦山脉

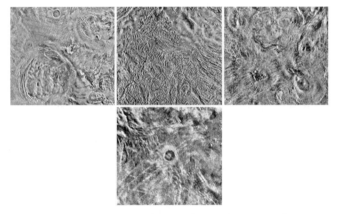

图 17 - 5　金星 15 号和金星 16 号所发现的地貌

注：沿着顺时针从左上方开始依次为：安娜希德和波莫纳冕区，福尔图纳镶嵌地块，贝利
吉恩亚的蛛网结构区，以及邓肯环形山

证实了上层云中的颗粒为 $75\%\sim85\%$ 硫酸溶液；确定了 $105\sim60$ km
高度范围的二氧化硫和水蒸气的悬浮微粒分布与混合比；另外，还
确定了这个高度范围内大气的热结构和光学属性。云层范围为 $70\sim$
47 km，不过在极区，云层要低 $5\sim8$ km，60 km 高度以上的空气比

赤道区温度更高。测量得到的平均地表温度为 500 ℃，不过也在一些温度较低区域检测到了一些温度更高点。光谱数据中没有任何特征表明存在有机化合物。

两个轨道器给出了 176 组从 1983 年 10 月到 1984 年 9 月的无线电掩星分布信息。

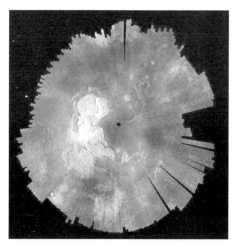

图 17-6　金星 15 号和金星 16 号高度计数据，拉克希米高原位于图中左侧部分（来自唐·米切尔）

图 17-7　金星 15 号和金星 16 号绘制的拉克希米高原地图，麦克斯韦山脉和喷火山口位于其右侧（来自唐·米切尔）

第 18 章　国际哈雷彗星活动

18.1　时间线：1984—1985 年

20 世纪 70 年代，人们对在 1986 年回归的著名哈雷彗星越来越感兴趣。美国当时正在开发各种近距离拦截彗星的计划。当时刚创建的欧洲空间局也在考虑开展同样的计划。规模很小并偏重学术研究的日本宇宙科学研究所也决定发射两个携带等离子体仪器的小型航天器。

20 世纪 80 年代初，苏联开始与法国共同开发一个面向金星的大型气球任务。不过在该任务顺利推进的过程中，苏联开始对哈雷彗星产生了浓厚的兴趣，因为他们意识到航天器可以利用金星飞掠，将自己重新定向到彗星。这两个任务有一部分内容被整合在一起。同时，苏联迈出了史无前例的一步，邀请各国提供搭载于哈雷彗星航天器上的科学仪器。结果苏联行星探测计划突然之间突破了铁幕，成为了一项国际计划。尽管美国的太空探测计划更加公开，然而在当时也没有达到如此广泛的国际合作程度。

此金星-哈雷彗星（织女星号）任务所用的航天器与金星号飞掠航天器非常类似，不过增加了一个仪器扫描平台，以跟踪哈雷彗星。但在此任务中没有使用会在进入系统整体质量中占据很大一部分的大型气球，而是决定携带一个着陆器，并附加一个小型气球包作为辅助。气球包将从进入球体的顶部释放，着陆器则从底部释放。气球在释放后会膨胀，然后在大约 50 km 的高度漂浮，其电池寿命大约为 50 小时。着陆器计划采用标准配置。

两个织女星号航天器于 1984 年 12 月发射，并且都顺利运行。

它们的着陆器和气球也都很成功，气球漂浮了数千千米，在经过 40
小时的飞行后从暗面进入光面。航天器继续前进与哈雷彗星交会，
拍摄彗核，采集周围环境数据，并为哈雷彗星任务中的其他航天器
提供支持，其中包括两个苏联航天器、两个在远端交会的日本航天
器及欧洲的乔托航天器。在获得了织女星号任务提供的导航支持后，
乔托航天器能够改善其轨道，从而抵达非常靠近彗核的地点。值得
关注的是，美国没能提供资金，从而缺席该任务，这是比较令人尴
尬的局面。

发射日期		
1984 年		
12 月 15 日	织女星 1 号　金星/哈雷彗星	在金星和哈雷彗星方面取得成功
12 月 21 日	织女星 2 号　金星/哈雷彗星	在金星和哈雷彗星方面取得成功
1985 年		
1 月 7 日	先驱者号哈雷彗星飞掠	日本任务成功
7 月 2 日	乔托号哈雷彗星飞掠	欧洲空间局任务成功
8 月 18 日	彗星号哈雷彗星飞掠	日本任务成功

18.2　金星-哈雷彗星活动：1984 年

18.2.1　计划目标

对于苏联来说，此次活动把一项金星飞掠/进入任务与一项哈雷
彗星飞越任务结合起来，这也是苏联的第一次（也是迄今为止唯一
一次）多目标任务。1985 年 6 月在金星释放了其进入系统后，两个
飞掠航天器在与金星交会的重力辅助下重新瞄准，进入一个计划在
1986 年 3 月拦截哈雷彗星的轨道。

除了一个着陆器，进入系统还携带了一个大气气球。采用金星
大气悬浮气球的想法来自法国与苏联的合作项目，该合作是在 1967
年成功完成金星 4 号任务后开始的。法国和苏联在冷战期间建立了

相对友好的关系，通过建立太空科研领域的合作，在铁幕上开了个口。1974 年，法国国家航天研究中心的雅克·布拉蒙特博士和国际宇宙组织委员会的主席鲍里斯·彼得洛夫开始探讨开展一项合作任务，通过一个进入探测器将一个大型法国气球送入金星大气，并通过一个苏联轨道器提供通信中继。到了 1977 年，已经试验性地为1984 年发射金星-84 号任务确定了时间，以纪念孟格菲兄弟发明热气球两百周年，同时也确定了分工。雅克·布拉蒙特和米哈伊尔·马洛夫被任命为任务的科研联合主席。法国提供两个直径为 10 m 的气球及其 50 kg 的吊舱，其中带有用于甚长基线干涉测量（VLBI）跟踪的转发器，苏联提供航天器、进入系统及其他任务支持。不过因为相关事件而导致计划生变。

　　20 世纪 70 年代末期，全球航天科学团体就开始迫不及待地为在1986 年回归的哈雷彗星进行规划。美国提出可以在其航天器上携带法国紫外仪表。不过美国在 1979 年撤销了此计划，而苏联则表示可以在金星-84 号任务中携带法国仪表，以便其能够从金星轨道上观测彗星。这是一项非常好的计划，因为虽然彗星与金星的距离不会小于 4 000 万千米，但是已经比与地球的距离近得多。在研究如何从金星更好地观测哈雷彗星的过程中，苏联发现可以用飞掠金星过程中的一次重力辅助来安排与哈雷彗星的交会。雅克·布拉蒙特认为此次任务对研究金星和哈雷彗星都具有科学价值，这激起了苏联研究所（IKI）所长罗纳德·萨格捷耶夫的兴趣，他开始着手用它来取代金星-84 号任务。新项目被命名为"织女星号"，这个词是俄语"金星"和"哈雷"的合成词，"哈雷"改用字母"G"是因为在西里尔字母表中没有"H"。沃尔纳德斯基学院的院长瓦列里·巴尔苏科夫对金星的兴趣远远超过彗星，不过萨格捷耶夫设法说服他认可了这个任务，即增加一个着陆器、缩小气球包尺寸，以便使它们都能放置在标准进入系统中。在采用新任务后，3 年以来为金星-84 号任务所进行的大量开发工作（其中包括部分已造好的硬件）都失去意义。愤怒的法国人拒绝参与后续工作，因此小型气球变成了俄罗斯的项目。不过，萨格捷耶夫设法说服了法国为着陆器和气球提供若干仪器，并为哈雷彗星交会提供了两个关键遥感仪表。因为在东西方之间起到桥梁作用，所以法国能够参与 VLBI 网络的深空网络任务，当气球在金星大气中漂移的时候测量其动力学。因此，苏联的主要竞争对手美国首次参与苏联行星任务，尽管其作用只是提供跟踪资源。芝加哥大学提供了一个在哈雷彗星飞掠过程中研究尘埃颗粒的仪表，不过此仪表是在科学团体的安排下，作为私人投资而不是政府行为。此外，相关首席科学家也不得不设法说服美国军方，称自己使用的只是从无线电室商店购买的商用部件！他用如下一番话打消了军方的疑虑："让他们（苏联）复制吧，这会让他们的发展滞后好几年。"

萨格捷耶夫投入了饱满的热情，通过不懈的努力使新项目成为国际事业，在航天器上为除苏联以外国家的仪表提供了 120 kg 的质量余量。鉴于苏联以往封闭式的太空计划模式，此次如此大规模的国际化项目是史无前例的。苏联的内部政治经济改革活动也使其能够克服来自苏联官僚体系的阻力。

不过最终的贡献必须归功于总设计师维亚切斯拉夫·科夫图年科及 NPO‐Lavochkin 的科学家和工程师，他们构建了有史以来最广泛和成功的深空任务，为苏联月球和行星探测留下了宝贵的财富。

发射的航天器	
第一个航天器：	织女星 1 号（5VK 901 号）
任务类型：	金星飞掠/着陆器/气球和哈雷彗星飞掠
国家/建造者：	苏联/NPO‐Lavochkin
运载火箭：	质子 K 号
发射日期/时间：	1984 年 12 月 15 日,世界时间 09:16:24（拜科努尔）
金星交会时间：	1985 年 6 月 11 日
哈雷彗星交会时间：	1986 年 3 月 6 日
结果：	成功

续表

发射的航天器	
第二个航天器:	织女星 2 号(5VK 902 号)
任务类型:	金星飞掠/着陆器/气球和哈雷彗星飞掠
国家/建造者:	苏联/NPO - Lavochkin
运载火箭:	质子 K 号
发射日期/时间:	1984 年 12 月 21 日,世界时间 09:13:52(拜科努尔)
金星交会时间:	1985 年 6 月 15 日
哈雷彗星交会时间:	1986 年 3 月 9 日
结果:	成功

　　织女星号任务成为国际哈雷彗星任务（IHM）的一部分，IHM最初是由欧洲空间局组织的，其目的是对欧洲、日本、美国和苏联所规划的各种哈雷彗星任务的运行和数据分析进行协调。由各国航天局高层代表组成的一个局间咨询工作组负责监管 IHM，这在冷战期间为美国参与相关活动提供了掩护，有效地规避了因为美苏之间缺少正式协议而导致的问题。颇具讽刺意味的是，除了美国以外，所有上述国家都向哈雷彗星发送了航天器，而美国的正式参与仅限于提供跟踪和科学支持。

　　织女星号任务包括着陆器、气球和飞掠设备，其目标都非常宏大，并且涉及到大量国际接口，其中包括很多国际仪表，因此非常复杂。参与国家包括奥地利、保加利亚、捷克斯洛伐克、东德、法国、匈牙利、西德、波兰及美国。匈牙利建造了一部分导航系统，捷克提供了用于自动化扫描平台的光学系统。项目自始至终，都允许他国调查员进入苏联以全面积极参与项目，而不是像以前的项目那样让其提前交付完工的仪表，然后在本国被动等待任务的进展。在苏联召开了团队会议，并允许他国供应商进入苏联设施场所，以进行开发、测试和集成活动。各国与苏联的这种合作方式是史无前例的。一个名为"国际宇宙组织"的机构自 20 世纪 60 年代就已经存在，它的宗旨主要是对东方集团国家和法国之间的太空研究合作进行协调。不过本项目是首次开展这么大规模的活动，西方各国的参与力度也是空前的。

1984 年的发射活动使苏联在国际太空团体中产生了巨大的影响。在采取了如此积极的国际化合作行动之后，苏联建立了在行星探测领域的领导地位。美国虽然在 20 世纪 70 年代活动频繁，陆续发射了水手号、先锋号、维京号和旅行者号，但是在 20 世纪 80 年代，其发射率骤降到零。苏联则继续通过其金星号系统航天器取得成功，并开始从封闭计划过渡到开放计划，其程度比美国的任何飞行项目都更加国际化。苏联当时公开欢迎各国参与其科学任务，而美国科学任务的国际化程度充其量也只是"仅限于受邀方参与"。

织女星号任务非常成功地实现了其所有科学目标，也是苏联机器人月球和行星计划所取得的一项重大成就。它们是从 1975 年的金星 9 号开始的、10 次连续成功的、重型金星号任务的最后一环，也是苏联自 1961 年起 29 次金星发射尝试后的最后一次金星任务。在这 24 年期间，共有 16 个金星发射窗口，其中只有 3 个没有被利用。在总共 29 次发射中，共有 19 次将航天器送往金星轨道，其中有 15 次成功，部署了 3 个进入探测器、10 个着陆器、2 个气球及 4 个轨道器。参与织女星号任务的苏联科学家和工程师若是知道此后苏联的行星探测计划只继续开展了两项活动，并且都以尴尬的失败收场，定会觉得荒谬至极。

18. 2. 2　航天器

（1）飞掠航天器

飞掠航天器与金星 9 号～14 号几乎相同，但是采用了比金星 15 号和 16 号更大的太阳能电池板，以满足电力需求；并装载了 590 kg 的推进剂，而不是以往的 245 kg。采用了铝防护罩来防护超高速彗星尘埃的撞击，这是一个位于外部的多层板状结构，每层厚度为 100 μm，安装间距为 20～30 cm。

在与彗星交会时，发送数据的速度为 65 kbits/s，不过在巡航阶段会使用速度更小的模式。航天器大约有一半的质量用于哈雷彗星科学仪器，另一半用于金星进入系统。为了在飞掠金星后顺利与哈雷彗星交会，航天器会像以前一样，在其下降过程中和金星表面运行期间向地球转发着陆器的信息。不过，气球则把其遥测信息直接发回地球。

　　航天器带有一个 82 kg 的关节连接型扫描平台，可以在方位角方向−147°～+126°，在倾角方向−60°～+20°进行扫描，从而达到 5 分钟弧的指向精度及每秒 1 分钟弧的稳定度。借助其自动跟踪系统，在快速飞掠过程中，可以让仪表始终指向彗核，而航天器则保持一个合适的方向，使其高增益天线瞄准地球进行实时传输。瞄准可通过一个八元素光度计或者使用广角摄像机来控制，通过陀螺仪姿态控制来防止彗星尘埃干扰光学传感器。扫描平台携带了窄角和广角摄像机、一个红外探测器，以及一个三通道光谱仪。所有其他实验装置都安装在主体结构上，只有两个磁力仪传感器及各种等离子体探测器和等离子体波分析仪例外，它们安装在一个 5 m 的吊臂上。用于哈雷彗星的科学有效载荷总质量为 130 kg。

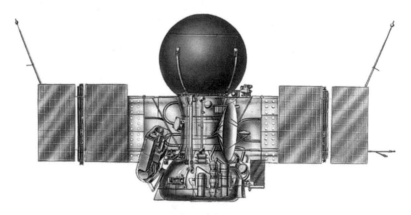

图 18 - 1　织女星号航天器（图片来自 NPO - Lavochkin）

注：收起的扫描平台位于左侧，抛物型天线位于右侧，底部的环形仪表舱带有外部仪表

图 18 - 2　博物馆里不带绝热层和防尘罩的织女星号航天器模型

注：前方右侧有太阳能电池板、抛物型天线及导航仪表。后方左侧有摄像机平台（垂下来
　　并伸到环形仪器区下方）、散热器板和黑色圆盘（安装了螺旋着陆器中继天线）

（2）进入系统

进入系统与前几次的金星号任务基本相同，包括一个绝热的球体结构，其直径为 2.4 m，其上下半球通过非密封方式连接在一起。不过在本系统中，着陆器安装在下半球，气球安装在上半球。

（3）着陆器

织女星号着陆器与金星 13 号和 14 号着陆器几乎相同，只是对其空气动力系统进行了一些修改，以便提升自由降落过程中的稳定性。这其中包括在着陆环内部采用类似辐条的叶片，以降低旋转；另外，在大气制动圆盘下方安装了一个类似项圈的薄套管，以最大限度减小外部安装仪表所导致的湍流。

图 18 - 5（a）显示了薄套管和叶片。在着陆环视图上有两个白色湿度计舱，温度和压力装置及钻机向其右侧偏置。图 18 - 5（b）显示的设备包括位于环体左侧的大型闪亮的圆柱形气相色谱仪、水平钻机真空罐，以及位于右侧远端的透度计和液体比重计。在以 8 m/s 的速度撞击金星表面时，需通过减震器来缓冲，该减震器支撑着球形主加压舱。

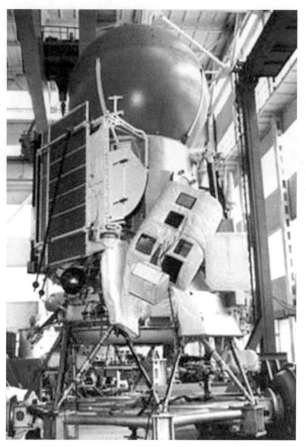

图 18 - 3　织女星 1 号处于收起状态并准备好发射

注：可以看到扫描平台、绝热层和金属罩

（4）气球

气球是一个新部件，被携带和部署在进入系统的上半球。超压氦浮空器及与其相连的吊船在 54 km 高度的中部云层内悬浮，此处的温度是比较适中的 32 ℃，气压为 535 mbar。

每个透放射线的气球质量都为 11.7 kg，充气之后直径为 3.4 m；能够装 19.4 m³、重 2 kg 的氦气。通过一根 13 m 长的系绳来悬挂

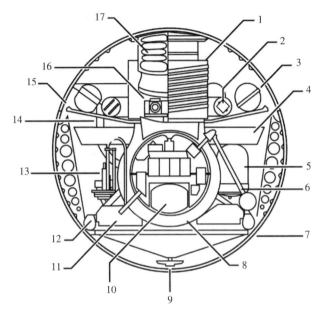

图 18 - 4　进入舱截面图（来自詹姆斯·加里）

1—天线；2—气球室；3—氦充气罐；4—着陆器空气动力稳定器；5—气相色谱仪；

6—分光光度计；7—进入热保护罩；8—绝热装置；9—振荡衰减器；10—电池；

11—稳定叶；12—可压式冲击环；13—钻机和采样器；14—制冷剂传输管；

15—气球大气制动器；16—科学仪表舱；17—降落伞

7.0 kg 的吊船（其中包括 1.6 kg 的系绳）。整个系统质量略大于 20.7 kg。氦扩散速度足够低，可以保持大约 5 天的压力。

吊船长为 1.2 m，宽为 14 cm，其中有一个传输器，它配有一个用于多普勒跟踪的稳定振荡器、一个圆锥形天线、一个垂直风速计、用来测量环境温度和压力的传感器、一个光度计、一个浊度计、一个控制和压载系统，以及 16 个可提供 300 W·h 电力的锂电池。1 kg 的电池组具有 46～52 小时的操作寿命。为了简化跟踪气球的射电望远镜网络的任务，4.5W 传输器在 18 cm 的天文波段操作，其频率为 1.667 9 GHz。它通过圆锥形天线直接向地球传输数据，其速度为 1 kbits/s 或者 4 kbits/s。除了雷电计数器每 10 min 被采样一次及

（a）　　　　　　　　　　　　　　（b）

图 18 - 5　金星 13 号和金星 14 号着陆器在拉沃契金研究所进行测试

光度计每 30 min 被采样两次以外，所有其他仪器都每 75 s 被采样一次。数据存储在一个 1 024 bits 的内存中。每隔 30 min 集中向地球发送 5.5 min 的数据，并按照事先确定的顺序，交替使用两种传输模式。在第一种模式下，首先用 270 s 的时间集中传输从仪表采集的 852 bits 数据，然后是 30 s 的 VLBI 速度测量载波。在另一种 330 s 模式下，只传输两种数据：VLBI 位置和速度。

　　在巡航和进入过程中，气球系统必须折叠起来。它必须能够承受展开力，并耐受硫酸悬浮微粒构成的腐蚀性大气。通过一种特氟龙和基质编织结构制造外壳，吊船覆有一层耐硫酸的白色涂料，系绳则用一种尼龙材料制造。通过压力传感器所确定的时机对于成功展开操作具有重要意义：如果外壳充气所处高度过高，则压力低时其就会爆裂；如果充气所处高度过低，则无法获得必要的浮力，从而下降过深，并被高温环境所损坏。充气系统有 2 kg 的氦，通过释放压载物来实现高度控制。

　　气球系统位于进入系统的上半球，环绕着陆器螺旋天线的一个环形小筒内。除了折叠的气球和吊船，此小筒还带有一个 35 m² 的降落伞，以及用来给气球充气的加压氦球体。在 64 km 的高度处开始

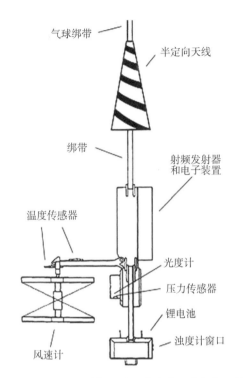

图 18 - 6　吊船图示（来自唐·米切尔）及在一个短系绳上进行的测试

进行展开操作，此时在浮标降落伞上将两个半球分开，从而释放带有着陆器的下半球。通过分离展开一个用于着陆器的制动降落伞，而着陆器会与以前的任务一样的序列执行自己的展开操作。接下来，上半球在 62 km 高度处释放环形气球包，并在这个过程中展开其降落伞。在 57 km 高度处，气球包展开气球系统。在 55 km 高度处，激活充气系统。到达 53 km 高度前，外壳完成充气，降落伞上的气球包释放气球系统。在 50 km 高度处，气球系统释放其压载物，展开携带温度传感器和风速计的吊臂，然后上升到 54 km 高度处，沿着盛行风的方向漂流。因为这个高度范围的温度比较温和，所以没有热控制要求。

在地球上，由在全球范围内分布的 20 个国际天线构成的 2 个网

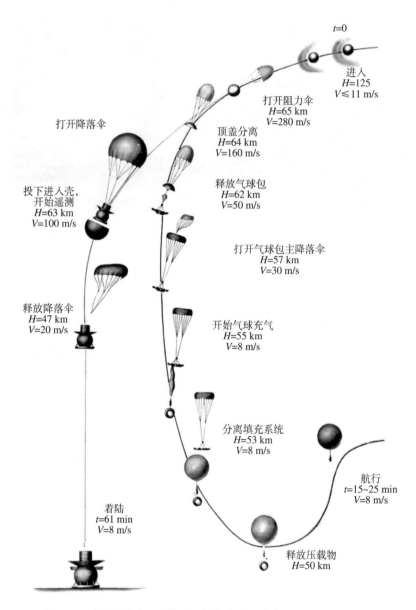

图 18 - 7　金星号进入系统展开操作序列（来自 NPO‑Lavochkin）

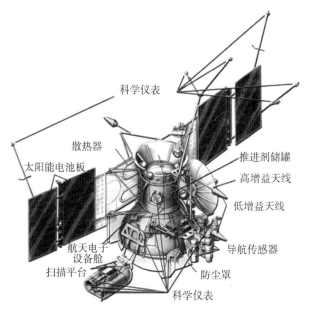

图 18-8　为哈雷彗星交会任务设计的织女星号
航天器（来自 NPO-Lavochkin）

络，准备好进行多普勒跟踪并从气球接收科学数据，每次接收一个，
因为这两个气球抵达金星的时间相隔数天。其中一个网络由苏联航
天研究所领导，并使用了 6 个苏联天线，其中包括为织女星号任务
建造的一个新型 70 m 天线。第二个网络由法国国家航天研究中心领
导，使用了 3 个 64 m 的深空网络天线，分别位于美国、澳大利亚和
西班牙。另外，还使用了位于巴西、加拿大、英国、德国、波多黎
各、南非和瑞典的天文天线。通过每个天线进行多普勒跟踪，可以
得到地球-金星线上的距离和速度信息。不过气球的横向运动需要干
涉测量，该方法将彼此相距较远的天线的相位信息综合起来，并建
立电子连接。此外，该网络还会同时跟踪两个飞掠航天器之一所提
供的载波信号，从而在使用美国为阿波罗月球任务开发的差分干涉
技术的基础上，通过第三个信息渠道显著提升距离和速度测量精度。

（5）织女星号航天器系统的质量

发射质量：　　　　4 924 kg（织女星 1 号，燃料质量 755 kg）

　　　　　　　　　4 926 kg（织女星 2 号，燃料质量 766 kg）

载运质量：　　　　3 222 kg（织女星 1 号，干质量 2 466 kg）

　　　　　　　　　3 228 kg（织女星 2 号，干质量 2 462 kg）

进入质量：　　　　1 702 kg（织女星 1 号）

　　　　　　　　　1 698 kg（织女星 2 号）

着陆器质量：　　　716 kg（织女星 1 号和 2 号）

气球质量：　　　　在进入时为 122.75 kg，该段气球携带降落
　　　　　　　　　伞、填充系统、压载物等

　　　　　　　　　漂浮时为 21.74 kg

18.2.3　有效载荷

（1）飞掠航天器

①安装在扫描平台上

1）电视成像系统（TVS，苏联-法国-匈牙利）；

2）三通道（紫外、可见光和近红外）光谱仪（TKS，法国-苏联-保加利亚）；

3）红外光谱仪（IKS，法国）。

②安装在主体结构上

1）尘埃质谱仪（PUMA，联邦德国-苏联-法国）；

2）尘埃粒子计数器（SP‐1）；

3）尘埃粒子计数器（SP‐2）；

4）尘埃粒子探测器（DUCMA，美国）；

5）尘埃粒子探测器（FOTON）；

6）中性气体质谱仪（ING，联邦德国）；

7）等离子体光谱仪（PLASMAG）；

8）高能粒子分析仪（TUNDE‐M，匈牙利-苏联-联邦德国-欧洲空间局）；

9）高能颗粒仪器（MSU - TASPD）；

10）磁力仪（MISCHA，奥地利）；

11）低频波和等离子体分析仪（APV - N，苏联-波兰-捷克-斯洛伐克）；

12）高频波和等离子体分析仪（APV - V，苏联-法国-欧洲空间局）。

用于哈雷彗星遥感测量的三个仪器安装在 ASP - G 扫描平台上，包括：32 km 的 TVS 摄像机、14 kg 的 TKS 三通道光谱仪，以及 18 kg 的 IKS 远红外光谱仪。摄像机由苏联制造，光谱仪由法国提供。远红外光谱仪通过一个焦耳-汤普森低温保持器进行低温冷却，在 2.5～12.0 μm 范围内运行。三通道仪器于紫外光 120～290 nm、可见光 275～715 nm，以及近红外 950～1 200 nm 范围内运行。飞掠哈雷彗星的距离被设定到较大值，以避免损坏航天器。因此，为了采集所需的彗核视图，摄像机需要使用一个窄角光学系统，10 000 km 处的分辨率能够达到 150 m。用于科学仪表的计算机利用西方提供的电子设备进行了强化。不过，因为 CCD 技术受到限制，所以苏联不得不为摄像机开发了自己的 512×512 像素设备。光学仪器由法国制造，包括一个限于红色的 150 mm f/3 广角镜头，以及一个 1 200 mm f/6.5 窄角镜头，它带有 6 个从可见光到红外的滤光器。匈牙利负责在苏联的帮助下开发摄像机电子设备。

用来研究彗核尘埃的仪表共有 5 个：18 kg 的 PUMA 尘埃粒子碰撞质谱仪，用来测量单个尘埃颗粒的成分；2 kg 的 SP - 1；4 kg 的 SP - 2；以及 3 kg 的 DUCMA 尘埃粒子计数器，用来确定各种尺寸范围内的尘埃粒子的通量和质量分布。安装了 FOTON 尘埃粒子探测器，以测量穿过支架保护罩的大尺寸颗粒。通过 7 kg 重的 ING 中性气体质谱仪进行原位测量，以分析航天器穿行的太空环境中的气体。通过 9 kg 的 PLASMAG 等离子体光谱仪来确定离子的成分和能谱，并利用 5 kg 的 TUNDE - M 高能粒子分析仪来测量离子的通量和能量。还携带有 4 kg 的 MISCHA 磁力仪、2 个等离子体波分析

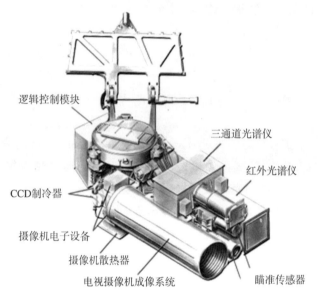

逻辑控制模块

三通道光谱仪

红外光谱仪

CCD制冷器

摄像机电子设备

摄像机散热器

电视摄像机成像系统

瞄准传感器

图 18-9　织女星号航天器扫描平台（来自 NPO-Lavochkin）

仪、5 kg 的 APY-N（用来测量低于 1 kHz 的离子通量和频率），以及 3 kg 重的 APV-V（用来测量 0～300 kHz 范围的等离子体密度、温度和频率）。

包括扫描平台及其支撑结构在内，飞掠航天器的仪器有效载荷为 253 kg。

（2）着陆器

①进入和下降段

1）温度、压力和风传感器（METEO，苏联-法国）；

2）测量水蒸气含量的液体比重计（VM-4）；

3）测量大气中二氧化硫和硫含量的紫外光谱仪（ISAV-S）；

4）测量悬浮微粒尺寸和属性的光学浊度计-散射计（ISAV-A）；

5）测量悬浮微粒的粒子尺寸光谱仪（LSA）；

6）对悬浮微粒进行元素分析的 X 射线荧光光谱仪（IFP）；

7）对悬浮微粒进行化学分析的气相色谱仪（SIGMA-3）；

8）对悬浮微粒进行化学分析的质谱仪（MALAKHIT－V，苏联-法国）；

9）测量风和湍流的多普勒实验装置。

下降段仪器重点测量悬浮微粒。有两台测量悬浮微粒属性的粒子尺寸仪表，两台分析悬浮微粒化学属性的仪表，以及一台对悬浮微粒进行元素分析的仪表。这五台仪表带有外部安装的部件，针对外部温度和压力对外部安装部件采取有限的保护，不过因为悬浮微粒仅限于上层大气，所以它们只需要在 35 km 以上高度正常运作即可。通过进气管将悬浮微粒送入仪表。一些仪表通过分析这些管中的悬浮微粒颗粒所散射的光线来确定其尺寸。ISAV－A 仪表还带有一个浊度计，借助如下方法来确定云层密度：通过压力容器中的一个窗口射入一束光线，然后测量通过该窗口返回的光线。它与紫外光谱仪共用电子设备。

气相色谱仪是专门为织女星号设计的，用来测量硫酸悬浮微粒，其方法是在一个与硫酸反应的碳饱和过滤器内捕获小滴，然后生成二氧化硫和二氧化碳。

X 射线光谱仪相对于金星 13 号和 14 号着陆器所携带的同类设备有了明显的改进。它能够利用激光成像来区分颗粒尺寸。质谱仪采样系统使用一个空气动力惯性分离器，将颗粒分成小尺寸和大尺寸，并分别送入两个不同的过滤器；然后对颗粒进行蒸发并在质谱仪中进行分析。

紫外光谱仪是一个很有效的实验装置，尤其是在黑暗环境中的下降过程中。它带有一个紫外灯及一个 1.7 m 路径长度的吸收单元，可以采集大气，以便测量在 230～400 nm 之间的 512 个点的吸收情况。其目标是确定根据遥感测量结果推导得到的神秘"紫外吸收源"的性质。光谱仪位于着陆器内部，不过有一个管道穿过壳体，以便将大气送入仪器内。它的操作高度为从 62.5 km 一直到金星表面。

温度和压力仪表与金星 13 号和 14 号着陆器所使用的设备类似，不过通过改良提高了精度。它们带有两个铂丝温度计和三个压力传感器，可覆盖 0～2、0～20 和 2～110 bar 的测量范围。液体比重计也得到了改良。

②地表段

1）钻机和金星表面采样器（SSCA）；

2）X 射线荧光光谱仪（BDRP）；

3）伽马射线光谱仪（GS - 15STsV）；

4）动态透度计（PrOP - V）。

因为在通过重力辅助偏转飞掠轨道以飞往哈雷彗星的任务及气球任务中，织女星号都需要在暗面进入，所以着陆器没有携带摄像机或光学仪器，它们所携带的仪器与以前的任务类似。织女星号着陆器的目的主要是解释神秘的大气现象，并纠正以前任务中因为大气环境不佳而导致的仪器问题。在金星 9 号和 10 号任务后，伽马射线土壤光谱仪被删除，以便更好地利用钻机和 X 射线荧光光谱仪组合；而在本次任务中，这些仪器都被携带。因为没有成像器，所以对透度计进行了升级，以提供电读数。

着陆器仪器质量：117 kg

（3）气球

1）温度和压力传感器（苏联-法国）；

2）垂直风速风速计；

3）浊度计，用于测量局部悬浮微粒的密度和粒子尺寸（USA）；

4）亮度光度计和雷电探测器；

5）用于 VLBI 测量的稳定振荡器。

从吊船侧面展开一个吊臂，以露出传感器。其中有一个传感器是螺旋桨风速计。它可测量高达 2.0 m/s 的垂直风速，水平风速则通过无线电跟踪的 VLBI 分析来完成。通过两个薄膜电阻温度计测量环境温度，其量程为 0～70 ℃，精度为 0.5 ℃，安装在吊臂上不同的位置。通过一个振动石英波束传感器来测量压力，其量程为 0.2～1.5 bar，精度为 0.25 mbar。光度计由一个硅 PIN 二极管构成，可感应 400～1 100 nm 范围的数值，在天底具有 60°视场；它还可以检测雷电，其方式是统计亮度异常的短期爆发。浊度计是一个简单的反向散射仪器，与以前任务中的类似。

18.2.4　任务说明

（1）飞掠航天器

为了使项目保持国际化，苏联允许西方人拜访拜科努尔，并在 1984 年 12 月 15 日观看织女星 1 号的发射，以及在 12 月 21 日观看织女星 2 号的发射。这也是苏联电视首次播出质子号的发射。虽然美国例行跟踪了苏联航天器，不过这是首次公开跟踪。在得知航天器上有一个美国仪器后，少数美国人表示抗议。在每个航天器上，都有一个用于等离子体波实验的吊臂在开始时未能展开，不过在第一次中途轨道机动后，两者都顺利展开。

织女星 1 号于 1985 年 6 月清晨抵达金星，此时金星 16 号关机仅数周。航天器在距离金星 2 天时释放了其进入系统，织女星 1 号是在 6 月 9 日，织女星 2 号是在 6 月 14 日。它们进入大气的地点是在暗面，以便航天器能够驶向哈雷彗星，并在气球遇到太阳照射之前最大限度延长气球的航行寿命。在释放了其进入系统后，织女星 1 号在 39 000 km 的距离处机动以飞掠行星，以便通过重力辅助飞向哈雷彗星，并转发其着陆器的数据。织女星 2 号在 24 500 km 的距离处进行了类似的机动。每个航天器都转向背朝太阳的一侧，以便在米波段以 3 072 bits/s 的速度接收其着陆器的数据，并在厘米和分米波段将数据转发回地球。它们没有对金星进行任何科学观测。在完成转发操作后，每个航天器都恢复到巡航运行。飞掠重力辅助机制为每个航天器实现航线偏转提供了重要支撑，使其朝哈雷彗星飞去，不过需要通过机动来仔细调节最终路径。

织女星 1 号在 1986 年 3 月 6 日飞过彗核，其距离为 8 890 km；织女星 2 号在 3 月 9 日飞过彗星，其距离为 8 030 km。它们都进行了非常成功的科学测量。此前，两个日本航天器一直在极远的距离观测彗星，欧洲的乔托号航天器则计划在 3 月 13 日抵达彗星，与彗

图 18 - 10　织女星 1 号的发射

星进行一次距离只有 500 km 的大胆飞掠操作。通过将跟踪数据与成像结合起来，织女星号航天器给出了哈雷彗星在太空中的位置，并且比地球上的望远镜观测结果更加精确。根据此信息改进了乔托号末段机动的准确度，既减小了瞄准误差以便达到预期观测效果，同时也降低了航天器所面临的潜在风险。两艘织女星号航天器都穿过了彗尾，并受到小型颗粒 80 km/s 的连续撞击。在每个飞行器一侧安装的保护罩使其免受撞击损害。太阳能电池板受到了尘埃撞击，并经历了彗星等离子体引发的感应放电。织女星 1 号损失了 40% 的电力，而织女星 2 号损失了 80%。在绕太阳一圈后，两个航天器都在 1987 年再次穿过彗尾，从而提供了更多数据。织女星 1 号的姿态控制气体在这一年的 1 月 30 日耗尽；在 3 月 24 日，织女星 2 号失去联络。

　　（2）进入系统

　　织女星 1 号舱体在 1985 年 6 月 11 日世界时间 01：59：49 进入了暗面大气，其速度为 10.75 km/s，角度为 17.5°。织女星 2 号舱体则在 6 月 15 日世界时间 01：59：30 进入，其速度为 10.80 km/s，角度为 18.13°。引导降落伞在 65 km 的高度处展开。11 s 后，在 64.5 km 高度处，舱体分成两个半球，引导降落伞拉开带有气球系统的上半球，在此过程中展开下半球中的着陆器主降落伞。4 s 后，在 64.2 km 高度处，着陆器抛开了其半球。在缓慢下降到 47 km 高度后，每个着陆器都释放了其降落伞，以便自由降落到地表。新型空气动力拖曳装置成功地减弱了振动和旋转，从而增加了下降着陆器的稳定性。

与此同时，在高度为 62 km 时，释放半球结构中的气球包，并展开每个气球包中的引导降落伞。在 57 km 高度处，主降落伞展开。在 55 km 高度处，开始给外壳充气。在气球完全充气后，在 53 km 的高度处释放主降落伞。在 50 km 高度处，释放充气系统和压载物，气球系统上升到 54 km 高度处的中部云层，并展开其吊船进行测量。

（3）着陆器

织女星 1 号着陆器着陆地点为北纬 7.11°、东经 177.48°，就在东阿芙罗狄蒂台地正北方，该处低于金星平均半径 0.6±0.1 km，此时为 6 月 11 日世界时间 03：02：54，本地时间 00：24，太阳天顶角为 169.3°。测量到的金星表面温度为 467 ℃，压力为 97 bar。在着陆后，传输时间缩短了 20 min，以便为飞掠航天器节省能量（该航天器的太阳能电池板这时候没有面向太阳），并确保为之后的哈雷彗星轨道机动做好准备。

在 17 km 高度处，织女星 1 号着陆器经历了电尖峰脉冲，多普勒跟踪数据显示此时有强烈的上行电冲击。此次冲击导致原计划用于显示触地情况的加速计提前启动，并导致提前开始金星表面活动序列，其中包括展开和操作钻机及 X 射线光谱仪。虽然 X 射线土壤分析仪没有通过发射前的测试，但是其仍然参与飞行，不过可能没有什么影响。金星 11 号～14 号及美国的四个先锋号探测器也在 12～18 km 高度的区域内遇到了异常电活动，不过金星 9 号和 10 号及织女星 2 号却没有遇到。目前仍不清楚导致这些异常的原因。

织女星 2 号着陆器着陆地点为南纬 7.52°、东经 179.4°，位于织女星 1 号东南方向 1 300～1 500 km 处，该处高于金星平均半径 0.1±0.1 km。此时为 6 月 15 日世界时 03：00：50，本地时间 1：01，太阳天顶角为 164.5°。地表温度为 462 ℃，压力为 90 bar。着陆后的传输时间缩短了 22 min，以便为飞掠航天器节省能量。在下降过程中没有遇到异常，着陆器在金星表面运行顺利。

（4）气球

两个织女星号气球都在反日照点（亦即本地午夜时间）展开，并在大约 53 km 高空随风飘动，此处的环境压力约为 0.5 bar，位于三个云层的正中间。它们在纬向风的作用下经向移动，在暗面大气中穿行了 30 个小时，然后穿过了黎明的昼夜分界线。由于无法测量纬度，故假设气球始终处于固定的纬度：织女星 1 号为北纬 8°，织女星 2 号为南纬 7°。每个气球都传输了 46.5 小时的信息，直到其电池耗尽为止。在行进了大约 10 000 km 后，气球在一个金星清晨失去信号，此时其已经绕金星运动了大约三分之一圈。气球继续悄无声息地进入光面，最终因为太阳照射加热而导致外壳裂开和解体。

18.2.5　在金星领域的结果

（1）下降段着陆器

在下降过程中，织女星 1 号因为一个遥测问题无法发送温度信息，不过根据织女星 2 号的数据，存在一次剧烈的温度逆向变化，在 62 km 高度处达到了 −20 ℃ 的最低温度。光学光谱仪在 63～30 km 高度范围内运行，它报告的大气结构与以前的着陆器类似，并确认有三个云层。不过在此任务中，与金星 8 号一样，没有观测到明显的下方云层边界。悬浮微粒粒子尺寸测量操作持续到到达 47 km 的高度处，其结果基本符合苏联以前的测量结果及先锋号进入探测器的数据，并确认至少存在两层尺寸不同的粒子。织女星 1 号和 2 号的测量非常吻合，表明其进入点的云层非常类似，只是最上层存在差异：织女星 2 号发现的悬浮微粒密度低于织女星 1 号发现的。根据分析，最小的"模式 1"颗粒可能是铝和/或氯化铁。在较大的"模式 2"颗粒中，大约有 80% 为球形，其折射系数为 1.4，这符合硫酸的特征；而其余 20% 的折射率为 1.7，说明可能存在固体硫。在 58～50 km 范围内，粒子数最多。织女星上的仪表无法很好地测量先锋号探测器所报告的、最大的"模式 3"颗粒。

织女星 1 号和 2 号气相色谱仪及织女星 1 号质谱仪首次对硫酸进行了原位检测，证实了遥感测量结果，并得到 63～48 km 高度范围内的硫酸密度约为 1 mg/m³。织女星 1 号质谱仪的重颗粒样本包含了三氧化硫（硫酸酐）和氯。可惜织女星 2 号质谱仪失灵了。织女星 2 号上的 X 射线荧光光谱仪检测到了硫（约 1.5 mg/m³）、氯（约 1.5 mg/m³）和铁（0.2±0.1 mg/m³）。还首次检测到了磷（约 6 mg/m³），其可能是以磷酸的形式存在的，这解释了在底部高度为 33 km 的云层下方为什么普遍存在少量悬浮微粒。另外，还通过 X 射线分析发现了铁，其存在可能是悬浮微粒中的氯化铁。织女星 1 号的 X 射线荧光仪器失灵。紫外光谱仪给出了二氧化硫混合比的垂直分布，其上层区的丰度基本符合遥感和其他来源的数据，并且总体上随着高度的下降而减小，到金星表面时为零。另外，还注意到可能存在元素硫蒸气。太阳紫外线在 10 km 高度以下被完全吸收，不过这可能是因为悬浮微粒盖住了仪器。液体比重计报告的高空（60～55 km）水蒸气丰度为 0.15%，在低空（30～25 km）则下降为原数据的 1/10。这个较高的丰度值与其他测量结果不符，其原因可能是仪表混淆了其他大气成分。仍然很难确定水蒸气在金星的分布情况。

（2）金星表面的着陆器

织女星 1 号着陆器进行了一次伽马射线土壤分析，但是钻机出现故障，因此无法进行 X 射线土壤分析。织女星 2 号的伽马射线光谱仪、钻机和 X 射线荧光实验都正常工作。

织女星 2 号的 X 射线荧光检测结果（以氧化物形式）：

硅　　　　　47%

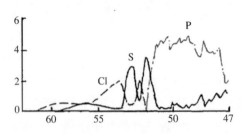

图 18 - 11　下降 X 射线悬浮微粒分析仪所给出的氯、
硫和磷分布（来自唐·米切尔）

钛	0.2%
铝	16%
铁	8.5%
锰	0.14%
镁	11%
钙	7.3%
钾	0.1%
硫	4.7%
氯	<0.3%

这些分析表明：岩石中所含的铁和镁较少，但是硅和铝很多，说明其成分与月球高地岩石类似。硫丰度值很高，可能说明岩石寿命较长。

伽马射线结果：

	织女星 1 号	织女星 2 号
钾	0.45 ±0.22 wt%	0.40±0.20 wt%
铀	0.64±0.47 wt%	0.68±0.38 wt%
钍	1.5±1.2 wt%	2.0±1.0 wt%

测量的钾、铀和钍数值与金星 9 号和 10 号测量的很类似；而金星 8 号测量结果则与它们不同，显示所有三种元素的含量都要明显更高。

（3）气球

虽然这是第一次尝试在地球以外的行星部署浮空器，但是两个气球都取得了成功。它们首次测量了大气的水平结构，从而为下降探测器所给出的大量垂直分布信息提供了补充。织女星 1 号气体温度保持在 40 ℃，比织女星 2 号气球大约低 6 ℃。大气的湍流活动比预期更多。有时气球会以 1～3 m/s 的速度骤然下降几百米甚至几千米。织女星 1 号气球在开始时及任务快要结束时都遇到了强湍流。在日出后不久，织女星 2 号气球经过阿芙罗狄蒂台地的高地时下降超过 3 km，达到压力 0.9 bar 处，这非常接近其漂浮区的下限，不过后来它又重新上升起来。

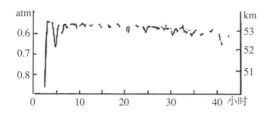

图 18 - 12　织女星 1 号气球的飞行概况（来自唐·米切尔）

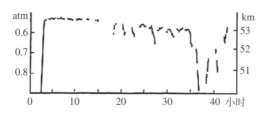

图 18 - 13　织女星 2 号气球的飞行概况（来自唐·米切尔）

织女星 1 号气球上的浊度计因为校准问题而很难解读数据，不过总体来看，其数据与下降探测器浊度计的颗粒数据相吻合，显示出气球水平漂移的中间云层具有均质特性、没有明显的分区。不过，织女星 2 号的气球浊度计失效。在向黎明昼夜分界线前进的过程中，光度计发现亮度有变化，这可能是由下方云层的变化引起的；虽然出现了一些闪光，但是没有明显的雷电迹象。织女星 1 号在飞行 34 小时后，穿过了昼夜分界线，进入光面，其光度计记录了日出之前 2 小时的黎明情况。织女星 2 号的光度计没有正常运作，不过其指示了抵达昼夜分界线之前 3 小时的黎明。风速计报告的下行风速为 1 m/s。VLBI 多普勒测量发现水平风速最高为 240 km/h，在此高度对大气的超级旋转进行了首次原位观测，并测量了大气湍流。

18.2.6　在哈雷彗星领域的结果

织女星号与哈雷彗星交会任务的结果不仅具有科学意义，而且还具有文化和政治意义。此项目成为首次拍摄到著名的哈雷彗星的彗核。这也是首次苏联任务和任务目标提前公之于众。织女星号的金星任务在科学界以外很少受到关注，但是哈雷彗星交会任务则在全球范围内激起了极大的反响，苏联也很清楚此次任务与其以往的任何航天任务都不一样。

1986 年 3 月初，织女星 1 号航天器以 79.2 km/s 的疾速靠近哈雷彗星。它在 2 月 10 日进行了最终的轨道修正。其扫描平台在 2 月 14 日锁定彗星并开始跟踪。3 月 4 日和 5 日的远距交会图像验证了摄像机的功能。3 月 6 日，交会的那天，全球媒体首次齐集在苏联航天研究所控制室，打破了往日来安静的科研氛围，人们迫不及待地要见证这项苏联任务的进展过程，其中也包括美国电视台和媒体，并由罗纳德·萨格捷耶夫与卡尔·萨根进行评论。萨根担任苏联航天器彗星交会任务的实时评论员，这本身就说明了苏联的改革已经真正展开。织女星 1 号在达到最近距离之前 2 小时切换到高速遥测模式，并在 3 小时的交会过程中拍摄了 500 幅图像。原始图像看上去有些曝光过度、模糊不清，很难将彗核与明显的喷射尘埃区分开。不过苏联航天研究所的新闻室里还是充满了惊叹声和掌声。图像和其他数据的传输又持续了 2 天。

3 天后，织女星 2 号以 76.8 km/s 的速度靠近彗星。它不需要进行最终修正，不过在 3 月 9 日交会之前 30 min，计算机制导系统出现了故障让控制人员吓了一跳。不过,航天器快速切换到备用系统,并按照计划开始观测。到 3 月 11 日交会时间结束时,共发回了 700 多幅图像。

从哈雷彗星图像可以看出:它具有一个土豆状的彗核,大小为 14 km×7 km,其极暗反照率为 4%,旋转周期为 53 小时,在其面向太阳的一侧至少出现了 5 次尘埃喷射。两个航天器携带的环境传感器对彗星附近的等离子体场进行了前沿测量,并确定了太阳风与外流彗星气体的相互作用。任务确定并测量了气体的一些成分。在航天器穿过喷射尘埃和气体过程中,尘埃颗粒的尺寸和通量有很大变化。在交会过程中损失了很多仪表,太阳能电池板因为碰撞及彗星等离子体感应放电而严重受损。

图 18-14 织女星 2 号拍摄的哈雷彗星图像 (由泰德·特里克处理)

织女星 2 号上的红外光谱仪因为低温系统泄漏而失灵。不幸的是,织女星 1 号的红外光谱仪因为接收了一个错误的命令,导致其在距离彗星最近的 30 min 内处于校准模式。尽管如此,它还是报告了在更大距离处采集的数据。检测到了碳氢化合物的 C—H 键。彗核温度为 300~400 K,说明在其表面有一个绝热层。内部挥发物的热量在这个保护壳上形成裂口，从而使尘埃和气体喷出来。织女星1号上的三通道光谱仪因为一个电气故障而瘫痪，而织女星2号上的三通道光谱仪尽管损失了紫外通道，然而还能够在coma慧星像差中检测到水、二氧化碳、羟基、腈基，还有各种其他烃光解产物、氨及其他有机质。分析认为气体的主要成分是包含一氧化碳和二氧化碳分子的水，另外还有光致自由基及原子氢、氧和碳。

通过分析射流中的尘埃，发现尺寸从亚微米到微米的颗粒，其成分包括金属、硅质及碳质物质。根据尘埃质谱仪返回的结果，表明存在三类物质：第一类与碳质陨星陨石非常类似，这被认为是最原始的太阳系物质；第二类富含碳和氮；第三类富含水和二氧化碳冰。

到此，当时最大胆、最创新、最复杂也是最成功的机器人太空探索任务宣告结束。它使苏联确立了在该领域的领导地位，虽然这种地位持续的时间很短，并且很快就被人们所遗忘。

第 19 章 对火星及其卫星火卫一的又一次尝试

19.1 时间线：1986—1988 年

织女星号任务取得的巨大成功，以及在美国退出的情况下承担起国际机器人行星探测领域的领导地位，使得苏联的信心得到了增强，其决定在 1988 年再次尝试向火星发射。在非常宏伟的漫游车和样本返回方案流产之后，在 1976 年，经姆斯季斯拉夫·克尔德什批准，苏联开始研究新的火星任务，这一次的重点是火星的卫星火卫一。在此计划中，航天器计划进入火星轨道，在轨道停留几周以研究该行星，然后以很慢的速度在 50 m 的空中飞过火卫一的地表，以释放两个着陆器。不仅通过成像器和光谱仪进行被动遥感测量，而且还使用雷达、离子光束和激光束进行主动遥感测量。除了高功率的新型主动遥感仪器以外，大型航天器还配备各种其他科学仪器。这一次，苏联仍然邀请全球的科学团体为任务提供研究方案，甚至还采用了美国仪器。

火卫一项目是一个国际合作的典范，不过在任务失败以后，也引起了国际争执，其教训足以借鉴。火卫一 1 号和火卫一 2 号于 1988 年 7 月成功发射，但是火卫一 1 号在其行星间巡航阶段的早期就因为一次基本操作错误而损失掉了。火卫一 2 号抵达了火星轨道，在几周的时间内就对火星进行了充足的一流观测，足以弥补苏联过去所有相关火星观测任务的遗憾；不过在与火卫一交会的前几天，航天器未能响应预定的通信周期并失去联络。

发射日期		
1986 年		
无任务		
1987 年		
无任务		
1988 年		
7 月 7 日	火卫一 1 号火星轨道器	中途损失
7 月 12 日	火卫一 2 号火星轨道器	在与火卫一交会之前在轨失败

19.2　重返火星：1988 年

19.2.1　计划目标

苏联在 20 世纪 70 年代中期和 80 年代中期开展的太空计划形成了鲜明的对比。在 20 世纪 70 年代中期，苏联一直处于美国的阴影之中。很明显，苏联在与美国的载人登月竞争中失败。1971 年和 1973 年发射的火星航天器也都失败了，而美国的水手 9 号和维京号任务则取得了全面的成功。在 20 世纪 70 年代，美国向太阳方向发射了水星航天器，向远离太阳的方向发射了木星、土星、天王星和海王星航天器；而苏联的任务仅限于金星。但是仅仅在不到 10 年的时间里，形势就完全颠倒了过来。到 20 世纪 80 年代中期，美国的行星任务发射率已经下降到零，其宏伟的金星、火星和木星轨道器计划也遭遇延迟和资金问题。因为无法出资开发哈雷彗星航天器，所以美国将辛辛苦苦得来的领导地位拱手让与欧洲和苏联。

当美国的计划在 80 年代举步维艰的时候，苏联却迎来黄金时期。1975 年之后，苏联的金星任务取得了一连串的成功，并使用了越来越复杂的航天器。通过将织女星号任务变为一项规模史无前例的国际任务，其取代了美国的领导地位。苏联通过质子号发射的航天器能够携带大量且全面的高精复杂仪器作为有效载荷。在织女星号任务中，在金星部署了着陆器和气球任务，并通过重力辅助飞向哈雷彗星，以上极大地展示了其勇气、抱负和成功，平息了西方对苏联项目质量的批判。苏联当时还在发射和平号空间站，发射有史以来最大的火箭能源号，以及开发与美国航天飞机竞争的暴风雪号，并且每年几乎发射 100 个航天器。《国家地理》介绍了苏联庞大的航天工业及其所取得的成功，《时代周刊》则撰写了一篇封面故事"冲在最前沿——苏联超越美国成为头号航天大国"。因此，到了 80 年代中期，苏联的乐观与信心达到了高点。

　　在完成织女星号任务之后，相关人员一致认为金星号系列已经履行了其使命，完成了所有能做的工作。当然，还有一些关于长寿命着陆器和浮空器的理念，不过这些理念都是针对未来的。在开展织女星号任务的同时，苏联航天研究所的"火星派"坚持认为："现在应该重新考虑火星任务了"。关于火星样本返回任务的早期提案已经被放弃，甚至在 1977 年就放弃了使用质子号运载火箭的计划。不过，在此之后"火星派"研究了更实际的任务，并且重新提起了研究火卫一（火星两颗卫星中较大的一颗）的方案。苏联航天研究所的战略规划仍然是要超越美国，因为美国尚未考虑火卫一任务，所以该领域会是苏联展示实力的另外一个舞台。苏联不需要重复美国的工作，也不需要与美国竞争。在维京号着陆器没有在火星地表找到明显的生命迹象之后，美国几乎放弃了火星任务。此外，因为苏联持续开发火星 2 号～7 号、金星 9 号～16 号及织女星 1 号和 2 号航天器，而它们都是用重型质子号发射的，所以苏联拥有执行大规模强大火星任务所需的技术，而美国此时却无力再为这么大规模的任务提供资金。因为当时没有合适的金星任务，美国对火星任务缺乏兴趣，以及苏联拥有成熟的技术等，促使苏联再次开展火星活动。苏联工程师决定在金星号-织女星号的基础上，开发新一代星际航天器，并将注意力从金星转移到火星。苏联希望新航天器能够作为未来 20 年苏联行星探测的基线。对三个织女星号航天器备件进行了改造，以便完成地球轨道的天文学任务，其中两个分别为 1983 年发射的天文卫星和 1989 年发射的石榴石卫星。

发射的航天器	
第一个航天器：	火卫一 1 号(1F 101 号)
任务类型：	火星轨道器,火卫一飞掠航天器/着陆器
国家/建造者：	苏联/NPO - Lavochkin
运载火箭：	质子 K 号
发射日期/时间：	1988 年 7 月 7 日,世界时间 17:38:04(拜科努尔)
任务结束时间：	1988 年 9 月 2 日
结果：	在航行过程中因为指令错误而失败
第二个航天器：	火卫一 2 号(IF 102 号)
任务类型：	火星轨道器,火卫一飞掠航天器/着陆器
国家/建造者：	苏联/NPO - Lavochkin
运载火箭：	质子 K 号
发射日期/时间：	1988 年 7 月 12 日,世界时间 17:01:43(拜科努尔)
交会日期/时间：	1989 年 1 月 29 日
任务结束时间：	1989 年 3 月 27 日
结果：	在与火卫一相遇之前,在火星轨道损失掉

　　火卫一任务的理念实际上早于织女星号任务,但是织女星号任务的优先级较高,因为其发射与哈雷彗星密切相关。向火卫一发射航天器的计划最早是在 1984 年 11 月宣布的,这时候距离发射织女星号任务还有一个月。当时计划在 1986 年发射,但是被推迟到 1988年。相关人员考虑了若干种任务场景,其中包括火卫一着陆、对火星进行遥感的火卫一前哨任务及采样返回的火卫一着陆任务。选择的任务设计方案并不比这些方案保守,不过风险要小一些。根据计划,要在火卫一上空 50 m 处盘旋一个大型航天器,并借助激光和粒子枪来进行被动和主动遥感测量。后来又扩展了任务,包括在火卫一上部署两个小型着陆器,其中一个着陆器由苏联航天研究所建造,另外一个由沃尔纳德斯基研究所建造。此任务定为苏联火星探测计划中的第一环,苏联希望其能像金星探测一样取得成功。

　　火卫一任务的目标包括:

1) 研究行星间环境；

2) 观测太阳；

3) 分析火星周围的等离子体环境特征；

4) 研究火星地表和大气；

5) 研究火星卫星火卫一的地表成分和环境。

得益于织女星号任务的国际化，苏联在科学和政治方面都收获颇丰，并在火卫一活动中再次采用这种政策。这一次，美国和西方国家的参与力度甚至更大。很多研究内容和仪器都是由欧洲国家提供的，其中不仅包括苏联阵营的国家，而且也包括西欧国家。因为法国从 1971 年的火星任务就开始与苏联合作，所以法国是西方国家中最主要的参与者。美国提供了一台仪器、大量科学联合研究员及跟踪支持技术，这是在冷战气氛缓和背景下由苏联发起的一次重大突破。因此，每个航天器都携带了有史以来最多的仪器，以期对火星和火卫一进行全面的科学研究。实际上，每个航天器都携带了苏联、欧洲空间局及其他 13 个国家（包括美国）提供的 24 个实验装置。火卫一任务是面向火星和火卫一的一次大胆、创新且非常引人注目的科学任务，尤其是与美国计划在 1990 年向火星发射的中型轨道器相比。

19.2.2　航天器

（1）轨道器

航天器的设计与织女星号类似，不过采用了新一代技术，也是苏联自火星 2 号和 3 号以后首次对行星任务设计进行大规模修改。它是截止到当时最重的星际航天器，总质量超过 6 200 kg，其中 3 600 kg用于可分离 ADU 推进系统。科学有效载荷容量达到了不可思议的 500 kg。它是围绕 1 个电子设备加压环形室建造的，带有4 个球形舷外支架储罐，内含用于星载推进系统的肼单组元推进剂。太阳能电池板安装后其平面与环形结构平行，与早期的火星和金星航天器上的安装方向垂直。舷外支架储罐连接了 24 个额定推力为 50 N

的发动机，4个10 N的机动发动机，以及12个0.5 N的姿态控制推进器；主体结构和太阳能电池板上还有额外的推进器。提供了两种基本的姿态控制模式：三轴控制及"漂移模式"控制；在后一种模式下，太阳能电池板朝向太阳，飞行器自旋稳定。姿态控制航天电子设备包括太阳敏感器、星敏感器、陀螺仪和加速计平台，以及一台三重冗余计算机。

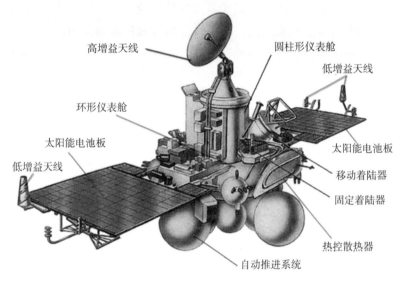

图19-1　火卫一航天器（来自NPO - Lavochkin）

　　针对火卫一任务，这个基本航天器采用了一个圆筒形加压舱，安装在环形结构顶部。此舱体包含航天器控制电子设备、无线电系统及科学实验装置。它的顶部有一个双轴的、直径为1.65 m的抛物型高增益天线。它携带了一个30 Mb的数据记录器作为缓冲器。在升级了地面系统的情况下，新的50 W发射器能够从火星以65～131 kbits/s的速度发送数据。取消了原来的金星号控制系统，通过一个与匈牙利联合开发的新型双处理器计算机（带有一个4.8 GB的内存）来执行复杂的机动，从而实现目标卫星轨道匹配，并进行飞掠操作。在飞掠期间，航天器以最近距离进行观测，并释放其着陆

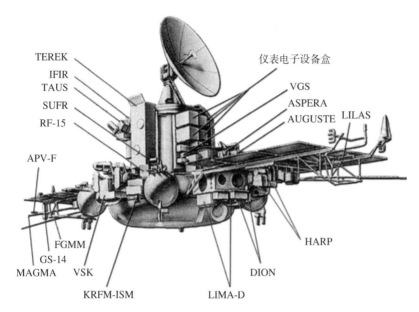

图 19 - 2　抛弃 ADU 推进系统之后火卫一航天器和仪表的状态
（来自 NPO - Lavochkin）

器。在圆柱结构内部和外部都安装了有效载荷舱。与织女星号不同，它没有扫描平台；为了进行行星观测，航天器必须重新定向为远离瞄准地球的方向。在巡航过程中，它会采用漂移模式，保持其太阳能电池板指向太阳缓慢旋转。

　　另外一项创新是使用自动推进系统（ADU，Autonomous Propulsion System）进行最终逃逸点火、中途轨道修正及轨道进入。该系统在完成主轨道机动后与航天器分离。这个大型组件位于环形区下方。它包括 8 个储罐，其中 4 个直径为 1.02 m，另外 4 个直径为 0.73 m，镶嵌在一个 KTDU - 425A 可重启发动机周围；该发动机可以在 9.8～18.6 kN 之间节流，以偏二甲肼和四氧化二氮作为燃料，它的总燃烧时间为 560 s。ADU 干重为 600 kg，能够携带 3 000 kg的推进剂。它是以原来 Ye - 8 月球航天器的主推进级作为原型进行的全面的重新设计。战略的一部分是将 ADU 作为运载火箭的第五级，以进入预期的行星间轨道，然后进行能量最密集的机动来瞄准目标行星。它最终成为 Fregat 上面级，并广泛用于加强联盟号运载火箭。

火卫一任务的策略是将航天器送入到一个赤道附近的初始椭圆轨道，通过几周的机动，进入非常靠近火卫一轨道的中间轨道。接下来分离 ADU，在几周的时间内，从这个中间轨道以低速靠近火卫一几次，其距离从几百千米到 35 千米。根据火卫一观测结果对其轨道参数进行足够的细化，从而计算一次机动，以便星载推进系统能够通过这次机动实现所需的近距离飞掠。雷达会在到达 2 km 的距离时被激活，并通过雷达控制航天器，以便在大约 50 m 的高度、以 2～5 m/s 的相对速度执行一次 20 min 的飞掠。鉴于地形变化较大，此次低空飞掠需要一个具有高鲁棒性的复杂自动化控制系统。任务中计划部署两种着陆器，其中一个是固定式，另外一个能够在弱重力场中"跳跃"。使用激光和离子枪进行两项主动遥感实验，从而使航天器能够从火卫一表面挥发物质中飞过，以便使用质谱仪对其进行分析。通过一个主动雷达系统来绘制 2 m 深的风化层物质。被动遥测包括成像和光谱测量。在低空飞掠火卫一之后，航天器调整其轨道，并利用剩余的时间来观测火星。如果火卫一飞掠取得成功，还有可能通过航天器机动以类似的方式飞掠火卫二。

发射质量：　　　　　　6 220 kg

ADU 推进系统：　　　　3 600 kg

轨道器湿质量：　　　　2 620 kg

仪表有效载荷：　　　　540 kg，其中包括着陆器

（2）移动着陆器

PrOP‐F 跳跃器（"青蛙"）像一个小型的扁平球体，其结构包括一个半圆筒形底座及其上方的一个直径为 50 cm 的半球。在达到距离火卫一最近点时，它会从航天器侧面弹出来，然后在火卫一的弱重力场（大约为地球的 1/2 000）中落到其表面。它的设计使其能

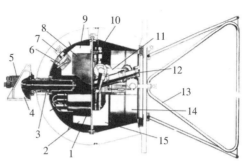

图 19 - 3　火卫一 PrOP - F "跳跃器"

1—排序器；2—数据单元；3—分离器；4—航天器座；5—高温装置；6—传输器；

7—天线；8—电池；9—加速计；10—姿态控制；11—透度计；12—弹簧装置；

13—减震器；14—X 射线光谱仪；15—控制器

够在接触地面时承受 3 m/s 的水平速度和 0.45 m/s 的垂直速度。通过一个减震器衍架来缩短从最初碰撞到最后静止的时间。在静止之后，它会弹出来，并展开底座上 4 个一组的长操作杆（须杆）；其中有 2 个可以旋转，这样就可以将球体扁平侧的方向调整为向下。在经过大约 20 min 的探测和数据传输后，跳跃器会弯曲其操作杆，将自己驱动到大约 20 m 以外的另外一个位置。每次这种跳跃的最高高度都约为 20 m。在每次着陆后，操作杆会扶正球体。计划进行 10 次跳跃。跳跃器由一个 20 A·h 的电池供电，并通过一个 0.3 W 的传输器、以 224 bits/s 的速度向航天器传输信息。跳跃器在着陆之后会立即开始运行，达到其 4 小时的电池寿命时，航天器已离开火卫一大约 300 km。因为有质量限制，所以只有火卫一 2 号配置了跳跃器。

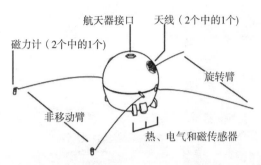

图 19 - 4　在地表展开的火卫一 PrOP - F 图示（来自巴勒等）

移动着陆器质量：　　　50 kg

有效载荷：　　　　　　7 kg

（3）固定着陆器（DAS）

固定着陆器位于航天器顶部，以 2.2 m/s 的速度通过一对操作臂来部署。在进入自由状态之后，它会使用冷气体推进器以 2 rad/s 的速度来转动自身，以实现稳定，同时驱动自身前往火卫一表面。它的设计使其在接触地面时能够承受 4 m/s 的垂直速度和最大 2 m/s 的水平速度。在着陆器下方的接触探头给牵制固体火箭点火，同时发射下方的一个标枪装置，使其向下插入火卫一表面。标枪装置用绳系连接，通过嵌套电机汇聚拉力，使着陆器牢固地固定在火卫一表面。在让尘埃沉降 10 min 后，着陆器会展开三个支脚，使其仪表平台高于火卫一表面 80 cm；同时保持标枪装置系绳的拉力，并展开和瞄准其太阳能电池板与天线。因为火卫一相对太阳旋转，所以太阳能电池板的方向将由太阳敏感器来控制。

着陆器计划进行 3 个月的科研，通过一个传输器和一个接收器直接与地球通信，其频率为 1 672 MHz，在此过程中使用仪表平台上的天线。相关人员意识到太阳能电池板可能会遇到阴影问题，但是已没有足够的时间来开发缓解方案，甚至无法使用备用电池。另外，苏联和法国开发的数据压缩算法是不同的，因为计算机没有足够的容量来同时实现这两种算法，所以两个航天器的着陆器采用了

不同的算法。双处理器计算机由匈牙利在苏联航天研究所的指导下
提供。在 4～16 bits/s 的可变数据速率下，需要三或四个通信周期来
传输一帧图像。

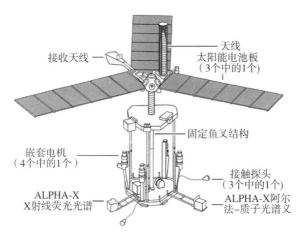

图 19 - 5　部署在火卫一表面的 DAS 固定着陆器图示（来自巴勒等）

图 19 - 6　DAS 固定着陆器收起状态，以连接到火卫一航天器上

（来自 NPO - Lavochkin）

固定着陆器质量：　　　　　67 kg

有效载荷：　　　　　　　　20.6 kg

不管是科学仪器的数量，还是航天器及其操作的复杂性，该任务都是史无前例的。为了应对复杂的问题，采用了一个特殊的MORION 中央接口。最终，因为超过了质量预算，所以不得不从每个航天器中删除一些仪器。火卫一1号删除了 PrOP - F 跳跃器，以及 TERMOSKAN 和 ISM 红外仪器。火卫一2号删除了 RLK 雷达、TEREK 太阳望远镜及 IPNM 中子探测器。任务实在是太复杂了：不仅要开发各种国际接口；而且在运行中，其所有仪器都要争取操作时间，其中包括航天器瞄准和数据传输。

19.2.3　有效载荷

（1）轨道器

①火卫一主动遥感

1）用于测量表面元素成分的激光质谱仪（LIMA - D，苏联-保加利亚-芬兰-西德-东德-捷克斯洛伐克）；

2）用于测量表面元素成分的离子枪质谱仪（DION，苏联-奥地利-芬兰-法国）；

3）用于测量地下结构和绘图的雷达系统（RLK，苏联），仅限于火卫一1号。

计划使用 80 kg 的激光质谱仪进行主动遥感。它将发射 150 个激光脉冲，每个为 10 ns，从而使火卫一表面最上层 1 mm 的物质蒸发。质谱仪可分析产生的等离子体云内的离子，以便分析 100 m 高度范围内的元素。24 kg 的离子枪质谱仪对火卫一发射氪，然后测量从其表面反射回来的离子。这两个仪器计划测量火卫一上的大约 100 个地点。41 kg 的雷达系统在着陆器部署及最近距离的遥感完毕后投入操作。在航天器到达 2 km 高度时，雷达会绘制火卫一的表面，并探测到其地下 2 m 的深度。

②火卫一和火星的被动遥感

1）用于在三个波长下进行表面绘图的 CCD 摄像机和光谱仪（VSK，苏联-保加利亚-东德）；

2）热红外辐射计和紫外-可见光光谱仪，用于测量表面温度、热惯量、平流层温度和悬浮微粒特征（KRFM，苏联-法国）；

3）近红外绘图光谱仪，用于分析矿物和大气结构（ISM，苏联-法国），仅限于火卫一 2 号；

4）热红外绘图辐射计，用于进行表面温度绘图（TERMOSKAN，苏联），仅限于火卫一 2 号；

5）伽马射线光谱仪，用于进行表面放射性元素含量分析（GS - 14，苏联）；

6）中子光谱仪，用于搜索表面层中的水（IPNM - 3，苏联），仅限于火卫一 1 号；

7）太阳掩星紫外和近红外光谱仪，用于分析次要成分和悬浮微粒的分布（AUGUSTE，苏联-法国）。

52 kg 的 VSK 成像系统包含一个光谱仪和三个带有 288×505 像素 CCD 阵列的摄像机。一个窄角相机，带有无色滤光器，其波长范围为 400～1 100 nm；一个广角相机，带有一个蓝-绿滤光器（400～600 nm）；另外还有一个广角相机，带有一个近红外滤光器（800～1 100 nm）。由东德提供的固态内存可以存储 1 000 多幅图像。保加利亚提供了电子设备，并在法国、芬兰和美国的协助下进行了总装和测试。通过 KRFM 多波长仪器，使用紫外、可见光和热红外波长来测量风化层的反射率和热属性、大气悬浮微粒的光学属性及火星平流层的温度。ISM 近红外绘图光谱仪可以获取火卫一表面单像素的光谱，提供矿物学数据，并针对火星提供与地表高度相关的二氧化碳柱深度。对像素进行跨迹扫描，并通过航天器运动进行沿迹扫描。在早期火星操作期间，它可以提供关于火星表面的 1 600 km 条带图，其分辨率为 5 km；在其后火卫一交会任务的轨道上，则可以提供分辨率为 30 km 的条带图。

28 kg 的 TERMOSKAN 红外多光谱成像器是一种新的行扫描光度计摄像机，其探测器比金星 9 号和火星 5 号任务的更好，其中一个通过斯特林致冷器进行低温冷却，从而达到 8.0~12.5 μm 之间的热波长；另一个用于 600~950 μm 之间的红外和近红外区。TERMOSKAN 以 512×3 100 像素全景图的方式记录了表面热辐射（尤其是温度），其分辨率约为 2 km。在 512 个像素中，只有 384 个像素是图像数据，其他则提供校准信息。图像宽度约为 650 km，长度在 1 600 km 左右，其分辨率约为每像素 1.8 km。图像可以显示表面温度、热惯量及纹理结构。18 kg 的 AUGUSTE 实验装置结合了两个光谱仪和一个干涉仪，以便在轨道日出和日落时观测行星边缘，并测量太阳光谱中的大气吸收情况，从而获取臭氧、二氧化碳、水和氧的垂直分布信息。通过 IPNM 气体闪烁中子探测器确定火星上（或者火卫一上）哪些区域的风化层中存在几乎肯定源自水的氢原子。这可提供关于火星适合居住区域的证据。GS-14 伽马射线光谱仪的安装位置距航天器 3 m，位于一个太阳能电池板的边缘，用于测量火星和火卫一表面的元素成分。

③火星的太阳风和等离子体环境

1）等离子体扫描分析仪，用于分析离子成分和方向、电子分布、磁圈结构和动态机制（ASPERA，瑞典-苏联-芬兰）；

2）等离子体波分析仪，用于分析等离子体密度和等离子体波频谱（APV-F，欧洲空间局-波兰-捷克斯洛伐克-苏联）；

3）用于测量火星磁场的磁通量磁力计（FGMM，苏联-东德）；

4）用于测量火星磁场的磁通量磁力计（MAGMA，苏联-奥地利）；

5）静电分析仪，用于分析离子和电子的能量及角分布（HARP，奥地利-匈牙利）；

6）静电和磁分析仪，用于分析质子、阿尔法粒子和重离子的方向和速度（TAUS，奥地利-匈牙利）；

7）能量、质量和电荷光谱仪，用于分析离子成分、能量分布和等离子体结构（SOVIKOMS，苏联-奥地利-匈牙利-西德）；

8）低能望远镜，用于分析太阳风和宇宙射线（LET，苏联-匈牙利-欧洲空间局-西德）；

9）高能带电粒子光谱仪，用于测量低能宇宙射线（SLED，苏联-匈牙利-爱尔兰-西德）。

在两个磁通量磁力计中，MAGMA 是根据金星号和织女星号任务所用的仪器改造而成的，而 FGMM 则是由苏联和德国共同研制的新仪器。它们都安装在一个 3.5 m 吊臂上，MAGMA 位于末端，FGMM 距离末端 1 m。APV - F 等离子体波仪器包括一个双极子天线和用来测量电子通量的朗缪尔探测器，两个 10 cm 的球体相距 1.45 m，用来测量电磁波和等离子体的不稳定度。ASPERA 在一个扫描平台上有两个光谱仪，用来测量整个航天器周围的等离子体属性。LET 可以测量太阳风和宇宙射线的通量、能谱和成分（从原子氢到铁），它为欧洲空间局尤利西斯任务中所使用的类似仪器提供补充，不过因为挑战者号事故后美国航天飞机计划暂停，所以尤利西斯任务的发射也被推迟。TAUS 用来测量火星环境中的能量和离子分布。HARP 将从八个不同的方向测量电子和离子。

④太阳物理学和天体物理学

1）太阳望远镜，用于在 X 射线和可见光波段观测日冕（TEREK，苏联-捷克斯洛伐克），仅限于火卫一 1 号；

2）用于分析太阳振荡的太阳高精度光度计（IFIR，瑞士-法国-欧洲空间局-苏联）；

3）用于监控太阳极紫外光的紫外光度计（SUFR，苏联）；

4）太阳 X 射线和伽马射线分析仪（RF - 1D，苏联-捷克斯洛伐克）；

5）伽马射线暴监控仪，用于分析高能太阳和银河射线暴，能量范围为 100 keV～10 MeV（VGS/APEX，苏联-法国）；

7）伽马射线暴监控仪，用于分析低能太阳和银河射线暴，能量范围为 3 keV～1 MeV（LILAS，苏联-法国）。

36 kg 的 TEREK 太阳望远镜带有三组光学装置。第一组是日冕观测仪，用来观测可见光波段的日冕，另外两组用 CCD 探测器来观测不同 X 射线波段中的整个太阳。计划与地基望远镜一起进行观测，以便以 360°视角观测太阳。通过一个三通道光度计来精确测量太阳辐照，从而检测太阳振荡。使用 SUFR 光度计来监控太阳辐照的紫外通量。RF - 15 与美国地球同步气象卫星上的装置类似，能够同时观察太阳的不同半球。两个伽马射线暴监控器位于一个太阳能电池板的末端，这台高能仪器可以测量火星表面成分。

（2）DAS 小型固定式火卫一着陆器

1）CCD 摄像机，用于表面成像和微结构分析（法国）；

2）阿尔法粒子、质子和 X 射线光谱仪，用于分析表面元素成分（FRG）；

3）标枪锚固式透度计，其带有加速计和温度传感器；

4）测震仪，用于检测内部活动和结构；

5）太阳角位置敏感器，用于确定天平动（法国）；

6）VLBI 天体力学实验装置，用于分析轨道运动（USA -苏联-法国）。

法国是为 DAS 提供仪器和运行支持的主要合作方。他们提供了 CCD 摄像机和光学敏感器，敏感器用来跟踪太阳，以便确定火卫一的天平动。法国还参与了 VLBI 实验。标枪结构带有一个温度传感器和加速计，并在锚固操作期间作为透度计来确定表面属性。在第一个火卫一表面上着陆的 DAS 上使用的测震仪有机会记录其后的第二个着陆器的着陆情况。其灵敏度很高，足以探测到 PrOP - F 的跳跃活动。

（3）PrOP - F 小型移动火卫一着陆器，仅限于火卫一 2 号

1）用于分析表面元素成分的 X 射线荧光光谱仪；

2）用于分析表面属性的磁化率和电阻探测器；

3）用于分析表面机械属性的动态透度计；

4）用于测量表面层的温度传感器；

5）用于测量表面热通量的辐射计；

6）用于测量表面磁场和磁导率的磁力仪；

7）用于在下降过程中确定重力的重力计（钟摆）；

8）用于测量表面属性的加速计。

19.2.4 任务说明

（1）火卫一1号

火卫一1号于1988年7月7日发射。在发射现场，有新闻界人士、参与任务的国际科学家团体，甚至还有美国军方代表，这又是前所未有的场面。火箭上甚至还带有意大利和奥地利钢铁企业的广告！航天器借助其 ADU 进入了前往火星的行星际轨道，并于7月16日进行了第一次中途轨道机动。不过，在9月2日，航天器未能在一个预定的通信周期内做出应答。9月和10月期间，地面一直在尝试重新与其取得联络，但是没有成功，最终在11月3日放弃了火卫一1号。在损失火卫一1号之前，它携带的太阳物理学、等离子体及宇宙辐射仪器发回了相关数据。

调查随即展开。在分析通信故障时，追溯到了8月29日所上传的一个软件。在一条指令中发现了一个错误，该指令计划用来启动伽马射线光谱仪。因为漏掉了一个连字符，所以意外产生了关闭姿态推进器的命令。由于失去了太阳瞄准功能，导致飞行器进入自由翻滚状态，并耗尽了电池。错误指令是测试项目的一部分，测试项目被编入软件 PROMs 中，而 PROMs 在发射之前由于时间压力较大而没有删除和更换。这是非常难堪的一件事。对于这么复杂、昂贵、国际化的一个航天器项目，竟然没有通过充分的检查来避免人为编程错误这样的简单失误，简直难以想象。但是让人难堪的事情还不仅限于此，这一年夏天，在莫斯科和叶夫帕托里亚控制中心之间，针对责任归属问题展开了争论。在此任务中，莫斯科应该负责相关事宜，而叶夫帕托里亚则负责检查所有数据传输。莫斯科在8月29日提供了这个命令，而叶夫帕托里亚的检查设备出现故障，导致该命令被直接送到航天器，没有经过检查。雪上加霜的是：该航天器没有设置自动检查和拒绝执行严重错误命令的程序。操作团队担心会因为损失火卫一1号及火卫一2号出现的其他问题而受到惩罚，不过这一次没有人像以前那样被枪毙，但叶夫帕托里亚中心的指挥官被免职。

（2）火卫一2号

火卫一2号于1988年7月12日向火星发射。在1988年7月21日和1989年1月23日进行了中途轨道机动；后一次机动是在距离火星6天时，也就是在这一天，已经失去联络的火卫一1号飞过了火星。在行星际巡航期间，火卫一2号遇到了严重的问题。它的主传输器失灵，只好继续使用其功率较低的备用发射器，从而降低了数据传输速率。另外，星载计算机的三个独立姿态控制处理器中的一个出现了故障，第二个处理器偶尔会发出假信号。在计算机系统的三重冗余体系中，需要三个处理器中的两个保持正常功能。如果两个处理器出现了故障，那么出现故障的处理器会投票否决功能正常的处理器！这是一个严重的设计缺陷，并且最终会决定任务的命运。尽管遇到了种种问题，不过控制器还是能够正常操作航天器。太阳望远镜仪器出现了瞄准问题，不过还是返回了大量正常的数据。伽马射线仪器检测到了数百次射线暴，并测量了其细微结构。其他所有太阳等离子体、太阳物理学和天体物理仪器都正常运行。

航天器于1989年1月29日世界时间12：55靠近火星时点火ADU，并成功地进入了轨道。该初始轨道为876 km×80 170 km，相对赤道的倾角为0.87°，周期为77.91小时。这段时间观测了等离子体环境。在2月12日进行了一次点火，将近拱点提升到6 400 km，将轨道周期增加到80.5小时。2月14日，该航天器陷入了短期的静默，一度使人们有些担心。最远点逐渐下降，直到在2月18日的最终ADU机动前，轨道几乎变成了半径将近6 270 km的圆轨道，比火卫一轨道高几百千米。通过此次机动，还将倾角减小到0.5°，周期调整为7.66小时，比目标周期多了几分钟。接下来ADU

分离。此后的所有机动都由星载推进系统完成。在这个轨道上观测了火星和火卫一，同时规划了最终机动，以便在 4 月月初与火卫一相遇。

在 2 月 23 日于 860 km 距离外以及在 2 月 28 日于 320 km 距离处，在靠火卫一相对近的情况下采集了高分辨率图像。根据这些信息，将火卫一轨道精度细化到 5 km。3 月 7 日，轨道平面完全与 0°对准。在 3 月 15 日和 3 月 31 日进行了两次轨道调整，使其变为5 692 km×6 276 km 的轨道，几乎与火卫一同步，与火卫一的距离在 200～600 km 之间周期性变化。第三次比较靠近火星的点位于191 km 距离处，时间为 3 月 25 日，此时所有被动遥感仪器运行，以确定两个 DAS 着陆器的着陆点。采集足够的数据后便可为计划在4 月 9 日开展的低空掠过火卫一表面的任务设计所需的机动。

与此同时，火卫一 2 号又遇到了性能下降的情况。备用发射器和另外一个姿态控制处理器出现了故障。3 月 26 日，拍摄到了火卫一的照片和热图像。第二天，在世界时间 8：25～12：59 的通信周期中，又返回了额外的导航图像。在每个此类周期中，都需要航天器转向火卫一进行拍摄，然后再将高增益天线转向地球进行传输。在下一个计划通信周期中（世界时间 15：58），航天器未能做出响应。在世界时间 17：51～18：03 间，检测到了一个微弱的信号（可能来自全向天线），但是没有收到遥测信息。信号分析表明，航天器失去了姿态控制并开始翻滚。在失去太阳能电力的情况下，航天器的电池会在 5 小时后耗尽，然后航天器失灵。尽管尝试重新建立联络，但是没有效果，4 月 15 日，官方正式宣布任务失败。

一个调查委员会于 3 月 31 日成立。导致任务失败的原因被归结于缺少了一个故障安全软件，这种软件可以自动处理航天器上的紧急情况，其中最重要的是在出现重要电力短缺的情况下将航天器转向太阳。最可能的直接原因是第二个姿态控制处理器失灵。在调查中提到的其他设计故障包括：未能授权运行正常的处理器接管两个失灵的处理器，以及没有开展命令上行链路检查。很明显，在发射之前，这种新 UMVL 航天器的系统和软件还没有达到成熟的水平。在某些人看来，还有一个因素是苏联航天研究所的科学家一直无法像在过去的任务中一样，与负责建造航天器的 NPO‑Lavochkin 工程师一起参与顶层项目管理。机械制造部部长取消了"监督科学团队"，并将任务管理职能完全交给制造方。颇值得关注的是，在美国，科学家往往不参与关键项目的管理决策，直到今天的大型任务中也经常如此。

苏联从 1975 年的金星 9 号任务开始，曾经连续取得了一系列成功，并在织女星号任务及 1986 年哈雷彗星研究任务中达到顶峰，而此次损失这两艘航天器则是长期以来的首次失败。它激起了强烈的反响，引起了苏联科学家和工程师之间的"应该由谁来承担责任"的争论，并曝露于国际媒体。1989 年 5 月，一个国际科学家团队在莫斯科召开会议，以进行任务后剖析。在此次会议上，拉沃契金设计局副局长给出了很多与航天器无关的托辞，这不仅无法让人信服，反而使每个人感到愤怒。他无法采用苏联以往隐瞒事实不承认系统故障的做法。不过，他的同事及苏联航天研究所的科学家（包括所长萨格捷耶夫）则对航天器系统故障和失灵的原因表现得比较坦率。听众提出了愤怒而尖锐的问题，这是苏联从来没有习惯过的。最终，沮丧的外国科学家离开了莫斯科，而苏联项目团队则士气低落。

在即将完成任务最重要环节的时刻损失掉这些复杂的航天器（尤其是火卫一 2 号），不仅让苏联方面感到非常失望，而且对于渴望获取探索数据的国际行星科学家团体来说也是一个重大损失。在对其行星探测计划保密了 20 年之后，苏联在织女星号任务中打破了坚冰，开始鼓励其他国家参与并协调其他国家的任务。织女星号是苏联项目的分水岭，其带来了积极的结果，获得了广泛的认同。火卫一任务采用了与织女星号相同的实施模式，该任务本来有希望帮助苏联巩固其在国际行星探测领域无法动摇的领导地位。但是因为该任务突然以耻辱性的方式结束，严重打击了内部和外部人士的信心，预示着苏联行星探测计划随着苏联 1991 年解体而迅速衰落。

19.2.5　结果

　　虽然任务提前失败，但是火卫一 2 号还是提供了关于火星和火卫一的重要科学数据。任务虽然没有完成其主要的火卫一研究目标，不过在 2 个月的寿命期内，作为轨道器的航天器返回了比以往苏联所有火星任务加起来都多的数据。另外，这些数据的质量也达到了前所未有的水平。

图 19 - 7　火卫一 2 号拍摄的火卫一图像（由泰德·特里克处理）

图 19 - 8　火卫一 2 号航天器拍摄的火卫一在火星上方的图像
（由泰德·特里克处理）

（1）火卫一

任务采集了 37 幅火卫一图像，其覆盖范围和分辨率为水手 9 号和维京号的数据提供了补充。任务数据覆盖了火卫一大约 80％ 的表面。根据热辐射光谱，确定了表面热惯量值，并突出显示了一些不均匀现象。在 1 km 空间分辨率下的紫外到近红外（0.3～0.6 μm 和 0.8～3.2 μm）反射率表明，其表面成分更像是碳质球粒陨石而不是富含水的球粒陨石；同时还表明，其表面存在明显的不均匀性。通过分析火卫一对航天器轨道的扰动，得到了火卫一的质量值，然后结合由图像推导的体积值，得到其密度范围为 $1.85\sim2.05$ g/cm³。即使对于一个富含挥发物的原始陨星来说，这个值也很低，说明火卫一可能比预期更加多孔或者包含更多冰。日照火卫一表面温度为 27 ℃。近距离的磁力仪读数暗示火卫一可能存在微弱的磁场。

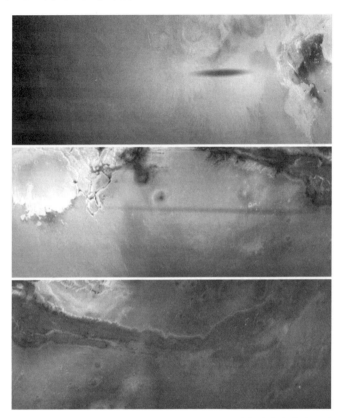

图 19-9　通过红色滤光器拍摄的从奥林匹斯山到水手峡谷的火星赤道区域 TERMOSKAN 全景图

注：注意曝光过程中火卫一经过地表留下的阴影"踪迹"

（2）火星

火卫一 2 号携带了一组多光谱研究仪器。通过可见光波段的一个棱镜光谱仪（分辨率大约为 25 km），采集了从边缘到边缘的光度计数据，该数据与热红外（5～60 μm）分布数据（分辨率大约50 km）匹配。通过两个仪器提供的这些数据，得到了在10～30 km高度范围内的大气云层和悬浮微粒及温度分布信息。获取的信息包括光学深度、颗粒尺寸及悬浮微粒的垂直分布。掩星光谱仪发现大气臭氧分布每天都在变化，并且水蒸气混合比也随高度发生很大的变化。首次测量了20～60 km高度范围的水蒸气垂直分布。大气中所含的水蒸气只有0.005%。火星似乎以每秒2～5 kg的速度损失着大气，考虑到其大气质量很小，这个速度是相当快的；这相当于全球海洋深度每秒减小1～2 m。

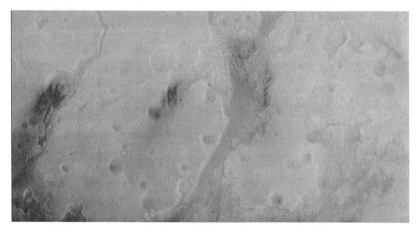

图 19 - 10　远红外 TERMOSKAN 图像的细节（来自泰德·特里克）

在热波长（8～12 μm）下利用逐像素重合可见光-红外（0.5～0.95 μm）成像，可获取火星表面图像，分辨率大约为 2 km。另外，通过近红外绘图光谱仪拍摄的多光谱图像，其空间分辨率从 5 km（低近拱点）到 30 km（环形轨道的较高点）变化。热数据包含了大部分赤道区。热图像对大气雾霾的灵敏度较低，所显示的火星表面特征与可见光范围一样，不过对比度更高，突出显示了火星上普遍存在的大气雾霾。测量的表面温度范围为 -93～+30 ℃。火卫一阴影通道的表面热惯量表明，在 50 μm 深度处肯定有一层良好的绝热材料，而其下方的绝热效果则较差。近红外绘图光谱仪提供了关于火星大部分主要地质形态的数据（除了极区）。根据火星表面矿物学数据及其局部变化数据，工作人员发现其变化幅度比在地球上研究的更明显。存在两个波段尤为值得关注：$3.1~\mu m$ 的水合矿物波段及 $2~\mu m$ 的二氧化碳波段；另外，根据二氧化碳测量绘制了一些等高线图。

在初始轨道上的前四次低近拱点通道期间进行了伽马射线光谱测量，由此得到了关于主要元素丰度的信息，其结果与火星 5 号所得相符，也符合维京号着陆器的 X 射线荧光测量信息。因为携带了大量仪器，所以火卫一 2 号能够详细研究火星周围的等离子体环境及其与太阳风的相互作用。没有测量到持久的固有行星磁场，甚至在初始轨道的低近拱点也没有测量到。SLED 探测器表明：绕火星轨道上的辐射没有达到会影响人类安全的限值。

第 20 章　最后的努力：火星-96 号

20.1　时间线：1989—1996 年

苏联原计划在其火卫一任务后，对火星进行地表研究。此任务最初计划在 1992 年发射，但是因其项目资金被延后，发射日期被迫推迟到 1994 年。该计划需要在 1994 年发射两个轨道器，每个轨道器都计划在火星大气内部署一个气球，并将小型着陆器送到地表；然后在 1996 年发射两个轨道器，并将漫游车部署到地表；最后在 1998 年进行取样返回任务发射。经过修改后，计划被调整为在 1994 年发射一个携带小型着陆器和穿透器的轨道器，在 1996 发射第二个携带一个气球和一个漫游车的轨道器。苏联解体后俄罗斯资金更加匮乏，这导致 1994 年的发射任务被推迟到 1996 年，1996 年的发射任务则被推迟到 1998 年。但是，火星-96 号的建造受技术和资金问题的困扰，导致 1998 年的任务显然无法成行。俄罗斯供应商的持续困扰及用于开发和测试的政府资金的问题让俄罗斯人备受挫败，也使得为该任务提供科研支持的国际团体惊讶不已。上述种种原因在 1996 年 11 月 16 日的发射失败后引发了巨大的失望。Block D 级的第二次点火推进时序出现问题，随后航天器自身的 Fregat 推进舱助推又发现失灵情况。

对于失去原本在财政上已捉襟见肘的政府的支持的俄罗斯行星探测计划来说，火星-96 号的失利可以说是一场悲剧。在 1993 年，美国经历了火星探索的首次大灾难——火星观测者号在即将抵达火星时报废。不过美国通过开发一个新火星任务系列设法恢复了过来，并发射了其中第一个航天器——火星全球勘探者号，发射时间为火星-96 号灾难前 9 天。火星探路者号任务则是在 1993 年 12 月 4 日发射的，它成功地在火星登陆，并部署了一个小型漫游车，从而抢在俄罗斯之前完成了后者十几年以来一直在努力实现的目标。

发射日期		
1989 年		
5 月 4 日	麦哲伦金星轨道器	成功的雷达绘图仪
10 月 18 日	伽利略木星轨道器/探测器	成功
1990 年		
1 月 24 日	海特月球飞掠航天器/轨道器	多次飞掠，月衣号轨道器报废
1991 年		
无任务		
1992 年		
9 月 25 日	火星观测者号轨道器	在即将抵达火星时失败
1993 年		
无任务		
1994 年		
1 月 25 日	克莱门汀号月球轨道器	成功在月球着陆，在离开月球时失败
1995 年		
无任务		
1996 年		
2 月 17 日	近地小行星交会	进入爱神号小行星轨道，成功着陆
11 月 7 日	火星全球勘探者号	轨道器成功
11 月 16 日	火星-96 号轨道器/着陆器	第四级失败
12 月 4 日	火星探路者号着陆/漫游车	着陆器成功，第一个火星漫游车

火星-96 号是苏联 20 世纪月球和行星探测史上最后的努力。

20.2　1996 年大伤元气的火星任务

20.2.1　从火卫一到火星 - 96 号的曲折历程

在火卫一任务失败后出现了很多谣言。苏联为鼓励航天计划的大胆创新尝试而对失败长久以来采取的宽容态度土崩瓦解。国际关注的结果之一就是苏联航天计划被推向政治高层接受仔细审查，而此时正值 1990 年苏联的整体经济衰退，计划因政府预算严重削减而大受影响。

随之而来的是 IKI 内部对是否应该使用备用航天器来重复 1992 年的火卫一任务，还是应该设计一个面向火星地表的新任务出现争论。IKI、沃尔纳德斯基研究所与法国展开了优先权的竞争，同时法国仍然在与苏联共同探索其气球方案，不过这一次是针对火星而非金星。在火卫一任务开发期间就已经开发了一项后续任务计划，该计划被命名为"哥伦布"，计划在 1992 年和 1994 年将漫游车投向地表。到了 1989 年，政府没有提供在 1992 年完成发射所需的资金，因此该计划被推迟。计划改为在 1994 年使用两个轨道器向大气投放法国气球和向地表部署小型着陆器，在 1996 年部署两个携带漫游车的轨道器，并在 1998 年执行一次取样返回任务。1989 年 11 月，在莫斯科召开了一次会议，以征集国际参与。火星 - 94 号的第一笔资金在 1990 年 4 月到位，德国和法国都同意继续提供等价于 1.2 亿美元以上的研究支持。最终有 20 个国家（也包括美国）提供科学研究。

在 1989 年的计划中采用法国气球是大胆且令人激动的。它的外壳是一个 6 μm 厚的膜层，其形状为圆筒形，直径为 13.2 m，高度为 42 m。在降落伞下降过程中，大约在 10 km 的高度处使用 5 000 m³的氢充气。在其释放后，在温度较高的白天，它会在 2～4 km的高度漂浮；在寒冷的夜间，它会下降并沿着地表拖动一个配备着仪表的 7 m 长尾部结构，以确保其始终处于空中。这个尾部结构也被称为"蛇"，其携带了 3.4 kg 的仪表，其中包括一个伽马射线光谱仪、一个温度计和一个地下雷达（使用钛制分段蛇型结构作为其天线）。在气球下方、蛇型结构上方吊着一个 15 kg 的吊船，其携带了一个摄像机、一个红外光谱仪、一个磁力仪、一个反射仪、一个高度计，以及一个用来测量温度、压力和湿度的气象包。预期气球会顺利度过 10~15 天白昼周期，并运动数千米。另外，在1990 年，由苏联、法国和美国科学家与工程师组成的一个联合团队在美国的莫哈维沙漠进行了气球测试，这也是有史以来的第一次。

另外一个令人激动的设备是火星漫游车。苏联在 20 世纪 70 年代初期向月球成功发射了两个漫游车，而在该计划中则针对火星改良此技术。火星漫游车比以前用的月球漫游车要小，但 200 kg 的漫游车仍然很大。它采用了一种更智能的新型底盘和车轮设计，预计在其 2~3 年的寿命内，凭借 500 m/h 的最高速度，可以通过其RTG 电源行驶 500 km。漫游车带有四个全景摄像机、一个用于大气分析的四极质谱仪、一个激光悬浮微粒光谱仪、一个可用于地表分析的可见光-红外光谱仪、若干揭示土壤磁属性的磁体、一个可以探测到 150 m 深处地下结构的无线电探测器、一个气象测量包及一个机械臂（可以挖掘到地下 10 cm 外以获取热解气相色谱仪样本）。机械臂还带有一个可以近距离观测土壤的摄像机、一个分析土壤元素的 α、质子和 X 射线光谱仪、一个分析土壤中铁矿物的莫斯鲍尔光谱仪，以及一个确定任何痕量气体的气体分析仪。

然而，气球和漫游车最终都可能会被删除。1990 年，苏联财政处于艰难的境况，用于开发火星-94 号任务的资金调拨速度缓慢，而且总金额也低于需求。到了 1991 年 4 月，很明显资金不足以完成所有任务目标，因此，需要将气球和漫游车计划推迟到 1996 年，并降低 1994 年任务的复杂度。火星-94 号任务当时计划只发射一次轨道器，并且携带与火星 3 号着陆器（成功抵达地表，不过之后很快就失灵）类似的小型着陆器及由沃尔纳德斯基研究所开发的新穿透器。

在 1992 年的新年，苏联正式解体，俄罗斯成为一个独立国家，其财政问题变得很尖锐。在之前的开发行星任务的过程中，钱从来不是问题，但在当时却成为决定性因素。拨款总是不能在需要时到位或者资金缩减。承包商也无法及时供应部件。火星-94号的工作由于资金和部件的问题陷入到走走停停的局面。绝望之下，项目方从国际合作方那里寻求财务支持。为了保护其在任务中的投资，德国和法国在1993年年底提供了1 000万美元。俄罗斯同时也请求美国提供援助，不过在火卫一任务失败后，美国开始怀疑俄罗斯的能力，并且对投资处于明显低迷状态下的外国项目很是紧张。除此之外，1993年8月，就在火星观测者号准备进行火星轨道入射却失去联络的同时，NASA首次在飞行过程中损失了一个星际航天器，因此NASA当时也在努力拯救自己的计划。

新成立的俄罗斯航天局（RSA）担心面临各种困境的火星-94号项目很难在1994年顺利发射准备不够充分的航天器，因此将任务推迟到1996年。携带气球和漫游车的第二个航天器则被推迟到1998年。这个决定所面临的风险是：来自受到严重财务掣肘的新政府的资金可能将消耗殆尽。不过RSA为火星-96号任务提供了全力支持，并且俄罗斯政府宣布此项目为高优先级项目。如果不是因为要承担国际义务及西方资金的介入，该任务原本可能会被取消。尽管面临技术和财务难题，该任务还是继续进行着。在摄像机扫描平台遇到技术难题以后，俄罗斯提出将该平台去除，转而采用固定安装，以便节约资金。对此，制造了摄像机的德国人很愤怒，最终派遣本国的工程师解决了问题，从而使扫描平台得以保留。俄罗斯政府并没有提供承诺的全部资金。RSA从一些低优先级任务中调拨了一些资金，为了保证项目正常运行，西方合作方又提供了高达1.8亿美元的资金。然而该计划仍有可能被取消。到1996年初期，为完成火星-96号航天器的最终整合和测试，RSA已经欠债8 000万卢布，此时携带气球和漫游车的火星-98号任务已经被取消。政府承诺的资金始终没有到位。俄罗斯太空计划所面临的财政问题如此严峻，以至于跟踪船队中的船只都被召回港口，并且大部分都被卖掉。其中有一艘船被改造为博物馆，另外一艘则被征入乌克兰黑海海军舰队。事实证明，失去这些跟踪船只给项目带来了重大问题。

在 1996 年夏天，在拜科努尔的发射任务准备工作一团糟。没有支付电费导致出现了电力短缺的情况。在很多情况下，工作人员不得不使用煤油灯取暖、用蜡烛照明，并且无法按时得到工资。即使长期经历这种恶劣环境，火星－96 号航天器最终还是被运送到了发射台，这堪称是一个壮举。不过，可能是因为不利因素太多，发射失败，并导致在接下来的多年中俄罗斯都失去了继续开展行星任务的希望。

发射的航天器	
航天器：	火星－96 号（M1 520 号）
任务类型：	火星轨道器/着陆器
国家/建造者：	苏联/NPO－Lavochkin
运载火箭：	质子 K 号
发射日期/时间：	1996 年 11 月 16 日，世界时间 20:48:53（拜科努尔）
结果：	发射失败，第四级未能点火

20.2.2　火星－96 号活动目标

火星－96 号任务计划使用一个轨道器、两个小型软着陆器及两个穿透器，从而完成对火星当前状态和过去演变的全面研究，包括研究大气、地表及内部的物理和化学过程。

轨道器的科学目标包括：获取地表的高分辨率绘图和光谱图像，用于研究其地质、矿物和地形，研究重力场和地壳结构，以及监测气候。航天器还携带了用于研究磁场、等离子体特征及磁圈结构的设备。另外，其上仪表还能够针对伽马射线暴及恒星和太阳振荡进行天体物理研究。穿透器的作用是采集地表图像，进行气象测量，研究近地表风化层的物理、化学、磁和机械属性，测量土壤中的水含量，以及测量地震活动和从行星内部穿过地壳的热流。小型着陆器在下降过程中研究大气垂直结构并采集图像，以辅助解释在地表采集的图像；测量土壤的元素、磁和氧化剂成分；测量地震活动；并监测本地天气每日、每季度和每年的变化。

日程延误和开发问题让国际合作方感到极度沮丧，因为他们自己的预算和日程也受到了严重影响。此次发射失败及航天器在南美洲西部上空解体，成为了压垮自 1988—1989 年火卫一任务失败及苏联 1991 年解体以来，一直尽一切努力避免资源被削减的俄罗斯行星探测计划的最后一根稻草。

火卫一和火星-96 号任务的失败是行星探测历史上的重要损失。两者都属于目标宏大、过程复杂的任务，计划对火星及其两颗卫星中较大的一颗进行全面研究。其工程系统、观测平台、科学仪表和附属飞行器都比以往的任何行星探测任务要多，并且计划进行大量测量。如果这些任务能够取得成功，那么获得的信息将是惊人的。另外，这两次任务的国际化程度很高，并且非常复杂和昂贵。在其后的多年中都不会再开展此类的行星探测任务。

20.2.3　航天器

（1）轨道器

火星-96 号轨道器是一个基于火卫一设计方案的三轴稳定航天器。通过位于基座的一个加压环形结构，固定计算机和用于科学测量的大多数航天电子设备、热调节设备、通信设备、电池和电子设备。设备塔用一个扁平甲板来代替，安装在这个甲板上的设备和仪表，包括太阳能电池板和用于两个着陆器上的进入系统。太阳能电池板体积更大，并从甲板相对的两侧伸出。它们还携带了低增益天线和姿态控制喷嘴。很多分系统和科学仪器都在甲板下方的环形结构上，其中包括一对扫描平台，其可以精确、稳定地瞄准摄像机和光谱仪。高增益碟形天线在环形结构的一侧伸出，方向与太阳能电池板垂直，中增益天线则位于相对一侧。在这种配置中，高增益天线不能控向，其通信速度为 130 kbits/s。姿态控制系统的热控制散热器、导航及太阳和恒星传感器连接到环形结构，其中包括机载推进系统及其推进剂贮箱和助推器，这与火卫一航天器一样。可分离 ADU 推进系统（现在名为 Fregat 推进级）与以前一样连接在下方。两个穿透器安装在 ADU 推进剂贮箱上。它使用的计算机更为先进，由欧洲合作方提供，因为其不信任在此前任务中表现不佳的火卫一计算机。除了着陆器和穿透器以外，轨道器还携带了二十多个仪表。因为航天器非常重，所以质子号无法单独提供足够的逃逸机动能量。在 Block D 释放航天器后，Fregat 级会通过点火来提供所需的最终能量。Fregat 推进级计划执行中段航线修正，在火星进行轨道入射，并在被抛弃之前执行在轨机动。

扫描平台是为俄罗斯航天器新增的。该 220.7 kg 的 TPS 三轴平台有自己的计算机控制系统、内存、热控制器、导航摄像机及一个 53.5 kg 的遥感仪表有效载荷。开发人员很难实现严格的瞄准和稳定性要求。俄罗斯建议删除该平台和位于航天器主体结构上的相关仪表，不过这会严重限制科学目标，最终由德国工程师解决了相关问题。74.2 kg 的 PAIS 双轴扫描平台更简单，它携带的仪表的瞄准要求要更低一些。计划用轨道器部署其着陆器，然后执行一次偏移机动以抵达入射点，并在入射点进入一个椭圆轨道。在进入此轨道后的第一个月，计划通过若干次机动来调整其形状，以形成一个合理的轨道。这种轨道一般会很稳定。因此可使航天器能够在火星自转 7 圈期间运行 4 个轨道周期。一旦形成了一个近拱点为 300 km、周期为 43.09 h 的轨道后，轨道器就会部署穿透器。

火星-96 号航天器高为 3.5 m，宽为 2.7 m；在展开其太阳能电池板的情况下宽为 11.5 m。

发射质量：	6 824 kg
轨道器干质量：	2 614 kg
穿透器：	176 kg（2）
着陆器：	241 kg（2）
连接结构：	283 kg（用于着陆器和穿透器）

ADU 干质量:	490 kg
燃料:	2 832 kg
肼:	188 kg

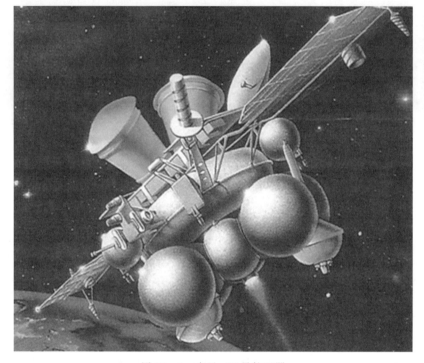

图 20 - 1　火星 - 96 号航天器

注：从图中可以看到环形底座室，仪表甲板位于上方，Fregat 推进级位于下方，
小型站进入罐（金色）位于上方，穿透器（金色）嵌入在下方推进贮箱之间
（来自 NPO - Lavochkin）

（2）着陆器

两个着陆器或"小型站"与 M - 71 和 M - 73 任务使用的类似，
不过前者体积要小得多。它们的尺寸与月球 9 号和月球 13 号用的着
陆器差不多，不过更轻。每个着陆器直径都约为 60 cm，质量为
30.6 kg，包含 8 kg 有效载荷在内。在进入时，每个着陆器都收在一

个直径约为 1 m 的钝头圆锥形烧蚀减速伞内（图 20 - 3）。着陆器及其进入系统的总质量为 120.5 kg。在轨道入射之前的 4 天或 5 天进行分离，分离之前达到每分钟 12 转的稳定速度。进入的起始高度约为 100 km，速度为 5.75 km/s，角度为 11°～21°。在大约 3 min 后，在 19～44 km 的高度及 200～320 m/s 的速度下展开降落伞。10 s 后抛弃减速伞，通过一个 130 m 的线束来解开着陆器。在大约 18～4 km的高度及 20～40 m/s 的速度下在着陆器周围给一个气囊充气。这样可以使着陆器顺利承受大约 20 m/s 的水平和垂直撞击。在下降6～17 min 后、接触地表时，着陆器马上抛弃其降落伞。在着陆器翻滚并停止后，一个气囊会在接缝处裂开，然后被抛弃。着陆器的 4个三角形瓣式结构会以与火星 3 号类似的方式打开，每个结构会从中心底座展开大约 30 cm。其中有 3 个瓣式结构带有弹簧，可以将仪表部署在远离着陆器的位置。

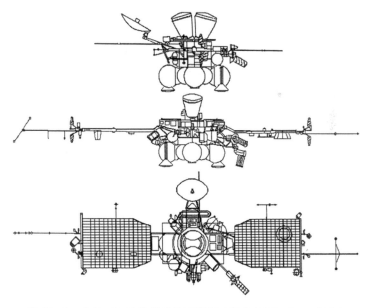

图 20 - 2　火星-96 号航天器的素描图（来自 NPO - Lavochkin）

图 20-3　集成和测试台上的火星-96 号

在地表上，着陆器会通过两个咖啡杯大小的 220 mW RTG 供电。这种技术在以前的苏联任务中没有被使用过，不过计划用于漫游车，并计划通过镉镍电池提供补充。在下降阶段使用一个锂电池。2 kbits/s 和 8 kbits/s 的上行链路和下行链路通过轨道器使用一个超高频中继。着陆器没有指令能力；下行链路仅用来启动传输。通过绝热层及来自 RGT 和专用 RHU 的热量来保持着陆器的内部温度；加热器可用功率为 8.5 W。预期操作寿命约为一个火星年。

除了科学有效载荷以外，着陆器还携带了一个由行星协会提供的名为"火星视野"的 CD，其中包含火星摘要信息。

进入质量：　　　120.5 kg

着陆器质量：　　30.6 kg

有效载荷：　　　8 kg（约 5 kg 科学仪表）

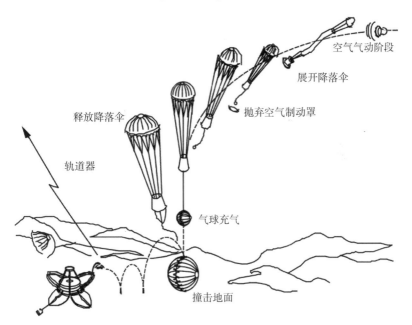

图 20-4　小型着陆器进入、下降和着陆

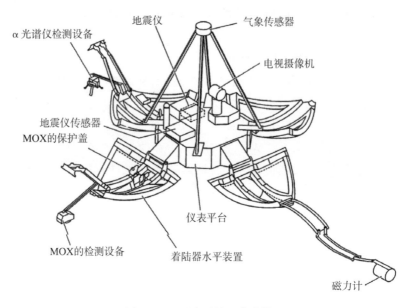

图 20-5　"小型站"着陆器

图 20-6　在一个"沙盒"内检测着陆器

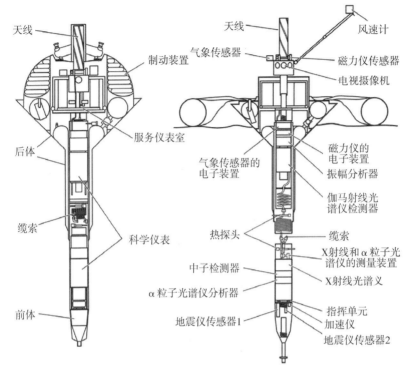

图 20-7 火星-96 号穿透器的飞行（左侧）和展开状态（右侧）

（3）穿透器

穿透器是一个具有直径为 12 cm 的前体和直径为 17 cm 的后体的、长为 2 m 的带尖圆柱体；其中，后体带有一个漏斗型尾部区，可将其直径拓宽到 78 cm。它们通过一个 0.5 W 的 RTG 和一个 150 W·h的锂电池供电。两个部分的科学仪表总质量为 4.5 kg。每个穿透器都在轨道靠近最远点时释放，在释放之前将航天器瞄准到合适的方向；并旋转进入系统，使其达到每分钟 75 圈的速度并保持。在安全距离下，轨道器进行一次小规模转向机动。接下来，穿透器给一个固体火箭点火，从而将火箭速度减小 30 m/s；抛弃此离轨发动机；然后给降落伞充气，从而进行进入初期减速，大约在

21.5 小时后进入大气。进入时的速度为 4.6~4.9 km/s，角度为 12°。

穿透器计划通过气动减速，然后给后体中的降落伞延伸部分充气（图 20-8）。在下降 6 min 后，穿透器会以大约 75 m/s 的速度撞击地表，并通过一个储液罐来缓冲 500 G 的冲击。宽后体结构被设计为当前体分离并穿透至地表 6 m 时停在地表，并通过一个线圈型电线保持连接。随后，将带有天线、摄像机、磁力仪和气象传感器的后体桅杆展开，热探测器伸到土壤中。

一个穿透器计划被送到其中一个着陆器附近，另外一个穿透器则至少在 90°以外，以便对地震信号进行三角测量。每 7 天可以通过后体上的发射器以 8 kbits/s 进行 5~6 min 的通信，并利用轨道器上的中继实现上行链路和下行链路。预计其寿命为一个火星年。

穿透器质量（带发动机）：　　　88 kg

进入质量：　　　　　　　　　　45 kg

科学有效载荷：　　　　　　　　4.5 kg

20.2.4　有效载荷

（1）轨道器

轨道器有 12 个用于研究火星地表和大气的仪表、7 个用于研究等离子体、场、颗粒和电离层成分的仪表，以及 5 个进行太阳和天体物理研究的仪表。通过经过边缘时的无线电掩星测量，可以给出大气数据。仪表位于航天器的两侧，分布在两个扫描平台上，并位于太阳能电池板上。ARGOS 包的 3 个光学仪表与导航摄像机一起位于三轴 TPS 扫描平台上，SPICAM、EVRIS 和 PHOTON 仪表则位于更简单的两轴 PAIS 扫描平台上。

①地表和大气的遥感

1）多功能立体高分辨率电视摄像机（ARGOS HRSC，德国-俄罗斯）；

2）广角立体电视摄像机（ARGOS WAOSS，德国-俄罗斯）；

3）可见光和红外绘图光谱仪（ARGOS OMEGA，法国-俄罗

图 20 - 8　穿透器的进入、下降和着陆图

斯-意大利）；

4）行星红外傅里叶光谱仪（PFS，意大利-俄罗斯-波兰-法国-德国-西班牙）；

5）绘图辐射计（TERMOSKAN，俄罗斯）；

6）高分辨率绘图分光光度计（SYET，俄罗斯-美国）；

7）多通道光学光谱仪（SPICAM，比利时-法国-俄罗斯）；

8）紫外分光光度计（UVS-M，俄罗斯-德国-法国）；

9）长波雷达（LWR，俄罗斯-德国-美国-奥地利）；

10）伽马射线光谱仪（PHOTON，俄罗斯）；

11）中子光谱仪（NEUTRON-S，俄罗斯）；

12）四极质谱仪（MAK，俄罗斯-芬兰）。

西德提供了 21.4 kg 的高分辨率 HRSC 摄像机，东德提供了 8.4 kg的广角 WAOSS 摄像机。在德国统一后，这些仪表被整合到统一的项目中。每个仪表都是一个推扫式扫描器，采用 5 184 像素的 CCD 平行线性阵列。窄角摄像机有 9 个阵列，用于多光谱、光度测量和立体成像。广角摄像机有 3 个阵列，用于立体成像。窄角摄像机的最佳分辨率为 12 m，广角摄像机为 100 m。因为在椭圆轨道中航天器的高度和速度会在靠近近拱点的过程中发生变化，所以 CCD 可以针对长扫描调整积分时间。TPS 平台上的摄像机带有一个全面的 25.3 kg MORION-S 机载处理单元，其包含一个 21 kg 的固态内存系统。该单元是与欧洲空间局合作制造的，其容量为 1.5 Gbits，用来降低传输要求。这些数据采集资源是与其他仪表共享的。在 TPS 平台上，还有 23.7 kg 的 OMEGA 可见光和红外绘图光谱仪，用来测量大气成分及绘制地表成分。

28 kg 的 TERMOSKAN 仪表在以前的火卫一任务使用过，重新使用它的目的是测量风化层的热属性。12 kg 的 SVET 绘图分光光度计用来分析地表和悬浮微粒的光谱。20 kg 的 PHOTON 伽马射线光谱仪用来绘制地表元素成分，8 kg 的 NEUTRON-S 中子光谱仪用来确定冰和水的丰度。35 kg 的 LWR 可探测近地表层，从而测量垂直结构和冰沉淀。25.6 kg 的 PFS 用来完成大气中的二氧化碳分布图，并测量大气温度、风和悬浮微粒。46 kg 的 SPICAM 利用太阳和恒星掩星数据来得到水蒸气、臭氧、氧和一氧化碳的垂直分布图。9.5 kg 的 UYS－M 用来绘制火星上层大气中的原子氢、氘、氧和氦及其星际介质结构图。10 kg 的 MAK 质谱仪用来测量上层大气中的离子和中子的成分和分布。

②太空等离子体和电离层

1）能量-质量离子光谱仪和中子粒子成像器（ASPERA－C，瑞典-俄罗斯-芬兰-波兰-美国-挪威-德国）；

2）快速全向非扫描能量-质量离子分析仪（FONEMA，英国-俄罗斯-捷克-法国-爱尔兰）；

3）全向电离层能量-质量光谱仪（DYMIO，法国-俄罗斯-德国-美国）；

4）电离层等离子体光谱仪（MARIPROB，奥地利-比利时-保加利亚-捷克-德国-匈牙利-爱尔兰-俄罗斯-美国）；

5）电子分析仪和磁力仪（MAREMF，奥地利-比利时-法国-德国-英国-匈牙利-爱尔兰-俄罗斯-美国）；

6）等离子体波仪表（ELISMA，法国-保加利亚-英国-欧洲空间局-波兰-俄罗斯-乌克兰）；

7）低能带电粒子光谱仪（SLED－2，爱尔兰-捷克-德国-匈牙利-俄罗斯-斯洛伐克）。

12.2 kg 的 ASPERA 仪表用来测量离子和快速中性粒子的能量分布。10.7 kg 的 FONEMA 离子分析仪用来测量上层大气等离子体的动态和结构。7.9 kg 的 MARIPROB 和 7.2 kg 的 DYMIO 仪表可给这些仪表提供数据补充。12.2 kg 的 MAREMF 仪表可分析等离子体电子，它携带的两个磁通量磁力仪可用来测量星际间及火星轨道内的磁场。12 kg 的 ELISMA 仪表用来测量火星环境中的等离子体波，它有 3 个朗缪尔探测器和 3 个搜索线圈磁力仪。除了探测行星地表之外，LWR 雷达还用来测量电离层中的电子分布，以及电离层与太阳风的相互作用。3.3 kg 的 SLED - 2 仪表用来在星际航行中及火星环境中测量低能宇宙射线。

③太阳物理学和天体物理学

1）精密伽马射线光谱仪（PGS，俄罗斯-美国）；

2）宇宙和太阳伽马射线暴光谱仪（LILAS - 2，俄罗斯-法国）；

3）恒星振荡光度计（EYRIS，法国-俄罗斯-奥地利）；

4）太阳振荡光度计（SOYA，乌克兰-俄罗斯-法国-瑞士）；

5）辐射剂量监控器（RADIUS - M，俄罗斯-保加利亚-希腊-美国-法国-捷克-斯洛伐克）。

25.6 kg 的 PGS 伽马射线光谱仪用来在星际航行期间测量太阳耀斑，然后在绕火星轨道期间测量伽马射线辐射。5 kg 的 LILAS - 2 仪表与地球轨道上的若干航天器及深空尤利西斯号配合，用来定位太空的伽马射线暴。另外还计划通过火星掩星观测来研究其天体来源。1 kg 的 SOYA 和 7.4 kg 的 EVRIS 光度计分别用来进行日震和天体震动测量。SOYA 安装在主体结构上，而 EVRIS 则安装在双轴扫描平台上。RADIUS - M 辐射剂量监控器用来获取与未来载人火星任务相关的数据。

（2）着陆器

①进入段和下降段

1）下降成像器（DESCAM，法国-芬兰-俄罗斯）；

2）三轴加速计及用于温度和压力测量的传感器（DPI，俄罗斯）。

着陆器带有一套传感器和下降成像器。DESCAM 安装在着陆器的底部，用来拍摄图像，以便为稍后着陆段的全景拍摄提供背景。它带有一个 400×500 像素的 CCD，并计划在着陆 2 min 后、即将抛弃气囊时将其分离。DPI 带有一个加速计及温度和压力传感器，可以提供进入和下降过程中的温度、压力和密度分布图及着陆动态情况。它安装在着陆器舱的外面，位于一个瓣式结构封盖之下，这样就可以在下降过程中利用流体动力学对下降数据进行卷积处理。

②地表段

1）位于一个中央桅杆上的全景摄像机（PANCAM，俄罗斯-法国-芬兰）；

2）位于一个高为 1 m 的桅杆上的气象仪表系统，用来测量温度、压力、湿度、风和光学深度（MIS，芬兰-法国-俄罗斯）；

3）测震仪、磁力仪和倾角计（OPTIMISM，法国-德国-俄罗斯）；

4）α、质子和 X 射线光谱仪，用来分析土壤元素（APX，德国-俄罗斯-美国）；

5）氧化剂传感器（MOX，美国-俄罗斯）。

在站体外壳的顶部，着陆器携带了一个 PANCAM 扫描光度计摄像机。该摄像机与早期火星着陆器携带的类似，可以提供由 6 000×1 024 像素组成的 360°×60° 全景图。通过一个可展开的上方桅杆支撑 MIS 气象包，该气象包带有测量温度、压力和湿度的传感器、一个测量风的离子风速计及一个光学深度传感器。此包中的 ODS 光学传感器是由法国提供的，在 270 nm、350 nm 和 550 nm 三个窄波段及 250～750 nm 的宽波段下，该传感器可测量天顶处的直射太阳光和散射光。DPI 包用来测量温度和地表风速。三个瓣式结构中包含用于地表部署的仪表，其中包括一个由测震仪、倾角计和三轴磁通量磁力仪组成的 OPTIMISM 仪表，一个用于确定土壤中元素丰度的 APX 反向散射分析仪，以及一个 MOX 实验装置。其中第二项是一个比色测量土壤分析仪，其反应点对各种不同的氧化剂很敏感。它是由美国提供的，开发时间不到一年，质量只有 0.85 kg，并带有自己的电源和数据存储装置。其功能是验证维京号着陆器所做的推断，即火星土壤富含氧化剂，不利于生命存活。

（3）穿透器

①地表以上的后体

1）电视摄像机（TVS，俄罗斯）；

2）气象传感器，用来测量温度、压力、湿度、风和不透明度

（MEKOM，俄罗斯-芬兰-美国）；

　　3）磁力仪（IMAP - 6，俄罗斯-保加利亚）。

　　②地表以下后体

　　1）用于土壤分析的伽马射线光谱仪（PEGAS，俄罗斯）；

　　2）用于测量热流的温度传感器（TERMO 苏联探测器第 1 部分，俄罗斯）。

　　③前体

　　1）用来测量内部结构的测震仪（KAMERTON，俄罗斯-英国）；

　　2）用于测量土壤力学的加速计（GRUNT，英国-俄罗斯）；

　　3）用于测量热流的温度传感器（TERMO 苏联探测器第 2 部分，俄罗斯）；

　　4）用于水检测的中子检测器（NEUTRON - P，俄罗斯）；

　　5）用于土壤分析的 α-质子光谱仪（ALPHA，俄罗斯-德国）；

　　6）用于土壤分析的 X 射线荧光光谱仪（ANGSTREM，俄罗斯）。

　　在前体中的 GRUNT 加速计用来在撞击和穿透过程中测量地表属性。KAMERTON 测震仪可搜索火星活动。TERMOZOND 热探测器可测量热流，并提供关于热扩散率和热容量的数据。伽马射线、α、质子、中子和 X 射线光谱仪可分析土壤化学成分，其中包括土壤的水分含量。在后体的其他地表装置中，TVS 2 048 像素线性摄像机可拍摄现场的全景图像，MEKOM 包可监控温度和风，IMAP - 6 磁力仪可测量本地磁场。

20.2.5　任务说明

　　预定火星-96 号在发射后沿轨道前进大约 10 个月，于 1997 年 9 月抵达火星。小型地表站计划在距离火星 4 或 5 天时释放，以便直接进入大气。航天器针对其轨道入射点执行一次偏移机动。此时火星星历表信息非常清楚，因此不需要进行光学导航及近距离释放

M-71和M-73任务。为着陆器选择了三个着陆地点，两个主着陆点位于北纬41.31°、西经153.77°的阿卡狄亚及北纬32.48°、西经163.32°的亚马逊，备用着陆点则位于北纬3.65°、西经193°。

在入射时，航天器会进行一次制动机动，以进入 500 km × 52 000 km的初始轨道，该轨道会逐步降低到周期为43.09小时的7：4火星同步轨道，该轨道倾角为106.4°，近拱点高度为300 km。

两个穿透器计划在7~28天内部署，一个定位在阿卡狄亚，另外一个在乌托邦平原，两者至少相距90°，以便为测震仪提供良好的基线。在部署了穿透器后，Fregat 推进级被抛弃，然后通过一个小型机载推进系统来进行轨道维护。

在轨道任务开始时，与着陆器和穿透器的通信周期计划通过轨道器来实现，大约每天一次、每次 20 min。每个月需要进行一次小规模轨道修正，幅度约为 1~2 m/s，以保持地表元素的可观测性，其额定寿命为一个火星年或大约两个地球年。

航天器是在最佳窗口时间——1996 年 11 月 16 日发射的，并于Block D 第一次点火后抵达地球轨道。如果这一级能够正确点火以启动逃逸机动，则航天器上的 Fregat 推进系统将提供抵达火星所需的最终动力增量。而实际情况是：Block D-2 未能点火或者在只点火20 s 后熄火，其原因可能是由航天器发出的控制指令不合适。这种情况导致航天器分离，并像原定完成逃逸机动后那样给其 Fregat 推进级点火。然而，此次点火使其进入了一个 87 km × 1 500 km 的椭圆轨道。由于其近拱点位于大气中，航天器注定以失败收尾。Block D-2 级在 1996 年 11 月 17 日世界时间 00：45~01：30 进入了地球大气，并坠毁在太平洋智利海岸和复活节岛之间。一天之后，航天器变成一团火球从智利南部上空再入大气，并被认为坠毁在智利与玻利维亚接壤的安第斯山脉中。作为着陆器和穿透器的一部分，270 g 的钚-238 通过 18 个托盘被携带在航天器上。这些托盘的设计能够承受高热和撞击，因此很有可能在再入后幸存。虽然进行了搜索，但是仍没有找到航天器。

　　Block D-2上面级第二次点火失败的同时，航天器脱离了俄罗斯地面站跟踪范围。因为预算受到限制，所以俄罗斯在太平洋没有跟踪船只。在任务逃逸阶段的关键时刻缺少遥测数据，导致无法确定故障原因，尤其是无法确定故障是由于Block D-2上面级还是控制航天器失灵造成的。这是种极难判断的情况。

20.2.6　结果

　　无。

第 21 章 苏联月球和行星探测遗产

21.1 历史概述

　　人类通过航天器探索太阳系的历史很短，截至 20 世纪末总共不到 42 年。在 2001 年 1 月 1 日之前，共有 182 次发射。其中 89 次完全成功或部分成功，还有 3 次进行到通往最终的目的地的转移阶段。在 20 世纪的行星探测中，苏联和美国的竞争占主导地位。在总共 182 次任务中，只有 5 次任务是由其他国家开展的。直到 1985 年，欧洲和日本才发射了自己的深空任务。

　　在早期的太空竞赛中，苏联往往最先实现其探测月球、金星和火星的壮举。在 20 世纪 60 年代展开了齐头并进的月球竞赛后，美国最终凭借阿波罗任务达到太空竞赛的顶峰，并且其行星探索任务也更为成功，从而在 20 世纪 70 年代以火星、水星和外太阳系探索方面无以伦比的成就奠定了其在机器人探测领域的领先地位。针对美国的水手 9 号火星轨道器、面向火星的两个海盗轨道器和着陆器、飞掠水星的水手 10 号，以及飞向外太空行星的先驱者 10 号和 11 号及旅行者 1 号和 2 号任务（苏联没有成熟的技术完成此类任务），苏联无力开展相应的活动。美国只在金星探索方面落后于苏联。苏联的金星号任务非常成功，在 20 世纪 80 年代初期，可以说苏联的金星计划已经在竞争中获胜，但是苏联在所有其他领域都落后。90 年代中期的织女星号任务使这种局面发生了变化。苏联大力参与了与欧洲空间局和日本合作的国际哈雷彗星任务，并提供了两个航天器作为平台，用于安放相关国家提供的仪表。欧洲和苏联领导了此次非常成功的、前所未有的"旧大陆"活动。而处于"新世界"的美国参与力度很小，在首个全球性的行星探测活动中，甚至没有向哈雷彗星发送航天器。

　　到了 20 世纪 80 年代中期，苏联从美国手里夺过了行星探测领域的领导地位。从织女星号任务到哈雷彗星任务，苏联在全球范围内获得了巨大的尊重和声望，并把未来任务面向国际开放作为政策。这些任务主要是苏联飞行器及苏联领导的任务，不过其携带了全球各国提供的仪表和科学装备。美国当时处于较大的劣势，因为他们没有合适的大型航天器用来携带其他国家提供的贵重仪表并与苏联展开竞争。此外，在 90 年代，从罗纳德·里根政府开始，美国行星计划被大规模削减，因为里根政府更倾向于与苏联直接展开竞争。

　　织女星号活动最初被设计为几乎完全是苏联任务，法国有一定参与；但是后来修改了方案，方案中采用了一些国际仪表，其中有很多都来自东方阵营国家。增加这些仪表的目的是完成哈雷彗星拦截任务。苏联接下来的行星任务是火卫一任务，它在更早的开发阶段就推行国际化，其他国家大力参与到其中，并且有很多仪表都来自西方国家。火星-96 号任务是苏联国际化程度最高的行星任务，其从全球范围内征集和获取仪表，西方国家的投资比例也更大，其中还包括美国。非常具有讽刺意味的是，尽管美国一直在夸耀其太空探测计划的开放性，但是与苏联相比，其行星探测计划的排外程度要高得多；并且不得不将其在国际行星探测任务中领导地位让给开展了织女星号、火卫一和火星-96 号任务的苏联。

　　在 1991 年苏联解体后，虽然美国和俄罗斯行星计划尝试建立合作关系，但是并没有成功，主要因为俄罗斯国内经济举步维艰，导致其后续行星任务的资源趋于枯竭。火星-96 号任务不明原因的失败引发了一场国际性的灾难，严重削弱了俄罗斯航天计划的士气，并且让苏联解体后的俄罗斯政府及其新航天机构面临窘境。在因财务问题而焦头烂额的情况下，俄罗斯削减了其太空科学任务方面的投资。在 20 世纪末，俄罗斯的国家机器人行星探测计划有被无限期推迟的趋势。

对俄罗斯来说,厄运总是如影随行,其行星探测计划也是如此。尽管在 20 世纪 80 年代末期,在美国行星探测势头逐渐减弱的背景下,苏联达到了其巅峰;但是仅仅在十年之后,俄罗斯就不再开展行星探测计划,而与此同时美国的计划却得到了复兴。法国是国际航天科学领域合作的牵头者,并且自 20 世纪 70 年代早期开始多次参与苏联的相关任务,而在该时期则从莫斯科转向华盛顿寻求合作。尽管如此,俄罗斯人仍然怀抱着希望和梦想。在 1996 年以后的多年中俄罗斯成为太空探测领域的旁观者及主要提供有偿发射服务,在经历了 15 年的缺席后,俄罗斯以计划于 2011 年发射的火卫一取样返回任务复出,并计划在其后的十年中开展一次月球轨道器/着陆器任务。

21.2　好事、坏事和悲伤的故事

苏联和美国的太空探索事业是冷战的副产物,尤其是在开发了洲际弹道导弹后,并通过对其进行改良将航天器送入到星际轨道。在用核弹头瞄准对方的同时,这两个敌对国还为争取世界其他国家地区的支持而展开竞争,并通过民用太空探测来展示其高超的技术。苏联太空探测计划并未完全与军事分离,美国亦是如此。因此,直到 20 世纪 80 年代初期,苏联面向月球和行星的机器人任务是保密的。直到苏联解体后,外界才得以了解苏联月球和行星探测计划可靠的发展历史。这些任务的主要领导人和参与机构及几乎所有决策和事件都属于国家机密,除了苏联圈内人士以外,其他人均不知晓。苏联并不会公开宣布其发射活动,也很少透露其航天器的用途(除了无法保密的载人任务以外)。这种政策有利于掩饰尴尬的失败,只有成功的任务才会被透露其目的。

苏联机器人探测计划的高度保密给美国人带来了神秘感和挑战性。在这种国家保密政策下,苏联机器人太空探测计划的大胆程度、创新程度及灾难次数都超过了当时西方任何观察者的想象。在每个行星发射窗口即将来临的时候，美国都对苏联可能计划开展的任务充满了焦虑。要超过苏联的下意识压力，进一步增加了美国的焦虑，尤其是在太空竞赛的头十年，当时苏联似乎始终处于上风。如果美国在20世纪60年代末期就知道苏联正计划于1969年登上火星，而自己却仍然在进行飞掠任务，那么美国的绝望可想而知。从长久角度来看，苏联的火星任务非常不幸：虽然长期投入大量精力和资源用于开展比美国更坚定、更大胆的火星计划，但是从来没有真正取得成功。苏联于1960年进行了世界上首次火星发射，而新一代航天器在20世纪60年代遭遇挫折，重型火星航天器在1971年和1973年的任务结果很糟糕，1988年的火卫一任务以失败告终，而火星-96号也以失败告终。不过，苏联也取得了很多非凡的成就，其中包括月球漫游车和取样返回、织女星号任务及对金星非常成功的全面原位探测，这些都是美国无法匹敌的。

　　苏联的月球和行星探测计划故事是交织着伟大的冒险、刺激、悬念和灾难的神话，是通过勇气和耐心克服障碍和走出失败的故事，是兼有非凡成就和巨大损失的故事，也是全力以赴尝试各种不可能的故事。在任务的执行过程中，相关人员展示了卓越的专业工程设计和开发能力。他们通过非常创新的方式利用现有技术，开发出完成任务所需的工程系统。他们的火箭发动机是材料开发和推进系统工程领域的杰作。他们的创新月球任务设计方案及为M-71和M-73任务开发的返回轨道和末端光学导航方案展示了其在天体力学、导航、制导和控制方面的卓越水准。火星任务的中途机动和光学导航自动化方案的成功运用比美国构想到如此复杂程度的任务要早很多——这清楚地展示了苏联在自动化和软件方面所拥有的非凡能力，不过这些在后续任务中才得以陆续展示出来。任何事业的成功归根结底都是人的成功，而苏联拥有卓越的工程师、科学家和管理人员，尽管其国家控制和供给体系存在低效、人为、复杂和盘根错节的种种因素，然而他们还是取得了很多成功，这与他们对太空探测事业的热情及与美国一较高下的决心有着密切关系。

　　苏联机器人探测计划的成功也付出了高昂的代价。月球号、金星号和火星计划都曾因为运载火箭和航天器故障而多次蒙受损失——这远远超过了美国所开展的计划的容忍程度。苏联始终坚持不懈地追求其目标，尤其在最初阶段，这种做法在美国人看来近乎疯狂。1963—1965 年，苏联在尝试月球软着陆的过程中连续 11 次失败。在经历了这样一长串灾难后，科罗廖夫不得不努力进行政治斡旋，才得以保留其月球着陆器计划。如果美国遇到这种情况，则计划会被取消，因为没有这样的个人魅力来挽救机器人计划。美国机器人探测计划在历史上经历的最糟糕的连续失败事件差不多也是在同一时期，其失败次数约为苏联的一半。1961—1964 年，美国的徘徊者号月球碰撞器计划连续失败 6 次。美国一度非常接近终止这个计划和解散计划组织。此后，美国再也不能容许其计划偶然失败一次以上，而苏联则容许相对较高的失败率。

　　苏联火箭的可靠性较低是导致 20 世纪 70 年代中期以前任务失败的主要原因，不过也正是这些火箭支撑着苏联非常大胆地开展计划。闪电号火箭的运载能力比美国火箭高很多倍。它是量产的火箭，可以在接到通知后迅速从军队调拨使用，且基本不会增加额外的成本。这个特点对于苏联而言很重要，因为与美国不同，苏联通过试飞来测试其航天器，因此尝试发射航天器的次数比美国多得多：截止到 1996 年，双方的发射次数分别为 106 和 51。这可能是因为苏联运载火箭可以更快地投入使用并避免成本问题，不过另外一方面苏联工程师也一直缺少规范的地面测试体系。他们的设计进度比较紧张，用于对组装系统的测试时间不够，同时设施卫生质量较差，地面测试流程不够严格。因此，他们的航天器在试飞过程中性能较差。到 1965 年底，苏联损失了全部 4 个面向金星发射的航天器、所有（2 个）面向火星发射的航天器，以及 9 个月球航天器中的 5 个。与此同时，在其 39 次任务中，还有 24 次因为运载火箭失败而遭遇损失，这个损失比例无论从苏联还是从美国的观点来看都很大。随着时间的推移，情况有所好转，不过计划仍然饱受失败困扰。飞行过程中的失败概率从 1965 年的 70％以上下降到 1976 年的 39％，这段时间内的运载火箭失败率则从 60％以上下降到 48％。在 1976 年之后，飞行失败率下降到 10％，运载火箭失败率下降到 9％。

缺乏严格的地面测试规定是系统工程中存在的薄弱环节。美国在 20 世纪 60 年代早期通过多灾多难的徘徊者月球计划，在这方面积累了丰富的经验，此后很少出现飞行故障。苏联实施这种规定的速度要慢得多，并接连遇到飞行故障。在电子设备技术领域所面临的障碍也使他们的问题更加严重。在真空电子设备成为西方航天器标准配置几十年后，苏联仍然继续飞行加压航天器——实际上一直用到火星-96 号。一直采用这种方案的原因之一是由于苏联火箭很大，因此老式电子设备所占据的质量并不是一个主要的考虑因素，不过另外一个问题是：苏联工业并没有为其探测任务生产符合真空要求的复杂电子系统。在各计划中，苏联航天电子设备系统的可靠性和运行寿命都是问题，也是苏联从未尝试带外行星任务的一个主要原因。出于某些原因，苏联的火星航天器在整个飞行过程中都容易出现航天电子设备故障。

在这个故事中，比较令人悲伤的部分是，在经历了火星-96 号的大灾难之后，俄罗斯从这个领域退出了舞台。这对于机器人太空探索的远景、事业和专业领域来说，都是巨大的损失。苏联的机器人太空探索事业起源于冷战，似乎也随着冷战的结束而趋于终结。在 1991 年以后，俄罗斯的太空计划几乎完全转向载人轨道任务。科学研究院在为保留机器人太空探测计划获取资金的过程中，遇到了重重困难。在火星-96 号失败后，政府对机器人太空探测的兴趣骤减，同时增加了对载人太空飞行及与美国合建国际空间站计划的投资。不过，在经过长期停顿后，现在俄罗斯正在重新开启其机器人太空探测计划，即火卫一-步兵任务。

21.3 继承宝贵遗产，开启新的旅程

火卫一-步兵航天器采用了最新的航天技术，不再使用原来的加压星际航天器。运载火箭将采用天顶-Fregat 号。天顶号火箭源自能源-暴风雪号计划，而 Fregat 级则源自火卫一及火星-96 号任务。为了让火卫一-步兵航天器进入预定的行星际轨道，在 Fregat 级熄火后，需要对航天器的发动机进行一次点火。航天器将进行中途机动、轨道射入和在轨操控，以便与火星两个卫星中较大的火卫一会合，并最终在其上面降落。俄罗斯在重新开启大胆的机器人探测计划时仍保留了传统：此任务的目标不是浅尝辄止，而是野心勃勃的取样返回任务，这对于旨在完成以前没有实现的、以月球取样返回为目标的计划来说是再合适不过了。火卫一-步兵航天器还继承了国际合作的传统，因为它将首次携带中国的火星航天器萤火 1 号，并将把该航天器送入到绕火星轨道。

火卫一-步兵任务的主要目标是将火卫一样本返回地球，并进行深入的实验室研究来回答关于太阳系起源和演变的关键问题。其上有效载荷还包括用于导航和研究火星环境的仪表（电视、太空等离子体和磁场检测器，以及尘埃粒子检测器），以及在着陆后研究火卫一地表的仪表。后一类仪表中包括全景摄像机、气相色谱仪、伽马射线光谱仪、中子光谱仪、激光飞行时间质谱仪、辅助离子质谱仪、红外光谱仪、热检测器、长波地下雷达和测震仪。用来采样的机械手带有一个微型电视摄像机、一个 α、质子和 X 射线光谱仪，以及一个莫斯鲍尔光谱仪。

20 世纪的苏联月球和行星探测计划为科学界留下了宝贵的遗产和丰富的新知识。很难想起我们在 1957 年太空时代开启之时对月球和其他行星的了解多么少，而在发送航天器后我们又学到了多少知识。在表 21-1 中，总结了苏联探测计划所取得的里程碑成就，其中大部分都是在太空时代前 15 年取得的。苏联科学家在完成其任务

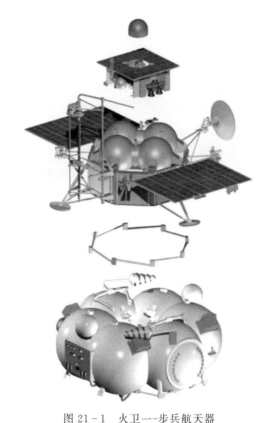

图 21-1　火卫一-步兵航天器

注：底部是 Fregat 推进级，接下来（依次）为适配器环、航天器-着陆器系统、地球
返回系统和进入舱（来自 NPO-Lavochkin）

过程还实现了很多科学发现。通过早期的月球号任务确定了月球面对地球的一侧以暗月海为主、而背对地球的一侧则主要是亮高地，这种现象很有趣，并且有待合理的解释。月球质量密集区最早是由苏联航天器发现的。我们所了解的关于金星大气和地表的大部分信息都来自金星号任务。另外，尽管苏联在火星任务中遭遇挫折，不过其仍然是最早成功把着陆器送上火星的（着陆器在着陆几秒后失败），也是最早对火星大气进行原位测量的国家，并在早期探索了火星电离层及确认了火星本身没有磁场的情况。

火卫一—步兵任务承载着俄罗斯新的希望，就像太空探测的前 40 年一样，俄罗斯将以自己的勇气、创新和持之以恒的精神，振兴月球和行星探测事业。

表 21 - 1 苏联航天器在月球和行星探测中的"首次"

月球任务		
第一个从地球重力场逃逸的航天器	月球 1 号	1959 年 1 月 2 日
第一个飞掠月球的航天器	月球 1 号	1959 年 1 月 4 日
第一个与其他天体碰撞的航天器	月球 2 号	1959 年 9 月 14 日
第一次拍摄月球背对地球的一侧	月球 3 号	1959 年 10 月 6 日
第一个月球着陆器	月球 9 号	1966 年 2 月 3 日
第一个月球轨道器	月球 10 号	1966 年 4 月 3 日
第一次返回地球的绕月任务	探测号 5 号	1968 年 9 月 20 日
第一次机器人样本返回任务	月球 16 号	1970 年 9 月 21 日
第一个机器人漫游车（月球步行者 1 号）	月球 17 号	1970 年 11 月 17 日
金星任务		
第一次尝试面向金星的发射	1VA 1 号	1961 年 2 月 4 日
第一个与其他行星碰撞的航天器	金星 3 号	1966 年 3 月 1 日
第一个行星进入探测器	金星 4 号	1967 年 10 月 18 日
第一个行星着陆器	金星 7 号	1970 年 12 月 15 日
第一个金星轨道器	金星 9 号	1975 年 10 月 22 日
第一次在行星地表进行拍摄	金星 9 号	1975 年 10 月 22 日
第一次用雷达拍摄金星地表图像	金星 15 号	1983 年 10 月 10 日
第一个行星气球	织女星 1 号	1985 年 6 月 11 日
第一次彗星远距离飞掠	织女星 1 号	1986 年 3 月 6 日
火星任务		
第一次尝试行星发射	1M 1 号	1960 年 10 月 10 日
第一个碰撞火星的航天器	火星 2 号	1971 年 11 月 27 日
第一个火星着陆器（在着陆后失败）	火星 3 号	1971 年 12 月 2 日
第一个火星大气探测器（在着陆时失败）	火星 6 号	1973 年 3 月 12 日

附录 A 早期航天器的"尾号"

苏联航天器在建造过程中会分配"尾号"。在月球号航天器编号中，Ye后面有两个数字，第一个数字用来说明设计系列，第二个数字用来说明建造的航天器的序列号。例如，Ye-3 2号表示第三个系列月球航天器中建造的第二个航天器。在某些情况下会附加一个字母，以表示针对最初设计的修改，比如 Ye-2A 1号。在成功完成了月球转移轨道射入后，航天器被重新命名为"月球号"。

星际航天器的命名方式有些不同。在 1960—1961 年的航天器早期阶段，火星或金星航天器被简单地命名为"1M"或者"1V"。接下来的一代航天器针对火星和金星采用了通用设计，并通过如下方式命名。

实例：3MV-1 3号

第一个数字：设计的系列号（第三个主设计系列）

第二组字母：航天局目标（MV＝火星和金星通用设计）

第三个数字：任务修改号：

     1——金星进入任务

     2——金星飞掠任务

     3——火星进入任务

     4——火星飞掠任务

第四个数字：航天器的系列号（3 号，或者要建造的第三个航天器）

在成功离开地球轨道后，航天器被重新命名为金星号（针对金星）或者火星号航天器。

有若干 3MV 星际航天器是为工程试飞建造的，并被命名为"1A"，这其中包括在 1963 年 11 月 11 日失败的火星试飞 3MV-

1A　2号，以及在 1964 年 2 月 19 日失败的金星试飞 3MV - 1A　4A 号。奇怪的是，苏联火星航天器中的探测号 3 号（3MV - 4　3 号）并没有被命名"1A"，它在月球成功进行了一次飞掠试验，但是未能抵达火星。

三个 3MV 火星航天器、一个进入探测器（3MV - 3　1 号）和两个飞掠航天器（3MV - 4　4 号和 6 号）错过了 1964 年的发射时间窗口，它们被修改为金星号航天器，并在 1965 年发射。因为它们最初是为火星任务建造的，所以采用了不规则的尾号。

在相关文献中，在拉沃契金承担相关责任之前，关于 OKB - 1 为早期月球、金星和火星航天器分配的尾号存在一些混淆。关于火星和金星航天器最权威的来源是切尔托克。关于所有航天器比较权威的辅助来源是西迪基的《深空编年史》。在这些来源与其他文献之间存在一些差异。我们通过与阿西夫·西迪基和蒂莫西·瓦尔福洛梅耶夫进行沟通，尽量对这些信息进行协调，并在此基础上选择切尔托克给出的设计尾号名称。

附录 B 苏联月球和星际航天器系列

发射日期	运载火箭	质量/kg	建造方	航天器	任务名称	任务类型	结果
月球							
Ye-1 系列(OKB-1)			苏联月球任务				
1958 年 9 月 23 日	月球号	约 360	OKB-1	Ye-1 1 号		月球碰撞器	fb
1958 年 10 月 11 日	月球号	约 360	OKB-1	Ye-1 2 号		月球碰撞器	fb
1958 年 12 月 4 日	月球号	约 360	OKB-1	Ye-1 3 号		月球碰撞器	fb
1959 年 1 月 2 日	月球号	361.3	OKB-1	Ye-1 4 号	月球 1 号	月球碰撞器	ft
1959 年 6 月 18 日	月球号	约 390	OKB-1	Ye-1 5 号		月球碰撞器	fb
1959 年 9 月 12 日	月球号	390.2	OKB-1	Ye-1 7 号	月球 2 号	月球碰撞器	s
Ye-2, 3 系列(OKB-1)							
1959 年 10 月 4 日	月球号	278.5	OKB-1	Ye-2A 1 号	月球 3 号	绕月飞掠	s
1960 年 4 月 15 日	月球号	—	OKB-1	Ye-3 1 号		绕月飞掠	fu
1960 年 4 月 19 日	月球号	—	OKB-1	Ye-3 2 号		绕月飞掠	fb

续表

Ye-6 系列(OKB-1)

发射日期	运载火箭	质量/kg	建造方	航天器	任务名称	任务类型	结果
1963 年 1 月 4 日	闪电号	1 420	OKB-1	Ye-6 2 号	[Sputnik 25 号]	月球着陆器	fi
1963 年 2 月 3 日	闪电号	1 420	OKB-1	Ye-6 3 号		月球着陆器	fb
1963 年 4 月 2 日	闪电号	1 422	OKB-1	Ye-6 4 号		月球着陆器	fc
1964 年 3 月 21 日	闪电 M 号	约 1 420	OKB-1	Ye-6 6 号		月球着陆器	fu
1964 年 4 月 20 日	闪电 M 号	约 1 420	OKB-1	Ye-6 5 号		月球着陆器	fu
1965 年 3 月 12 日	闪电号	约 1 470	OKB-1	Ye-6 9 号	宇宙 60 号	月球着陆器	fi
1965 年 4 月 10 日	闪电号	约 1 470	OKB-1	Ye-6 9 号		月球着陆器	fu
1965 年 5 月 9 日	闪电 M 号	1 476	OKB-1	Ye-6 10 号	月球 5 号	月球着陆器	ft
1965 年 6 月 8 日	闪电 M 号	1 442	OKB-1	Ye-6 7 号	月球 6 号	月球着陆器	fc
1965 年 10 月 4 日	闪电号	1 506	OKB-1	Ye-6 11 号	月球 7 号	月球着陆器	Ft
1965 年 12 月 3 日	闪电号	1 552	OKB-1	Ye-6 12 号	月球 8 号	月球着陆器	Ft
1966 年 1 月 31 日	闪电 M 号	1 538	NPO-L	Ye-6M 202/13 号	月球 9 号	月球着陆器	s
1966 年 3 月 1 日	闪电 M 号	约 1 580	NPO-L	Ye-6S 204 号	宇宙 111 号	月球轨道器	fi
1966 年 3 月 31 日	闪电 M 号	1 582	NPO-L	Ye-6S 206 号	月球 10 号	月球轨道器	s
1966 年 8 月 24 日	闪电 M 号	1 640	NPO-L	Ye-6LF 101 号	月球 11 号	月球轨道器	s
1966 年 10 月 22 日	闪电 M 号	1 620	NPO-L	Ye-6LF 102 号	月球 12 号	月球轨道器	s

续表

发射日期	运载火箭	质量/kg	建造方	航天器	任务名称	任务类型	结果
1966 年 12 月 21 日	闪电 M 号	1 620	NPO－L	Ye－6LM 205/14 号	月球 13 号	月球着陆器	s
1967 年 5 月 16 日	闪电 M 号	约 1 700	NPO－L	Ye－6LS 111 号	宇宙 159 号	月球轨道器试验飞行	fu
1968 年 2 月 7 日	闪电 M 号	约 1 700	NPO－L	Ye－6LS 112 号		月球轨道器	fu
1968 年 4 月 7 日	闪电 M 号	1 700	NPO－L	Ye－6LS 113 号	月球 14 号	月球轨道器	s
Ye－8 系列（NPO－L）							
1969 年 2 月 19 日	质子 D 号	约 5 700	NPO－L	Ye－8 201 号		月球轨道器/漫游车	fu
1969 年 6 月 14 日	质子 D 号	约 5 700	NPO－L	Ye－8－5 402 号		月球样本返回	fu
1969 年 7 月 13 日	质子 D 号	5 667	NPO－L	Ye－8－5 401 号	月球 15 号	月球样本返回	ft
1969 年 9 月 23 日	质子 D 号	约 5 700	NPO－L	Ye－8－5 403 号		月球样本返回	fu
1969 年 10 月 22 日	质子 D 号	约 5 700	NPO－L	Ye－8－5 404 号	宇宙 300 号	月球样本返回	fu
1970 年 2 月 6 日	质子 D 号	约 5 700	NPO－L	Ye－8－5 405 号	宇宙 305 号	月球样本返回	fu
1970 年 9 月 12 日	质子 D 号	5 727	NPO－L	Ye－8－5 406 号	月球 16 号	月球样本返回	s
1970 年 11 月 10 日	质子 D 号	5 660	NPO－L	Ye－8 203 号	月球 17 号	月球着陆器/漫游车	s
1971 年 9 月 2 日	质子 D 号	5 750	NPO－L	Ye－8－5 407 号	月球 18 号	月球样本返回	ft
1971 年 9 月 28 日	质子 D 号	5 700	NPO－L	Ye－8LS 202 号	月球 19 号	月球轨道器	s
1972 年 2 月 14 日	质子 D 号	5 750	NPO－L	Ye－8－5 408 号	月球 20 号	月球样本返回	s
1973 年 1 月 8 日	质子 D 号	5 700	NPO－L	Ye－8 204 号	月球 21 号	月球着陆器/漫游车	s

续表

发射日期	运载火箭	质量/kg	建造方	航天器	任务名称	任务类型	结果
1974 年 5 月 29 日	质子 D 号	5 700	NPO-L	Ye-8LS 206 号	月球 22 号	月球轨道器	s
1974 年 10 月 28 日	质子 D 号	5 795	NPO-L	Ye-8-5M 410 号	月球 23 号	月球样本返回	ft
1975 年 10 月 16 日	质子 D 号	约 5 800	NPO-L	Ye-8-5M 412 号		月球样本返回	fu
1975 年 8 月 9 日	质子 D1 号	5 795	NPO-L	Ye-8-5M 413 号	月球 24 号	月球样本返回	s
探测号			苏联月球试验任务				
1967 年 9 月 27 日	质子 D 号	约 5 375	TsKBEM	7K-L1 4L 号		绕月/返回	fb
1967 年 11 月 22 日	质子 D 号	约 5 375	TsKBEM	7K-L1 5L 号		绕月/返回	fu
1968 年 3 月 2 日	质子 D 号	5 375	TsKBEM	7K-L1 6L 号	探测号 4 号	月球远距离观测/返回	ft
1968 年 4 月 22 日	质子 D 号	约 5 375	TsKBEM	7K-L1 7L 号		绕月/返回	fu
1968 年 9 月 14 日	质子 D 号	5 375	TsKBEM	7K-L1 9L 号	探测号 5 号	绕月/返回	s
1968 年 11 月 10 日	质子 D 号	5 375	TsKBEM	7K-L1 12L 号	探测号 6 号	绕月/返回	ft
1969 年 1 月 20 日	质子 D 号	约 5 375	TsKBEM	7K-L1 13L 号		绕月/返回	fu
1969 年 2 月 21 日	N-1	6 900	TsKBEM	7K-L1S 3S 号		轨道器/返回	fb
1969 年 7 月 3 日	N-1	6 900	TsKBEM	7K-L1S 5L 号		轨道器/返回	fb
1969 年 8 月 7 日	质子 D 号	5 375	TsKBEM	7K-L1 11 号	探测号 7 号	绕月/返回	s
1970 年 10 月 20 日	质子 D 号	5 375	TsKBEM	7K-L1 14 号	探测号 8 号	绕月/返回	s
1972 年 11 月 23 日	N-1	9 500	TsKBEM	7K-LOK 6A 号		轨道器/返回	fb

续表

发射日期	运载火箭	质量/kg	建造方	航天器	任务名称	任务类型	结果
火星							
			苏联火星任务				
1M 系列（OKB-1）							
1960 年 10 月 10 日	闪电号	650	OKB-1	1M 1 号		火星飞掠	fu
1960 年 10 月 14 日	闪电号	650	OKB-1	1M 2 号		火星飞掠	fu
2MV 联合火星-金星系列（OKB-1）							
1962 年 10 月 24 日	闪电号	约 900	OKB-1	2MV-4 3 号		火星飞掠	fi
1962 年 11 月 1 日	闪电号	893.5	OKB-1	2MV-4 4 号	火星 1 号	火星飞掠	fc
1962 年 11 月 4 日	闪电号	1 097	OKB-1	2MV-3 1 号		火星大气/地表探测器	fi
3MV 联合火星-金星系列（OKB-1）							
1963 年 11 月 11 日	闪电号	约 800	OKB-1	3MV-1A 2 号	宇宙 21 号	试验飞行	fi
1964 年 11 月 30 日	闪电号	950	OKB-1	3MV-4 2 号	探测号 2 号	火星飞掠	fc
1965 年 7 月 18 日	闪电号	960	OKB-1	3MV-4 3 号	探测号 3 号	月球飞掠试验飞行	p
NPO-L 质子系列							
1969 年 3 月 27 日	闪电号	4 850	NPO-L	M-69 521 号		火星轨道器	fu
1969 年 4 月 2 日	闪电号	4 850	NPO-L	M-69 522 号		火星轨道器	fb
1971 年 5 月 10 日	闪电号	4 549	NPO-L	M-71 170 号	宇宙 419 号	火星轨道器	fi
1971 年 5 月 19 日	闪电号	4 650	NPO-L	M-71 171 号	火星 2 号	火星轨道器/着陆器	p

续表

发射日期	运载火箭	质量/kg	建造方	航天器	任务名称	任务类型	结果
1971 年 5 月 28 日	质子 D 号	4 650	NPO-L	M-71 172 号	火星 3 号	火星轨道器/着陆器	p
1973 年 7 月 21 日	质子 D 号	3 440	NPO-L	M-73 52S 号	火星 4 号	火星轨道器	ft
1973 年 7 月 25 日	质子 D 号	3 440	NPO-L	M-73 53S 号	火星 5 号	火星轨道器	p
1973 年 8 月 5 日	质子 D 号	4 470	NPO-L	M-73 50P 号	火星 6 号	火星飞掠航天器/着陆器	p
1973 年 8 月 9 日	质子 D 号	4 470	NPO-L	M-73 51P 号	火星 7 号	火星飞掠航天器/着陆器	ft
1988 年 7 月 7 日	质子 D2 号	6 220	NPO-L	1F 101 号	火卫-1 号	火星轨道器/火卫-着陆器	fc
1988 年 7 月 12 日	质子 D2 号	6 220	NPO-L	1F 102 号	火卫-2 号	火星轨道器/火卫-着陆器	p
1996 年 11 月 16 日	质子 D2 号	6 828	NPO-L	M1 520 号	火星 96 号	火星轨道器/着陆器	fu
苏联金星任务							
金星号/织女星号							
1VA 系列(OKB-1)							
1961 年 2 月 4 日	闪电号	约 645	OKB-1	1VA 1 号		金星碰撞器	fi
1961 年 2 月 12 日	闪电号	643.5	OKB-1	1VA 2 号	金星 1 号	金星碰撞器	fc
2MV 联合火星金星系列(OKB-1)							
1962 年 8 月 25 日	闪电号	1 097	OKB-1	2MV-1　3 号		金星大气/地表探测器	fi
1962 年 9 月 1 日	闪电号	1 097	OKB-1	2MV-1　4 号		金星大气/地表探测器	fi

续表

发射日期	运载火箭	质量/kg	建造方	航天器	任务名称	任务类型	结果
1962 年 9 月 12 日	闪电号	约 890	OKB - 1	2MV - 2 1 号		金星飞掠	fi
3MV 联合火星-金星系列（OKB - 1）							
1964 年 2 月 19 日	闪电 M 号	约 800	OKB - 1	3MV - 1A 4A 号		试验飞行	fu
1964 年 3 月 27 日	闪电 M 号	948	OKB - 1	3MV - 1 5 号	宇宙 27 号	试验飞行	fi
1964 年 4 月 2 日	闪电 M 号	948	OKB - 1	3MV - 1 4 号	探测号 1 号	金星大气/地表探测器	fc
1965 年 11 月 12 日	闪电 M 号	963	OKB - 1	3MV - 4 4 号	金星 2 号	金星飞掠	ft
1965 年 11 月 16 日	闪电 M 号	958	OKB - 1	3MV - 3 1 号	金星 3 号	金星大气/地表探测器	fc
1965 年 11 月 23 日	闪电 M 号	约 960	OKB - 1	3MV - 4 6 号	宇宙 96 号	金星飞掠航天器	fi
NPO - L 闪电号系列							
1967 年 6 月 12 日	闪电 M 号	1 106	NPO - L	1V 310 号	金星 4 号	金星大气/地表探测器	s
1967 年 6 月 17 日	闪电 M 号	约 1 100	NPO - L	1V 311 号	宇宙 167 号	金星大气/地表探测器	fi
1969 年 1 月 5 日	闪电 M 号	1 138	NPO - L	2V 330 号	金星 5 号	金星大气/地表探测器	s
1969 年 1 月 10 日	闪电 M 号	1 138	NPO - L	2V 331 号	金星 6 号	金星大气/地表探测器	s
1970 年 8 月 17 日	闪电 M 号	1 180	NPO - L	3V 630 号	金星 7 号	金星大气/地表探测器	s
1970 年 8 月 22 日	闪电 M 号	约 1 180	NPO - L	3V 631 号	宇宙 359 号	金星大气/地表探测器	fi
1972 年 3 月 27 日	闪电 M 号	1 184	NPO - L	3V 670 号	金星 8 号	金星大气/地表探测器	s
1972 年 3 月 31 日	闪电 M 号	约 1 180	NPO - L	3V 671 号	宇宙 482 号	金星大气/地表探测器	Fi

续表

发射日期	运载火箭	质量/kg	建造方	航天器	任务名称	任务类型	结果
NPO-L 质子号系列							
1975 年 6 月 8 日	质子 D 号	4 936	NPO-L	4V-1 660 号	金星 9 号	金星轨道器/着陆器	s
1975 年 6 月 14 日	质子 D 号	5 033	NPO-L	4V-1 661 号	金星 10 号	金星轨道器/着陆器	s
1978 年 9 月 9 日	质子 D1 号	4 450	NPO-L	4V-1 360 号	金星 11 号	金星飞掠航天器/着陆器	s
1978 年 9 月 14 日	质子 D1 号	4 461	NPO-L	4V-1 361 号	金星 12 号	金星飞掠航天器/着陆器	s
1981 年 10 月 30 日	质子 D1 号	4 363	NPO-L	4V-1M 760 号	金星 13 号	金星飞掠航天器/着陆器	s
1981 年 11 月 4 日	质子 D1 号	4 363	NPO-L	4V-1M 761 号	金星 14 号	金星飞掠航天器/着陆器	s
1983 年 6 月 2 日	质子 D1 号	5 250	NPO-L	4V-2 860 号	金星 15 号	金星轨道器	s
1983 年 6 月 7 日	质子 D1 号	5 300	NPO-L	4V-2 861 号	金星 16 号	金星轨道器	s
1984 年 12 月 15 日	质子 D1 号	4 924	NPO-L	5VK 901 号	织女星 1 号	金星气球和着陆器 哈雷彗星飞掠	s s
1984 年 12 月 21 日	质子 D1 号	4 926	NPO-L	5VK 902 号	织女星 2 号	金星气球和着陆器 哈雷彗星飞掠	s s

注：1—质量一栏中的数值为发射时的质量；

2—结果代码：fb—助推器失败；　　　　　　　　fu—上级失败；

fi—行星际轨道射入失败；　　fc—在巡航过程中转移失败；

ft—未能抵达目标；　　　　　　p—部分成功；

s—成功。

附录 C－1　苏联的月球任务记录

成功		发射后失败		发射失败	
月球 1 号碰撞器 [部分]	1959	月球 4 号着陆器	1963	Ye－1 1 号碰撞器	1958
月球 2 号碰撞器	1959	月球 5 号着陆器	1965	Ye－1 2 号碰撞器	1958
月球 3 号绕月飞行	1959	月球 6 号着陆器	1965	Ye－1 3 号碰撞器	1958
探测号 3 号飞掠	1965	月球 7 号着陆器	1965	Ye－1A 5 号碰撞器	1959
月球 9 号着陆器	1966	月球 8 号着陆器	1965	Ye－3 1 号绕月飞行	1960
月球 10 号轨道器	1966	月球 15 号样本返回	1969	Ye－3 2 号绕月飞行	1960
月球 11 号轨道器 [成像器失败]	1966	月球 18 号样本返回	1971	Ye－6 2 号着陆器 (Sputnik 25 号)	1963
月球 12 号轨道器	1966	月球 23 号样本返回	1974	Ye－6 3 号着陆器	1963
月球 13 号着陆器	1966			Ye－6 5 号着陆器	1964
月球 14 号轨道器	1968			Ye－6 6 号着陆器	1964
月球 16 号样本返回	1970			Ye－6 8 号着陆器	1965
月球 17 号着陆器/漫游车	1970			Ye－6 9 号着陆器	1965
月球 19 号轨道器	1971			Ye－6S 204 号轨道器 (宇宙 111 号)	1966

续表

成功	发射后失败	发射失败	
月球 20 号样本返回	1972	Ye-6LS 111 号轨道器试验（宇宙 159 号）	1967
月球 21 号着陆器/漫游车	1973	Ye-6LS 112 号轨道器	1968
月球 22 号轨道器	1974	Ye-8 201 号着陆器/漫游车	1969
月球 24 号样本返回	1976	Ye-8-5 402 号样本返回	1969
		Ye-8-5 403 样本返回（宇宙 300 号）	1969
		Ye-8-5 404 样本返回（宇宙 305 号）	1969
		Ye-8-5 405 号样本返回	1970
		Ye-8-5M 412 号样本返回	1975

注：日期为发射日期。

附录 C－2 联盟号航天器的自动试验

成功		发射后失败		发射失败	
探测号 5 号绕月／返回	1968	探测号 4 号月球远距离观测／返回	1968	7K－L1 4L 号探测号绕月	1967
探测号 7 号绕月／返回	1969	探测号 6 号绕月／返回	1969	7K－L1 5L 号探测号绕月	1967
探测号 8 号绕月／返回	1970			7K－L1 7L 号探测号绕月	1968
				7K－L1 13L 号探测号绕月	1969
				7K－L1S 3S 号探测号轨道器／返回	1969
				7K－L1S 5L 号探测号轨道器／返回	1969
				7K－LOK 6A 号联盟号轨道器／返回	1972

注：日期为发射日期。

附录 C-3 美国机器人月球任务记录

成功		发射后失败		发射失败	
先锋 4 号飞掠[部分]	1959	徘徊者 3 号硬着陆器	1962	先锋 0 号轨道器	1958
徘徊者 7 号碰撞器	1964	徘徊者 4 号硬着陆器	1962	先锋 1 号轨道器	1958
徘徊者 8 号碰撞器	1965	徘徊者 5 号硬着陆器	1962	先锋 2 号轨道器	1958
徘徊者 9 号碰撞器	1965	徘徊者 6 号碰撞器	1964	先锋 3 号飞掠	1958
勘探者 1 号着陆器	1966	勘探者 2 号着陆器	1966	宇宙神艾布尔 4 号轨道器	1959
月球轨道器 1 号	1966	勘探者 4 号着陆器	1967	宇宙神艾布尔 P-3 轨道器	1959
月球轨道器 2 号	1966			宇宙神艾布尔 P-30 轨道器	1960
月球轨道器 3 号	1967			宇宙神艾布尔 P-31 轨道器	1960
月球轨道器 4 号	1967			徘徊者 1 号深空试验*	1961
月球轨道器 5 号	1967			徘徊者 2 号深空试验*	1961
勘探者 3 号着陆器	1967				
勘探者 5 号着陆器	1967				
勘探者 6 号着陆器	1967				

续表

成功		发射后失败	发射失败
勘探者 7 号着陆器	1968		
克莱门汀轨道器	1994		
月球勘探者轨道器	1998		
月球勘测轨道器	2009		

注：＊试验发射。
　　日期为发射日期。

附录 D-1　苏联火星任务记录

部分成功		发射后失败		发射失败	
1971	火星 2 号轨道器[着陆器失败]	1962	火星 1 号飞掠	1960	1M 1 号飞掠
1971	火星 3 号轨道器[着陆器失败]	1971	探测号 2 号飞掠	1960	1M 2 号飞掠
1973	火星 5 号轨道器[寿命很短]	1973	探测号 3 号 *[在月球成功]	1962	2MV-4 3 号飞掠（Sputnik 22 号）
1973	火星 6 号飞掠航天器/着陆器[仅限于下降数据]	1973	火星 4 号轨道器	1962	2MV-3 1 号探测器（Sputnik 24 号）
1988	火卫—2 号轨道器/着陆器[在火卫—上失败]	1973	火星 7 号飞掠航天器/着陆器	1963	3MV-1A 2 号探测器 *（宇宙 21 号）
		1988	火卫—1 号轨道器/着陆器	1969	M69-1 轨道器
				1969	M69-2 轨道器
				1971	M71-S 轨道器
				1996	火星-96 号轨道器/着陆器

注：* 试验发射。

日期为发射日期。

附录 D-2 美国火星任务记录

成功		发射后失败		发射失败	
水手 4 号飞掠	1964	火星观测者轨道器	1992	水手 3 号飞掠	1964
水手 6 号飞掠	1969	火星气候轨道器	1998	水手 8 号轨道器	1971
水手 7 号飞掠	1969	火星极地着陆器/穿透器	1999		
水手 9 号轨道器	1971				
海盗 1 号轨道器/着陆器	1975				
海盗 2 号轨道器/着陆器	1975				
火星全球勘探者轨道器	1996				
火星探路者着陆器	1996				
火星奥德赛轨道器	2001				
勇气号漫游车	2003				
机遇号漫游车	2003				
凤凰号着陆器	2005				
火星侦查轨道器	2007				

注：日期为发射日期。

附录 E－1　苏联金星任务记录

成功		发射后失败		发射失败	
金星 4 号大气/地表探测器[在大气中失去]	1967	金星 1 号碰撞器	1961	1VA 1 号碰撞器（Sputnik 7 号）	1961
金星 5 号大气/地表探测器[内部爆炸]	1969	探测号 1 号大气/地表探测器	1964	2MV－1 3 号大气/地表探测器（Sputnik 19 号）	1962
金星 6 号大气/地表探测器[内部爆炸]	1969	金星 2 号飞掠	1965	2MV－1 4 号大气/地表探测器（Sputnik 20 号）	1962
金星 7 号大气/地表探测器	1970	金星 2 号飞掠	1965	2MV－2 1 号飞掠（Sputnik 21 号）	1962
金星 8 号大气/地表探测器	1972			3MV－1A 4A 号大气/地表探测器*	1964
金星 9 号轨道器/着陆器	1975			3MV－1 5 号大气/地表探测器（宇宙 27 号）	1964
金星 10 号轨道器/着陆器	1975			3MV－4 6 号飞越（宇宙 96 号）	1965

续表

成功		发射后失败	发射失败	
金星 11 号飞掠航天器/着陆器[成像器失败]	1978		1V 311 号大气/地表探测器（宇宙 167 号）	1967
金星 12 号飞掠航天器/着陆器[成像器失败]	1978		3V 631 号大气/地表探测器（宇宙 359 号）	1970
金星 13 号飞掠航天器/着陆器	1981		3V 671 号大气/地表探测器（宇宙 482 号）	1972
金星 14 号飞掠航天器/着陆器	1981			
金星 15 号轨道器	1983			
金星 16 号轨道器	1983			
织女星 1 号飞掠航天器/着陆器/气球	1984			
织女星 2 号飞掠航天器/着陆器/气球	1984			

注：* 试验发射。
　　日期为发射日期。

附录 E－2 美国金星任务记录

成功		发射后失败		发射失败	
水手 2 号飞掠	1962	（无）		水手 1 号飞掠	1962
水手 5 号飞掠	1967				
水手 10 号飞掠	1973				
先锋 12 号轨道器	1978				
先锋 13 号总线/探测器（3）	1978				
麦哲伦轨道器	1989				
伽利略飞掠	1989				
卡西尼飞掠	1997				

注：日期为发射日期。

附录 F 20 世纪太空探测的里程碑事件

月球任务		
首次月球任务尝试	先锋 0 号	1958 年 8 月 17 日
第一个从地球重力场逃逸的航天器	月球 1 号	1959 年 1 月 2 日
第一个飞掠月球的航天器	月球 1 号	1959 年 1 月 4 日
第一次撞击地球以外的天体	月球 2 号	1959 年 9 月 14 日
第一次拍摄月球背对地球的一侧	月球 3 号	1959 年 10 月 6 日
第一个月球着陆器	月球 9 号	1966 年 2 月 3 日
第一个月球轨道器	月球 10 号	1966 年 4 月 3 日
第一次从月球拍摄地球图像	月球轨道器 1 号	1966 年 8 月 23 日
从月球第一次升空	勘探者 6 号	1967 年 11 月 17 日
第一次绕月任务和地球返回	探测号 5 号	1968 年 9 月 20 日
第一次载人绕月任务	阿波罗 8 号	1968 年 12 月 24 日
第一次载人月球着陆	阿波罗 11 号	1969 年 7 月 20 日
第一次机器人样本返回任务	月球 16 号	1970 年 9 月 21 日
第一个机器人月球漫游车(月球步行者 1 号)	月球 17 号	1970 年 11 月 17 日
第一个载人月球漫游车	阿波罗 15 号	1971 年 7 月 30 日
水星任务		
第一次水星任务(多次飞掠)	水手 10 号	1974 年 3 月 29 日
金星任务		
第一次尝试飞往金星	1VA 1 号	1961 年 2 月 4 日
第一次成功飞往金星的任务(飞掠)	水手 2 号	1962 年 12 月 14 日
第一个撞击地球以外其他行星的航天器	金星 3 号	1966 年 3 月 1 日
第一个成功的行星进入探测器	金星 4 号	1967 年 10 月 18 日

续表

第一个成功的行星着陆器	金星 7 号	1970 年 12 月 15 日
第一个使用重力辅助(金星)的航天器	水手 10 号	1974 年 2 月 5 日
第一个成功的金星轨道器	金星 9 号	1975 年 10 月 22 日
第一次在地球以外的行星地表进行拍摄	金星 9 号	1975 年 10 月 22 日
第一次拍摄金星地表雷达图像	金星 15 号	1983 年 10 月 10 日
第一个成功的行星气球	织女星 1 号	1985 年 6 月 11 日
火星任务		
第一次尝试面向行星的发射(火星)	1M 1 号	1960 年 10 月 10 日
第一次成功执行火星任务(飞掠)	水手 4 号	1965 年 7 月 15 日
第一个行星轨道器(火星)	水手 9 号	1971 年 11 月 14 日
第一个撞击火星的航天器	火星 2 号	1971 年 11 月 27 日
第一次在火星着陆	火星 3 号	1971 年 12 月 2 日
第一个火星大气探测器	火星 6 号	1973 年 3 月 12 日
第一个成功的火星着陆器	海盗 1 号	1976 年 7 月 20 日
第一次从火星地表拍摄图像	海盗 1 号	1976 年 7 月 20 日
第一个行星漫游车(旅居者号)	火星探路者	1997 年 7 月 5 日
小天体任务		
第一次穿过彗星等离子体彗尾(G-Z)	ICE	1985 年 9 月 11 日
第一次远距离飞掠彗核(哈雷彗星)	织女星 1 号	1986 年 3 月 6 日
第一次近距离飞掠彗核(哈雷彗星)	乔托号(欧洲空间局)	1986 年 3 月 14 日
第一次飞掠小行星(哈斯普拉小行星)	伽利略号	1991 年 10 月 29 日
第一个小行星轨道器(爱神小行星)	NEAR	2000 年 2 月 14 日
第一个小行星着陆器(爱神小行星)	NEAR	2001 年 2 月 12 日
带外行星任务		
第一个穿过小行星带的航天器	先锋 10 号	1973 年
第一次飞掠木星	先锋 10 号	1973 年 12 月 3 日
第一次飞掠土星	先锋 11 号	1979 年 9 月 1 日
第一个飞出太阳系的航天器	先锋 10 号	1983 年 6 月 13 日
第一次飞掠天王星	旅行者 2 号	1986 年 1 月 24 日

续表

第一次飞掠海王星	旅行者 2 号	1989 年 8 月 25 日
第一个木星轨道器	伽利略号	1995 年 12 月 7 日
第一个木星探测器	伽利略号	1995 年 12 月 8 日
第一个土星轨道器	卡西尼号	2004 年 7 月 1 日
第一土卫六探测器	惠更斯号(欧洲空间局)	2005 年 1 月 14 日

注：加粗字体为苏联任务；正常字体为美国和欧洲任务。

附录 G 20世纪行星探测任务时间表

发射日期	运载火箭	提供者	任务名称(航天器)	目标	任务类型	结果	说明
1958年							
8月17日	TA	美国(美国国防部高级研究计划署)	先锋0号(艾伯1号)	月球	轨道器	fb	助推器爆炸
9月23日	R7E	苏联	Ye-11号	月球	碰撞器	fb	第一级被摧毁
10月11日	TA	美国(美国国防部高级研究计划署)	先锋1号(艾伯2号)	月球	轨道器	fu	达到115 000 km的高度
10月11日	R7E	苏联	Ye-12号	月球	碰撞器	fb	第一级被摧毁
11月8日	TA	美国(美国国防部高级研究计划署)	先锋2号(艾伯3号)	月球	轨道器	fu	第三级失败，只达到1 550 km高度处
12月4日	R7E	苏联	Ye-13号	月球	碰撞器	fb	第二级发动机提前熄火
12月6日	J2	美国(美国陆军弹道导弹局)	先锋3号	月球	飞掠	fu	达到107 500 km的高度

续表

发射日期	运载火箭	提供者	任务名称（航天器）	目标	任务类型	结果	说明
1959年							
1月2日	R7E	苏联	月球1号（Ye-1 4号）	月球	碰撞器	ft	在距离月球5 965 km的地点错过月球
3月3日	J2	美国（美国陆军弹道导弹局）	先锋4号	月球	飞掠	p	低射入速度，以60 030 km的距离飞掠过月球
6月18日	R7E	苏联	Ye-1A 5号	月球	碰撞器	fb	第二级制导失败
9月12日	R7E	苏联	月球2号（Ye-1A 7号）	月球	碰撞器	s	在9月14日首次成功撞击月球
9月24日	AA	美国（美国国家航空航天局）	宇宙神-艾布尔4号（先锋号）	月球	轨道器	fb	在试验过程中发射塔爆炸
10月4日	R7E	苏联	月球3号（Ye-2A 1号）	月球	绕月飞掠	s	绕月飞行，首次拍摄月球背面对地球一面的照片
11月26日	AA	美国（美国国家航空航天局）	P-3（先锋号）	月球	轨道器	fu	在发射过程中外罩坍塌，摧毁了航天器
1960年							
4月15日	R7E	苏联	Ye-3 1号	月球	绕月飞掠	fu	第三级失灵
4月19日	R7E	苏联	Ye-3 2号	月球	绕月飞掠	fb	第一级解体

续表

发射日期	运载火箭	提供者	任务名称（航天器）	目标	任务类型	结果	说明
9 月 25 日	AA	美国（美国国家航空航天局）	P-30（先锋号）	月球	轨道器	fu	发射失败,第二级失灵
10 月 10 日	R7M	苏联	1M 1 号	火星	飞掠	fu	第三级失败,没有抵达地球轨道
10 月 14 日	R7M	苏联	1M 2 号	火星	飞掠	fu	第三级失败,没有抵达地球轨道
12 月 15 日	AA	美国（美国国家航空航天局）	P-31（先锋）	月球	轨道器	fb	助推器爆炸
1961 年							
2 月 4 日	R7M	苏联	Sputnik 7 号（1VA 1 号）	金星	碰撞器	fi	第四级失败,搁浅在低地球轨道
2 月 12 日	R7M	苏联	金星 1 号（1VA 2 号）	金星	碰撞器	fc	在转移过程中失败,小型进入探测器上带有一些徽章
8 月 23 日	AAB	美国（美国国家航空航天局）	徘徊者 1 号（P-32）	月球	深空试验	fi	上面级第二次点火失败
11 月 18 日	AAB	美国（美国国家航空航天局）	徘徊者 2 号（P-33）	月球	深空试验	fi	上面级第二次点火失败
1962 年							
1 月 26 日	AAB	美国（美国国家航空航天局）	徘徊者 3 号（P-34）	月球	硬着陆器	ft	末段操控失败,在距离月球 37 745 km 的地点错过月球

续表

发射日期	运载火箭	提供者	任务名称（航天器）	目标	任务类型	结果	说明
4 月 23 日	AAB	美国（美国国家航空航天局）	徘徊者 4 号（P-35）	月球	硬着陆器	fc	计算机在地球轨道出现故障，在背对地球的一侧撞击月球
7 月 22 日	AAB	美国（美国国家航空航天局）	水手 1 号（P-37）	金星	飞掠	fu	运载火箭失败
8 月 25 日	R7M	苏联	Sputnik 19 号（2MV-13 号）	金星	大气/地表探测器	fi	第四级发动机失败，搁浅在地球轨道
8 月 27 日	AAB	美国（美国国家航空航天局）	水手 2 号（P-38）	金星	飞掠	s	第一次成功的行星任务，在 12 月 14 日飞掠金星
9 月 1 日	R7M	苏联	Sputnik 20 号（2MV-14 号）	金星	大气/地表探测器	fi	第四级失败，飞行器搁浅在低地球轨道
9 月 12 日	R7M	苏联	Sputnik 21 号（2MV-21 号）	金星	飞掠	fi	第三级和第四级失败，搁浅在低地球轨道
10 月 18 日	AAB	美国（美国国家航空航天局）	徘徊者 5 号（P-36）	月球	硬着陆器	fc	动力和控制系统失败，在距离 724 km 的地点错过月球
10 月 24 日	R7M	苏联	Sputnik 22 号（2MV-43 号）	火星	飞掠	fi	第四级爆炸
11 月 1 日	R7M	苏联	火星 1 号（2MV-44 号）	火星	飞掠	fc	在 1963 年 3 月 21 日转移过程中失败，飞行器搁浅在地球轨道

续表

发射日期	运载火箭	提供者	任务名称（航天器）	目标	任务类型	结果	说明
11 月 4 日	R7M	苏联	Sputnik 24 号（2MV－3 1 号）	火星	大气/地表探测器	fi	第四级失败，飞行器搁浅在低地球轨道
1963 年							
1 月 4 日	R7My	苏联	Sputnik 25 号（Ye－6 2 号）	月球	着陆器	fi	第四级未能点火，飞行器搁浅在地球轨道
2 月 3 日	R7My	苏联	Ye－6 3 号	月球	着陆器	fb	运载火箭偏离航线，未能抵达地球轨道
4 月 2 日	R7My	苏联	月球 4 号（Ye－6 4 号）	月球	着陆器	fc	导航系统故障，在距离 8 500 km 的地点错过月球
11 月 11 日	R7M	苏联	宇宙 21 号（3MV－1A 2 号）	火星	试验飞行	fi	试验发射，第四级失败，停留在地球轨道
1964 年							
1 月 30 日	AAB	美国（美国国家航空航天局）	徘徊者 6 号（徘徊者 A/P－53）	月球	碰撞器	ft	在 2 月 2 日撞击月球，但是摄像机未能正常操作
2 月 19 日	R7M'	苏联	3MV－1A 4A 号	金星	试验飞行	fu	第三级发动机爆炸，没有抵达地球轨道

续表

发射日期	运载火箭	提供者	任务名称（航天器）	目标	任务类型	结果	说明
3月21日	R7M'y	苏联	Ye-66号	月球	着陆器	fu	第三级发动机失败，没有抵达地球轨道
3月27日	R7M'	苏联	宇宙27号（3MV-15号）	金星	大气/地表探测器	fi	第四级发动机未能点火，没有离开地球轨道
4月2日	R7M'	苏联	探测号1号（3MV-14号）	金星	大气/地表探测器	fc	在转移过程中失败
4月20日	R7M'y	苏联	Ye-65号	月球	着陆器	fu	上级失败，没有抵达地球轨道
7月28日	AAB	美国（美国国家航空航天局）	徘徊者7号（徘徊者B/P-54）	月球	碰撞器	s	第一次完全成功的美国月球任务
11月5日	AAD	美国（美国国家航空航天局）	水手3号（水手-64C）	火星	飞掠	fu	未能正确抛弃整流罩，从而导致飞行器损坏
11月28日	AAD	美国（美国国家航空航天局）	水手4号（水手-64D）	火星	飞掠	s	在1965年7月15日首次成功完成火星任务
11月30日	R7M	苏联	探测号2号（3MV-4A号）	火星	飞掠	fc	在转移一个月后通信失灵

续表

发射日期	运载火箭	提供者	任务名称（航天器）	目标	任务类型	结果	说明
1965 年							
2 月 17 日	AAB	美国（美国国家航空航天局）	徘徊者 8 号（徘徊者 C）	月球	碰撞器	s	返回了 7 137 幅月球宁静海照片
3 月 12 日	R7M'y	苏联	宇宙 60 号（Ye‑6 9 号）	月球	着陆器	fi	第四级未能点火，停留在地球轨道
3 月 21 日	AAB	美国（美国国家航空航天局）	徘徊者 9 号（徘徊者 D）	月球	碰撞器	s	在碰撞之前返回了月球照片
4 月 10 日	R7M	苏联	Ye‑6 8 号	月球	着陆器	fu	第三级发动机失灵，没有抵达地球轨道
5 月 9 日	R7M'	苏联	月球 5 号（Ye‑6 10 号）	月球	着陆器	ft	制导和反推火箭失败，坠毁
6 月 8 日	R7M'	苏联	月球 6 号（Ye‑6 7 号）	月球	着陆器	fc	中途操控失灵，错过月球
7 月 18 日	R7M	苏联	探测号 3 号（3MV‑4 3 号）	火星	试验飞行	s fc	7 月 20 日在月球背对地球一侧拍照，然后在抵达火星之前失去通信

续表

发射日期	运载火箭	提供者	任务名称（航天器）	目标	任务类型	结果	说明
10月4日	R7M	苏联	月球7号（Ye-611号）	月球	着陆器	ft	坠毁在开普勒地区附近的风暴洋
11月12日	R7M'	苏联	金星2号（3MV-4 4号）	金星	飞掠	ft	在金星飞掠过程中通信失灵
11月16日	R7M'	苏联	金星3号（3MV-3 1号）	金星	大气/地表探测器	fc	在抵达之前的17天失去通信
11月23日	R7M'	苏联	宇宙96号（3MV-4 6号）	金星	飞掠	fi	上级失败，没有离开地球轨道
12月3日	R7M	苏联	月球8号（Ye-612号）	月球	着陆器	ft	坠毁在伽利略地区附近的风暴洋
1966 年							
1月31日	R7M'	苏联	月球9号（Ye-6 202/13号）	月球	着陆器	s	第一个月球着陆器，在2月3日抵达，从月球地表返回了照片
3月1日	R7M'	苏联	宇宙111号（Ye-6S 204号）	月球	轨道器	fi	第四级失败，搁浅在地球轨道
3月31日	R7M'	苏联	月球10号（Ye-6S 206号）	月球	轨道器	s	第一个成功的月球轨道器，在4月3日抵达

续表

发射日期	运载火箭	提供者	任务名称（航天器）	目标	任务类型	结果	说明
5 月 30 日	AC	美国（美国国家航空航天局）	勘探者 1 号 （勘探者 - A）	月球	轨道器	s	美国第一个成功的月球着陆器，在 6 月 2 日抵达
8 月 10 日	AAD	美国（美国国家航空航天局）	月球轨道器 1 号 （LO - A）	月球	轨道器	s	美国第一个成功的月球轨道器，在 8 月 14 日抵达
8 月 24 日	R7M'	苏联	月球 11 号 （Ye - 6LF 101 号）	月球	轨道器	p	月球轨道拍照和科研任务，没有返回图像
9 月 20 日	AC	美国（美国国家航空航天局）	勘探者 2 号 （勘探者 - B）	月球	着陆器	ft	在哥白尼地区东南部坠毁
10 月 22 日	R7M'	苏联	月球 12 号 （Ye - 6LF 102 号）	月球	轨道器	s	月球轨道拍照和科研任务
11 月 6 日	AAD	美国（美国国家航空航天局）	月球轨道器 2 号 （LO - B）	月球	轨道器	s	用于阿波罗任务的月球轨道拍摄绘图器
12 月 21 日	R7M'	苏联	月球 13 号 （Ye - MF 205/14 号）	月球	着陆器	s	月球地表科研和拍照
1967 年							
2 月 5 日	AAD	美国（美国国家航空航天局）	月球轨道器 3 号 （LO - C）	月球	轨道器	s	用于阿波罗任务的月球轨道拍摄绘图器

续表

发射日期	运载火箭	提供者	任务名称（航天器）	目标	任务类型	结果	说明
4 月 17 日	AC	美国（美国国家航空航天局）	勘探者 3 号（勘探者-C）	月球	着陆器	s	月球地表科研和拍摄
5 月 4 日	AAD	美国（美国国家航空航天局）	月球轨道器 4 号（LO-D）	月球	轨道器	s	用于阿波罗任务的月球轨道拍摄绘图器
5 月 16 日	R7M'	苏联	宇宙 159 号（Ye-6LS 111 号）	月球	轨道器试验飞行	fu	第四级点火不足以抵达超高地球轨道
6 月 12 日	R7M'	苏联	金星 4 号（1V 310 号）	金星	大气/地表探测器	s	第一个行星大气探测器 没有抵达金星地表
6 月 14 日	AAD	美国（美国国家航空航天局）	水手 5 号（水手-67E）	金星	飞掠	s	10 月 19 日在距离 3 990 km 的地点飞掠金星
6 月 17 日	R7M'	苏联	宇宙 167 号（1V 311 号）	金星	大气/地表探测器	fi	未能离开地球轨道
7 月 14 日	AC	美国（美国国家航空航天局）	勘探者 4 号（勘探者-D）	月球	着陆器	ft	在 7 月 17 日着陆之前几分钟失去联络
8 月 1 日	AAD	美国（美国国家航空航天局）	月球轨道器 5 号（LO-E）	月球	轨道器	s	科研拍摄绘图

续表

发射日期	运载火箭	提供者	任务名称（航天器）	目标	任务类型	结果	说明
9月8日	AC	美国（美国国家航空航天局）	勘探者5号（勘探者-E）	月球	着陆器	s	月球地表科研和拍摄
9月27日	PrD	苏联	7K-L1 4L号	月球	绕月/返回	fb	在地球轨道上测试联盟号月球飞行器；助推器失败
11月7日	AC	美国（美国国家航空航天局）	勘探者6号（勘探者-F）	月球	着陆器	s	月球地表科研和拍摄
11月22日	PrD	苏联	7K-L1 5L号	月球	绕月/返回	fu	在地球轨道上测试联盟号月球飞行器；第二级失败
1968年							
1月7日	AC	美国（美国国家航空航天局）	勘探者7号（勘探者-G）	月球	着陆器	s	月球地表科研和拍摄
2月7日	R7M'	苏联	Ye-6LS 112号	月球	轨道器	fu	第三级在524 s提前终止操作；推进剂耗尽
3月2日	PrD	苏联	探测号4号（7K-L1 6L号）	月球	月球远距离测试飞行	ft	联盟号月球飞行器在接触地面之前自动销毁
4月7日	R7M'	苏联	月球14号（Ye-6LS 113号）	月球	轨道器	s	绘制月球重力场

续表

发射日期	运载火箭	提供者	任务名称（航天器）	目标	任务类型	结果	说明
4月22日	PrD	苏联	7K-L1 7L号	月球	绕月/返回	fu	第二级熄火
9月14日	PrD	苏联	探测号5号（7K-L1 9L号）	月球	绕月/返回	s	第一次绕月飞行，并在9月21日返回地球
11月10日	PrD	苏联	探测号6号（7K-L1 12L号）	月球	绕月/返回	ft	在绕月飞行后着陆时坠毁
12月21日	S5	美国（美国国家航空航天局）	阿波罗8号（CSM103）	月球	轨道器	s	第一次向月球的载人任务，在12月24日进入轨道
1969年							
1月5日	R7M'	苏联	金星5号（2V 330号）	金星	大气/地表探测器	s	返回原位大气科学数据，没有抵达地表
1月10日	R7M'	苏联	金星6号（2V 331号）	金星	大气/地表探测器	s	返回原位大气科学数据，没有抵达地表
1月20日	PrD	苏联	7K-L1 13L号	月球	绕月/返回	fu	在地球轨道上测试联盟号月球飞行器，上面级失败
2月19日	PrD	苏联	Ye-8 201号	月球	着陆器/漫游车	fu	外罩失灵，飞行器解体

续表

发射日期	运载火箭	提供者	任务名称（航天器）	目标	任务类型	结果	说明
2 月 21 日	N1	苏联	7K-L1S 3S 号	月球	轨道器/返回	fb	第一次 N-1 发射，第一级在飞行过程中失败
2 月 25 日	AC	美国（美国国家航空航天局）	水手 6 号（水手号-69F）	火星	飞掠	s	在飞掠过程中返回了 75 幅照片
3 月 27 日	AC	美国（美国国家航空航天局）	水手 7 号（水手号-69G）	火星	飞掠	s	在飞掠过程中返回了 126 幅照片
3 月 27 日	PrD	苏联	M-69 521 号	火星	轨道器	fu	取消了原计划的大气探测器、第三级爆炸
4 月 2 日	PrD	苏联	M-69 522 号	火星	轨道器	fb	取消了原计划的大气探测器、助推器爆炸
5 月 18 日	S5	美国（美国国家航空航天局）	阿波罗 10 号（CSM106/LM4）	月球	轨道器	s	在月球轨道上测试了月球着陆器
6 月 14 日	PrD	苏联	Ye-8-5 402 号	月球	样本返回	fu	第四级未能点火
7 月 3 日	N1	苏联	7K-L1S 5L 号	月球	轨道器/返回	fb	第二次 N-1 发射，第一级在升空时爆炸
7 月 13 日	PrD	苏联	月球 15 号（Ye-8-5 401 号）	月球	样本返回	ft	轨道运行 52 圈之后，在 7 月 21 日尝试降落时坠毁

续表

发射日期	运载火箭	提供者	任务名称（航天器）	目标	任务类型	结果	说明
7 月 16 日	S5	美国（美国国家航空航天局）	阿波罗 11 号（CSM107/LM5）	月球	轨道器/着陆器	s	在 1969 年 7 月 20 日实现人类在月球的首次登陆
8 月 7 日	PrD	苏联	探测号 7 号（7K–L1 11 号）	月球	绕月/返回	s	在 8 月 14 日成功返回地球
9 月 23 日	PrD	苏联	宇宙 300 号（Ye–8–5 403 号）	月球	样本返回	fi	奔月射入时第四级未能点火
10 月 22 日	PrD	苏联	宇宙 305 号（Ye–8–5 404 号）	月球	样本返回	fi	第四级未能点火
11 月 14 日	S5	美国（美国国家航空航天局）	阿波罗 12 号（CSM108/LM6）	月球	载人轨道器/着陆器	s	在距离勘探者 3 号 156 m 处顺利准确着陆
1970 年							
2 月 6 日	PrD	苏联	Ye–8–5 405 号	月球	样本返回	fu	在 127 秒时第二级提前熄火
4 月 11 日	S5	美国（美国国家航空航天局）	阿波罗 13 号（CSM109/LM7）	月球	轨道器/着陆器	fc	支持舱在飞行过程中爆炸，航天员安全返回
8 月 17 日	R7M'	苏联	金星 7 号（3V 630 号）	金星	大气/地表探测器	s	第一个成功的行星着陆器

续表

发射日期	运载火箭	提供者	任务名称（航天器）	目标	任务类型	结果	说明
8 月 22 日	R7M'	苏联	宇宙 359 号（3V 631 号）	金星	大气/地表探测器	fi	第四级未能点火，未能离开低地球轨道
9 月 12 日	PrD	苏联	月球 16 号（Ye-8-5 406 号）	月球	样本返回	s	第一次返回机器人月球样本
10 月 20 日	PrD	苏联	探测号 8 号（7K-L1 14 号）	月球	绕月/返回	s	在 10 月 27 日成功返回到地球
11 月 10 日	PrD	苏联	月球 17 号（Ye-8 203 号）	月球	着陆器/漫游车	s	第一个月球漫游车，月球步行者 1 号
1971 年							
1 月 31 日	S5	美国（美国国家航空航天局）	阿波罗 14 号（CSM110/LM8）	月球	轨道器/着陆器	s	2 月 5 日在弗拉·毛罗地区着陆
5 月 9 日	AC	美国（美国国家航空航天局）	水手 8 号（水手号-71H）	火星	轨道器	fu	人马座继续失败
5 月 10 日	PrD	苏联	宇宙 419 号（M-71 170 号）	火星	轨道器	fi	第一级未能重新点火，停留在低地球轨道
5 月 19 日	PrD	苏联	火星 2 号（M-71 171 号）	火星	轨道器/着陆器	p	轨道器成功，着陆器坠毁，但在火星上首次留下人类痕迹

续表

发射日期	运载火箭	提供者	任务名称(航天器)	目标	任务类型	结果	说明
5月28日	PrD	苏联	火星2号 (M-71 172号)	火星	轨道器/着陆器	p	轨道器成功,着陆器在20 s后失灵
5月30日	AC	美国(美国国家航空航天局)	水手9号 (水手号-71 I号)	火星	轨道器	s	第一个成功的火星和行星轨道器,在11月13日抵达
7月26日	S5	美国(美国国家航空航天局)	阿波罗15号 (CSM112/LM10)	月球	轨道器/着陆器/漫游车	s	人类第一个月球漫游车,部署了月球子卫星
9月2日	PrD	苏联	月球18号 (Ye-8-5 407号)	月球	样本返回	ft	在尝试着陆时失去通信
9月28日	PrD	苏联	月球19号 (Ye-8LS 202号)	月球	轨道器	s	月球轨道拍摄和重力场绘图
1972年							
2月14日	PrD	苏联	月球20号 (Ye-8-5 408号)	月球	样本返回	s	在2月25返回样本
3月2日	AC	美国(美国国家航空航天局)	先锋10号 (先锋-F)	木星	飞掠	s	首次飞掠木星,首次飞离太阳系

续表

发射日期	运载火箭	提供者	任务名称（航天器）	目标	任务类型	结果	说明
3 月 27 日	R7M'	苏联	金星 8 号 （3V 670 号）	金星	大气/地表探测器	s	下降 55 min，在地表 63 min
3 月 31 日	R7M'	苏联	宇宙 482 号 （3V 671 号）	金星	大气/地表探测器	fi	第四级未能点火，未能离开低地地球轨道
4 月 16 日	S5	美国（美国国家航空航天局）	阿波罗 16 号 （CSM113/LM11）	月球	轨道器/着陆器/漫游车	s	携带了漫游车，并部署了子卫星
11 月 23 日	N1	苏联	7K−LOK 6A 号	月球	轨道器/返回	fb	第四次 N−1 发射，助推器在飞行过程中爆炸
12 月 7 日	S5	美国（美国国家航空航天局）	阿波罗 17 号 （CSM114/LM12）	月球	轨道器/着陆器/漫游车	s	最后一次阿波罗任务，第一次也是最后一次搭乘一位科学家
1973 年							
1 月 8 日	PrD	苏联	月球 21 号 （Ye−8 204 号）	月球	着陆器/漫游车	s	部署了步行者 2 号漫游车
4 月 5 日	AC	美国（美国国家航空航天局）	先锋 11 号 （先锋-G）	木星	飞掠	s	在 1974 年 12 月 4 日飞掠木星

续表

发射日期	运载火箭	提供者	任务名称（航天器）	目标	任务类型	结果	说明
				土星	飞掠	s	在 1979 年 9 月 1 日飞掠土星
7 月 21 日	PrD	苏联	火星 4 号（M－73 52S 号）	火星	轨道器	ft	未能抵达火星轨道
7 月 25 日	PrD	苏联	火星 5 号（M－73 53S 号）	火星	轨道器	p	很早遭遇失败，只在轨道上运行了 22 圈
8 月 5 日	PrD	苏联	火星 6 号（M－73 50P 号）	火星	飞掠航天器／着陆器	p	返回了下降数据，但是没有地面通信
8 月 9 日	PrD	苏联	火星 7 号（M－73 51P 号）	火星	飞掠航天器／着陆器	ft	进入系统失灵，飞过火星
11 月 3 日	AC	美国（美国国家航空航天局）	水手 10 号（水手－73J）	金星	飞掠	s	成功飞掠金星
				水星	飞掠	s	连续三次成功飞掠
1974 年							
5 月 29 日	PrD	苏联	月球 22 号（Ye－8LS 206 号）	月球	轨道器	s	轨道拍摄和分析地表元素成分

续表

发射日期	运载火箭	提供者	任务名称（航天器）	目标	任务类型	结果	说明
10 月 28 日	PrD	苏联	月球 23 号（Ye-8-5M 410 号）	月球	样本返回	ft	着陆时采样器损坏，没有返回
1975 年							
6 月 8 日	PrD	苏联	金星 9 号（4V-1 660 号）	金星	轨道器/着陆器	s	首次在金星地表拍摄 B/W 图像
6 月 14 日	PrD	苏联	金星 10 号（4V-1 661 号）	金星	轨道器/着陆器	s	与金星 9 号的科研内容一样
8 月 20 日	T3EC	美国（美国国家航空航天局）	海盗 1 号（海盗-B）	火星	轨道器/着陆器	s	首次成功从轨道上部署火星着陆器
9 月 9 日	T3EC	美国（美国国家航空航天局）	海盗 2 号（海盗-A）	火星	轨道器/着陆器	s	部署了第二个成功的着陆器
10 月 16 日	PrD	苏联	Ye-8-5M 412 号	月球	样本返回	fu	第四级失灵
1976 年							
8 月 9 日	PrD1	苏联	月球 24 号（Ye-8-5M 413 号）	月球	样本返回	s	在 8 月 18 日着陆，并返回岩芯样本

续表

发射日期	运载火箭	提供者	任务名称（航天器）	目标	任务类型	结果	说明
1977 年							
8 月 20 日	T3EC	美国（美国国家航空航天局）	旅行者 2 号（旅行者 B）	木星	飞掠	s	在 1979 年 7 月 9 日探测了木星系统
				土星	飞掠	s	在 1981 年 8 月 25 日探测了土星系统
				天王星	飞掠	s	在 1986 年 1 月 24 日探测了天王星系统
				海王星	飞掠	s	在 1989 年 8 月 25 日探测了海王星系统
9 月 5 日	T3EC	美国（美国国家航空航天局）	旅行者 1 号（旅行者 A）	木星	飞掠	s	在 1979 年 3 月 5 日探测了木星
				土星	飞掠	s	在 1980 年 11 月 12 日探测了土星
1978 年							
5 月 20 日	AC	美国（美国国家航空航天局）	先锋 12 号（先锋金星 1 号）	金星	轨道器	s	进行了大气科研及行星雷达绘图

续表

发射日期	运载火箭	提供者	任务名称(航天器)	目标	任务类型	结果	说明
8 月 8 日	AC	美国(美国国家航空航天局)	先锋 13 号(先锋金星 2 号)	金星	进入飞行器/大气探测器	s	神风飞行器,1 个大型探测器,3 个小型大气探测器
8 月 12 日	D	美国(美国国家航空航天局)	国际彗星探测器(ICE)	彗星 G - Z	飞掠	s	ISEE - 3 转到 Giaccobini - Zinner,以进行首次彗星飞掠
9 月 9 日	PrD1	苏联	金星 11 号(4V - 1 360 号)	金星	飞掠航天器/着陆器	s	在下降过程中对大气进行科学研究;地表科研失败
9 月 14 日	PrD1	苏联	金星 12 号(4V - 1 361 号)	金星	飞掠航天器/着陆器	s	在下降过程中对大气进行科学研究;地表科研失败
1979 年			(无任务)		(无任务)		
1980 年			(无任务)		(无任务)		
1981 年							
10 月 30 日	PrD1	苏联	金星 13 号(4V - 1M 760 号)	金星	飞掠航天器/着陆器	s	首次在地表进行彩色图像拍摄
11 月 4 日	PrD1	苏联	金星 14 号(4V - 1M 761 号)	金星	飞掠航天器/着陆器	s	与金星 13 号的科研活动相同
1982 年			(无任务)		(无任务)		

续表

发射日期	运载火箭	提供者	任务名称(航天器)	目标	任务类型	结果	说明
1983 年							
6 月 2 日	PrD1	苏联	金星 15 号(4V-2 860 号)	金星	轨道器	S	雷达绘图器一直覆盖到北纬 30°的北半球
6 月 7 日	PrD1	苏联	金星 16 号(4V-2 861 号)	金星	轨道器	S	雷达绘图器的覆盖范围与金星 16 号相同
1984 年							
12 月 15 日	PrD1	苏联	织女星 1 号(5VK 901 号)	金星	飞掠航天器/着陆器/气球	S	1985 年 6 月 11 日在金星部署了着陆器和气球
				哈雷彗星	飞掠	S	在 1986 年 3 月 6 日距离 8 890 km 处飞掠哈雷彗星
12 月 21 日	PrD1	苏联	织女星 2 号(5VK 902 号)	金星	飞掠航天器/着陆器/气球	S	1985 年 6 月 15 日在金星部署了着陆器和气球
				哈雷彗星	飞掠	S	在 1986 年 3 月 9 日距离 8 030 km 处飞掠哈雷彗星
1985 年							
1 月 7 日	M3S2	日本(日本空间科学研究所)	先驱者号(MS-T5)	哈雷彗星	飞掠	S	1986 年 3 月在超远距离处飞掠哈雷彗星

续表

发射日期	运载火箭	提供者	任务名称（航天器）	目标	任务类型	结果	说明
7月2日	Ar1	欧洲空间局	乔托号	哈雷彗星	飞掠	s	1986年3月14日以596 km的近距离飞掠哈雷彗星
				G－S	飞掠	s	在1992年7月10日飞掠Gigg－Skjellerup彗星
8月18日	M3S2	日本（日本空间科学研究所）	彗星号（行星－A）	哈雷彗星	飞掠	s	1986年3月14日以151 000 km的远距离飞掠哈雷彗星
1986年		（无任务）	（无任务）		（无任务）		
1987年					（无任务）		
1988年							
7月7日	PrD2	苏联	火卫一号（1F 101号）	火星	轨道器/火卫一着陆器	fc	在9月1日出现命令错误导致在飞行过程中失去联络
7月12日	PrD2	苏联	火卫二号（1F 102号）	火星	轨道器/火卫一着陆器	p	进入了火星轨道，但是在就要与火卫一相遇时失灵
1989年							
5月4日	STS	美国（美国国家航空航天局）	麦哲伦号	金星	轨道器	s	雷达绘图器，以高分辨率覆盖整个行星

续表

发射日期	运载火箭	提供者	任务名称（航天器）	目标	任务类型	结果	说明
10月18日	STS	美国（美国国家航空航天局）	伽利略号	金星	飞掠	s	1990年2月10日
				地球	飞掠	s	1990年12月8日
				哈斯普拉小行星	飞掠	s	1991年10月29日
				地球	飞掠	s	1992年12月8日
				艾达小行星	飞掠	s	1993年8月28日
				木星	大气探测器	s	在1996年12月7日成功进入
				木星	轨道器	s	在木星系统轨道运行将近7年
1990年							
1月24日	M3S2	日本（日本空间科学研究所）	Hiten–Hagoromo (MUSES–A)	月球	多次飞掠	s	飞掠月球，在1992年2月15日进入月球轨道，在1993年4月10日碰撞

续表

发射日期	运载火箭	提供者	任务名称（航天器）	目标	任务类型	结果	说明
1991 年			（无任务）				
1992 年							
9 月 25 日	T3C	美国（美国国家航空航天局）	火星观测者	火星	轨道器	ft	在抵达火星 3 天之前推进系统爆炸
1993 年			（无任务）				
1994 年							
1 月 25 日	T2G	美国（美国国防部和美国国家航空航天局）	克莱门汀号	月球	轨道器	s	进行了全球拍摄和光谱绘图
				地理小行星	飞掠	fc	离开月球轨道，但未能按照路线飞往小行星
1995 年			（无任务）				
1996 年							
2 月 17 日	D2	美国（美国国家航空航天局）	近地小行星会合	爱神小行星	轨道器	s	按照路线飞掠 Mathilda，首次绕飞小行星轨道飞行

*该行的"说明"栏：从 Hiten 号部署，但是没有接到通信信息

续表

发射日期	运载火箭	提供者	任务名称（航天器）	目标	任务类型	结果	说明
11 月 7 日	D2	美国（美国国家航空航天局）	火星全球勘探者（MGS）	火星	轨道器	s	首次通过空气制动来进入近距离绘图轨道
11 月 16 日	PrD2	俄罗斯	火星 - 96 号（M1 520 号）	火星	轨道器 / 着陆器 / 穿透器	fu	第四级失败，重新进入大气
12 月 4 日	D2	美国（美国国家航空航天局）	火星探路者	火星	着陆器 / 漫游车	s	在 1997 年 7 月 4 日着陆
						s	在 7 月 6 日从着陆器上部署首个火星漫游车旅居者号
1997 年							
10 月 15 日	T4BC	美国（美国国家航空航天局）和欧洲空间局	卡西尼－惠更斯号	土星	轨道器	s	带土卫六的轨道器，在 2004 年 7 月 1 日抵达
				土卫六	大气 / 地表探测器	s	在 2004 年 12 月派出，在 2005 年 1 月 14 日进入和着陆
				金星	飞掠	s	1998 年 4 月 26 日
				金星	飞掠	s	1999 年 6 月 24 日

续表

发射日期	运载火箭	任务名称（航天器）	提供者	目标	任务类型	结果	说明
				地球	飞掠	s	1999 年 8 月 17 日
				木星	飞掠	s	2000 年 12 月 1 日
1998 年							
1 月 7 日	A2	月球勘探者号	美国（美国国家航空航天局）	月球	轨道器	s	UV/Vis 和 IR 绘图器在 1 月 11 日进入轨道
7 月 3 日	M5	希望号（行星-B）	日本（日本空间科学研究所）	火星	轨道器	ft	未能抵达火星轨道、飞过火星
10 月 24 日	D2	深空 1 号（DS-1）	美国（美国国家航空航天局）	小行星	试验飞行	p	飞掠小行星 1992KD 和博雷利彗星
		EPOXI		哈特利 2 号	飞掠	s	飞掠哈特利 2 号彗星
12 月 11 日	D2	火星气候轨道器	美国（美国国家航空航天局）	火星	轨道器（MCO）	ft	未能抵达火星轨道、撞击大气层
1999 年							
1 月 3 日	D2	火星极地着陆器（MPL）	美国（美国国家航空航天局）	火星	着陆器	ft	在进入过程中失灵

续表

发射日期	运载火箭	提供者	任务名称（航天器）	目标	任务类型	结果	说明
		美国（美国国家航空航天局）	深空 2 号（DS - 2）	火星	穿透器	ft	都失去了着陆器
2 月 7 日	D2	美国（美国国家航空航天局）	星尘号	Wild - 2	样本返回	s	飞掠 Wild - 2 彗星，返回了彗发样本
			星尘号 - NExT	Temple 1	飞掠	s	在深空碰撞后飞掠 Temple 1
2000 年			（无任务）		（无任务）		

结果代码：

fb	助推器失灵
fu	上面级失灵
fi	行星际轨道射入失败
fc	在巡航过程中转移失败
ft	未能抵达目标
p	部分成功
s	成功
e	正在途中

运载火箭代码：

R7E	月球号
R7M	闪电号
R7M'	升级版的闪电号
y	后缀：针对上面级的航天器控制进行修改
PrD	带有 Block D 可重新启动上面级的质子号
PrD1	带有 Block D - 1（或 DM）可重新启动上面级的质子号
PrD2	带有 Block D - 2 可重新启动上面级的质子号
N1	N1 - L3 苏联月球发射器（与美国的土星 5 号类似）
SF	联盟号 - Frigat
TA	雷神 - 艾布尔号
J2	宇诺 2 号（改良后的木星号 - C）

续表

抵达	任务	纬度	经度	最后测量的压力	最后测量的温度	最后的高度	白天/夜晚	是否拍照	说明
1978 年 12 月 21 日	金星 12 号	南纬 007°	东经 294°	92 bar	729 K	地表	白天	否	在地表 110 min
1982 年 3 月 1 日	金星 13 号	南纬 007.55°	东经 303.69°	89.5 bar	738 K	地表	白天	是	在地表 127 min
1982 年 3 月 5 日	金星 14 号	南纬 013.055°	东经 310.19°	93.5 bar	743 K	地表	白天	是	在地表 57 min
1985 年 6 月 11 日	织女星 1 号	南纬 007.2°	东经 177.8°	95 bar	740 K	地表	夜晚	否	在地表 56 min
1985 年 6 月 15 日	织女星 2 号	南纬 006.45°	东经 181.08°	91 bar	735 K	地表	夜晚	否	在地表 57 min

注：①压力数据测量结束时间早于温度数据；

②使用金星国际基准大气值最后一次测量温度时的高度；

③计算值，没有传送压力数据。

附录 H–2 苏联火星探测器的着陆点

抵达时间	任务	纬度	经度	白天/黑夜	是否拍照?	说明
1971 年 11 月 27 日	火星 2 号着陆器	南纬 044.2°	西经 313.2°	白天	是	坠毁
1971 年 12 月 2 日	火星 3 号着陆器	南纬 045°	西经 158°	白天	是	在着陆后很快失败
1973 年 3 月 12 日	火星 3 号着陆器	南纬 023.90°	西经 019.42°	白天	是	刚着陆就失败

附录 H-3 苏联月球探测器的着陆点

抵达时间	任务	纬度	经度	白天/黑夜	是否拍照?	说明
1959 年 9 月 14 日	月球 2 号	北纬 29.1°	东经 0.0°	白天	否	第一次撞击月球
1965 年 12 月 5 日	月球 5 号	南纬 1.6°	东经 335°	白天	是	着陆器坠毁
1965 年 7 月 10 日	月球 7 号	北纬 9.8°	东经 312.2°	白天	是	着陆器坠毁
1965 年 12 月 6 日	月球 8 号	北纬 9.1°	东经 296.7°	白天	是	第一个着陆器
1966 年 12 月 24 日	月球 13 号	北纬 18.87°	东经 297.95°	白天	是	着陆器
1969 年 7 月 21 日	月球 15 号	北纬 17°	东经 60°	白天	是	样本返回坠毁
1970 年 9 月 20 日	月球 16 号	南纬 0.68°	东经 56.30°	白天	是	第一次机器人样本返回
1970 年 11 月 17 日	月球 17 号	北纬 38.25°	东经 325.00°	白天	否	着陆器

续表

抵达时间	任务	纬度	经度	白天/黑夜	是否拍照?	说明
1971 年 9 月 11 日	（步行者 1 号）	北纬 38.32°	东经 324.99°		是	漫游车最终位置
	月球 18 号	北纬 3.57°	东经 56.50°	白天	是	样本返回坠毁
1972 年 2 月 21 日	月球 20 号	北纬 3.53°	东经 56.66°	白天	是	样本返回
1973 年 1 月 15 日	月球 21 号	北纬 26.92°	东经 30.45°	白天	否	着陆器
	（步行者 2 号）	北纬 25.84°	东经 30.90°		是	漫游车最终位置
1974 年 11 月 6 日	月球 23 号	北纬 12.68°	东经 62.28°	白天	否	样本返回损坏
1976 年 8 月 18 日	月球 24 号	北纬 12.75°	东经 62.20°	白天	否	样本返回

参 考 文 献

书籍和专著

[1] Almas，I.，Horvath，A.：Space Travel Encyclopedia. Akademiai Kiado and Zrinyi Katonai Kiado，Budapest(1981).

[2] Anon.：Pervye plotografii obratnoi storony Luny. Izdatelstvo AN SSSR，Moskva(1959).

[3] Anon.：Atlas obratnoi storony Luny. Izdatelstvo AN SSSR，Moskva (1960).

[4] Anon.：Pervye panoramy lunnoi poverhnosti. Nauka，Moskva(1966).

[5] Ball，A. J.，Garry，J. R. C.，Lorenz，R. D.，Kerzhanovich，V. V.：Planetary Landers and Entry Probes. Cambridge Univ. Press，Cambridge (2007).

[6] Barsukov，V. I.，Basilevsky，A. T.，Volkov，V. P.，Zharkov，V. N. eds.：Venus Geology，Geochemistry，and Geophysics，Research results from the USSR. The University of Arizona Press，Tucson，London(1992).

[7] Bougher，S. W.，Hunten，D. M.，and Phillips，R. J.，eds.：Venus II. The University of Arizona Press，Tucson，Arizona(1997).

[8] Burns，J. A.，and Matthews M. S.，eds.：Satellites. The University of Arizona Press，Tucson，Arizona(1986).

[9] Fimmel，R. O.，Colin，L.，Burgess E.：Pioneering Venus. NASA SP - 518(1995).

[10] Gatland，K. W.：Robot Explorers. Blanford Press，London(1972).

[11] Chertok，B. Ye.：Rakety i liudi, 2nd ed. Mashinostroenie，Moskva(1999).

[12] Chertok，B. Ye.：Rakety i liudi Fili，Podlipki，Tyuratam. Mashinostroenie，Moskva(1999).

[13] Chertok，B. Ye.：Rakety i liudi Gorjachie dni holodnoi voiny. Mashinostroenie，Moskva(1999).

[14] Chertok，B. Ye.：Rakety i liudi Lunnaya gonka. Mashinostroenie，Moskva

(1999).

[15]　Glushko，V. P. ed. ：Kosmonavtika entsiklopediya. Sovetskaja entsiklopediya，Moskva(1985).

[16]　Grewing，M. ，Praderie，F. ，Reinhard R. ，eds. ：Exploration of Halley's Comet. Springer - Verlag，Berlin，Heidelberg，New York，London，Paris，Tokyo(1987).

[17]　Harvey，B. ：Russian Planetary Exploration. Springer - Praxis，Chichester (2007).

[18]　Harvey，B. ：Soviet and Russian Lunar Exploration. Springer - Praxis. Chichester(2007).

[19]　Hunten，D. M. ，Colin L. ，Donahue T. M. ，and Moroz V. I. ，eds. ：Venus. The University of Arizona Press，Tucson，Arizona(1983).

[20]　Harford，J. ：Korolev：How one Man Masterminded the Soviet Drive to Beat America to the Moon. John Wiley & Sons，New York(1997).

[21]　Johnson，N. L. ：Handbook of Soviet Lunar and Planetary Exploration. Amer. Astronau. Soc. Publ. ，Volume 47 science and technology series (1979).

[22]　Keldysh，M. V. and Marov，M. Ya. Kosmicheschiye Issledovaniya. Nauka，Moskav(1981).

[23]　Kieffer，H. H. ，Jakosky，B. M. ，Snyder，C. W. and Mattheus，M. S. ，eds. ：Mars. The University of Arizona Press，Tucson(1992).

[24]　Kuzmin，A. D. ，and Marov，M. Ya. ：Physics of the planet Venus. Nauka，Moskow(1974).

[25]　Marov，M. Ya. ，and Grinspoon，D. ：The Planet Venus. Yale University Press(1997).

[26]　Moroz，V. I. ：Physics of the planet Mars. Nauka. Moskow(1978).

[27]　Perminov，V. G. ：The difficult road to Mars，a brief history of Mars exploration in the Soviet Union. NASA NP - 1999 - 251 - HQ(1999).

[28]　Reinhardt，R. ed. ：Space missions to Halley's Comet. ESA SP - 1066 (1986).

[29]　Sagdeev，R. Z. ：The making of the Soviet scientist. John Wiley，New York，Chichester，Brisbane，Toronto，and Singapore(1994).

[30] Semenov, Yu. P. , ed. : Raketno - kosmicheckaya korporatsiya Energigy imeni S. P. Koroleva. PKK Energiya(1996).

[31] Serebrennikov, V. A, Voitik, V. L. , Shevalev I. L. et al. , eds. : NPO imeni S. A. Lavochkina, Na zemle, v nebe i v kosmose. Voennyi Parad, Moskva(1997).

[32] Siddiqi, A. A. : Challenge to Apollo: the soviet Union and the space race, 1945 - 1974. NASA SP 2000 - 4408(2000).

[33] Siddiqi, A. A. : Deep Space Chronicle: A Chronology of Deep Space and Planetary Probes, 1958 - 2000. NASA SP - 2002 - 4524(2002).

[34] Sidorenko, A. V. ed. : Poverkhnost Marsa. Nauka, Moskva(1980).

[35] Surkov, Yu. A. : Exploration of Terrestrial Planets from Spacecraft, 2nd ed. Wiley - Praxis, Chichester(1997).

[36] Ulivi, P. with Harland, D. M. : Lunar Exploration: Human Pioneers and Robotic Surveyors. Spring - Praxis, Chichester(2004).

[37] Ulivi, P. with Harland, D. M. : Robotic Exploration of the Solar System, Part 1. The Golden Age 1957 - 1982. Springer - Praxis, Chichester(2007).

[38] Ulivi, P. with Harland, D. M. : Robotic Exploration of the Solar System, Part 2. Hiatus and Renewal 1983 - 1996. Springer - Praxis, Chichester (2009).

[39] Vinogradov, A. P. ed. : Peredvizhnaia laboratoria na Lune Lunokhod - 1. Nauka, Moskva(1971).

[40] Vinogradov, A. P. ed. : Lunnyi grunt iz Morja Izobiliia. Nauka, Moskva (1974).

杂志和专稿

[41] Anonymous: 'Jodrell Bank Tracks Zond 2'. Flight International 1965, 303 (1965).

[42] Anonymous: 'Mars from Orbit'. Spaceflight 14, 68 - 70 and 118 - 120 (1972).

[43] Avduesvsky, V. S. , Marov, M. Ya. , and Rozhdestvensy, M. K. : 'The Model of the Atmosphere of the Planet Venus Based on the Results of Measurements Mad by the Soviet Automatic Interplanetary Station Venera

4'. In: Jastrow, R. and Rasool, S. I. eds. The Venus Atomsphere. Gordon and Breach, New York – London – Paris(1969).

[44] Avduesvsky, V. S. , Marov, M. Ya. , and Rozhdestvensy, M. K. : 'The Tentative Model of the Atmosphere of the Planet Venus Based on the results of measurements of probes Venera 5 and Venera 6'. J. Atm. Sci. 27, NO. 4(1970).

[45] Avduevsky, V. S. , Kerzhanovich, V. V. , Marov, M. Ya. , et al. : "Soft Landing of Venera 7 on the Venus Surface and Preliminary Results of Investigations of the Venus Atmosphere". J. Atm. Sci. 28, 263 – 269 (1971).

[46] Avduesvsky, V. S. , Akim, E. L. , Kerzhanovich, V. V. , Marov, M. Ya. , et al. : 'Atmosphere of Mars in the site of "Mars 6" landing (Preliminary results)'. Kosmich. Issled. 13, 21 – 32(1975).

[47] Day, D. : 'Mission Impossible: the Kidnapping of Lunik 5'. Quest 5, 55 (1996).

[48] Deryugin, V. A. et al. : 'Vega – 1 and Vega – 2 Spacecraft. Operation of Landers in Venusian Atmosphere'. Cosmic Research 25, 494 – 498(1987).

[49] Govorchin, G. G. : 'The Soviets in Space – An Historical Survey'. Spaceflight 7, 74 – 82(1965).

[50] Huntress, W. T. , Moroz, V. I. , Shevalev, I. : 'Robotic Planetary Exploration Missions of the 20th Century'. Space Science Reviews 107, 541 – 649 (2003).

[51] Kerzhanovich, V. V. , and Marov, M. Ya. : 'On the wind – velocity measurements from Venera Spacecraft dada'. Icarus 30,320(1977).

[52] Klaes, L. : 'The Robot Explorers of Venus'. Quest 8:1, 24 – 36(2000), Quest 8:2, 24 – 31(2000) and Quest 8:3, 17 – 23(2000).

[53] Kremnev, R. S. , et al. : 'VEGA Balloon System and Instrumentation'. Science 231, 1408 – 1411(1986).

[54] Kremnev, R. S. , et al. : 'The VEGA balloons: a tool for studying atmosphere dynamics on Venus'. Soviet Astronomy Letters 12, 7 – 9 (1986).

[55] Lantratov, K. : '25 Years from Lunokhod – 1'. Novosti kosmonavtiki 23,

79 – 83(1995) and 24, 70 – 79(1995).

[56] Lantratov, K. : 'To Mars!'. Novosti kosmonavtiki 20, 53 – 72(1996) and 21, 41 – 51(1996).

[57] Lantratov, K, Hendrickx, B. : 'Mars – 69: the Forgotten Mission to the Red Planet'. Quest 7,26 – 31(1999).

[58] Linkin, V. , Harri, A. – M. , Lipatov, A. , et al. : 'A sophisticated lander for scientific exploration of Mars: scientific objectives and implementation of the Mars – 96 Small Station'. Planetary and Space Science 46, 717 – 737 (1998).

[59] Maksimov, G. Yu. : 'Consruction and Testing of the First Soviet Automatic Interplanetary Stations'. History of Rockets and Astronautic 20, 233 – 246(1997).

[60] Marov, M. Ya. : 'Model of the Venus Atomsphere'. Soviet Academy of Sci. Doklady, 196(No. 1), 67(1971).

[61] Marov, M. Ya. : Avduesvsky, V. S. , Borodin, N. F. , Kerzhanovich, V. V. , Rozhdestvensky, M. K. , et al. : 'Preliminary results on the venus atmosphere from the Venera 8 descent module'. Icarus 20, 407(1973).

[62] Marov, M. Ya. , and Petrov, G. I. : 'Investigations of Mars from the Soviet automatic stations Mars 2 and 3'. Icarus 19, 163(1973).

[63] Marov, M. Ya. , and Moroz, V. I. : 'Preliminary results of investigation carried out with automatic stations Venera 9 and Venera 10'. Kosmich. Issled. 14, 651 – 654(1976).

[64] Marov, M. Ya. : 'The Atmosphere of Venus: Venera Date'. Fundamentals of Cosmic Physics 5, 46(1979).

[65] Marov, M. Ya. : 'Scientific and Technical Strategy for Planetary Exploration'. Space Policy 10, No. 1, 32(1994).

[66] Marov, M. Ya. : 'Missions to Mars: An Overview and a Perspective at the Turn of the Century'. In: Astronomical and Biochemical Origins and the Search for Life in the Universe(eds. C. B. Cosmovici, S. Bowyer, and D. Werthimer). Editrice Compositori(1997).

[67] Marov, M. Ya. : 'Strategy for Solar System Studies: A view from Russia'. In: Solar System Plasma Physics (eds. F. Mariani and N. F. Ness).

Editrice Compositori(1997).

[68] Moroz, V. I. : 'Preliminary results of research conducted aboard the Societ Mars - 4, Mars - 5, Mars - 6 and Mars - 7 planetary probes'. Kosmich. Issled. 13, 3 - 8(1975).

[69] Moroz, V. I. : 'Spectra and spacecraft'. Planetary and Space Science 49, 173 - 190(2001).

[70] Moroz, V. I. , Huntress, W. T. , Shevalev, I. : 'Planetary Missions of the 20th Century'. Kosmich. Issled. 40, 451(2002).

[71] Moroz, V. I. , Ksanfomality, L. V. : 'Preliminary Results of Astrophysical Observations of Mars from Mars - 3'. Icarus 17, 408 - 422(1972).

[72] Oja, H. :'Soviet Mars Lander'. Spaceflight 15, 242 - 245(1973).

[73] Petrov, B. N. : 'Space Research in the USSR and the Venera 4 Experiment'. Spaceflight 11, 171 - 173(1969).

[74] Rocard, F. et al. : 'French Participation in the Soviet phobos Mission'. Acta Astronautica 22, 261 - 7(1990).

[75] Sagdeev, R. Z. , Blamont J. , Galeev A. A. , Moroz V. I. , Shapiro V. D. , Shevchenko V. I. , Szego K. : 'Vega spacecraft encounters with comet Halley'. Nature 321, 259 - 262(1986).

[76] Sagdeev, R. Z. , Linkin, V. M. , Blamont, J. E. , Preston, R. A. : 'The Vega Venus Balloon Experiment'. Science 231, 1407 - 1408(1986).

[77] Sagdeev, R. Z. , Moroz, V. I. :'Venera 13 and Venera 14'. Sov. Astron. Lett. 8, 209 - 211(1982).

[78] Sagdeev, R. Z. , Zakharov A. V. :'Brief history of the Phobos mission'. Nature 341, 581 - 584(1989).

[79] Sagdeev, R. Z. : 'A brief history of the expedition to Phobos'. Sov. Astron. Lett. 16, 125 - 128(1990).

[80] Siddiqi, A. A. : 'First to the Moon'. JBIS 51, 231 - 238(1998), additional comments by T. Varfolomeyev JBIS 52, 157 - 160(1999).

[81] Siddiqi, A. A. , Hendrickx, B. , Varfolomeyev, T. : 'The Tough Road Traveled: A New Look at the Second Generation Luna Probes'. JBIS 53, 319 - 356(2000).

[82] Snyder, C. W. , Moroz, V. I. : 'Spacecraft exploration of Mars'. In Mars

(H. H. Kieffer, B. M. Jakosky, C. W. Snyder and M. S. Mattheus eds.) The University of Arizona Press, Tucson(1992).

[83] Vakhnin, V. M. : 'A Review of the Venera 4 Flight and Its Scientific Program'. J. Atm. Sci. 25, 533 – 534(1968).

[84] Varfolomeyev, T. : 'The Soviet Venus Programme'. Spaceflight 35, 42 – 43(1993).

[85] Varfolomeyev, T. : 'The Soviet Mars Programme'. Spaceflight 35, 230 – 231(1993).

[86] Varfolomeyev, T. : 'Soviet Rocketry that Conquered Space, Part 1: From First ICBM to Sputnik Launcher'. Spaceflight 37, 260 – 263(1995).

[87] Varfolomeyev, T. : 'Soviet Rocketry that Conquered Space, Part 2: Space Rockets for Lunar Probes'. Spaceflight 38, 49 – 52(1996).

[88] Varfolomeyev, T. : 'Soviet Rocketry that Conquered Space, Part 3: Lunar Launchings for Impact and Photography'. Spaceflight 38, 206 – 208 (1996).

[89] Varfolomeyev, T. : 'Soviet Rocketry that Conquered Space, Addendum: Launch Vehicle Designations'. Spaceflight 38, 317 – 318(1996).

[90] Varfolomeyev, T. : 'Sputnik Era Lauches'. Spaceflight 39, 331 – 332 (1997).

[91] Varfolomeyev, T. : 'Soviet Rocketry that Conquered Space, Part 4: The Development of a Four – Stage Launcher 1958 – 1960'. Spaceflight 40, 28 – 30(1998).

[92] Varfolomeyev, T. : 'Soviet Rocketry that Conquered Space, Part 5: The First Planetary Probe Attempts 1960 – 1964'. Spaceflight 40, 85 – 88 (1998).

[93] Varfolomeyev, T. : 'Soviet Rocketry that Conquered Space, Part 6: The Improved Four – Stage Launch Vehicle 1964 – 1972'. Spaceflight 40, 181 – 184(1998).

[94] Varfolomeyev, T. : 'Soviet Rocketry that Conquered Space, Part 9: Launchers for an Early Circumlunar Program'. Spaceflight 41, 207 – 210(1999).

[95] Vinogradov A. P. , ed. : 'Cosmochemistry of Moon and planets'. Proceedings of US – Soviet conference, Nauka, Moskva(1975).

[96] Wotzlaw, S. , Kasmann, F. C. W. , Nagel, M. : 'Proton – Development of a Russian Launch Vehicle'. JBIS, 51, 2 – 18.

[97] Zaitsev, Y. : 'The Successes of Phobos – 2'. Spaceflight 31, 374 – 377 (1989).

杂志特刊和专门章节

[98] Mars 2, 3: Icarus 18 No. 1, entire issue(1973).

[99] Mars 4, 5, 6, 7: Kosmich. issled. 13, 3 - 130(1975).

[100] Phobos 1,2: Nature 341, 581 – 618(1989) and Planet. Sp. Sci. 39, 1 – 399 (1991).

[101] Vega Halley flyby: Nature 321, 259 – 366(1986).

[102] Vega Venus balloons: Science 231, 1407 – 1425(1986).

[103] Vega 1,2: Kosmich, issled. 25, 643 – 958(1987).

[104] Venera 9, 10: Kosmich. issled. 14, 651 – 877(1976).

[105] Venera 11, 12: Kosmich. issled. 17, 646 – 829(1979).

[106] Venera 13, 14: Kosmich. issled. 21, 147 – 319(1983).

[107] Venera 15, 16: Kosmich. issled. 23, 179 – 267(1985).

网站

[108] Aerospaceguide http:// www. aerospaceguide. net.

[109] Planetary Sciences at NSSDC http:// nssdc. gsfc. nasa. gov/ planetary.

[110] Encyclopedia Astronautica http:// www. astronautix. com.

[111] Energia Site http:// www. energia. ru/ english/ index. html.

[112] Grand Tour! A Planetary Exploration Page http:// utenti. lycos. it/ paoloulivi.

[113] History of Space Exploration http:// solarviews. com/ eng/ history. htm.

[114] IKI Space Research Institute http:// www. iki. rssi. ru/.

[115] Don P. Mitchell http:// www. mentallandscape. com.

[116] N1 Photo Clearinghouse http:// www. personal. psu. edu/ faculty/ g/ h/ ghbl/ n1/ n1synth. htm.

[117] NPO Lavochkin http:// www. laspace. ru/ rus/ index. php.

[118] Russian Mission Histories http:// vsm. host. ru.

[119] Soviet Web Space – Siddiqi http:// faculty. fordham. edu/ siddiqi/ sws/

index. html.

[120] Sven's Space History http:// www. svengrahn. pp. se/ histind/ histind1. htm.

[121] Zak's Spaceweb Site http:// www. russianspaceweb. com/index. html.

[122] Zarya – Soviet and Russian Space Programmes http:// www. zarya. info.

[123] Zheheznyakov's Encyclopedia http:// www. cosmoworld. ru/ spaceencyclopedia.